双碳目标下主要国家能源管理

孟浩 等◎著

科学技术文献出版社
SCIENTIFIC AND TECHNICAL DOCUMENTATION PRESS
·北京·

图书在版编目（CIP）数据

双碳目标下主要国家能源管理 / 孟浩等著. —北京：科学技术文献出版社，2023.7
ISBN 978-7-5235-0423-9

Ⅰ.①双… Ⅱ.①孟… Ⅲ.①二氧化碳—节能减排—关系—能源管理—研究
Ⅳ.① TK018

中国国家版本馆 CIP 数据核字（2023）第 120986 号

双碳目标下主要国家能源管理

策划编辑：周国臻　　责任编辑：赵　斌　　责任校对：张永霞　　责任出版：张志平

出　版　者	科学技术文献出版社	
地　　　址	北京市复兴路15号　　邮编　100038	
编　务　部	(010) 58882938，58882087（传真）	
发　行　部	(010) 58882868，58882870（传真）	
邮　购　部	(010) 58882873	
官 方 网 址	www.stdp.com.cn	
发　行　者	科学技术文献出版社发行　全国各地新华书店经销	
印　刷　者	北京地大彩印有限公司	
版　　　次	2023 年 7 月第 1 版　2023 年 7 月第 1 次印刷	
开　　　本	787×1092　1/16	
字　　　数	440千	
印　　　张	23.25	
书　　　号	ISBN 978-7-5235-0423-9	
定　　　价	188.00元	

本书撰写人员

孟　浩　　郑　佳　　王大伟　　熊书玲

傅俊英　　隗筱琦　　侯　禹　　李　阳

前　言

　　能源是支撑现代经济社会发展的重要资源与基础。围绕能源生产、能源消费与国际贸易等引发的气候变化、能源革命等问题已成为世界政治、经济、外交和军事关注的焦点。由于资源禀赋各异、能源资源分布不均，世界各国在发展过程中的能源生产与消费状况各不相同，能源的主管部门、法律法规、战略规划与政策等存在差异。随着我国经济社会的快速发展及生态文明建设的稳步推进，对绿色、低碳、清洁、高效能源的需求日益增长，迫切需要推动国内能源生产革命、技术革命、消费革命等，这就要求全面了解与认识碳达峰碳中和（以下简称"双碳"）视角下主要国家应对气候变化、能源革命等相关能源管理方面的经验与做法，以便于扩大国际能源交流与合作，推动我国能源绿色、低碳、可持续发展。

　　2020年9月22日，习近平总书记在第七十五届联合国大会一般性辩论上正式宣布了中国的双碳目标，指出中国将提高国家自主贡献力度，采取更加有力的政策和措施，二氧化碳排放力争于2030年前达到峰值，努力争取2060年前实现碳中和。双碳工作的持续推进，不仅有利于我国在国际社会树立有责任、有担当的大国形象，还可以促进我国经济转型升级，贯彻落实"绿水青山就是金山银山"的发展理念，加快推动创新驱动高质量发展与美丽中国建设。为响应国家号召，更好发挥科技创新在实现双碳目标过程中的战略支撑作用，科技部成立了科技部碳达峰碳中和科技工作领导小组，负责组织与协调各司局双碳相关工作。领导小组第一次会议提出要尽快形成《碳达峰碳中和科技创新行动方案》的研究计划，并推进《碳中和技术发展路线图》的编制，推动成立"碳中和关键技术研究与示范"重点专项。中国科学

技术信息研究所（以下简称"中信所"）作为科技部直属信息研究机构，积极配合部内相关工作安排，新成立了"区域创新发展研究中心"，并在所重点一期与二期项目中对双碳关键技术及脱碳成本等问题进行立项研究，已与各领域专家建立了专门的交流渠道，统筹协调，积极开展与双碳相关的情报跟踪监测与研究工作。中信所特组织区域创新发展研究中心的研究团队编撰本书，支撑科技部与地方政府的双碳科学决策。

事实上，中信所早在 2007 年就开始持续跟踪、监测与分析美国、日本、英国、德国、法国等主要国家的能源管理、能源技术及最新进展等，2010 年主持国家软科学研究计划重点项目"新能源研发态势及对我国能源战略的影响"，2012 年主持国家能源局政策法规司委托软科学研究项目"主要国家能源管理体制的比较研究"，2016 年主持完成国家重点研发计划项目"科技创新对生态文明建设贡献的评估方法体系与应用示范"，这些课题的研究成果有效支持了科技部、国家能源局、国务院发展研究中心等部门与机构的科学决策。随着 2015 年底 195 个缔约方在第二十一届联合国气候变化大会上一致同意通过《巴黎协定》，相关发达国家又围绕双碳目标，做出了一系列决策与部署，并在能源的管理体制、法律法规、政策措施等方面进行了有益的探索，取得了很多成功经验。为了反映世界主要能源生产和消费国的能源发展基本情况和基本经验，及时了解这些国家在双碳目标下能源管理变迁和演化的过程、成功经验、主要做法等，中信所组织编写了本书，为科技部、国家能源局等有关部门、科研机构、高校、能源企业和能源行业协会推动实施双碳行动，开展能源管理、科学研究及国际能源合作等相关工作提供有效支撑。

本书主要包括五部分内容，分别介绍美国、日本、德国、英国、法国等国家的能源现状、能源管理体制、能源法律法规及能源管理等内容，其中能源现状包括能源资源储量、能源生产、能源消费及 CO_2 排放情况等；能源管理体制包括主管机构、支撑机构、管理体系及主要企业等；能源法律法规包括能源综合法、能源专门法等；能源管理主要包括能源战略、实施计划、管理举措等。

在本书策划与编撰过程中，得到科技部相关司局领导与中信所领导的大力支持，其中科技部社会发展科技司傅小锋副司长、康相武处长、陈小鸥副处长等给予法律法规、政策、管理等方面的指导；科技部国际合作司杨雪梅处长、肖蔚处长、张换兆处长等给予国际能源科技合作的政策、措施等方面的指导；中信所赵志耘所长、刘琦岩副所长从主要国家选取、研究框架等方面给予指导与帮助。中信所区域创新发展研究中心各位同志负责本书的撰写工作，其中孟浩负责引言、美国、德国、法国等部分的撰写及全书的统稿、校稿工作，郑佳负责组织与协调工作，王大伟负责日本部分的撰写工作，熊书玲负责英国部分的撰写工作，傅俊英、隗筱琦负责德国部分内容的撰写工作，侯禹负责法国部分内容的撰写工作，李阳等负责相关部分的资料收集等工作。

本书可供在政府有关部门、能源企业、科研机构、高校和能源行业协会中从事能源管理与能源研究工作的人员参考。在本书撰写过程中，作者参阅了大量的国内外文献及政府或机构网站，书中对主要参考文献作了标注，并将部分政府或机构的网址附录书后，在此对相关机构、作者及网站表示衷心的感谢！对于未能逐一注明出处的文献的作者、机构或相关网站，在此深表歉意！科学技术文献出版社周国臻等编辑为本书的出版付出了大量的辛苦劳动，在此一并致谢！由于组稿、撰写时间较短，加之作者水平有限，书中不足之处在所难免，敬请有关专家和读者批评指正。

著　者
2023 年 4 月

目录

CONTENTS

CONTENTS

0 引 言

0.1 研究背景与意义

应对气候变化已成全球共识。联合国政府间气候变化专门委员会（IPCC）的第一次到第六次评估报告越来越清楚地表明，人类活动是引起气候变化的主要原因。目前，全球已有 54 个国家的碳排放实现达峰，占全球碳排放总量的 40%，且多数为发达国家（如美国、日本、英国、法国、德国等），这些国家提出到 2050 年实现碳中和。2020 年 9 月，以习近平同志为核心的党中央审时度势，做出中国 2030 年前实现碳达峰、2060 年前实现碳中和目标（以下简称"双碳目标"）的重大决策，充分体现了中国推动生态文明建设的内在要求，彰显了中国构建人类命运共同体的责任担当，对于我国乃至全球未来可持续发展均具有重要的战略意义。

为了更好地贯彻落实党中央关于实现双碳目标的决策部署，提升我国能源管理水平，很有必要借鉴发达国家的先进管理经验。但是如何选择相关发达国家，又如何分析其双碳目标下的能源管理，就成为本书必须解决的首要问题。

0.2 研究基础

事实上，本书的主要研究内容可以追溯到 2007 年。当时，"主要国家能源管理"作为中信所战略研究中心重点科技领域分析的重要研究领域，能源与低碳发展研究团队就开始跟踪、监测与分析美国、日本、欧盟等主要发达国家（地区）能源领域的主管机构、科技部署、技术进展及管理举措等，为科技部、国家能源局等相关部门提供决策支持。此后，先后在国家软科学研究计划重点项目"新能源研发态势及对我国能源战略的影响"（2010GXS1K087）、国家科技支撑计划项目"我国应对气候变化科技发展的关键技术研究"（2012BAC20B09）及国家重点研发计划项目"科技创新对生态文明建设贡献的评估方法体系与应用示范"（2016YFC0503407）等的大力支持下，研究团队围绕新能源、气候变化、低碳发展、科技创新、生态文明建设等相关领域，密切关注主要国家（地区）重大战略规划与政策、技术部署、产业发展及关键技术进展，取得了一定成效，撰写了《主要国家能源管理及其启示》等一系列研究报告，发表了主要国家能源管理，应对气候变化现状、对策及启示等相关研究成果。

2021年6月，为贯彻落实党中央关于实现双碳目标的决策部署，支撑科技部碳达峰碳中和科技工作领导小组的工作，中信所新成立了"区域创新发展研究中心"，能源与低碳发展研究团队的主要研究人员也到了区域创新发展研究中心，并受到中信所2021年所重点一期与二期项目中对双碳关键技术及脱碳成本等相关问题进行研究的立项支持，继续从事主要国家能源与双碳相关的法律法规、科技计划、研发部署、技术进展及支持举措等方面的跟踪、监测与分析，相关研究成果以动态、专报、研究报告等上报科技部等部门，多次得到部级以上领导的批示，有力支撑了科技部等相关部门的决策。

以上这些研究成果为本书的撰写提供了良好的研究基础。

0.3 研究对象选择

在全球积极应对气候变化、努力实现双碳目标的背景下，作者认为选择美国、日本、德国、英国、法国等国家作为本书的研究对象，具有重要的现实意义，其主要原因有以下几点。

首先，所选国家必须是有代表性的发达国家。例如，美国代表了能源资源丰富的大国，又是全球能源生产、消费、贸易的强国；日本代表了能源资源匮乏的大国，也是能源消费与能源国际化的典型强国，在能源多元化、国际化等方面值得我国借鉴。

其次，所选国家在低碳发展方面具有显著特点。例如，英国是首个提出低碳发展理念的国家，并在设置能源与气候变化部、出台气候变化政策等方面都进行过积极探索，有不少低碳管理方面的好的经验与做法，取得了良好的管理效果。

再次，所选国家在先进能源技术方面具有代表性。例如，法国代表了核能生产与消费为主的发达国家，具有丰富的核能技术开发、运营与管理经验；德国在能源清洁转型方面具有代表性，不仅实现了化石能源的清洁化利用，而且大力发展了太阳能、氢能等新能源，还将逐步退出煤炭和核能。

最后，所选国家实施碳中和的主要举措具有借鉴意义。例如，重视制定能源与气候变化的相关法律法规，出台支持新能源发展的财政补贴、税收优惠及碳税等政策；根据各国实际，不同国家部署研发不同技术路线的新能源技术；加强国际能源科技合作与交流，不断提升能源技术研发能力与水平。

0.4 研究框架

本书以主要国家的能源相关管理机构、主要国际机构、知名企业与智库等官方网站发布的信息、数据与报告等客观数据/事实为基础，结合国内外专家学者的研究成果，采用图表展示、定性分析、定量分析、归纳演绎等方法，首先较为系统、全面地描述主要国家在能源资源、能源生产、能源消费、CO_2 排放等方面的发展现状，这是了解与认识一个国家能源现状的基础。其次，跟踪、监测与分析主要国家的能源管理机构、管理体系及其参与主体的基本情况，剖析能源管理机制、不同参与主体的运营机制、发挥作用的方式与途径等，揭示不同国家的管理特点。最后，围绕双碳视角下主要国家的能源法律法规、政策、管理战略、科技研发计划及管理举措，重点分析这些国家实现双碳目标的典型做法与经验，这将为我国政府、企业、高校、科研院所在实现双碳目标下从事相关能源管理、关键行动及创新活动提供有益的借鉴。本书研究框架如图 0.1 所示。

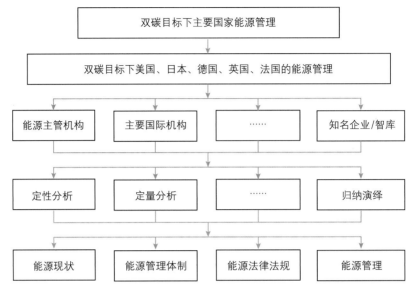

图 0.1　本书研究框架示意

1 美国能源管理

美国具有高度发达的现代市场经济，拥有丰富的能源资源，煤、石油、天然气等储量居世界前列。美国石油储量丰富，是石油生产大国。据BP《世界能源统计年鉴》显示，2020年底美国煤探明储量2489亿t，居世界第1位；石油探明储量达688亿桶，居世界第9位，石油日产量达1647.6万桶，占世界18.6%，居世界第1位；天然气探明储量126 000亿 m³，占世界6.7%，居世界第5位。

1.1 美国的能源现状

1.1.1 能源资料储量

1980 年，美国石油探明储量为 36.5 Tmb（Thousand Million Barrels），随后逐步减少到 2008 年的 28.4 Tmb，自 2009 年开始总体上呈现较快增长，由 30.9 Tmb 增加到 2019 年的 68.9 Tmb，2008—2018 年年均增长达 9.3%，2019 年美国石油探明储量占世界总探明储量的 4%，储采比［储采比为油（气）田剩余可采储量与当年产量之比］为 11.1[①]。1980—2019 年美国的石油探明储量总体上呈现缓慢减少再较快增长的发展趋势（图 1.1）。

1980 年，美国天然气探明储量为 5.4 Tcm（Trillion Cubic Metres），随后缓慢降低至 1994 年的 4.4 Tcm，为历史最低，此后逐步增至 2014 年的 10.0 Tcm 后，降至 2015 年的 8.3 Tcm，又快速增长到 2019 年的 12.9 Tcm，占世界总探明储

---

① 参考 BP 的《世界能源统计年鉴 2020》。以下相关数据如不特别注明，均来自 BP 的《世界能源统计年鉴 2020》。相关数据的单位，如 Tmb、Tcm、Mt、MPU、Bcm、TW·h、EJ 等也是参照该年鉴使用的。

量的 6.5%，储采比为 14。1980—2019 年美国的天然气探明储量经历了缓慢减少再增长到快速增长的发展态势（如图 1.2 所示，不包括放空燃烧或回收的天然气）。

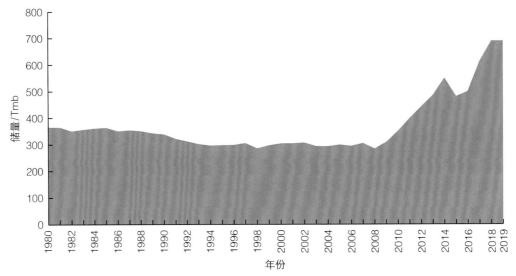

图 1.1　1980—2019 年美国石油探明储量的变化状况

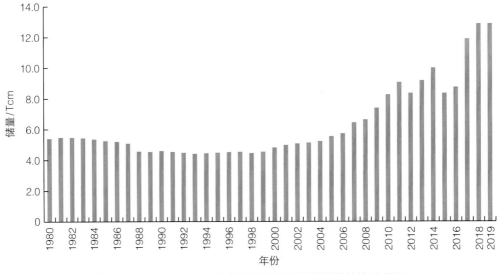

图 1.2　1980—2019 年美国天然气探明储量的变化状况

美国的煤炭资源主要是无烟煤、烟煤、亚烟煤和褐煤，2009 年底煤炭探明储量为 238 308 Mt，占世界总探明储量的 28.9%，储采比为 245，其中无烟煤和烟煤探明储量为 108 950 Mt，亚烟煤和褐煤探明储量为 129 358 Mt。2019 年底煤炭探明储量为 249 537 Mt，占世界总探明储量的 23.3%，储采比为 390，其中无烟煤和烟煤探明储量为 219 534 Mt，亚烟煤和褐煤探明储量为 30 003 Mt。

美国主要的铀资源分布在怀俄明盆地、科罗拉多高原及得克萨斯的墨西哥湾沿岸。绝大部分铀矿体位于沉积地层中，存在于较浅的近乎水平层状的砂岩、泥岩和石灰岩中。铀矿物在围岩中以浸染状和孔隙充填状出现。在 250 米深度内的矿床铀储量占已知储量的 85%，在 105 米以内的占 55%。根据 2010 年 7 月美国能源署（EIA）发布的《铀资源储量》报告，1993 年以来，美国不同远期成本的铀资源储量是不同的，且均呈缓慢下降的趋势，其中远期成本 30 美元/磅的铀资源储量自 1993 年的 292 MPU（Million Pounds U_3O_8）逐步降至 2003 年的 265 MPU，2008 年已降到 102 MPU；远期成本 50 美元/磅的铀资源储量自 1993 年的 952 MPU 逐步递减到 2003 年的 890 MPU，2008 年已降至 539 MPU；远期成本 100 美元/磅的铀资源储量自 1993 年的 1511 MPU 逐步降至 2003 年的 1414 MPU，2008 年已降到 1227 MPU（图 1.3）。

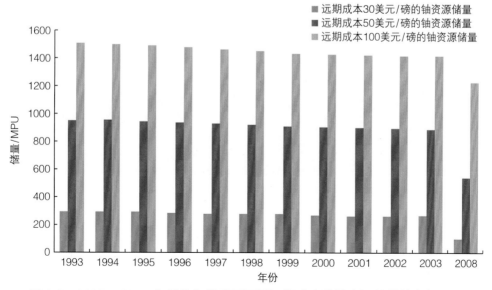

图 1.3　1993—2008 年部分年份美国不同远期成本的铀资源储量的变化状况

（资料来源：http：//www.eia.gov/cneaf/nuclear/page/reserves/ures.html）

OECD 2010 的数据显示：截至 2009 年 1 月 1 日，美国铀资源探明储量回收成本 ≤ 130 美元/kg 的铀储量为 20.74 万 t，居世界第 5 位；回收成本 ≤ 80 美元/kg 的铀储量为 3.9 万 t，居世界第 11 位[1]（以下关于铀资源的数据，除特别注明外均出自 OECD 2010 发布数据）。美国 EIA 的数据显示，截至 2019 年底，按矿山和财产状况、开采方法和州划分，美国远期成本 ≤ 30 美元/磅的铀资源 U_3O_8 储量为 3120 万磅，远期成本 ≤ 50 美元/磅的铀资源 U_3O_8 储量为 20 600 万磅，远期成本 ≤ 100 美元/磅的铀资源 U_3O_8 储量为 38 880 万磅[2]。

1.1.2 能源生产

美国的石油生产量自 1965 年的 427.7 Mt 增加到 1970 年的 533.5 Mt，此后逐渐降至 1976 年的 458.0 Mt，再逐步增加到 1985 年的 498.7 Mt，随后逐步下降至 2008 年的 302.2 Mt，最后逐步快速增长到 2019 年 746.7 Mt，比 2018 年增加了 11.2%，2008—2018 年年均增长为 8.3%，2019 年美国石油生产量占世界石油生产总量的 16.7%，长期以来石油生产量总体上处于先增长后减少再快速增长的状态（图 1.4）。

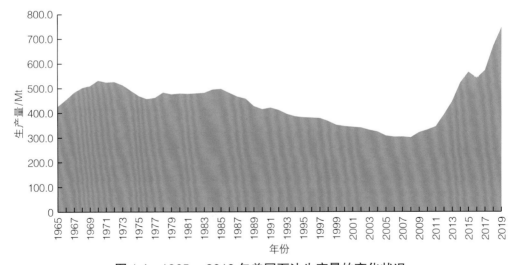

图 1.4　1965—2019 年美国石油生产量的变化状况

①　http：//www.wise-uranium.org（2010-11-05）。

②　https：//www.eia.gov/uranium/production/annual/ureserve.php（2021-09-03）。

美国的天然气生产量自 1970 年的 571.5 Bcm（十亿 m³）增加到 1971 年的 587.7 Bcm，之后逐步降至 1986 年的 436.3 Bcm，为历史最低。此后先逐步缓慢增至 2001 年的 531.9 Bcm，再逐渐降到 2005 年的 489.4 Bcm，最后快速增加到 2019 年的 920.9 Bcm，占世界天然气生产总量的 23.1%，2008—2018 年年均增长 4.3%，2019 年比 2018 年增长了 10.2%，长期以来总体上处于先增后减再逐步增长到快速增长的发展状态（图 1.5）。

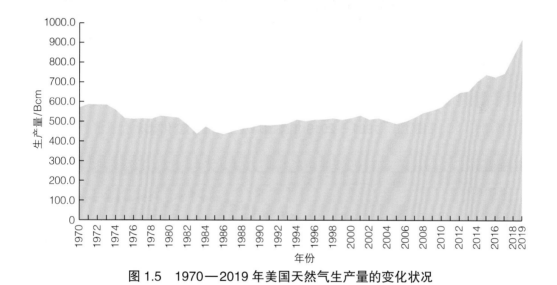

图 1.5　1970—2019 年美国天然气生产量的变化状况

美国煤炭生产量自 1980 年的 747.3 Mt 总体上逐步增至 2008 年的 1603.0 Mt，随后又逐步下降到 2019 年 639.8 Mt，2019 年的煤炭生产量占世界煤炭总生产量的 7.9%，长期以来煤炭生产总体上处于增长后逐步减少的发展态势（图 1.6）。

美国的电力生产量自 1985 年的 2657.2 TW·h（太瓦时）总体上逐步增加到 2019 年的 4401.3 TW·h，占世界电力生产总量的 16.3%，长期以来电力生产总体上处于逐步增长的发展状态（图 1.7）。

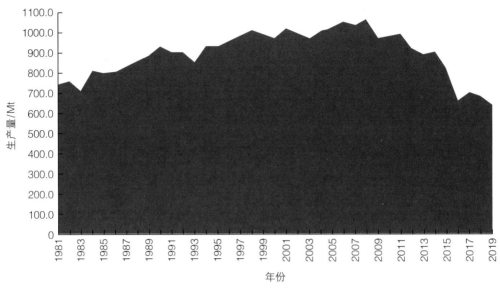

图 1.6　1981—2019 年美国煤炭生产量的变化状况

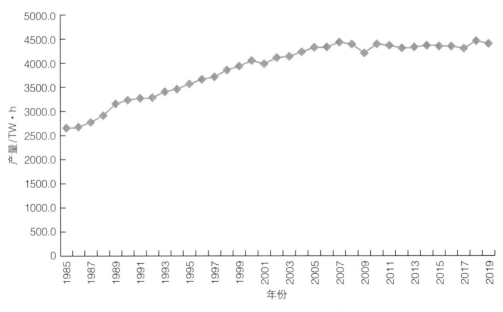

图 1.7　1985—2019 年美国电力生产量的变化状况

根据世界核学会（World Nuclear Association，WNA）2009 年及 2010 年的报告，在 2005—2009 年的 5 年中，美国的铀产量分别为 1039 t、1692 t、1654 t、1430 t 和 1453 t，均居世界第 8 位。而 2019 年美国铀产量仅为 67 t。

美国 EIA 的数据显示[①]：美国铀矿生产从 2006 年的 4.7 MPU 下降到 2008 年的 3.9 MPU，再缓慢增加到 2014 年的 4.9 MPU，随后快速下降到 2019 年的 0.2 MPU，总体呈现先降后增再快速下降的发展过程（图 1.8）。

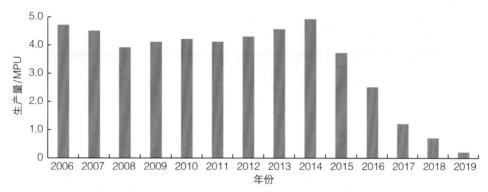

图 1.8　2006—2019 年美国铀矿生产情况

美国可再生能源发电量从 2000 年的 72.8 TW·h 缓慢增加到 2007 年的 109.8 TW·h，再快速增加到 2019 年的 489.8 TW·h，2019 年增长率达 8.1%，2008—2018 年年均增长率达 12.5%，2019 年美国可再生能源发电量占全球可再生能源发电量的 17.5%，总体呈现先缓慢增长再较快增长的发展过程（图 1.9）。

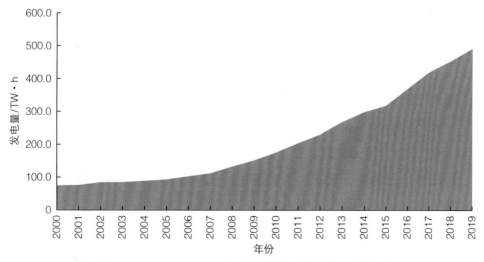

图 1.9　2000—2019 年美国可再生能源发电量情况

———————————

① 　https：//www.eia.gov/uranium/production/annual/usummary.php.

1.1.3 能源消费

美国的石油消费量自 1965 年的 551.3 Mt 增加到 1977 年 888.3 Mt，此后逐渐降到 1983 年的 688.9 Mt，又缓慢增至 2005 年的 926.8 Mt，再降到 2012 年的 778.2 Mt，又逐步增加到 2019 年的 841.8 Mt，比 2018 年下降 0.3%，占世界石油消费总量的 18.9%，长期以来石油消费总体上处于缓慢上升、下降，到再上升、下降的循环发展状态（图 1.10）。

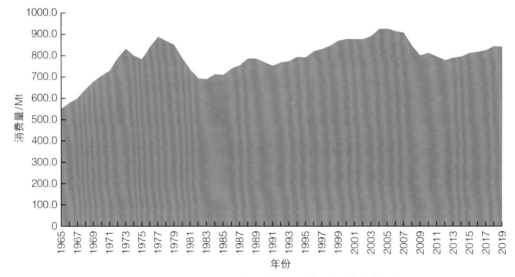

图 1.10　1965—2019 年美国石油消费量的变化状况

美国的天然气消费量自 1965 年的 415.9 Bcm 逐步增至 1972 年的 598.7 Bcm，之后降到 1986 年的 437.6 Bcm，再逐步增加到 2019 年的 846.6 Bcm，2019 年比 2018 年增加 3.3%，占世界天然气消费总量的 21.5%，长期以来总体上处于不断增长、减少、再逐步增长的变化状态，后期增幅较前期更大、更持久，且有加速增长的趋势（图 1.11）。

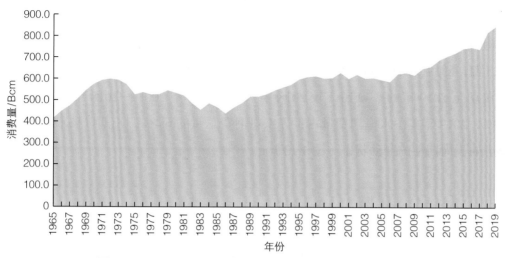

图 1.11　1965—2019 年美国天然气消费量的变化状况

美国的煤炭消费量自 1965 年的 11.61 EJ（埃焦耳）逐步增加到 2007 年的 22.80 EJ，此后呈现快速下降的态势，2019 年仅有 11.34 EJ，比 2018 年降低 14.6%，2008—2018 年年均下降 5.1%，2019 年美国煤炭消费量占世界煤炭消费总量的 7.2%，长期以来煤炭消费总体上处于稳步增长后快速下降的发展趋势（图 1.12）。

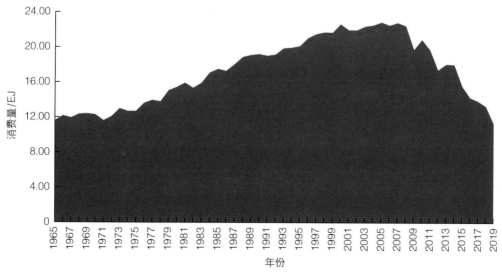

图 1.12　1965—2019 年美国煤炭消费量的变化状况

美国的水电消费量自 1965 年的 1.99 EJ 逐步增加到 1974 年的 3.07 EJ，快速下降到 1977 年的 2.26 EJ，再增加到 1983 年的 3.39 EJ，又快速下降到 1988 年的 2.28 EJ，随后波动式增长到 1997 年的 3.56 EJ，之后快速下降到 2001 年的 2.09 EJ，再波动至 2019 年的 2.42 EJ，较 2018 年下降了 6.7%，2008—2018 年年均增长仅 0.8%，2019 年美国水电消费量占世界水电消费总量的 6.4%，长期以来水电消费总体上处于周期性的变动状态（图 1.13）。

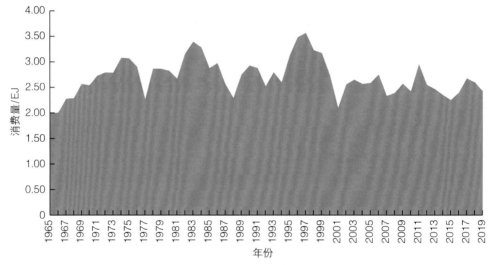

图 1.13　1965—2019 年美国水电消费量的变化状况

美国的核电消费量自 1965 年的 0.04 EJ 快速增长到 2002 年的 8.11 EJ，此后缓慢下降，2019 年比 2018 年下降了 0.1%，为 7.6 EJ，占世界核电消费总量的 30.5%，2008—2018 年年均下降 0.6%，长期以来核电消费总体上处于快速增长后缓慢下降的发展态势（图 1.14）。

美国的可再生能源消费量自 2000 年的 0.87 EJ 缓慢增长到 2005 年的 1.24 EJ，此后快速增长到 2019 年的 5.83 EJ，占世界可再生能源消费总量的 20.1%，2019 年增长率达 5.9%，2008—2018 年年均增长 10.1%，长期以来可再生能源消费总体上呈缓慢增长到快速增长的发展态势（图 1.15）。

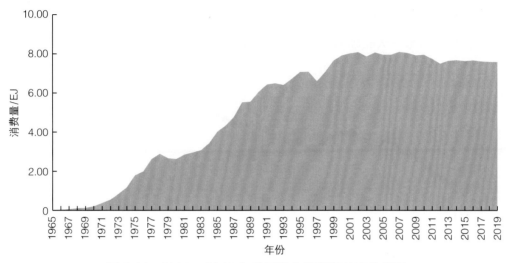

图 1.14　1965—2019 年美国核电消费量的变化状况

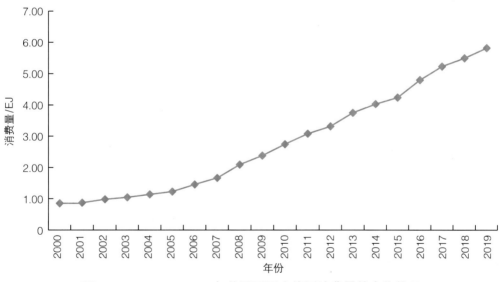

图 1.15　2000—2019 年美国可再生能源消费量的变化状况

美国的一次能源消费量自 1965 年的 52.43 EJ 增加到 1973 年的 73.98 EJ，下降到 1975 年的 70.36 EJ 后又增长到 1979 年的 77.39 EJ，再下降到 1983 年的 69.07 EJ，随后逐步增长至 2007 年的 97.00 EJ，此后缓慢下降，2019 年比 2018 年下降了 1%，为 94.65 EJ（其中，石油 36.99 EJ，天然气 30.48 EJ，煤炭 11.34 EJ，

核电 7.60 EJ，水电 2.42 EJ，可再生能源 5.83 EJ），占世界一次能源消费总量的 16.2%，长期以来一次能源消费总体上处于增长状态（图 1.16）。

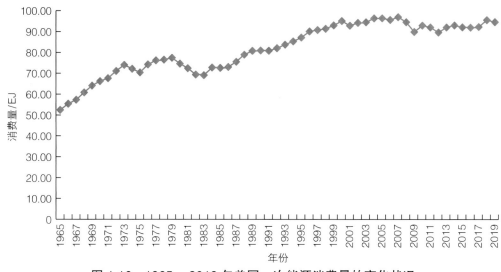

图 1.16　1965—2019 年美国一次能源消费量的变化状况

1.1.4　CO_2 排放情况

美国的 CO_2 排放量自 1965 年的 3480.1 Mt 增加到 1973 年的 4764.4 Mt，此后由于石油危机逐步下降到 1975 年的 4466.3 Mt，随后逐步增加到 1979 年的 4958.3 Mt，又逐步降低到 1983 年的 4372.5 Mt，逐步增加到 2007 年 5884.2 Mt，达到美国 CO_2 排放的最高点，此后总体上逐步下降到 2019 年的 4964.7Mt，占世界 CO_2 排放总量的 14.5%[①]，长期以来美国 CO_2 排放总体上处于先增长达峰再逐步减少的状态（图 1.17）。

---

① 参考 BP 的《世界能源统计年鉴 2020》。

图 1.17　1965—2019 年美国 CO_2 排放量的变化状况

1.2　美国的能源管理体制

1.2.1　美国能源主管部门概述

美国是目前全球最大的能源生产和能源消费国，这个人口占世界人口 5% 的国家消费了全球 24% 的能源。美国能源的管理模式为"政监分离，分级监管，体系完备"。其能源主管部门是能源部（Department of Energy，DOE），主要负责核武器的研制、生产、运行维护和管理，以及联邦政府能源政策及战略制定、行业管理、相关技术研发等工作。而 DOE 所属的联邦能源监管委员会（Federal Energy Regulatory Commission，FERC）是一个独立的能源监管机构，主要负责依法制定联邦政府职权范围内的能源监管政策并实施监管，还对州之间电力、天然气和石油的运输进行管制，以及授予相关工程建设许可。联邦所属各州政府同样设立了能源管理部门和能源监管机构，行使州政府职权范围内的能源政策和能源监管职责。

此外，内政部下属的矿产管理局以及环保署、劳工部、运输部等政府部门也负责部分油气资源的管理，但侧重点各不相同，如矿产管理局主要以环境上既健康又安全的方式管理美国外部大陆架的天然气、石油和其他矿产资源；环保署注重可再生能源和节能技术的推广，以及可再生能源和节能产业的建设和市场开发产业的建设和市场开发；劳工部负责确保油气产业工人健康和安全；运输部负责管理管道工作，以保证天然气、液化气、石油输送过程中的安全和环境无害化。

除联邦政府和州政府能源主管部门外，美国还有众多的支持机构以及大量的行业协会（学会）、科研机构和非政府组织如美国可再生能源委员会、美国国家石油委员会（NPC）、美国国家可再生能源实验室（NREL）、美国太阳能产业协会（SEIA）、美国节能联盟（ASE）等，它们构成了美国完备的能源管理体系。这些机构拥有世界一流的科研能力和行业管理经验，经常为美国各级政府充当智囊团的角色，成为政府和企业之间沟通的桥梁，对各州乃至联邦政府的可再生能源和节能发展战略及政策制定发挥着重要的作用。例如，美国国家可再生能源实验室和劳伦斯伯克利实验室，负责组织编制美国可再生能源和节能技术发展战略路线图，组织重点技术的研发和重要工程的实施，已成为美国实施国家能源技术研发战略的中坚力量。

（1）能源部的起源

DOE 作为联邦政府部门，是根据 1977 年国会通过的《能源部组织法》有关规定而成立的。事实上，DOE 作为美国历史上的第 12 个内阁机关，整合了原来的美国原子能委员会（Atomic Energy Commission，AEC）及散布在整个联邦政府中与能源有关计划的混编机构[1]。

AEC 根据《原子能法》（1946 年）而成立，它接管了曼哈顿计划庞大的科学和工业园区；在冷战初期，AEC 专注于设计和生产核武器并开发用于海军舰艇的核反应堆；1954 年修订的《原子能法》终止了政府对原子的专有使用，并开始发展商业核电行业，赋予了 AEC 监管新行业的权力；随着冷战的结束，DOE 将重点放在核武器综合体的环境清理以及核储备的不扩散和管理上。20 世纪 70 年代中期的能源危机加

---

[1]　https：//www.energy.gov/lm/doe-history/brief-history-department-energy.

速了联邦能源政策和计划的重组，联邦政府与能源有关计划的混编机构包括能源研究和开发管理局、美国能源管理局和联邦动力委员会，此前向内政部报告工作的电力销售管理局，也转而向 DOE 报告工作，系列法律赋予了 DOE 广泛的职权和责任。20 世纪 70 年代后期，DOE 强调能源开发和监管。21 世纪以来，DOE 致力于通过科学和技术解决方案应对能源、环境和核挑战，从而确保国家的安全与繁荣。

为完成这一使命，DOE 确立了四大目标：促进国家能源系统及时、关键和高效的转型，确保美国在清洁能源技术上的领导地位；大力开发战略领域下科学和工程的研究作为国家经济繁荣的基石，强化在战略领域拥有明确的领导地位；通过国防、防止核武器扩散、环保等工作加强核安全；建立一个可操作、适应性强的框架，以便集合所有部门利益相关者的智慧，最大限度地完成部门使命①。

DOE 主要负责美国联邦政府能源政策制定、能源行业管理、能源相关技术研发和武器研制等。其具体职责包括：收集、分析和研究能源信息，提出能源政策方案和制定能源发展与能源安全战略，研究开发安全、环保和有竞争力的能源新产品，管理核武器、核设施及消除核污染，负责石油战略储备和石油天然气进出口，对油气资源开发、储运、油品加工、环境治理等方面进行监管分析、经济分析和市场分析等。其中，国家能源战略的主要目标是：提高能源效率；确保应对能源危机的能力；促进环保能源的生产和利用；通过不断的科技进步来拓展未来的能源选择，加强能源问题国际合作②。

DOE 部长由总统直接提名并由议会批准，DOE 经费主要来源于联邦预算拨款。近年来，DOE 的预算拨款逐年增加，由 2003 年度执行预算额的 222.15 亿美元增长到 2009 年度执行预算 338.56 亿美元，到 2020 年度执行预算 385.13 亿美元，2003—2020 年 DOE 执行预算情况如图 1.18 所示。其中，原子能及核武器管理方面的支出占比大幅下降，清洁能源和可再生能源方面的拨款逐年增加，尤其是根据 2009 年《经济复兴和再投资法案》追加的 387 亿美元拨款中，用于节能与可再生能源的拨款追加了 168 亿美元，用于环境保护的拨款追加了 60 亿美元③。

---

① https：//www.energy.gov/mission.
② 黄婧.论美国能源监管立法与能源管理体制［J］.环境与可持续发展，2012（2）：67-71.
③ 同②。

目前，DOE 有 1.5 万多名政府雇员，包括从工程到会计、从公共政策到气候科学、从物理到法律等各方面的专家[①]。

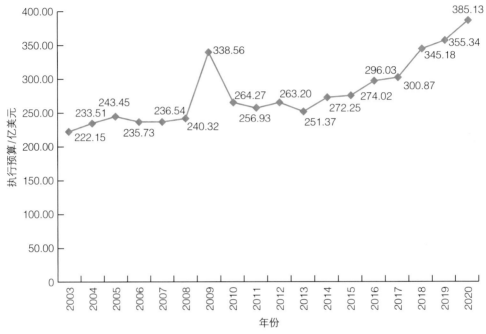

图 1.18　2003—2020 年美国能源部执行预算情况

（资料来源：根据 https：//www.energy.gov/cfo/listings/budget－justification－supporting－documents 网站 2004—2021 财年 DOE 预算整理）

（2）能源部组织结构

DOE 的负责人是 DOE 部长，为总统内阁成员，截至 2020 年底，DOE 部长为丹·布鲁耶特。DOE 接受 FERC 的指导和监督。除 DOE 部长外，部长办公室还设第一副部长（目前空置）。2020 年 1 月 13 日，DOE 发布了新的组织结构（图 1.19）[②]。

---

① 黄婧 . 论美国能源监管立法与能源管理体制［J］. 环境与可持续发展，2012（2）：67－71.

② https：//www.energy.gov/sites/prod/files/2020/01/f70/DOE%20Leadership%20Org%20Chart_01142020_PA%5B1%5D.pdf.

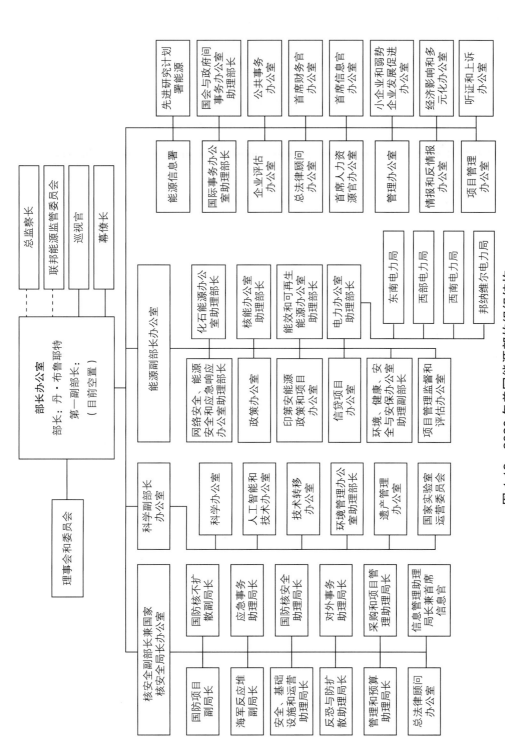

图 1.19 2020 年美国能源部的组织结构

21

DOE 下设 3 个副部长办公室（Office of the Under Secretary），分别是科学副部长办公室（Office of the Under Secretary for Science）、能源副部长办公室（Office of the Under Secretary of Energy）和核安全副部长兼国家核安全局长办公室（Office of the Under Secretary for Nuclear Security and National Nuclear Security Administration）。

能源副部长负责通过执行、管理和协调 DOE 的能源计划来推动实行变革性的能源政策和开发技术解决方案。科学副部长负责推动高能粒子物理学、基础能源、先进计算、核聚变、生物以及环境等领域的研究项目，直接管理美国国防部大部分国家实验室及其世界领先的研究设施。核安全副部长领导国家核安全局，职责包括维护美国核武器的安全和有效性，减少全世界核扩散和核恐怖主义的威胁，为美国海军提供安全有效的核动力。

3 个副部长办公室分别领导若干项目办公室和行政办公室，DOE 部长办公室除了直接领导项目办公室和行政办公室外，还领导美国各地区的电力管理局。DOE 直属机构包括美国能源信息署等。

（3）能源部的演变

随着《能源政策法》（2005 年）、《能源独立和安全法》（2007 年）等法律的颁布与实施，为了配合奥巴马政府实施《经济复兴和再投资法案》（2009 年）、《能源战略计划》（2011 年），2011 年 12 月 6 日 DOE 网站公布了机构设置：1 个独立于 DOE 的 FERC、13 个职能部门、10 个项目办公室、9 个外地办事处、1 个能源信息署、1 个国家核安全局、4 个电力市场管理局、21 个实验室和研发中心以及 23 个专家咨询委员会（图 1.20）[①]。

首先，在部长办公室下设立了先进研究计划署 – 能源（Advanced Research Projects Agency–Energy，ARPA–E）、信贷项目办公室、美国复苏法案办公室及技术转移协调人，除原有的 FERC 外，新增了检察长职位，撤销了总监察办公室。这反映出美国加强了对新能源技术研发、应用及推广的管理，以有效推动新兴产业的发展。

---

① 国家能源局，中国科学技术信息研究所．主要国家能源管理体制的比较研究［R］.2012，9.

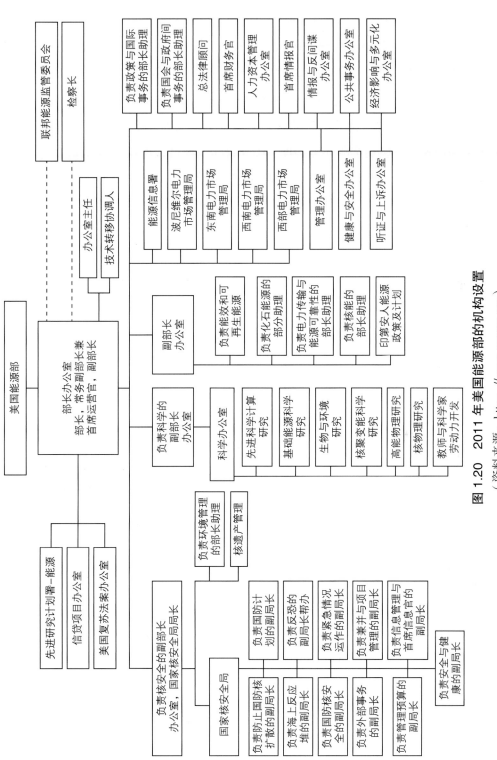

图 1.20 2011 年美国能源部的机构设置

（资料来源：http：//www.energy.gov）

其次，核安全管理部门的机构变化最大。在负责核安全的副部长办公室下设置了国家核安全局、负责环境管理的部长助理及遗产管理部门。在国家核安全局下，除原来的机构外，新增负责外部事务的副局长、负责兼并与项目管理的副局长、负责信息管理与首席信息官的副局长及负责安全与健康的副局长，把负责管理与行政的副局长改为负责管理与预算的副局长，撤销了负责基础设施与环境的副局长。这反映出美国加强了对核安全的环境管理、国际合作、项目管理及预算管理。

最后，副部长办公室管辖部门有增有减。新增印第安能源政策和项目管理部门，原来隶属副部长办公室负责环境管理的部长助理及遗产管理部门一起划归到负责核安全的副部长办公室下管理，并撤销了民用核废料管理部门。

可见，DOE主要负责制定和实施国家综合能源战略和政策。具体职责包括：收集、分析和研究能源信息，提出能源政策方案和制定能源发展与能源安全战略；研究开发安全、环保和有竞争力的能源新产品；管理核武器、核设施，消除核污染及保证核安全；负责石油战略储备和石油天然气进出口，对油气资源开发、储运、油品加工、环境治理等方面进行监管分析、经济分析和市场分析；管理和协调联邦政府内有关能源事宜等。为了实现上述职能，2011年DOE有14 500名联邦雇员和10万名合同工，其中有超过3万名科学家在美国国家实验室和技术中心从事能源前沿研究工作。

对比分析图1.19与图1.20可以看出，DOE组织机构又有新变化，主要表现如下：

一是第一副部长空缺。这反映了当前美国政府还没有合适的人选来担任DOE这一重要职位。不仅如此，FERC也存在较大的人员缺口，包括美国独立石油协会（Independent Petroleum Association of America）和美国石油学会（American Petroleum Institute）在内的联邦议员和行业组织一直在敦促时任总统特朗普尽快填补FERC的3个空缺，因为该机构在2020年2月失去了做出重大决策所需的法定人数。

二是新组建网络安全、能源安全和应急响应办公室。根据2017年特朗普总统签署的"13800行政文件"，加强联邦网络和关键基础设施网络安全，指示各部门和机构编写多份报告，进一步了解美国面临的网络安全风险，重点关注减轻这些风险的机会。2018年，DOE落实总统指示，成立了CESER，由DOE副部长办公室助理部长负责管理，进一步加强DOE在保护能源基础设施免受网络威胁、物理攻击和自然灾害方面发挥重要作用的能力。

三是组建人工智能和技术办公室。2019年2月，特朗普签署人工智能总统行政命令，又称《美国人工智能倡议》，强调人工智能继续在美国经济和国家安全方面发挥领导力，将人工智能全球进化的方式塑造为符合美国价值观、原则的方式。这是影响人工智能在美国发展的里程碑事件。随后，相关机构先后采取措施执行人工智能总统行政命令：3月，美国国家安全委员会（NSC）举行了首次全体会议；5月，美国国防创新委员会发布了软件采购和实践（SWAP）研究报告；6月，美国更新国家人工智能研发战略计划；7月，美国五角大楼发布其数字现代化战略，旨在通过云计算、人工智能、命令、控制和通信、网络安全的优先计划来支持美国国防战略的实施；8月，美国国家标准与技术研究院发布人工智能计划；9月6日，DOE宣布成立人工智能和技术办公室；10月，美国国防创新委员会提出并批准了人工智能原则；11月，NSC发布了关于人工智能的临时报告。可见，美国重视人工智能技术及其在能源、国防等领域的应用，这将对能源转型产生重大影响。2019年，美国《国防授权法》签署成为法律。该法案包含第238条和第1051条两项关于人工智能的立法，规定成立人工智能国家安全委员会。

四是重组科学副部长办公室管辖职责。在DOE部长办公室领导下，由科学副部长负责，下属的科学办公室没变，原来的先进科学计算研究、基础能源科学研究生物与环境研究、核聚变能科学研究、高能物理研究、核物理研究以及教师与科学家劳动力开发等职能在新的组织机构图中没有显示出来，把新成立的人工智能和技术办公室、原来属于部长办公室管辖的技术转移办公室、原来属于国家核安全局管理的核遗产管理及环境管理事务转移到科学副部长办公室管理，表明DOE开始更加重视研究新兴人工智能、核遗产及环境管理的科学问题，更加重视科研成果的转移转化，试图利用科研成果支撑新兴技术、核遗产及环境保护等问题。

五是重组能源副部长办公室管辖职责。在DOE部长领导下，保留能效和可再生能源、化石能源、核能、印第安人能源政策及计划等4个能源助理部长；扩充原来的电力传输与能源可靠性的助理部长为电力助理部长，把原来属于部长办公室的东南电力市场管理局、西南电力市场管理局、西部电力市场管理局、波尼维尔电力市场管理局纳入电力助理部长的职责范围内；把原来属于部长办公室负责政策与

国际事务的部长助理中的政策部分、信贷项目办公室以及新成立的网络安全、能源安全和应急响应办公室等纳入能源副部长办公室下管理，表明特朗普政府重视传统能源与突发能源安全问题。

DOE 共有 12 个项目办公室、19 个行政办公室、17 个国家实验室和 4 个技术中心。

1.2.2 能源部下属办公机构

美国 DOE 下属办公机构主要包括项目办公室与行政办公室。

（1）项目办公室

项目办公室主要包括人工智能和技术，网络安全、能源安全与应急响应，先进研究计划署 – 能源等 12 个办公室。

1）人工智能和技术办公室

人工智能和技术办公室（Office of Artificial Intelligence & Technology）负责通过加速人工智能的研究、开发、交付和采用，将 DOE 转变为世界领先的人工智能机构。DOE 超级计算机的强大功能使该办公室地位独特，有助于推动人工智能的发展。

2）网络安全、能源安全和应急响应办公室

网络安全、能源安全和应急响应办公室（Office of Cybersecurity，Energy Security and Emergency Response）负责加强 DOE 保护能源基础设施免受网络威胁的能力，在防止物理攻击和降低自然灾害损失方面发挥重要作用。

3）先进研究计划署 – 能源

2005 年，国会两党领导人要求美国国家科学院以"确定美国在维持科学和技术关键领域的领先地位方面面临的最紧迫挑战"，以及决策者可以采取的具体步骤来确保美国 21 世纪的竞争、繁荣和安全。在给国会《超越风暴：激励美国实现更光明的经济未来》的报告中，美国国家科学院呼吁采取果断行动，警告决策者美国数十年来在科学和技术上世界领先者的优势已开始受到侵蚀。报告建议国会在 DOE 中建立一个以成功的国防高级研究计划局（DARPA）为蓝本的高级研究计划局，DARPA 曾资助 GPS、隐形战斗机和计算机网络等创新技术。2007 年，国会通过该报告，乔治·W·布什总统签署了《美国竞争法》，正式授权创立先进研究计划署 –

能源，负责通过资金支持、技术援助和市场准备等方式推进研发具有较大潜力和影响、私人投资时机尚未成熟的前沿能源技术 [①]。

2009 年，ARPA-E 第一个项目的 4 亿美元预算是 2009 年美国《经济复兴和再投资法案》的一部分。图 1.21 反映了 ARPA-E 2010—2020 年的预算执行情况。由图 1.21 可知，ARPA-E 除 2010 年最初 4.00 亿美元预算外，从 2011 年的 1.80 亿美元总体逐步增长到 2020 年的 4.25 亿美元，这说明美国对能源高新技术研究给予了大力支持，以确保美国在清洁煤、非常规油气、核能、可再生能源等前沿技术的领先优势。

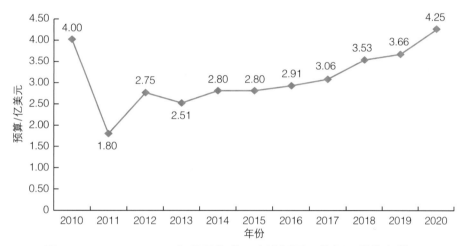

图 1.21　2010—2020 年美国先进研究计划署 - 能源预算执行情况

（资料来源：https：// arpa-e.energy.gov/?q=arpa-e-site-page/arpa-e-budget、https：// www. energy.gov/sites/prod/files/2020/02/f71/doe-fy2021-summary-table-by-organization_0.pdf、https：// www.energy.gov/sites/prod/files/2019/04/f61/doe-fy2020-statistical-table-by-organization.pdf）

4）信贷项目办公室

信贷项目办公室（Loan Programs Office）负责通过向合格的清洁能源项目提供贷款担保，向先进技术汽车及其零部件的生产商提供直接贷款，促进实现国家清洁能源目标。

5）电力办公室

电力办公室（Office of Electricity）由助理部长管理，负责通过各种技术和政策解决

---

① 　https：// arpa-e.energy.gov/?q=arpa-e-site-page/arpa-e-history.

方案，引导国家电网的现代化，增强能源基础设施的安全和可靠性，加强对能源供应中断的应对能力。

6）能效和可再生能源办公室

能效和可再生能源办公室（Office of Energy Efficiency & Renewable Energy）由助理部长管理，负责以市场化机制推进住房、建筑和制造业的节能，发展可持续交通和可再生能源发电。

7）科学办公室

科学办公室（Office of Science）是美国基础物理科学研究的最大支持单位，负责提供超过 40% 的国家基础研究经费。法律赋予该办公室的职责是监督 DOE 的所有研究和开发项目，避免存在重复和空白，管理 DOE 所管辖的 10 个国家实验室，发放基础和应用研究所需要的拨款和其他财务资助，进行 DOE 的研究目标和计划所需要的教育和培训活动，确保这些实验室集中精力独立或共同实现 DOE 的任务，分配政府的资源，提供支持以使其保持长期的科学技术优势，并促使各实验室在竞争与合作间保持适当的平衡。例如，科学办公室要求每个实验室的领导团队每年都要确定一个实验室未来发展的长远愿景，为科学办公室领导层和实验室讨论实验室未来的发展方向、优势和劣势、现实和长远的挑战以及资源需求提供支撑。

科学办公室有专门负责现场运营管理的副主任（Deputy Director for Field Operations，DDFO），主要负责与国家实验室有关的现场运营管理工作，具体负责建设和运行研究设施，并管理执行过程，将批准的项目资助提供给合适的管理运营承包商和个别研究人员。DOE 科学办公室设有：2 个总部办公室支持现场办公室的运作，包括实验室政策与评估办公室（Office of Laboratory Policy and Evaluation，OLPE），安全、安保和基础设施办公室（Office of Safety，Security and Infrastructure，OSSI）；10 个现场办公室（Site Office），除阿姆斯现场办公室位于阿贡国家实验室外，其余的现场办公室都设在各实验室所在地。现场办公室的主管也叫经理，直接负责向 DDFO 报告并与实验室高级经理、承包商领导人和科学办公室各项目副主任相互沟通与配合；1 个综合技术支持中心，包括芝加哥和橡树岭 2 个办公室，作为一个独立实体，综合技术支持中心为科学办公室的现场办公室提供必要的行政、业务和技术支持，也为整个 DOE 提供金融援助、财务管理和资产管理方面的支持。

8）环境管理办公室

环境管理办公室（Office of Environmental Management）由助理部长管理，负责消除核武器生产和研究遗留下来的负面问题，管理和指导美国受污染的核武器制造和测试场所的清理工作。

9）化石能源办公室

化石能源办公室（Office of Fossil Energy）由助理部长管理，负责确保国家在加强环境保护的同时，继续依靠传统资源获取清洁、安全和成本合理的能源。

10）印第安能源政策和项目办公室

印第安能源政策和项目办公室（Office of Indian Energy Policy and Programs）根据2005年《能源政策法》设立，负责指导、促成、协调和实施相应的能源规划、教育和管理项目，帮助印第安部落进行能源开发和能源基础设施建设，实现印第安部落土地和住房的电气化。

11）遗产管理办公室

遗产管理办公室（Office of Legacy Management）由助理部长管理，负责处理DOE的废弃和关闭设施，保护未来人类健康的环境。

12）核能办公室

核能办公室（Office of Nuclear Energy）负责管理和支持发展国家各种核能项目。

（2）行政办公室

DOE下属行政办公室共有19个，具体如下。

1）项目管理办公室

项目管理办公室（Office of Project Management）是2015年7月12日作为DOE的一个新组成部分而成立的，负责管理DOE项目，在向国会提交预算申请之前，验证部门项目的绩效基线，制定部门范围内与项目管理相关的政策、程序、计划和管理系统，并对承包商实施认证和监督审核。

2）国会与政府间事务办公室

国会与政府间事务办公室（Office of Congressional and Intergovernmental Affairs）由助理部长管理，负责通过与国会、州、部落、市县政府、其他联邦机构、利益相关者和一般公众进行联络、沟通、协调和互动，促进DOE的政策、项目、倡议的落实。

3）经济影响和多元化办公室

根据众多法案和行政命令，经济影响和多元化办公室（Office of Economic Impact and Diversity）负责落实部门范围内的政策，保障缺乏充分代表的社区、少数民族教育机构、小企业或妇女经营企业的就业机会平等。

4）政策办公室

政策办公室（Office of Policy）负责为 DOE 部长和副部长提供咨询服务，在对影响多个办公室的政策和问题进行分析时，该办公室作为协调的联络点，确保部门在制定和推进能源政策以及相关计划方案时的一致性，从而可确保促进能源经济向可持续发展转型。

5）企业评估办公室

企业评估办公室（Office of Enterprise Assessments）负责通过对部门安全绩效进行独立评估，应对能源、环境和核技术挑战，要求承包商对违规行为负责，并提供使安全经验制度化的培训方案。

6）环境、健康、安全与安保办公室

环境、健康、安全与安保办公室（Office of Environment，Health，Safety and Security）负责制定和指导实施有关环境、健康、安全的政策和标准，分享经验，确保 DOE 的项目实施能够做到保护工人和公众的健康和安全，保障能源部门的物理和信息资产的安全。

7）听证和上诉办公室

听证和上诉办公室（Office of Hearings and Appeals）负责举行听证会，代表 DOE 对任何 DOE 所授权的裁决事务做出初步裁决，并支持使用其他方式解决 DOE 活动中的争议。

8）总监察长

总监察长（Inspector General）负责通过审计、调查和其他审查方式促进对 DOE 项目的有效、高效和经济运营，防止 DOE 管理和资助的项目中出现欺诈行为。

9）国际事务办公室

国际事务办公室（Office of International Affairs）由助理部长管理，负责协调 DOE 相关部门以及其他联邦行政机关参与国际能源事务，协调 DOE 有关清洁能源、气候变化和技术出口的国际行动计划。

10）情报和反情报办公室

情报和反情报办公室（Office of Intelligence and Counterintelligence）负责整个 DOE 大楼内的所有情报和反情报活动，及时为 DOE 部长和其他部门的政策制定者提供针对外国核武器、核材料和世界能源问题的技术性情报分析。

11）管理办公室

管理办公室（Office of Management）负责 DOE 全方位的管理，集中指导和监督 DOE 采购和行政服务。

12）国家环境政策法实施办公室

国家环境政策法实施办公室（Office of NEPA Policy and Compliance）负责确保 DOE 遵守《国家环境政策法》以及相关法律的规定，并保存 DOE 实施此类法案的相关活动记录和文件。

13）公共事务办公室

公共事务办公室（Office of Public Affairs）负责管理和协调 DOE 的公共关系事务，处理与新闻媒体的关系。

14）小企业和弱势企业发展促进办公室

小企业和弱势企业发展促进办公室（Office of Small and Disadvantaged Business Utilization）负责实施《小企业法》的规定，通过政府采购、资金支持、提供信息和培训等方式支持小企业的发展。

15）首席财务官办公室

首席财务官办公室（Office of the Chief Financial Officer）负责通过制定和执行有关预算管理、项目分析和评估、财务会计、内部控制和部门财务等制度，确保 DOE 相关项目和活动的有效管理。

16）技术转移办公室

技术转移办公室（Office of Technology Transitions）负责代表 DOE 实施能源技术商业化，扩大 DOE 在技术研究、开发、示范和应用活动中的商业影响。

17）首席信息官办公室

首席信息官办公室（Office of the Chief Information Officer）负责设计和实施能源

信息技术项目，建立平衡风险和符合政策的信息系统。

18）首席人力资源官办公室

首席人力资源官办公室（Office of Chief Human Capital Officer）负责对 DOE 所有与人力资源管理有关的政策、项目和伙伴关系进行管理。

19）总法律顾问办公室

总法律顾问办公室（Office of General Counsel）负责为 DOE 部长、副部长和部内机构提供法律建议、咨询和帮助，并代表 DOE 与联邦、州和其他政府机关或法院处理法律事务。

1.2.3　能源部下属国家实验室

（1）国家实验室的基本情况

DOE 下设 17 个国家实验室，截至 2020 年共有全职员工 63 235 名，联合教员 1486 名，博士后研究人员 3394 名，本科生 3941 名，研究生 3800 名，访问科学家 8246 名，设施用户 39 123 个，他们共同从事美国技术领域最尖端的科学研究[①]。DOE 国家实验室最早可追溯到第二次世界大战时期，其间，美国实施的曼哈顿计划催生了一批旨在推进核武器研究的劳伦斯伯克利、阿贡等国家实验室，其后源于核能和平利用和国防领域的明确需求，成立了布鲁克海文等一批国家实验室。目前，DOE 拥有的 17 个国家实验室组成如下：一是由科学办公室管理的阿姆斯国家实验室、阿贡国家实验室、布鲁克海文国家实验室、费米国家加速器实验室、劳伦斯伯克利国家实验室、橡树岭国家实验室、太平洋西北国家实验室、普林斯顿等离子体物理实验室、SLAC 国家加速器实验室、托马斯·杰斐逊国家加速器实验室等 10 个国家实验；二是国家核安全局管理的劳伦斯利弗莫尔国家实验室、洛斯阿拉莫斯国家实验室、桑迪亚国家实验室等 3 个国家实验室；三是 DOE 办公室管理的爱达荷国家实验室、国家能源技术实验室、美国国家可再生能源实验室、萨凡纳河国家实验室等 4 个国家实验室。17 个国家实验室基本情况如表 1.1 所示。

---

① https：// www.energy.gov / sites / prod / files / 2021 / 01 / f82 / DOE%20National%20Labs%20Report%20FINAL.pdf.

表 1.1 美国 17 个国家实验室基本情况

名称	时间与地点	主要特色	经费预算	人员	获奖
阿姆斯国家实验室（Ames Laboratory）①	1947 年创建，爱荷华州立大学	由 DOE 所有，承包商运营，其核心能力集中在应用材料科学与工程、化学与分子科学、凝聚态物理与材料科学	2003 财年经费预算 2242 万美元，2020 财年执行预算增至 4702 万美元	目前在职员工 473 名	诺贝尔奖获得者 1 人
阿贡国家实验室（Argonne National Laboratory, ANL）②	1946 年创建，芝加哥大学	隶属于 DOE 和芝加哥大学，是美国最大的科学与工程研究实验室之一，研究领域涵盖材料科学、物理、化学、生物、生命和环境科学、高能物理、数学和计算科学、高性能能计算等领域	2018 财年运营预算经费 8.3 亿美元，采购经费 2.7 亿美元	现有全职职工 3163 名，科学家工程师 1320 名，博士后 260 名，研究生和本科生 595 名，联合教师 343 名	诺贝尔奖获得者 3 人
布鲁克海文国家实验室（Brookhaven National Laboratory, BNL）③	1947 年在纽约州长岛东端建立	隶属于 DOE，由石溪大学和布鲁克海文科学学会负责管理，主要研究技能和高能物理、材料物理和化学、纳米科学能源与环境、国家安全与防扩散、神经科学结构生物学和计算科学等	执行预算由 2003 年的 3.67 亿美元增到 2020 年的 5.76 亿美元	目前有 2500 多名工作人员	诺贝尔奖 7 项，R&D 100 奖 37 项

① https：//www.ameslab.gov/about-ames-laboratory.
② https：//www.anl.gov/argonne-national-laboratory.
③ https：//www.bnl.gov/about.

续表

名称	时间与地点	主要特色	经费预算	人员	获奖
费米国家加速器实验室（Fermi National Accelerator Laboratory, FNAL）[1]	1967年在伊利诺伊州巴达维亚（Batavia）成立	由DOE科学办公室费米研究联盟有限责任公司管理，由芝加哥大学和大学研究协会（URA）负责运作。美国最大的粒子物理和加速器实验室，仅次于全球最大的欧洲粒子物理研究所	执行预算由2003年的3.17亿美元增加到2020年的5.84亿美元	2021年拥有员工1820名	获得国家科学奖章及国家技术奖章
劳伦斯伯克利国家实验室（Lawrence Berkeley National Laboratory, LBNL）[2]	1931年成立，位于旧金山湾区加州大学伯克利分校	隶属于DOE科学办公室，由加州大学负责运行，主要研究领域包括物理学、生命科学、化学等基础科学，还包括能源效率、回旋加速器、先进材料、粒子加速器、检测器、工程学、计算机科学等	执行预算由2003年的3.5亿美元增加到2020年的8.89亿美元，其中2018年总运营成本8.72亿美元，采购4.29亿美元	全职员工3129名，科学家和工程师1469名，教师239名，博士后428名，研究生和本科生441名	诺贝尔奖14项，国家科学奖章15项
橡树岭国家实验室（Oak Ridge National Laboratory, ORNL）[3]	1943年成立，由田纳西大学和UT–Battelle公司共同管理	最初是作为美国曼哈顿计划的一部分。目前是DOE最大的科学和能源实验室。由利用碳纤维技术设施、高通量同位素反应堆、橡树岭领导力计算设施、散裂中子源等设施进行先进材料、超级计算和核科学等方面的基础和应用研究	预算研发经费增长较快，由2003财年的8.47亿美元增加到2020财年执行预算为20.59亿美元	现有工作人员5100名，包括100多个学科的科学家和工程师	诺贝尔奖获得者2人

① https://www.fnal.gov/pub/about/index.html.

② https://www.lbl.gov/about.

③ https://www.ornl.gov/content/solving-big-problems.

续表

名称	时间与地点	主要特色	经费预算	人员	获奖
大平洋西北国家实验室（Pacific Northwest National Laboratory, PNNL）①	1965年成立，位于华盛顿州东南部哥伦比亚河和亚基马河交界、毗邻西雅图	DOE所属的综合性多学科实验室，美国从事核武器研究的机密单位之一，主要职责致力于原子弹核材料、先进电网、核不扩散技术、环境修复等领域研究，推进对复杂化学、物理、生物体系的基本认识与科学发现	预算研发经费由2003年的2.99亿美元逐步增加到2020年的5.99亿美元	目前拥有科学家、工程师和专业人员4722名	R&D 100奖109项，FLC技术转让卓越奖92项
普林斯顿等离子体物理实验室（Princeton Plasma Physics Laboratory, PPPL）②	1951年成立，位于普林斯顿大学新泽西州普莱恩斯伯勒市的福雷斯特校区	隶属于DOE科学办公室，由普林斯顿大学管理。拥有大型用户设施/先进仪器及机械设计和工程、等离子体和聚变能源科学、电力系统和电气工程、系统工程和集成等研究能力，致力于创造有关等离子体物理的新知识，并开发用于产生聚变能的实用解决方案	执行预算由2003年的6700万美元逐步增加到2019年的1.12亿美元	拥有超过500名全职顶尖研究人员、工程师和支持人员，联合研究设施6个，博士后22名，研究生40名，访问科学家350名	
SLAC 国家加速器实验室（National Accelerator Laboratory, SLAC）	1962年成立，位于美国加州旧金山湾区的门洛帕克	由斯坦福大学负责运行管理，已由主要从事粒子物理研究的实验室逐步发展成为一个从事天体物理学、光子科学、粒子加速器和粒子物理学等多学科科研的综合实验室	执行预算由2003年的2.16亿美元逐步增加到2020年的4.04亿美元	现有55个国家的1500名员工，全球2700位科学家，40家公司，325所大学和研究机构使用其研究设施	6人获得4个诺贝尔奖

① https://www.pmnl.gov/about.
② https://www.pppl.gov/about.

续表

名称	时间与地点	主要特色	经费预算	人员	获奖
托马斯·杰斐逊国家加速器实验室（Thomas Jefferson National Accelerator Facility，TJNAF）[1]	1984 年成立，位于美国弗吉尼亚州纽波特纽斯（Newport News）	隶属于 DOE 科学办公室，主要通过探索原子核及其基本组成部分，精确测试其相互作用，推动物质粒子科学发现；应用先进的粒子加速器、探测器和其他技术未来开发新的基础研究能力并应对现代社会的挑战	执行预算由 2003 年的 8379 万美元逐步增加到 2020 年的 1.395 亿美元	由 700 多人组成，从核物理学家、工程师和计算机程序员到图形艺术家、采购专家和会计师	
劳伦斯利弗莫尔国家实验室（Lawrence Livermore National Laboratory，LLNL）[2]	1952 年成立，原为劳伦斯伯克利国家实验室的分支	隶属于 DOE 国家核安全局，其使命是通过开发和应用世界一流的科学、技术和工程技术来增强国家防御能力，减少来自恐怖主义和大规模毁灭性武器的全球威胁，以远见、质量、完整性和技术卓越对国家重要的科学问题做出回应，确保增强美国安全，主要任务涉及生物安全、反恐、防御、情报、防扩散、科学、核武器等领域	执行预算中来自 DOE 的预算经费由 2003 年的 11.8 亿美元增加到 2020 年的 18.88 亿美元，2021 财年申请预算达 20.23 亿美元	拥有员工大约 6300 名，2700 余名科学家和工程师以及 700 余名访问学者、教师和学生等	国家科学奖章 1 人，国家科学院与工程院院士各 4 人，戈登贝尔奖 4 人

---

① https://www.jlab.org/about/mission.

② https://www.llnl.gov/missions.

续表

名称	时间与地点	主要特色	经费预算	人员	获奖
洛斯阿拉莫斯国家实验室（Los Alamos National Laboratory, LANL）①	1943年成立，位于美国新墨西哥州的洛斯阿拉莫斯	隶属于DOE国家核安全局，其首个任务是曼哈顿计划。由三合会运行管理。研究工作分为武器责任公司运行管理。研究工作分为核弹头、设研究（开发满足军事需要的核弹头、设计试验先进技术方案，以及相关科技术领域的实验与理论研究）及非武器研究（核裂变、核聚变、中等物理加速、超导、生物医学，非核能及基础能源科学等）	2019财年预算约29.2亿美元，其中武器计划占66%，防扩散计划占10%，保障和安全占5%，环境管理占1%，DOE科学办公室占3%，能源和其他计划占3%，为他人工作占12%。2021财年申请预算经费为34.28亿美元	现有员工总数13 137名，其中包括三合会国家安全有限责任公司9397名，中部实验室281名，承包商478名，学生1323名，技术人1160名，博士后研究人员498名	R & D 100奖145项、E O劳伦斯奖34项、总统早期职业奖9项、诺贝尔物理学奖1项等
桑迪亚国家实验室（Sandia National Laboratories, SNL）②	1945年成立，最初是LANL的军械设计、测试和组装部门。1948年改为桑迪亚实验室。1979年改为SNL	隶属于DOE，2017年5月由霍尼韦尔国际公司的子公司运营和管理。主要从事核武器方案系统中非核部分的研究开发，以及材料、组件的研发及仪器技术的研究和长期开发工作，以提高核武器的效力、安全性、耐受性和可靠性等性能；承担能源开发与改进方面的工作，其最大研究计划之一是强粒子束轻制的热核聚变的开发	2019财年预算为38.12亿美元，其中运营费用37.17亿美元，占97.5%；设备费用占0.9%；建设经费占1.6%。NASA项目22.74亿美元，占59.7%；战略伙伴关系项目12.60亿美元，占33.1%；DOE 2.78亿美元，占7.3%	2019年员工有14014名，其中正式员工12545名，博士后251名，学生948人，有限期员工238人，教员32人	获得134项"发明奥斯卡"奖，2019年获得R & D 100奖4项

---

① https://www.lanl.gov/about/facts-figures/index.php.

② https://www.sandia.gov/about/history/index.html.

续表

名称	时间与地点	主要特色	经费预算	人员	获奖
爱达荷国家实验室（Idaho National Laboratory, INL）[1]	1949 年成立，位于美国爱达荷州的东部	隶属于 DOE 核能办公室，1949 年成立国家反应堆试验站，1977 年改名爱达荷国家能源实验室，1997 年改名爱达荷国家工程和环境实验室，2005 年改为 INL。目前 INL 由巴特尔能源联盟管理，负责研发先进核能、可再生能源、关键材料、先进制造等任务	2015 年经费总额为 9.171 亿美元，并为爱达荷州的小型企业提供技术咨询服务 1.3 亿美元。目前每年的预算超过 13 亿美元	2019 年底拥有 4927 名员工，接待了 4007 名访问者	
国家能源技术实验室（National Energy Technology Laboratory, NETL）[2]	1910 年成立，1977 年由巴特维尔、摩根敦和匹兹堡 3 个能源技术中心组成；1996 年摩根敦和匹兹堡合并成立联邦能源技术中心（FETC）	1999 年 FETC 正式成为 NETL。隶属于 DOE，全力支援其推动国家、经济与能源安全的使命。是 DOE 17 个国家实验室中唯一由政府所有和运营的实验室，其主要任务是发现和整合技术解决方案，利用国家的能源并保护环境，为美国的能源挑战提供战略性技术解决方案。NETL 是唯一致力于化石化能源研究与开发的国家实验室	2020 财年预算经费 11.44 亿美元，其中化石能源 7.5 美元、能效与可再生能源 2.5 亿美元、电力输送 1900 万美元、网络安全、能源安全及应急响应处理 5500 万美元、战略伙伴 7000 万美元。研究项目 1000 多项，总价值超过 50 亿美元，私营部门分担成本超 13 亿美元[3]	2020 年全职人员 1712 名、联合研究人员 108 名、博士后 121 名，研究生 115 名，本科生 54 名[3]	近 20 年来获得 R & D 100 奖 51 项，来自联邦实验室联盟的地区和国家级奖项 47 项

① https：//inl.gov/about-inl/general-information.

② https：//netl.doe.gov/about/mission-overview.

③ https：//netl.doe.gov/sites/default/files/2021-11/NETL_Overview.pdf.

续表

名称	时间与地点	主要特色	经费预算	人员	获奖
美国国家可再生能源室（National Renewable Energy Laboratory，NREL）	1977年成立，位于美国科罗拉多州	隶属于DOE可再生能源办公室，主要致力于为地热能、太阳能、水能、风能等新型能源创造技术基础，研究能源系统和技术及其背后的科学，为未来先进的能源集成系统提供动力，支持先进能源生态系统的持续发展、促进科学进步、成本下降、可再生能源装机容量大幅增加	2016财年预算为4.274亿美元（低于5年前的5.365亿美元），其中太阳能5550万美元，风能1770万美元，生物质能5630万美元，氢能1780万美元，地热能380万美元，水电410万美元等	2018财年有员工（包括全职和兼职）1745名，学生175名	40多年来共获得R&D 100奖60多项
萨凡纳河国家实验室（Savannah River National Laboratory，SRNL）	1951年成立，最初叫萨凡纳河实验室，2004年5月7日正式改为SRNL	DOE萨凡纳河站点的应用研究与开发实验室，具有环境修复低风险、核材料加工和处置，核探测、特征描述和评估，以及气体处理、存储和传输系统等4个方面独特的能力，主要研究环境整治、氢经济和防止核武器扩散的技术等	为国家每年60亿美元的遗留废物清理计划提供战略科技指导和项目支持[①]	目前大约有1000名技术和支持人员	

① https://srml.doe.gov/about/bios/srml_bio_majidi.pdf.

国家实验室每年根据自己研究及相关工作需要，提前做好下一财年预算经费并报送给 DOE，由 DOE 统一报给国会审议，审议通过后统一下拨给国家实验室。研究经费一般严格按照预算执行，如果执行年度中有特殊研究任务超过原预算经费的情况，实验室就要专门履行经费报批程序，经国会同意后再拨付特殊研究经费，最后将其合并到原来的预算经费中作为当年预算执行经费。DOE 国家实验室预算经费由 2003 年的 89.06 亿美元逐步递增，2009 年美国实施《经济复兴和再投资法案》，国家实验室预算经费有较大增长，达到 116.43 亿美元，其后逐步回调到 2013 年的 110.59 亿美元，以后再逐步递增到 2020 年的 161.75 亿美元[①]，自 2003 年以来国家实验室预算经费逐年增加，保证如期实施各项研发计划，确保美国技术的领先优势。

表 1.1 中的 17 个国家实验室拥有独特的仪器和设施，采用多学科方法应对当今时代从气候变化到宇宙起源的严峻科学挑战，着重将基础科学成果转化。

（2）典型国家实验室分析：阿贡国家实验室

阿贡国家实验室是美国政府最早建立的国家实验室[②]。为了使"曼哈顿计划"中建立的大型实验室继续发挥作用，同时鼓励大学的科学家团队继续研究核能的和平利用，1946 年美国通过了《原子能法案》，将原子能研究控制权从军方转交给原子能委员会，同年 7 月 1 日，芝加哥大学的冶金实验室被重建为"阿贡国家实验室"，成为美国中西部大型多学科研究中心，也是美国政府第一个正式特许成立的国家实验室。该实验室现在隶属于 DOE 和芝加哥大学，是美国最大的科学与工程研究实验室之一，其职责是谋求解决涵盖材料科学、物理、化学、生物学、生命和环境科学、高能物理、数学和计算科学等领域的许多科学挑战，此外还从事高性能计算方面的实验和理论研究工作。

阿贡国家实验室拥有 16 个研究部门，5 个国家科学用户设施，若干个中心、联合研究所、方案办公室以及数百个研究合作伙伴。2018 财年运营预算经费 8.3 亿

---

① https：//www.energy.gov/sites/prod/files/2021/01/f82/DOE%20National%20Labs%20Report%20FINAL.pdf.

② https：//www.anl.gov/argonne-national-laboratory.

美元、采购经费 2.7 亿美元。现有全职职工 3163 名、科学家工程师 1320 名、博士后 260 名、研究生和本科生 595 名、联合教师 343 名、机构用户 7921 名、访问科学家 790 名。通过阿贡国家实验室 STEM 外展和学生竞赛计划，启发了 29 000 多名（个）青年和家庭，在其现场学习中心接待了 4480 名中学生。

自 2002 年以来，62 名研究人员被授予"阿贡杰出研究员"（Argonne Distinguished Fellows）；自 2006 年以来，实验室还任命了 17 名荣誉科学家和工程师，以表彰他们的重要科学成就；实验室先后拥有 3 位诺贝尔奖获得者[①]。

• 恩里科·费米（Enrico Fermi，1901—1954 年）：利用中子辐射发现新的放射性元素及慢中子所引起的有关核反应，获 1938 年诺贝尔物理学奖；

• 玛丽亚·格佩特·迈耶（Maria Goeppert Mayer，1906—1972 年）：研究原子核壳模式取得成果，获 1963 年诺贝尔物理学奖；

• 阿列克谢·阿布里科索夫（Alexei Abrikosov，1928—2017 年）：提出在极端低温时物质如何显示其奇异行为理论，获 2003 年诺贝尔物理学奖。

阿贡国家实验室实行主任负责制。主任每年向主管部门或托管机构提交年度报告，规模较大的研究院还必须直接向总统和国会提交年度报告，起到承上启下的关键作用。主任由主管部门或托管机构在全国范围内选聘，任期则由法律和其表现决定，其职责主要包括：制订年度任务计划和预算；根据实验室专家组的评议结果和经费情况决定项目是否立项和经费的多少；有权使用总经费的 5%～10%，作为机动经费支持独立研究和合作研究。因此，实验室主任的决策非常重要。一是实验室主任负责制定国家实验室科学研究的长远战略规划及决策，对国家实验室的科学研究进行长远战略规划的制订、决策，使得国家实验室的发展具有可持续性；二是通过实验室主任的合理决策，综合管理协调各科学部、项目部等实验室内部部门的日常工作，发挥实验室的良好运行功能。

阿贡国家实验室研究经费。阿贡国家实验室每年根据研究及相关工作需要，提前做好下一财年预算经费并报送给 DOE，由 DOE 整合下属各单位的预算经费，形成下一财年占预算报告，统一报给国会审议，审议通过后统一下拨给各个下属单位。研究经费一般严格按照预算执行，如果执行年度中有特殊研究任务超过原来预算经费的

---

① https：www.anl.gov/reference/argonne-by-the-numbers.

情况，实验室就要专门履行经费报批程序，经国会同意后再拨付特殊研究经费，最后将其合并到原来的预算经费中作为当年预算执行经费。阿贡国家实验室研究经费总体稳步增加，从 2003 年的 3.25 亿美元增加到 2020 年的 8.67 亿美元（图 1.22）。

图 1.22　2003—2020 年阿贡国家实验室预算执行情况

（资料来源：根据 https：//www.energy.gov/cfo/listings/budget–justification–supporting–documents 网站 2005—2021 财年 DOE 预算整理）

阿贡国家实验室领导团队。保罗·凯恩斯（Paul K. Kearns）自 2017 年以来一直担任阿贡国家实验室主任。截至 2019 年底，凯恩斯管理着越来越多的跨学科科学和工程研究中心、多元化的投资组合研究经费 8.67 亿美元、超过 3200 名员工、8300 个设备用户以及 1600 名客座研究员。凯恩斯在 2010—2017 年担任实验室首席运营官，实验室领导团队还包括 1 名顾问、1 名科学副主任、3 名副主任、1 名科学技术合作与推广副实验室主任、1 名运营副实验室主任/首席运营官、1 名高级总监兼首席信息官、1 名高级总监兼首席人力资源官、2 名高级总监、1 名首席财务官、1 名首席传播官/传播与公共事务总监和 1 名总法律顾问等，共计 15 人。其中斯图·汉奈（Stu Hannay）是阿贡国家实验室商业信息服务总局的高级总监兼首席信息官。商业信息服务通过技术流程、平台和系统执行业务转型战略，包括应用程序开发、交付和支持、基础设施、电信、图书馆服务、知识管理、网络安全和商业智能，以实现数据驱动的决策。

阿贡国家实验室内部管理架构。可划分为 3 个层次：一是决策层，即由芝加哥大学成立的阿芝开发公司（ARCH Development Corporation）董事会拥有实验室各项事务的最终决定权，董事会成员是实验室各方面的利益相关者；理事会的职责是就科学和技术问题、长期目标、预算和实施计划、合作研究与开发、推广、技术转让、人员和人员配备事宜，以及在主要合同下与 DOE 的关系等方面向实验室管理层提供指导、监督和建议。二是管理层，负责落实董事会决定的各项管理事务，主任面向董事会负责。三是操作层，主要围绕科研活动进行架构，负责将决策转化为实验室日常的各项实际工作，3 名副主任与首席运营官均面向管理层负责。根据学科方向和国家战略需求从横向上划分为三大研究领域，每个领域中下设若干研究中心或项目部；在纵向上根据动态的研究任务，组合不同学科背景的研究人员形成项目团队，实现以研究项目为中心任务的纵向直线型组织和以学科研究领域为中心的横向直线型组织的交汇，具有矩阵结构的典型特征。这种结构使阿贡国家实验室整体上呈管理层级扁平化，有助于提高实验室的知识交叉、迁移和创新，便于迅速组织力量承接大项目并完成前沿探索工作，建立相关学科交叉的边缘学科研究平台。

DOE 对阿贡国家实验室等实行合同制管理。实验室由政府拥有、承包商管理（Government Owned and Contractor Operated，GOCO）模式，即"国有民营"模式，这类实验室的土地和设备通常由联邦政府拥有或租用，而管理工作由联邦政府通过合同委托给公司、大学和非营利性机构等承包商负责，联邦政府有关部门通过竞争方式选取承包商。阿贡国家实验室是阿芝开发公司负责管理和运行的，DOE 与该公司签署协议，有效期 5 年，5 年后 DOE 对实验室进行评估，决定合同的续签或变更。

在"国有民营"模式中，由大学管理的国家实验室中，工作人员为大学雇员，其管理遵循学校现行管理制度，工作人员的工资、晋升、医疗保险、休假等福利与大学职员接近或者完全相同；由公司管理的国家实验室中，工作人员为公司雇员，工资、福利待遇与公司其他职员相同或者类似。与国有国营型相比，国有民营型实验室避免了政府部门的过多干预，管理方式更加灵活，人事和工资制度也可以不必参照政府部门，具有更大的灵活自主权，因而更有利于吸引和留住高水平的研究人才。

DOE 是国家实验室的最高负责部门，统筹国家实验室的建设和管理工作。DOE 设有国家实验室总管理办公室和区域管理办公室，同时专设国家实验室拨款办公室。区域管理办公室对总管理办公室负责，总管理办公室对部长负责。拨款办公室对国家实验室拨款；总管理办公室没有拨款权限。区域管理办公室是国家实验室的合同管理人，是政府职能部门与国家实验室的直接管理人和实际联络人。国家实验室需报请的事务须先报区域管理办公室审核。区域管理办公室还负责组织实验室的年度评估。DOE 提出目标及其战略方向后，责成区域管理办公室、依托单位和国家实验室协商国家实验室的年度绩效标准和考核办法，并签订合同。实行合同制管理的主要目的：确定国家实验室的目标使命，保证其为国家经济社会发展和国家安全服务；政府为国家实验室达到其目标提供所需的经费与技术手段；通过监督和评估保证合同目标的实施。通过签订具有法律约束力的合同，保证政府对国家实验室的领导和宏观调控，保证国家科技发展目标的实现，确保了国家实验室的相对独立性，便于营造宽松的研究环境，最大限度地发挥国家实验室的作用。联邦政府主管部门通过定期召开会议、听取汇报、派员视察等方式对国家实验室的整体工作、研究进展及技术人员队伍等情况进行检查和监督。国家实验室须按时定期向主管部门 DOE 呈交书面报告。

阿贡国家实验室在国家创新生态系统中扮演着重要角色，与大学、政府机构和行业合作。例如，在生物学领域与中西部结构基因组学中心、结构生物学中心、微生物中心、基因组与系统生物学研究所合作；在储能领域与 Argonne 储能科学合作中心（ACCESS）、储能研究联合中心（JCESR）合作；在全球安全领域与国家安全计划合作；在材料科学领域与能源–水系统中心的先进材料（AMEWS）、制造科学与工程、材料与化学计划、ReCell 高级电池回收中心合作；在分子工程学领域与分子工程中心合作；在国家用户设施方面与先进的光子源、阿贡领导力计算设施、阿贡串联直线加速器加速系统、大气辐射测量气候研究设施–大平原南部、纳米材料中心合作；在运输领域与交通研究中心、虚拟引擎研究所和燃料计划（VERIFI）合作；与西北大学的西北阿贡科学与工程学院（NAISE）合作；与芝加哥大学的基因组与系统生物学研究所、普利兹克分子工程学院、微生物中心、Edward L. Kaplan 新创业挑战赛、波尔斯基创业与创新中心、芝加哥创新基金、高级科学与工程财团

（CASE）合作等。阿贡国家实验室将来自这些组织的世界一流科学家和工程师及其自己的员工和最先进的科学设施结合起来，解决了任何单一机构都无法自行承担的重大科学问题的研究工作。

美国联邦政府以法律法规形式，强调国家实验室科技资源的开放共享。美国国家实验室一般都拥有一些其他研究机构无力购置和维持的大型研发设施，这些设施涵盖的领域很广，远远超出了拥有这些设施的实验室的应用范围。为此，美国国家实验室通过一系列规章制度，向世界开放大型先进仪器设备，并注重提高设备使用效率。这些制度客观上也有效提升了国家实验室的学术水平和国际声誉，加强了国家实验室与外部的合作。DOE 在与依托大学签订的国家实验室委托运营管理合同中规定：在不过度影响依托大学责任和任务的基础上，DOE 保留将国家实验室设施提供给其他政府机构或其他用户使用的权利，而依托大学也可使用其他设施履行合同任务，遵循"谁出资谁先受益的共享原则"。阿贡国家实验室通过设施共享形成了"用户社区"，世界 1100 多个研究机构的众多研究人员生活区在"用户社区"里。

（3）国家实验室的特点及管理模式

1）国家实验室的特点

相对于其他的国家级实验室而言，DOE 国家实验室有如下明显特点。

• 强烈的使命驱动：DOE 国家实验室为符合 DOE 使命的长期性研究目标提供可持续支持，实验室承担的政府任务具有长期性，研究的科技内容具有可持续性。

• 突出的大尺度科学：DOE 国家实验室的科研任务大部分由大尺度、长期性的科学研究组成，这些科学研究超越一般学术和工业界的视野，能够发展成为科学和技术界广泛受益的科学能力。

• 坚实的交叉学科队伍：DOE 国家实验室的机构组成跨越了多个学科门类，因此也会常规性地支持具有良好的学科交叉性质的研究队伍。

• 领先、独特、强大的研究设备：每个 DOE 国家实验室都有一个或多个特有研究装置，为学术研究界提供其他组织不能提供的实验条件。

• 周密的安全操作：DOE 国家实验室的运行注重各种特殊安全操作的需要，以避免实验装置运行的风险，以及敏感、有关国家利益的问题。

2）国家实验室的管理模式

DOE 国家实验室的管理模式主要分为如下两种：

一是由政府所有和运营。国家能源技术实验室（NETL）是 DOE 17 个国家实验室中唯一由政府所有和运营的实验室，也是唯一致力于化石能源研究与开发的国家实验室，旨在发现并整合技术解决方案，有效利用国家能源并有效应对全球能源与环境挑战。

二是由政府拥有、承包商管理（GOCO）模式，即"国有民营"模式。阿贡国家实验室是美国政府拥有、承包商管理的"国有民营"类型实验室的代表，联邦政府通常拥有或租用这类实验室的土地和设备，通过合同委托给公司企业、大学和非营利性机构等承包商负责，通过竞争方式选取承包商阿芝开发公司（ARCH Development Corporation）负责实验室的管理和运行，DOE 与该公司签署为期 5 年的协议，5 年后 DOE 对实验室进行评估，决定合同的续签或变更。

"国有民营"类型实验室更有利于对广泛多样的国家和社会需求做出快速响应、资源的灵活配置、将大学和企业科技研发工作的优秀管理经验带入政府管理系统，提高政府部门工作水平和效率。目前，在 DOE 下属的 17 个国家实验室中，共有 16 个采取"国有民营"模式，其优势表现在 3 个方面：一是使得美国国家实验室能根据科研活动的需要灵活地雇用或淘汰科研人员；二是使得美国国家实验室能根据科学家的水平制定与其相适应的薪酬制度；三是使得美国国家实验室能在技术转移中享有更为灵活的政策。

1.2.4 能源相关智库

根据决策的需要美国设立了若干咨询委员会。DOE 管理办公室行政秘书处（Office of the Executive Secretariat）负责确保与能源领域有关的咨询委员会的设立和运行需要遵守 1972 年发布的《联邦咨询委员会法》（FACA）的规定。《联邦咨询委员会法》规定了联邦行政机关设立和管理咨询委员会时需要遵守的各项政策和最低限度的要求。其中，咨询委员会的委员选任必须要求在所代表的观点和履行职能上体现均衡性。

与能源领域现有关的三类咨询委员：总统决定、法律规定和 DOE 自主决定。这些咨询委员是作为特殊政府雇员或者代表某一团体或观点的代表性委员而得到任命的。获任为咨询委员的个人一般具有特定学科的专业能力，其职责是代表委员会去影响公共和私人部门之内的用户、产业界和组织。

与能源领域有关的咨询委员会如下：

（1）总统科技顾问委员会

总统科技顾问委员会（President's Council of Advisory on Science and Technology，PCAST）于 1990 年成立，直接或间接通过科学顾问向总统提供建议。PCAST 作为美国总统的智囊团，其主要职责是提供科技政策报告以及为总统及其政策提供建议。PCAST 的成员始终涵盖了具有不同科技观点和专业领域的杰出专业人士，且没有任期限制。2004 年以来，PCAST 一直是美国科技政策的最高决策机构。根据《21 世纪纳米技术研究与发展法》（2004 年），PCAST 被指定为国家纳米技术咨询小组。自克林顿政府以来，负责监督 PCAST 的白宫科技政策办公室（Office of Science and Technology Policy，OSTP）年度预算在 400 万至 600 万美元之间。2011 年，为应对国会大幅削减 OSTP 预算，奥巴马总统修改了 PCAST 章程，将其资金来源改为 DOE。而在 2014 财年至 2017 财年期间，PCAST 作为一个具体的项目闪亮登场，出现在 DOE 科学办公室向国会提出的年度预算申请中[1]。2019 年 10 月 22 日，特朗普签署总统令，成立总统科技顾问委员会[2]。

由 OSTP 主任凯尔文·德罗格米尔（Kelvin Droegemier）领导的由 16 名成员组成的咨询委员会将"就有关科学、技术、教育和创新政策的事宜为总统提供咨询"，并"向总统提供科学的，与美国经济、美国工人、国家和国土安全以及其他主题相关的公共政策所需要的技术信息"。成员来自政府以外的部门，以提供"在科学、技术、教育和创新方面的不同观点和专业知识"。

OSTP 宣布了总统科技顾问委员会的前 7 位成员：

• 美国银行首席技术官 Catherine Bessant；

---

[1] http：//k.sina.com.cn/article_5225475115_137766c2b01900vydn.html.

[2] https：//www.fedscoop.com/trump-relaunches-pcast.

- SC Johnson & Son Inc. 董事长兼首席执行官 H.Fisk 博士；
- Dario Gil. IBM 研究部研究总监；
- Cyclo Therapeutics 医疗事务高级副总裁 Sharon Hrynkow；
- 陶氏化学副总裁兼首席技术官 A. N. Sreeram；
- 惠普公司首席技术官兼惠普实验室全球负责人 Shane Wall；
- 加州大学伯克利分校量子信息与计算中心主任 K. Birgitta Whaley。

特朗普在行政命令中呼吁联邦政府与科学家和技术人员加强合作，成为领导全球创新顾问咨询的传奇，希望新的理事会重振这种伙伴关系。

特朗普在行政命令中写道："诸如人工智能和量子信息科学之类的新兴技术现在已浮出水面，而我们如何应对它们的发展将决定它们是否会产生新的美国产业或挑战美国价值观。""随着美国领导层面面临激烈的全球竞争，我们国家比以往任何时候都需要新的方法来释放我们的研究企业的创造力，并赋予私营部门创新能力以确保美国的技术优势。"

PCAST 就如何确保美国未来在人工智能、量子计算、5G 等技术领域继续保持领先地位向特朗普提出建议，还要研究如何增强美国科学、技术、工程与数学（STEM）教育和劳动力培养及技术进步对国家安全的影响。

DOE 为特朗普的总统科技顾问委员会理事会及其活动提供经费。

（2）高级科学计算咨询委员会

高级科学计算咨询委员会（Advanced Scientific Computing Advisory Committee）：应 DOE 部长或科学副部长的要求对于先进科学运算相关的国家政策和科学问题提供咨询，定期审查先进科学运算研究项目并提出建议。

（3）电器标准和规则制定联邦咨询委员会

电器标准和规则制定联邦咨询委员会（Appliance Standard and Rulemaking Federal Advisory Committee）：改进 DOE 制定特定电气和商业设备制定能效标准的程序，利用协商式规则制定程序联系所有利益相关方，收集数据，促进在制定能效标准方面达成共识。

（4）基础能源科学咨询委员会

基础能源科学咨询委员会（Basic Energy Sciences Advisory Committee）：为 DOE 的基础能源科技计划提供咨询建议。

（5）生物与环境研究咨询委员会

生物与环境研究咨询委员会（Biological and Environmental Research Advisory Committee）：为能源相关生物和环境研究计划提供咨询建议。

（6）生物质研究与开发技术咨询委员会

生物质研究与开发技术咨询委员会（Biomass Research and Development Technical Advisory Committee）：根据《生物质研究与发展法案》（2000 年）设立，为 DOE 部长、农业部长提供有关生物质研究和开发技术问题的咨询和建议，旨在协助美国农业部（USDA）和 DOE 实现重要的国家目标，实现更健康的农村经济和改善国家能源安全。

（7）国防项目联邦咨询委员会

国防项目联邦咨询委员会（Defense Programs Federal Advisory Committee）：负责为管理和维持美国的核威慑力提供建议。

（8）能源部/国家科学基金会核能科学咨询委员会

能源部/国家科学基金会核能科学咨询委员会（DOE/NSF Nuclear Science Advisory Committee）：根据 DOE 和国家科学基金会（NSF）的要求对基础核能科研优先问题提供咨询和建议。

（9）电力咨询委员会

电力咨询委员会（Electricity Advisory Committee）：向 DOE 提供有关电力政策的咨询和建议，定期对 DOE 电力计划评估、提供咨询和建议，对电力系统现在和将来的装机容量提供咨询和建议。

（10）环境管理咨询委员会

环境管理咨询委员会（Environmental Management Advisory Board）：对 DOE 环境管理战略提出建议。

（11）特定场址环境管理咨询委员会

特定场址环境管理咨询委员会（Environmental Management Site-Specific Advisory Board）：对特定场址的环境管理计划有关的环境恢复、废弃物处理、技术开发活动等问题提供咨询和建议。

（12）核聚变能源科学咨询委员会

核聚变能源科学咨询委员会（Fusion Energy Sciences Advisory Committee）：就核聚变能源研究计划提供咨询和指导。

（13）高能物理咨询委员会

高能物理咨询委员会（High Energy Physics Advisory Panel）：根据 DOE 科学副部长与 NFS 数学与物理科学部（MPS）的要求，对国家高能物理计划提供咨询和指导。

（14）氢能和燃料电池技术咨询委员会

1990 年成立氢能技术咨询小组（Hydrogen Technical Advisory Panel），根据 2005 年《能源政策法》（EPACT）成立氢能和燃料电池技术咨询委员会（Hydrogen and Fuel Cell Technical Advisory Committee，HTAC），就氢能研究、开发和示范，氢和燃料电池技术发展，以及就 DOE 与氢有关的安全、经济和环境问题的计划、项目和活动及其负责人向 DOE 部长提供咨询和建议。按照 EPACT 要求，DOE 将向国会提交两年期报告，描述委员会的建议，以及 DOE 将如何实施这些建议和可能未实施建议的理由。HTAC 成员包括国内行业、学术界、专业协会、政府机构、金融组织和环境团体的代表[①]。

（15）天然气水合物咨询委员会

天然气水合物咨询委员会（Methane Hydrate Advisory Committee）：就天然气水合物提供咨询和建议，帮助制订天然气水合物研究开发计划的建议和优先问题。

---

① https://www.energy.gov/management/office-management/operational-management/history/doe-history-timeline/timeline-events-11.

（16）国家煤炭委员会

国家煤炭委员会（National Coal Council）：根据 DOE 部长的要求，就煤炭相关政策问题提供建议。

（17）美国国家石油委员会

美国国家石油委员会（National Petroleum Council）：为了延续第二次世界大战期间政府与石油产业界的合作，为 DOE 提供有关石油天然气或石油天然气产业的建议和信息。

（18）核能咨询委员会

核能咨询委员会（Nuclear Energy Advisory Committee）：根据 DOE 部长的要求提供有关国家核能研究开发计划的咨询和建议。

（19）能源部长咨询委员会

能源部长咨询委员会（Secretary of Energy Advisory Board）：就有关 DOE 的基础和应用研究活动、经济和国家安全政策、教育问题、实验室管理以及 DOE 部长所确定的其他活动直接向 DOE 部长提供及时、客观、公正的建议和信息。

（20）州能源咨询委员会

州能源咨询委员会（State Energy Advisory Board）：对各项计划中的能源效率目标提供咨询和建议，并提出改进计划的行政和政策建议，作为各州与 DOE 有关能源节约和可再生能源计划联系的纽带。

（21）超深水下开发咨询委员会

超深水下开发咨询委员会（Ultra-Deepwater Advisory Committee）：负责为超深水下天然气和其他油气资源项目的制定和实施提供建议，并对项目的年度计划进行审查。

（22）非常规资源技术咨询委员会

非常规资源技术咨询委员会（Unconventional Resources Technology Advisory Committee）：负责为陆地上非常规天然气和其他油气资源项目的制定和实施提供建议，并对项目的年度计划进行审查。

（23）裂变物质和核弹头技术委员会

裂变物质和核弹头技术委员会（Technical Adv Comm on Verification of Fissile Material & Nuclear Warhead Controls）：通过 DOE 部长向总统提出有关可在弹头拆卸、生产控制和处理中应用的技术可得性、利用和再开发等提出建议。目前已不再活动。

（24）磁约束聚变技术小组

磁约束聚变技术小组（Technical Panel on Magnetic Fusion）：审查国家磁约束聚变能计划并提供咨询和建议。

（25）氢能技术咨询小组

氢能技术咨询小组（Hydrogen Technical Advisory Panel）：1990 年成立，当前不再活动，已被氢能和燃料电池技术咨询委员会所取代。

1.2.5 美国能源监管体系

（1）基本情况

根据现行的美国能源立法，美国能源监管体系分为联邦和州两个层次。在联邦层次，对能源进行监管的主要有两个部门：DOE 和 FERC。其中 DOE 是联邦政府的能源主管部门，FERC 是内设于 DOE 的独立监管机构。

DOE 的支撑机构分为五类：

一是部门支撑机构。美国国务院下属有一些与能源相关的其他监管机构，如美国环保团、国会、内政部等，联合处理一些领域交叉的科技规划、政策与措施。

二是州层次的支撑机构。由于美国各地的能源资源情况不同，能源管理机构也不尽相同，本节第（三）部分将简要介绍州层次的能源支撑机构。

三是 DOE 下属支撑机构。主要包括下属办公机构、国家实验室、科研机构及智库等，其中下属办公机构确保 DOE 各项管理工作的正常运行，国家实验室与科研机构主要负责执行 DOE 重大能源科技计划与项目的研发，智库则为 DOE 重大决策提供咨询报告与建议。

四是能源行业协会。协会则依托其所掌握的国内外能源企业、高校与科研机构的信息，接受 DOE 委托业务，或者接受能源创新主体委托的业务，组织实施相关计划、业务调研、综合分析，提供相关领域与政策等方面的研究报告或决策建议。

五是其他社会组织。主要包括天使投资基金、产业发展基金、资本管理等金融投资机构为能源科技研发与成果转化提供资金支持，以及法律事务所、知识产权服务机构等专业服务机构为能源相关业务提供市场化、专业化咨询服务。

（2）联邦能源监管委员会

FERC 是一个内设于 DOE 的独立监管机构，最多由 5 名委员组成，这些委员经参议院建议由美国总统直接任命，专员任期 5 年，对监管事务享有同等投票权。目前成员包括主席尼尔·查特吉、理查德·格里克、伯纳德·麦克纳姆和詹姆斯·丹利等 4 名委员。目前，FERC 设有 12 个办公室[①]（表 1.2）。

表 1.2　FERC 的组织结构

部门/机构	主要职权
行政法官办公室（Office of Administrative Law Judges，OALJ）	通过担任审判长进行听证并形成记录，做出初裁，或者通过担任和解法官促进公平听证和裁决，或者通过协商和解方式达成解决方案，以解决委员会指示的争议案件，保证各方当事人利益不受损害
行政诉讼办公室（Office of Administrative Litigation，OAL）	通过诉讼或其他方式解决案件争端；代表公共利益，寻求及时、有效和公平的方式诉讼或解决案件，同时确保结果与 FERC 政策一致
电气可靠性办公室（Office of Electric Reliability，OER）	通过国会和总统在《能源政策法》（2005 年）中建立的有效监管措施，帮助保护和改善国家大电网的可靠性和安全性；监督强制性的可靠性和安全标准的制定和审查；监督大电网系统的用户、所有者和操作员对已批准的强制性标准的遵守情况
能源基础设施安全办公室（Office of Energy Infrastructure Security，OEIS）	为委员会的行动提出意见与建议，并与其他联邦和州机构以及能源行业进行合作，以识别、传达该州能源基础设施的风险和脆弱性，并协助制定协作缓解措施，以最大限度地减少此类风险
能源市场法规办公室（Office of Energy Market Regulation，OEMR）	处理涉及能源市场、与电力公用事业以及天然气和石油管道设施及服务有关的关税和管道费率的事务，向委员会提供建议并处理与电力公用事业、天然气和石油行业的经济法规有关的案件

---

① 　https：//www.ferc.gov/about/what-ferc.

续表

部门/机构	主要职权
能源政策与创新办公室（Office of Energy Policy and Innovation，OEPI）	制定委员会政策，评估能源市场和州际电网，根据新发展并响应州和联邦公共政策来提高经济效益、系统运营效果及其可靠性；评估能源市场规则，确保对响应系统需求的资源进行适当补偿；消除障碍，确保所有资源都能进入市场和电网；加强协调电力和天然气批发系统
能源项目办公室（Office of Energy Projects，OEP）	通过审查天然气和水电基础设施提案，为国家带来潜在利益，并最大限度地降低与委员会管辖范围内的能源基础设施相关的公众风险
执法办公室（Office of Enforcement，OE）	通过市场监督和监视保护消费者，为公共利益服务；确保遵守关税、规则、法规和命令；检测、审核和调查潜在的违规行为；制定包括民事处罚和其他措施的适当补救措施
对外事务办公室（Office of External Affairs，OEA）	作为委员会与国会、公众、国际、联邦、州和地方政府机关、利益集团和新闻媒体的主要联络点，负责为委员会制定公共关系和其他推广策略
行政主管办公室（Office of the Executive Director，OED）	监督并指导委员会的行政和行政运作，并就管理研究和相关财务审查、生产率和绩效审计等领域的潜在问题和关切向主席提供建议
总法律顾问办公室（Office of The General Counsel，OGC）	为委员会及其工作人员提供及时、完善的法律咨询和法律服务，其主要职责包括：与委员会计划办公室合作，参与委员会命令草案、规则和其他决定的制定；就法律事务向委员会及其工作人员提供咨询；在法院代表委员会；审查拟议的立法并准备在国会作证；就委员会管辖范围内的事项向其他政府机构、受监管实体和公众提供建议
秘书办公室（Office of the Secretary，OSEC）	记录并保存委员会成员投票通过的所有正式行动的会议记录，并具有发布委员会所有正式行动的专有权，有权将此类行动提供给诉讼各方；发布委员会的所有命令、规则和条例，并规定其发布日期，除非委员会规定了该日期；回应当事方对未决程序的询问，并要求解释委员会的命令、规则、规定和决定；代表委员会签署正式的一般书信，就不及时或有争议的动议做出裁决，向委员会提出备案通知书以及就延期动议做出裁决，遵守委员会命令或规定的时间；为议程、会议记录功能和文件管理功能提供实质性总体监督和法律指导；负责委员会的记录管理计划

资料来源：https：//www.ferc.gov/about/what-ferc.

《政府绩效和结果法案》（GPRA，1993 年）要求 FERC 制定和维护战略目标，将工作和资源与绩效联系起来，并向国会和公众进行监督并向其报告结果。2011 年 1 月 4 日，《政府绩效和结果现代化法案》（2010 年）签署成为法律。该法案使联邦政府的绩效管理框架现代化，保留并扩大了 GPRA 的某些方面，同时也解决了其某些弱点。该法案是帮助机构专注其最高优先级并创建一种使数据和经验证据在政策、预算和管理决策中发挥更大作用的法律保障基础。

美国《能源政策法》（2005 年）赋予 FERC 新的职责，主要有：①对州际贸易中的天然气运输和销售进行监管；②对州际贸易中的管道石油运输进行监管；③对州际贸易中的电力传输和批发进行监管；④对私人、市镇或州建设的水电工程发放许可证并进行调查；⑤对州际天然气设施（包括管道、储气设施）、液化天然气的选址和关闭等事项进行审批；⑥保证高电压州际输电网的可靠性；⑦对能源市场进行监测与调查；⑧针对违反 FERC 有关能源市场规则的能源组织和个人采取民事罚款或其他措施；⑨对与天然气和水电工程以及重大电力政策项目有关的环境问题进行监督；⑩对受监管企业的财务会计、财务报告制度及行为进行管理。

可见，FERC 的主要职责是负责依法制定联邦政府职权范围内的能源监管政策及实施监管，具体包括监管跨州的电力销售、批发电价、水电建设许可证、天然气定价和石油管道运输费，还负责批准和许可液化天然气接收站、跨州的天然气管道和非联邦的水电项目。

FERC 主要拥有以下权力：市场准入审批、价格监管、受理业务申请、受理举报投诉、行政执法与处罚等。此外，FERC 还负责就监管事务进行听证和争议处理等。

• 市场准入审批。如对石油市场的准入，监管内容包括从业资格的认证审定，组织油气资源勘探、开发的招标和许可证发放，对矿权使用和油气资源的合理开发和利用实施监督管理，对作为矿区使用费征收依据的油气产量水平进行评估等。

• 价格监管。主要监管管道输油公司的运营和费率、管道服务和开放；监控天然气管道输送价格，制定费率或价格公式，提出费率或价格的最高限制或最低限价等。

• 受理业务申请。FERC 和各州公用事业委员会对能源市场的监管主要是通过受理业务申请和受理举报投诉这两种形式实现的。企业要办理业务许可事项，如更改电力价格或者服务条款，要求监管机构对纠纷进行裁决，或者消费者要求相关的公司进行赔偿等事项，都需要向监管机构提交文字申请材料。对重要公共设施和重大项目实行监管，包括审批长距离油气管道、液化天然气接收站的建设和运行，决定海上石油设施的建设与停用，监管长距离油气管道的运营等，对生产者之间、生产者与消费者之间发生的纠纷进行调解和仲裁。

• 受理举报投诉。主要有两种方式：热线电话和书面举报投诉。对电网接入、互连纠纷、供电服务质量、电费账单等的投诉举报案件，90%以上通过非正式的程序进行解决。如果非正式协调不能解决，则进入监管机构的正式程序，通常由监管机构的行政法官进行听证和裁决，直至最终上诉到法院判决。

• 行政执法与处罚。FERC和各州公用事业委员会，除拥有市场准入的审批权和定价权外，还拥有强大的执法队伍和行政处罚权力。根据《能源政策法》（2005年），FERC可以对每件市场违规案件处以每天100万美元的罚款，对恶意操纵市场的企业负责人给予处罚。

FERC的经费预算是DOE年度预算的组成部分，另外，其他能源主管部门也负责部分油气等资源的管理，如内政部矿产管理局负责健康、安全地管理美国外部大陆架的天然气、石油和其他矿产资源；环保署注重推广可再生能源和节能技术，加快可再生能源和节能产业的建设和市场开发；劳工部负责确保油气产业工人的健康和安全；运输部负责管理管道，以保证天然气、液化气、石油输送过程中的安全和环境无害化。

（3）相关支撑机构

一是州层次的能源监管机构。如前所述，美国的能源监管权分属于联邦政府与州政府，它们各自在法律规定的范围内行使职权。一般来说，在州层次，各州负责能源规制的部门主要有3个：州能源委员会、州公用事业委员会以及州环保局[①]。

① 州能源委员会。州能源委员会是能源政策和规划机构，根据本州的相关法律建立。委员会成员通常由州长亲自任命，任期为5年。5名委员必须具有工程、

---

① 黄婧. 论美国能源监管立法与能源管理体制［J］. 环境与可持续发展，2012（2）：65–71.

物理科学、经济学、环保或法律等方面的专业背景，有 1 名成员必须选自大众。委员会的职责包括：预测未来的能源需求，并保存能源历史数据；给 50 万千瓦或更大功率的火电厂颁发执照；制定本州的设备和建筑物能效标准，并与当地政府合作，执行这些标准；运用先进的能源科学和技术，支持能够促进公共利益的能源研究；支持、鼓励新能源的开发和利用；规划和领导本州能源紧急情况的处理。州能源委员会通过上述规制活动，鼓励公共或私营机构采取行动营造一个良好的经济和健康的环境，改善能源系统，使本州居民有理想的能源选择，能够获得负担得起、可靠、多样、安全和环保的能源。

② 州公用事业委员会。州公用事业委员会（Public Utility Commission，PUC）通过市场准入监管和价格监管、受理业务申请和处理举报投诉、行使行政执法和处罚权力等监管手段，实施对资源、产业、市场的有效监管。此外，以下事务也主要由各州 PUC 负责：完全位于一州境内的油气运输管道管理；监管向消费者零售的电力和天然气；批准发电、输配电项目的实体建设；不包括水电站和一些位于"国家电力传输走廊"的电力传输项目；监管市政电力系统，如田纳西流域管理委员会等的联邦电力营销机构的行为，大多数的农村电力合作社；发放州水质证书；监督石油管道的建设、石油设施的退役、石油企业的并购及穿越或位于外大陆架的管道安全或管道运输；监管地方天然气配送管道；开发和运营天然气车辆等。

PUC 下设执行办公室、通信部、能源局、水利局、消费者保护和安全局、消费者服务及资讯局、信息和管理服务局、法律部、政策和规划局。其中，能源局主要根据 PUC 制定的能源开发和管理政策以及计划，对州内经营电力、天然气、煤气等的私营企业进行规制，并提供客观的专家分析和咨询，确保消费者能以合理的价格享受安全、可靠及实用的能源服务，防止欺诈，保护并促进本州的经济发展。

③ 州环保局。州环保局主要负责研究和制定各类环境计划的地方标准，如空气质量标准等，并按照联邦环保署的授权负责颁发许可证、监督和执法。同时，负责本州可再生能源和节能技术的推广，侧重于可再生能源和节能产业的建设和市场开发等。除联邦政府和州政府能源规制部门之外，美国还有大量的行业协会（学会）、科研机构和非政府组织，如 DOE 的劳伦斯伯克利国家实验室，拥有科学家近

4000 人，又如加州能源服务产业的从业人员就有近 3 万人。这些机构拥有世界一流的科研能力和行业管理经验，经常为美国各级政府充当智囊团的角色，成为政府和企业之间沟通的桥梁，对各州乃至联邦政府的能源规制发展战略和政策的制定发挥着重要的作用。

二是行业协会。除联邦政府和州政府能源主管部门外，美国还有能源协会、美国可再生能源委员会、美国国家石油委员会、美国国家可再生能源实验室、美国太阳能产业协会、美国节能联盟和生物柴油理事会等众多的支撑机构，以及大量的行业协会（学会）、科研机构和非政府组织，它们构成了美国完备的能源管理体系。

下面简要介绍一下美国能源协会（United States Energy Association，USEA）。

① USEA 的作用。USEA 是世界能源理事会（联合国认可的能源机构）的美国成员，其目标是传达有关 21 世纪全球能源问题的现实信息，并增加获取全球能源。USEA 的主要作用如下 [①]：

• USEA 会员，代表了美国能源行业中从最大的《财富》500 强公司到小型能源咨询公司等 100 多家公司和协会。

• 支持与 DOE 研究、讨论能源政策和技术，扩大使用全球清洁能源技术。

• 组织、审查、评审、遴选每年的美国能源奖。美国能源奖成立于 1989 年，以表彰杰出的能源领导计划及对能源问题的国际理解做出贡献者。奖项评选委员会由国家能源领导人组成，负责审查提名人对能源行业的贡献。

• 组织年度会员会议和公共政策论坛、能源行业年度论坛、能源效率与供应论坛及国际能源政策与技术相关论坛等活动，致力于在影响者、媒体、其成员以及其在海外的合作伙伴之间传达实用的能源政策信息，帮助 USEA 成员实现全球气候变化目标，减少排放并增加能源获取。

• 通过组织实施美国国际开发署（USAID）支持的能源技术和管理计划（ETAG）、能源公用事业合作伙伴计划（EUPP）等帮助扩大欧洲大陆国家，非洲、北美洲等的发展中国家的能源基础设施，促进国内外能源交流与合作。

• 组织、审查、评审、遴选每年的 USEA 国际志愿人员表彰奖，表彰对 USEA 活动做出杰出贡献的个人和组织。

---

① https：//usea.org/sites/default/files/USEA_2018_Annual_Report_Web.pdf.

② 董事会。USEA 由 25 名成员组成的董事会管理，其中包括来自美国能源公司、行业协会和其他组织的高级管理人员，这些人员都代表了美国能源行业的利益。现任主席是维奇·贝利（Vicky A. Bailey），她是安德森斯特拉顿国际有限责任公司创始人。

USEA 雇用经验丰富的技术专家团队，致力于支持并达成 USEA 的使命。

③ 会员。USEA 会员广泛，包括美国能源行业各个领域的主要参与者。会员一般分为以下两类。

第一类：能源公司、行业协会、制造商和工程公司等。能源公司包括 AECOM 公司、美国电力公司、柏克德集团有限公司、布莱克与威驰公司、雪佛龙公司、康菲石油公司、壳牌石油公司、埃克森美孚公司、西屋电气等，行业协会包括美国煤炭理事会、美国工程公司理事会、美国天然气协会、美国石油学会、美国公共权力协会、液化天然气盟友、美国州际国家天然气协会、全国矿业协会、国家海洋工业协会、天然气供应协会、地热资源理事会等，制造商包括美国燃料和石化产品制造商、江森自控公司、太阳能涡轮机，以及能源设备与基础设施联盟等。工程公司包括 Tellurian 股份有限公司、德照科技公司、西屋。

第二类：专业协会、联邦政府机构、专业服务公司、大学、教育组织和州政府机构等。专业协会包括国际先进工程协会、美国机械工程师学会、能源工程师协会、美国太阳能产业协会等，联邦政府机构包括 DOE、USAID、布鲁克海文国家实验室、劳伦斯利弗莫尔国家实验室、爱达荷国家实验室等，专业服务公司包括国家能源基金会、能源与矿产法基金会、伦敦经济国际有限责任公司、约旦资本管理、AEGIS 保险服务公司、毕马威会计师事务所、普华永道会计师事务所、摩根士丹利、奥纬咨询公司、塞古拉咨询有限公司、安永会计师事务所、杜安莫里斯律师事务所等，大学、教育组织包括里海大学、杜兰大学美中能源与环境技术中心、佛罗里达大学公用事业研究中心、明尼苏达大学德卢斯分校、南加州大学能源研究所等，州政府机构包括特拉华州社区服务办公室等。

USEA 会员直接影响 USEA 在美国和世界范围内的信息活动期间要解决的主题，还通过自愿与发展中国家的同行分享最佳做法，在国际计划中发挥着不可或缺的作用。

④ 收入来源。USEA 为非营利性的非政府组织，实行会员制管理，其收入来源主要是会员交纳的会费。USEA 根据组织类别的不同而收取不同的年度会费，如对于第一类：能源公司、行业协会、制造商和工程公司，其年费根据上一年度的收入收取，上一年收入 1 亿美元以上的公司，收取年费 5000 美元；上一年收入5000 万 ~ 1 亿美元的公司，收取年费 4000 美元；上一年收入 1000 万 ~ 5000 万美元的公司，收取年费 3500 美元；上一年收入 500 万 ~ 1000 万美元的公司，收取年费 2500 美元；上一年收入不足 500 万美元的公司，收取年费 2000 美元。

USEA 要求：取消会员资格必须以书面形式进行，并由有投票权的会员签署；预计在年中取消的会员将按比例支付该年的会费。

总之，USEA 会员拥有世界一流的科研能力和行业管理经验，如美国国家可再生能源实验室和劳伦斯伯克利国家实验室，负责组织编制美国可再生能源和节能技术发展战略路线图，组织重点技术研发和重要工程实施，已成为美国实施国家能源技术研发战略的中坚力量，经常为美国各级政府充当智囊团的角色，成为政府和企业沟通的桥梁，对各州乃至联邦政府的能源和节能发展战略及政策制定发挥着重要作用。

（4）能源监管模式

作为目前全球能源生产和消费大国，美国已形成"依法设立、政监分离、分级监管、体系完备"的能源监管模式。

1）联邦监管机构及其关系

美国主要能源机构依法设立并进行管理。DOE 根据《能源部组织结构法》（1977 年），整合当时各类与能源有关的机构，组成能源主管部门。目前 DOE 根据《能源政策法》（2005 年）、《能源独立和安全法》（2007 年）及《经济复兴和再投资法案》（2009 年）等法案不断完善能源管理职能，负责制定和实施国家综合能源战略和政策。

FERC 的权利与职责的变迁均由相关法律法规授权，并依法进行独立的能源监管。FERC 根据《联邦电力法》（1935 年）、《天然气法》（1938 年）、《能源部组织结构法》（1977 年）、《天然气政策法》（1978 年）、《公用事业管制政策法》（1978 年）、《能源政策法》（1992 年）、《能源政策法》（2005 年）及《能源独立和安全法》（2007 年）等一系列法律法规的授权，依法实施独立的能源政策与监管。

美国能源监管权分属于联邦政府与州政府，在联邦一级设有 DOE 和 FERC，各州一般设有公用事业委员会，它们各自在法律规定的范围内行使职权，独立实施能源监管职能；管理机构与其他政府部门各司其职，职能不重复交叉。FERC 和各州公用事业委员会通过市场准入监管和价格监管、受理业务申请和处理举报投诉、行使行政执法和处罚权力等监管手段，实施对资源、产业、市场的有效监管。

FERC 的独特之处在于其所享有的作为 DOE 内部准独立机关的地位。尽管 FERC 需要向 DOE 部长报告工作，但是《行政程序法》授权 FERC 为履行众多职能的独立性规制机构。FERC 在其职权内做出的决定属于最终决定，不受 DOE 部长和 DOE 内其他官员的进一步审查。而《行政程序法》规定了涉及 DOE 部长所做出的规则、规章和具有普遍适用力的政策说明，如果 FERC 认定拟议的规则明显影响 FERC 的职权，FERC 可以规定公众评议期。DOE 部长以及 DOE 内所有其他官员必须根据 FERC 的要求向其提供 FERC 认为履行其职责所需要的已有信息。

2）国家实验室的建设、管理模式、资金预算与内生动力

国家实验室的建设过程基本上由国家实验室的酝酿、雏形、发展、成熟和迁越等 5 个具体环节构成。5 个环节都具有较为明显的标志：国家以战略计划方式将国家实验室建设纳入政府视野是国家实验室酝酿期的明显标志，如"曼哈顿计划"中多个国家实验室建设方案的提出；国家实验室雏形形成以国家实验室前身机构的形成为标志，如克林顿实验室是橡树岭国家实验室早期的雏形，太阳能研究所是美国国家可再生能源实验室的建设起点；国家实验室正式名称的确立，资金、设备、人员规模的不断扩张以及优势研究领域的不断拓展成为国家实验室发展阶段的特点，如 DOE 的 17 个国家实验室的正式名称都在此阶段形成，同时这一阶段也是这些实验室规模迅速扩充的阶段；系统、成熟实验室文化的形成是国家实验室成熟最为明显的标志，如橡树岭国家实验室、阿姆斯国家实验室等实验室文化的系统阐述与运用；实验室突破成熟期的僵化向更高层次进阶，成为国家实验室迁越的核心特征，如费米国家加速器实验室重大战略的调整等。

一般而言，美国的国家实验室采取理事会决策，监事会监督，院、所长负责日常管理的领导模式。DOE 的管理形式分为"国有国营"和"国有民营"两种方式，

基本采用国家拥有、运营商经营的模式。DOE 与承包商签署实验室管理运营合同，委托承包商负责实验室的管理、运营与维护，为 DOE 开展研究工作。DOE 则负责指导实验室的使命、任务、发展方向、研究计划和行政管理目标。主管部门通过定期召开会议、听取汇报、视察等方式对实验室的工作、项目研究进程及技师进行检查。实验室要定期向主管部门呈交书面报告。

DOE 国家实验室的经费主要来自 DOE 和私人部门（企业）委托的研究项目，尽管 DOE 下属的实验室委托大学和企业进行经营，但研究经费 80% 以上来自 DOE 等政府部门。目前，国家实验室从事油气行业研究的资金 90% 以上来自私营企业，煤炭行业除 CCUS（碳捕集、利用与封存）技术主要是政府投入，其他仍然来自私营部门，而能源效率和可再生能源研究经费，国家和民营部门各占一半。近年来，随着对气候变化问题关注程度的不断提升，美国联邦和地方政府用于新能源技术研发的力度逐渐加强。对高校、科研学术机构而言，无论是能源技术的研发还是能源政策的研究，都需要参与政府研发资金的竞标，或者到私营企业、基金会、国际机构筹措资金，每年的融资压力比较大。但在总体上，无论是 DOE 等联邦政府部门的财政投入，还是私营部门的研发投入，总量仍然很大，仅美国国家实验室的研发经费就达到了 250 亿美元，占美国全部能源研发经费的 14%，因此美国国家实验室基本上都能筹措到相应的资金，用于支持本身的研究工作[①]。据统计，2020 财年 DOE 投入 398.42 亿美元以上用于能源领域的研究、开发和示范项目。

国家实验室的进一步发展必须以内生力量聚集发展资源为保障，即实现国家实验室内外资源聚集方式由实验室外部力量配置转变到由实验室内部力量凝聚。DOE 国家实验室依靠国家战略需求、科学工程和政府法案确立起的初期优势研究领域实现了这一转变：国家实验室以初期优势研究领域为基点，在吸引更多资源的基础上结合新国家战略需求，通过纵深发展初期（在以后的发展中会转变成"传统"）优势研究领域，培育新研究领域及新优势研究领域，压缩、淘汰已无明显优势或发展前景的研究领域 3 种途径形成新优势研究领域群。之后，新优势研究领域群又会反

① 朱跃中 . 美国能源管理体系及能源与环境领域发展趋势［J］. 宏观经济管理，2010（3）：72 - 74.

作用于资源拓展。最终，形成了优势研究领域与资源间的良性互动，这一互动过程为国家实验室内生式增长与发展提供了核心支撑。

3）能源领域重大科技创新的管理支撑体系

美国的宏观科技管理部门主要是白宫、国会和联邦能源部门。其中，白宫与国会是美国科技决策的核心部门，主要是制定总体的科技政策和规划；DOE 为具体的执行机构，主要职能包括制定科技政策、分配科技研究开发经费等；FER 负责依法制定联邦政府职权范围内的能源监管政策及实施监管。

美国的微观执行机构主要是国家实验室、高校、企业。美国的科技创新活动以企业为主体，产学研相结合，因此美国政府很注意充分利用市场机制，引导民营资本和企业（特别是科研机构和有实力的企业），积极参与科技创新，推动科技产业化。除直接资助外，税收豁免或减免是通常采用的经济手段，如政府下属的科研机构免征所得税；向政府下属科研机构捐款的个人或机构可获得相应的减税待遇；对商业性公司和机构新增的研究开发经费可退还 20%。另外，美国政府特别注意知识产权的保护，有非常详细的知识产权制度，能有效地保护科技专利成果，并促进其转移和使用。

美国行业协会为服务机构，在宏观管理与微观管理之间搭起桥梁。行业协会辅助宏观管理部门工作，提供能源战略研究、决策意见与建议，协助执行科技创新计划；组织产学研合作研发，提供必要的咨询服务等。

可见，美国能源监管模式充分体现了部门分工协作的现代化管理，DOE 是宏观管理部门，FERC 是内设独立监管机构，高校、国家实验室等研究机构及企业是创新主体，支撑能源相关科研工作，智库为 DOE 相关政策、领域提供决策咨询报告或建议，行业协会则为政府与创新主体提供服务，基金公司、资本管理等金融机构为能源科技研发及产业化提供资金支持，律师事务所及知识产权服务机构为能源科技发展提供市场化等专业服务，这些组织以法律为依托，按照各自职能履行其应有的义务与责任，确保美国能源管理体系有效运转，保障美国能源安全。

1.2.6 美国联邦环保署

（1）联邦环保署简介

1962 年雷切尔·卡森（Rachel Carson）发表了《寂静的春天》（"Silent Spring"），对滥用杀虫剂进行抨击，引发了美国人对保护环境话题的关注。人们在灾难发生后对空气和水污染的担忧蔓延开来。加州的一座海上石油钻井平台因数百万加仑（1 美制加仑 =0.003 785 4 立方米）的漏油污染了海滩。在俄亥俄州克利夫兰附近，被化学污染物阻塞的 Cuyahoga 河已经自发地燃烧起来。宇航员已经开始从太空拍摄地球，提高了人们对地球资源的认识。

1970 年初，由于公众对不断恶化的城市空气、到处都是垃圾的自然区域以及被危险杂质污染的城市供水的高度关注，理查德尼克松（Richard Nixon）总统向参众两院提交了一份关于环境的具有开创性的 37 点信息。这些要点包括：要求投入 40 亿美元用于改善水处理设施；要求制定国家空气质量标准和严格的指导方针，以降低机动车排放；启动联邦资助的研究，以减少汽车污染；下令清理污染空气和水的联邦设施；寻求立法制止向大湖区倾倒废物；建议对汽油中的铅添加剂征税；向国会提交一份加强海上石油运输保障措施的计划；批准处理石油泄漏的国家应急计划。

与此同时，尼克松总统还成立了一个委员会，考虑如何组织旨在减少污染的联邦政府项目，以便这些项目能够有效地解决他在环境信息中提出的目标。

根据委员会的建议，总统向国会提交了一份组建联邦环保署（EPA）的建议，将联邦政府的许多环境责任合并到 EPA，将允许其以超出政府先前的污染控制计划能力的方式对重要污染物及其对整个环境的影响进行研究，无论其出现在何种介质中，以及这些污染物对整个环境的影响。EPA 将单独和与其他机构一起监测生物和物理环境状况的数据。

有了这些数据，EPA 将能够建立定量的"环境基线"——这对于充分衡量污染治理工作的成败至关重要。EPA 将能够与各州合作制定和执行空气、水质以及个别污染物的标准，寻求一致标准，保证将所有废物处理问题的行业活动对环境的不利影响降至最低。

随着各州制定和扩大自己的污染控制计划，它们将能够依靠一个机构提供财政、技术援助和培训来支持自己的努力。

1970 年 4 月，根据罗伊·L. 阿什（Roy L. Ash）领导的总统行政组织咨询委员会备忘录，建议尼克松总统组建 EPA。1970 年夏天举行听证会后，众议院和参议院批准了组建 EPA 的建议。1970 年 7 月 9 日，尼克松总统向国会传达了第 3 号建立 EPA、国家海洋和大气管理局（NOAA）的重组计划。1970 年 12 月 4 日，根据尼克松总统 EPA 第 1110.2 号令，EPA 正式成立，第一任行政长官威廉·鲁克尔肖斯于 1970 年 12 月 4 日宣誓就职。

EPA 的早期职能包括：从其他机构转移的职能、EPA 的执法策略、及早控制空气污染、禁止滴滴涕（二氯二苯基三氯乙烷）。

EPA 的使命是保护人类健康和环境。为了完成这项任务，EPA 致力于确保美国人为今世后代拥有清洁的空气、土地和水。目前，EPA 的主要职能包括：承诺采取积极措施，协调行动，应对气候危机，并继续与全球社会一道保护环境；采取关键行动，推进环境正义，执行影响服务不足和负担过重社区的民权法；依靠准确的科学信息来确定影响政策决定和执法行动的人类健康和环境问题；确保所有社区、个人、企业，以及州、地方和部落政府能够获得准确、充分的信息，从而有效地参与提供更清洁、更安全、更健康的环境，以公开透明、值得公众信任的方式开展环保业务，高效地为美国人民服务。

2017—2021 财年 EPA 总预算资源（国会拨款和一些机构收款）、债务（授权资金承诺）和总支出（现金支付）如图 1.23 所示。

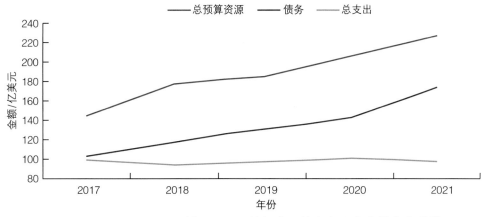

图 1.23　2017—2021 财年 EPA 预算经费、债务和总支出的变化趋势

在 2021 财年结束时，EPA 的预算经费为 227.3 亿美元，比 2020 财年增加了16.4 亿美元[①]。在 2021 财年，大约 90% 的 EPA 经费可分为两类：基金与财政和投资的平衡。EPA 的所有投资都有美国政府证券支持。

EPA 总部位于华盛顿特区。EPA 总部办公室、10 个地区办公室以及全国十几个实验室和现场办公室共雇用了约 14 000 名受过高等教育和技术培训的多元化员工。

（2）联邦环保署组织机构

EPA 组织机构主要包括署长直属办公室、行政和管理事务厅（OAES）、儿童健康保护办公室（OCHP）、民权办公室（OCR）、国会和政府间关系办公室（OCIR）、政策办公室（OP）、执行秘书处办公室（OEX）、国土安全办公室（OHS）、小型和弱势企业利用办公室（OSDBU）、公共事务办公室（OPA）、公众参与和环境教育办公室（OPEEE）、科学咨询委员会（SAB）等。

1.2.7 主要能源企业

美国的能源企业实力比较强大，具有较强的创新与竞争能力，这主要表现在2020 年普氏全球能源企业 250 强排名中，美国能源企业占有 88 席，其中 100 强中美国占据 32 席。下面就简要介绍一下其中 10 强美国企业的基本情况。

（1）埃克森美孚公司

埃克森美孚公司（ExxonMobil Corp Oration）成立于 1870 年，总部设在得克萨斯州欧文。该公司主要从事原油和天然气的研发、生产、运输以及销售，还致力于石油化工产品的生产、运输和销售。其生产、销售的石化商品，包括烯烃、芳烃、聚乙烯和聚丙烯塑料及其他专业产品。截至 2020 年 12 月 31 日，公司拥有已探明储量的净作业井为 22 239 口，经营范围主要在美国、加拿大、欧洲、非洲、亚太、中东、俄罗斯/里海地区和南美洲。2009 年的标准普尔 Compustat 数据显示：公司资产 2280.52 亿美元，收入 4250.71 亿美元，利润 452.20 亿美元，投资资本回报率36.31%，近 3 年综合收益率为 9.00%，在普氏全球能源企业 250 强中排名第 1 位。

---

① https：//www.epa.gov/system/files/documents/2021－11/epa－fy－2021－afr.pdf.

2020 年的标准普尔 Compustat 数据显示：公司资产 3625.97 亿美元，收入 2555.83 亿美元，利润 143.4 亿美元，投资资本回报率 6%，近 3 年综合收益率为 8.4%，在普氏全球能源企业 250 强中排名第 7 位。与 2009 年相比，公司在 2020 年普氏全球能源企业 250 强中排名下降了 6 位。

为应对气候变化，埃克森美孚公司采取了一些举措，近年来主要事件如表 1.3 所示。

表 1.3　2009—2021 年埃克森美孚公司主要事件

年份	主要事件
2009	和 Synthetic Genomics Inc.（SGI）共同宣布开设温室设施，以实现藻类生物燃料计划更高水平的研究和测试。预计 2017 年将取得突破性进展，包括对藻类菌株进行改造，使其含油量增加一倍以上，而不会显著抑制菌株的生长
2010	与 XTO 能源公司敲定了协议，创建了一个新的组织，专注于非常规资源的全球开发和生产。雪佛龙公司、康菲石油公司、埃克森美孚公司和壳牌公司宣布了一项建立和部署快速反应系统的计划，该系统将在墨西哥湾深水区未来可能发生水下井喷的情况下用于捕获和控制石油。埃克森美孚代表赞助公司领导围堵系统工作
2011	在钻完公司暂停开采后的第一口深水勘探井后，宣布在墨西哥湾深水区有两项重大石油发现和一项天然气发现。这是过去 10 年墨西哥湾最大的发现之一
2014	在巴布亚新几内亚的 PNG 液化天然气项目的第一批液化天然气交付日本东京电力公司
2015	在圭亚那海上安全成功地钻探了第一口勘探井。随后的勘探活动将确认超过 80 亿桶油当量的世界级资源发现
2016	和佐治亚理工学院的研究人员共同开发了一种潜在的革命性"反渗透"技术，可以显著减少与塑料制造相关的温室气体排放。通过使用分子过滤器——而不是能源和热量——来执行塑料制造过程中的关键步骤，这种新工艺提供了显著减少石化设施所需能源的潜力
2017	与伊利诺伊大学香槟–厄巴纳分校的国家超级计算应用中心合作，通过使用比以前用于复杂油气藏模拟模型的处理器数量多 4 倍的处理器，创造了高性能计算的纪录，以提高勘探性能和生产成果。并行模拟的突破使用了 716 800 个处理器，相当于利用 22 400 台计算机的能力，每台计算机有 32 个处理器
2018	通过收购得克萨斯州沃思堡 Bass 家族拥有的公司，将其二叠纪盆地的资源量增加了一倍，达到 60 亿桶油当量
2019	2019 年底，埃克森美孚公司开始在圭亚那近海的 Liza 油田生产石油。Liza 油田在首次发现碳氢化合物后不到 5 年就提前完成了计划，远远领先于深水开发行业的平均水平

续表

年份	主要事件
2020	为应对 COVID-19 大流行，埃克森美孚公司最大限度地生产关键产品，如用于制造洗手液的异丙醇和用于制造防护口罩、长袍和湿巾的聚丙烯。此外，该公司重新配置了路易斯安那州的业务生产医用级洗手液，并捐赠给 COVID-19 应对工作
2021	创建了一项低碳解决方案的新业务，将其广泛的低碳技术组合并商业化。新业务最初将专注于碳捕获和储存，这是实现净零排放和《巴黎协定》中概述的气候目标所需的关键技术之一

资料来源：https://corporate.exxonmobil.com/About-us/Who-we-are/Our-history.

由表 1.3 可见，10 多年来，埃克森美孚公司从生物燃料、非常规油气、"反渗透"技术到超算应用于复杂油气藏模拟模型，以及低碳解决方案，日益重视利用新技术应对气候变化，为公司未来发展提供有效的技术支撑。

（2）雪佛龙公司

雪佛龙公司（Chevron Corporation）成立于 1879 年，总部设在加州圣罗曼。该公司是一家全球性的综合能源公司，其业务包括：石油勘探，原油和天然气的开发、生产；原油、石油产品、精制原油加工成成品油的销售业务；通过船只、电机管道设备、轨道车运输原油、天然气、石油产品；生产和销售商品石化、塑料工业用品、燃料和润滑油添加剂；煤炭和钼的生产与经营活动；开发和运营商业发电项目，以及从事现金管理和债务融资、企业管理、保险、房地产等活动。2009 年的标准普尔 Compustat 数据显示：公司资产 1611.65 亿美元，收入 2649.58 亿美元，利润 239.31 亿美元，投资资本回报率 25.68%，近 3 年综合收益率为 12.74%，在普氏全球能源企业 250 强中排名第 2 位。2020 年的标准普尔 Compustat 数据显示：公司资产 2374.28 亿美元，收入 1398.65 亿美元，利润 29.24 亿美元，投资资本回报率 2%，近 3 年综合收益率为 10.6%，在普氏全球能源企业 250 强中排名第 39 位。与 2009 年相比，公司在 2020 年普氏全球能源企业 250 强中排名下降了 37 位。

（3）西方石油公司

西方石油公司（Occidental Petroleum Corporation）成立于 1920 年，总部位于得克萨斯州休斯敦，公司及其子公司在美国、中东、非洲和拉丁美洲从事石油和天然气资产的收购、勘探和开发。该公司通过 3 个部门运营：石油和天然气部门、化工部门、营销和中游部门。石油和天然气部门勘探、开发、生产石油、凝析油、天然气液体（NGL）、天然气。化工部门制造和销售基础化学品，包括氯、烧碱、氯化有机物、钾化学品、二氯化乙烯、氯化异氰脲酸酯、硅酸钠和氯化钙，其中乙烯基包括氯乙烯单体、聚氯乙烯和乙烯。营销和中游部门收集、处理、运输、存储、购买、销售石油、凝析油、NGL、天然气、二氧化碳和电力，该部门还围绕其资产进行交易，包括运输和存储能力，并投资于实体。截至 2008 年 12 月 31 日，该公司已探明储量约 2978 亿桶油。2009 年的标准普尔 Compustat 数据显示：公司资产 415.37 亿美元，收入 242.17 亿美元，利润 68.39 亿美元，投资资本回报率 23.26%，近 3 年综合收益率为 16.78%，在普氏全球能源企业 250 强中排名第 15 位。2020 年的标准普尔 Compustat 数据显示：公司资产 1093.3 亿美元，收入 203.93 亿美元，利润 −9.7 亿美元，投资资本回报率 −1%，近 3 年综合收益率为 26.4%，在普氏全球能源企业 250 强中排名第 181 位。与 2009 年相比，公司在 2020 年普氏全球能源企业 250 强中排名下降了 166 位。

（4）康菲石油公司

康菲石油公司成立于 1917 年，总部位于得克萨斯州休斯敦，在全球范围内主要从事勘探、生产、运输和销售原油、沥青、天然气、液化天然气（LNG）和天然气液体（NGL），常规和致密油藏、页岩气、稠油、油砂等生产业务。其投资组合包括北美的非常规油气田，北美、欧洲、亚洲和澳大利亚的常规资产，各种 LNG 开发，加拿大的油砂资产，以及常规和非常规勘探前景清单。2020 年的标准普尔 Compustat 数据显示：公司资产 705.14 亿美元，收入 333.46 亿美元，利润 71.89 亿美元，投资资本回报率 14%，近 3 年综合收益率为 12%，在普氏全球能源企业 250 强中排名第 9 位。

（5）菲利普斯部门 66 公司

菲利普斯部门 66 公司（Phillips 66 Compang）是一家能源制造和物流公司，成立于 1875 年，总部位于得克萨斯州休斯敦。它通过 4 个部门运营：中游部门、化工部门、炼油部门、营销和专业部门。中游部门运输原油和其他原料，将精炼石油产品推向市场，提供原油和精炼石油产品的码头和储存服务，运输、储存、分馏、出口和销售 NGL，提供其他收费处理服务，收集、加工、运输和销售天然气。化工部门生产和销售乙烯及其他烯烃产品，芳烃和苯乙烯类产品，如苯、环己烷、苯乙烯和聚苯乙烯，以及各种特种化工产品，包括有机硫化学品、溶剂、催化剂、用于钻井和采矿的化学品。炼油部门在美国和欧洲的 13 家炼油厂将原油和其他原料精炼成石油产品，包括汽油、馏分油和航空燃料。营销和专业部门主要在美国和欧洲购买、销售精炼石油产品，包括汽油、馏分油和航空燃料，生产和销售特种产品，如基础油和润滑油。2020 年的标准普尔 Compustat 数据显示：公司资产 587.2 亿美元，收入 1072.93 亿美元，利润 30.7 亿美元，投资资本回报率 8%，近 3 年综合收益率为 14.8%，在普氏全球能源企业 250 强中排名第 13 位。

（6）企业产品合作伙伴 LP

企业产品合作伙伴 LP（Enterprise Products Partners LP）公司成立于 1968 年，总部位于得克萨斯州休斯敦。其为天然气、NGL、原油、石化及精炼产品的生产商和消费者提供中游能源服务。该公司通过 4 个部门运营：天然气液化管道和服务部门、原油管道和服务部门、天然气管道和服务部门、石化及精炼产品服务部门。NGL 管道和服务部门提供天然气加工和相关的 NGL 营销服务，它在科罗拉多州、路易斯安那州、密西西比州、新墨西哥州、得克萨斯州和怀俄明州经营着 21 个天然气加工设施，以及 NGL 的管道、分馏设施、相关产品储存设施和海运码头。原油管道和服务部门经营原油管道，以及原油储存和海运码头，其中包括一支由 310 辆拖拉机 - 拖车油罐车组成的车队，用于运输液化石油气，它还从事原油营销活动。天然气管道和服务部门经营天然气管道系统以收集、处理、运输、销售天然气，它在路易斯安那州拿破仑维尔租赁地下盐丘天然气储存设施，在得克萨斯州沃顿拥有一个地下盐丘储存洞穴。石化及精炼产品服务部门经营丙烯分馏和相关营销活动、丁烷异构化复合物和相关的脱异丁烷装置、辛烷值提高和高纯度异丁烯生产设施，它还经营成品油管道和码头以及乙烯出口终端相关业务，并提供成品油营销和海上运输服务。2020 年的标准普尔 Compustat 数据显示：公司资产 617.33 亿美元，收入 327.89 亿美元，利润 45.64 亿美元，投资资本回报率 8%，近 3 年综合收益率为 12.5%，在普氏全球能源企业 250 强中排名第 15 位。

（7）瓦莱罗能源公司

瓦莱罗能源公司（Valero Energy Corporation）总部在得克萨斯州，它通过 3 个部门运营：炼油部门、可再生柴油部门和乙醇部门。在美国、加拿大、英国、爱尔兰等制造、销售、运输燃料和石化产品，从事石油和天然气精炼、营销和大宗销售活动。它生产常规、优质和重新配制的汽油，符合加州空气资源委员会（CARB）规范的汽油和柴油，常规柴油、低硫和超低硫柴油，其他馏分油，喷气燃料，混合原料，润滑油和 NGL，以及沥青、石化产品、润滑剂和其他精炼石油产品。截至 2020 年 12 月 31 日，公司拥有 15 座炼油厂，总产能约为 320 万桶 / 天。它通过批发货架和散装市场销售其精制产品，并通过 Valero、Beacon、Diamond Shamrock、Shamrock、Ultramar 和 Texaco 品牌经营大约 7000 家门店。公司还生产和销售乙醇、干酒糟、糖浆和不可食用的玉米油，主要面向炼油厂和汽油混合商以及动物饲料客户。它拥有并经营着 13 家乙醇工厂，总产能约为每年 16.9 亿加仑。公司拥有并经营原油和精炼石油产品管道、码头、油罐、卡车货架和其他物流资产。此外，公司还拥有并经营一家可将动物脂肪、用过的食用油和其他植物油加工成可再生柴油的工厂。2020 年的标准普尔 Compustat 数据显示：公司资产 538.64 亿美元，收入 1027.29 亿美元，利润 24.15 亿美元，投资资本回报率 7%，近 3 年综合收益率为 13.6%，在普氏全球能源企业 250 强中排名第 16 位。

（8）南方公司

南方公司（The Southern Company）成立于 1945 年，总部位于佐治亚州亚特兰大。南方公司通过其子公司从事发电、输电和配电业务。公司分为 4 个部门：天然气配送业务部门、天然气管道投资部门、天然气批发服务部门和天然气营销服务部门。公司还建造、收购、拥有和管理发电资产，包括可再生能源和电池储能项目，并在批发市场销售电力；在伊利诺伊州、佐治亚州、弗吉尼亚州和田纳西州分销天然气，并提供天然气营销服务、批发天然气服务和天然气管道投资运营服务。公司拥有和/或运营 30 座水电站、24 座化石燃料发电站、3 座核电站、13 座联合循环/热电联产站、44 座太阳能设施、13 座风力设施、1 座燃料电池设施和 1 座蓄电池储存设施，建设、运营和维护 75 924 英里（1 英里约为 1.61 千米）的天然气管道和 14 个储存设施，总容量为 157 bcf，为住宅、商业和工业客户提供天然气。公司为大约 860 万户电力和天然气公用事业客户提供服务，还提供能源效率和公共基础设施领域的产品和服务。此外，公司还提供数字无线通信和光纤服务。2020 年的标准普尔 Compustat 数据显示：公司资产 1187 亿美元，收入 214.19 亿美元，利润 47.39 亿美元，投资资本回报率 6%，近 3 年综合收益率为 2.5%，在普氏全球能源企业 250 强中排名第 20 位。

（9）能源转移有限公司

能源转移有限公司（Energy Transfer LP）成立于 1996 年，总部位于得克萨斯州达拉斯，提供与能源相关的服务。公司在得克萨斯州拥有并经营约 9400 英里的天然气输送管道和 3 个天然气储存设施，以及 12 340 英里的州际天然气管道。公司还向电力公司、独立发电厂、当地分销公司、工业终端用户和其他营销公司销售天然气。公司在得克萨斯州、新墨西哥州、西弗吉尼亚州、宾夕法尼亚州、俄亥俄州、俄克拉荷马州、堪萨斯州和路易斯安那州拥有并经营天然气收集和 NGL 管道、加工厂以及处理和调节设施，得克萨斯州南部的石油管道和石油稳定设施，以及为宾夕法尼亚州的天然气生产商提供运输和供水。公司拥有大约 4823 英里的 NGL 管道、NGL 和丙烷分馏设施，NGL 存储设施工作存储能力约为 5000 万桶，以及其他 NGL 存储资产和终端的总存储容量约为 1700 万桶。此外，公司还销售汽油、中间馏分油和汽车燃料，以及原油、NGL 和精炼产品；经营便利店并分销汽车燃料和其他石油产品；提供天然气压缩服务，二氧化碳和硫化氢脱除、天然气冷却、脱水和英热装置管理服务，并管理煤炭和自然资源资产，以及销售立木、租赁与煤炭相关的基础设施、收取石油和天然气特许权使用费并从事发电业务。公司前身为能源转移股权有限公司（Energy Transfer Equity LP），于2018年10月更名为现名。2020年的标准普尔Compustat数据显示：公司资产988.8亿美元，收入542.13亿美元，利润35.88亿美元，投资资本回报率4%，近3年综合收益率为19.5%，在普氏全球能源企业250强中排名第24位。

（10）艾克塞隆公司

艾克塞隆公司（Exelon Corporation）成立于1887年，总部设在芝加哥，主要从事电力生产、传输、配送，以及向居民、商业、工业、批发客户出售。公司的活动范围在北伊利诺伊州但也以零售的方式为基础向宾夕法尼亚州东南部客户群购买和出售电力、天然气产品。截至2008年12月31日，公司拥有电力资产总计净容量达24 809兆瓦。公司大约向北伊利诺伊州的380万客户、宾夕法尼亚州东南部的160万客户输送电力，并向宾西法尼亚州的48.5万用户输送天然气。2009年的标准普尔Compustat数据显示：公司资产478.17亿美元，收入188.59亿美元，利润27.17亿美元，投资资本回报率11.45%，近3年综合收益率为7.09%，在普氏全球能源企业250强中排名第34位。2020年的标准普尔Compustat数据显示：公司资产1249.77亿美元，收入344.38亿美元，利润29.36亿美元，投资资本回报率4%，近3年综合收益率为3.2%，在普氏全球能源企业250强中排名第30位。与2009年相比，公司在2020年普氏全球能源企业250强中排名上升了4位。

1.3 美国的能源法律法规

美国最早的能源法是1920年的《联邦动力法》，大规模的能源立法是在20世纪70年代能源危机的背景下开始的，适用于能源领域的第一部综合性法律为2005年颁布的《能源政策法》。据统计，从1920年到2005年，美国共有25部调整能源的法律法规颁布实施。美国能源法律体系有以下几个特点：

第一，从法律性质上看，美国能源法既有基本法，也有单行法。基本法为《能源政策法》，单行法主要有《联邦电力法》《美国化石燃料法》《郊区风能开发法》等常规能源与新能源法，《电力事业贸易促进法》《国家核能安全管理责任法》等公

用事业法,《节能促进法》《节能建筑法》等能源利用法,《国家能源与环境安全法》《全球温室气体减排法》等能源污染防治方面的法律。

第二,美国能源法律体系不是单一的体系,涉及联邦法律和州法律。美国是联邦制的国家,其法律也有联邦和州两个层面的不同体系。美国联邦宪法对于联邦和州的立法权进行了划分,美国联邦宪法第1条第8款规定了联邦政府的立法权范围,除了该款所列举的联邦立法的领域外,都属于州立法的领域。关于能源方面的立法,不属于联邦宪法第1条第8款明确规定的17项立法权,但由于能源关系到国计民生,地位非常重要,联邦政府运用默示权力条款对能源进行立法。由于没有在明确列举的17项联邦立法权范围内,因此能源立法就成为各州立法的主要内容之一。也就是说,能源领域的立法成为联邦和州立法的共同范围。因此,美国的能源法律法规既有联邦法律系统的,也有州法律系统的,且各州法律又是一个个独立的法律体系,因此各州的能源立法也不尽相同。

第三,美国属于英美法系,以判例为表现形式的普通法是其法律的主体,因此能源方面的规则也可以在判例中找到踪影。虽然属于英美法系,但是美国的制定法也很发达,最典型的是其联邦宪法。随着社会的发展,制定法的数量在增加,作用在加强,尤其在税收、社会安全、能源、移民等领域。正如美国学者卡拉布里希所说:"过去50年到80年间美国法律体系发生了根本变化,已从普通法占统治地位的法律体系转变为立法机构的制定法成为主要法律体系。"美国能源领域的相当一部分法律法规属于制定法。总而言之,美国是普通法国家,与能源有关的法律在联邦法律、各州法律及判例中都可以找到踪影。美国能源法的数量极为庞大,涉及能源领域的各个方面,几乎每年都有与能源相关的法案出台。美国能源法的特点是事无巨细,法律具体而庞杂,可以说美国能源法律体系是极为完备的。以下简要介绍《全球变化研究法》(1990年)、《能源政策法》(2005年)、《新能源法》(2007年)和《美国清洁能源安全法》(2009年)等。

(1)《全球变化研究法》

1989年,美国总统提出一项"总统动议",要求加强全球环境变化(以下简称"全球变化")和气候变化研究。基于对世界人口膨胀、工农业大发展和其他人类行为导致全球变化的担忧,美国国会于1990年通过《全球变化研究法》

（Global Change Research Act，GCRA）。该法案在其前言部分提出，人为活动因素造成的环境变化加上自然的本身波动，将引起全球变暖、世界气候模式改变、全球海平面提高等。这些后果在接下来的一个世纪里将对农业、海洋水产业、生物多样性、人类健康、全球经济以及社会福祉产生消极影响。例如，含氯氟烃等物质的释放将降低大气隔离紫外线辐射的能力，不利于人类健康与生态系统稳定。

根据《全球变化研究法》，美国正式启动美国全球变化研究计划（United States Global Change Research Programe，USGCRP），对联邦政府部门加强全球变化和气候变化研究的国内行动和国际合作提出了法律要求，明确规定设立长期的、国家级的全球变化研究计划主管机构并赋予其具体的职责。

USGCRP 由 13 个部门和机构参与。参加的部委包括美国农业部（USDA）、商务部（DOC）、国防部（DOD）、能源部（DOE）、健康与人力资源服务部（HHS）、国务院（DOS）、交通部（DOT）、内政部（DOI）、联邦环保署（EPA）、国家航空航天局（NASA）、国家科学基金会（NSF）、美国国际开发署（USAID），以及史密斯素尼亚研究所（SI）等 141 单位。该计划由环境与自然资源研究委员会（CENR）下的全球变化研究子委员会（SGCR，由各参与部门和机构派出的代表组成）指导和管理，受总统执行办公室（EOP）监督，并由综合与协调办公室（ICO）推动和促进。科技政策办公室（OSTP）、环境质量理事会（CEQ）、管理和预算办公室（OMB）负责具体执行该项计划[①]（图 1.24）。ICO 早在 20 世纪 90 年代就开始从事 USGCRP 的协调工作，当前的管理活动是对 USGCRP 提供更为广泛的利益共同体的支持，具体包括研究者、决策者、政策制定者和其他气候信息用户。ICO 设置专人专岗，由不同的人负责不同领域内的协调工作。

---

① Subcommittee on Global Change Research. Our changing planet：US Global Change Research Program for fiscal year 2011［R］. Washington DC，2011.

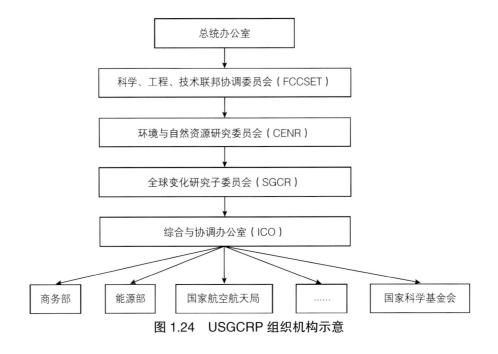

图 1.24　USGCRP 组织机构示意

根据《全球变化研究法》的规定，USGCRP 的经费资助是由 OSTP 和 OMB、SGCR、ICO 和机构间工作组共同研究和决定的，以确保研究计划与国家目标相一致。法案规定在总统预算经费中特别设立美国全球变化研究预算专项，CENR 每年应当给参与计划的联邦机构提供预算的一般指导性意见，每个参与 USGCRP 的联邦机构和部门应该提交给总统一个年度拨款要求，总统应根据提案，确定预算是否合理和准确恰当。该要求的内容包括 3 个方面：确定机构或部门提议的全球变化研究活动的每项具体内容；把研究内容细分为两类，一类是对 USGCRP 有直接贡献的，另一类是对 USGCRP 有间接贡献但对研究计划实施有非常重要作用的；对分配到 USGCRP 中每一部分的拨款进行详细陈述。

USGCRP 的发展经历了以下 4 个阶段[①]：

一是前期研究阶段（1988—1989 年）。由美国总统提议，USGCRP 进入前期研究阶段，强调机构间合作和协作推动，强调 USGCRP 的整体性。

---

① 申丹娜·美国实施全球变化研究计划的协作机制及其启示 [J]. 气候变化研究进展，2011（6）：449 - 454.

二是启动阶段（1990—2000 年）。经过科技界和政界一年多的准备及联合预研究，1990 年国会取得一致意见，顺利通过了《全球变化研究法》。随着该法案的颁布，USGCRP 得到国会的支持，从而成为一项国家行动。法案要求："一项综合和整体的美国研究计划，将帮助美国和世界对由人类和自然过程导致的全球变化进行理解、评估、预测和响应。"法案对 USGCRP 的意义、目的、内容、参与单位、组织协调、经费预算、办公室设立、总结报告、国际合作等一系列问题给予了明确的法律规定。这一时期，计划按照法案的规定执行。

三是转型阶段（2001—2008 年）。2001 年，美国总统布什启动了气候变化研究行动（CCRI），由于 CCRI 重点发展短期决策支持信息，总统要求 CCRI 需与现行的 USGCRP 紧密结合，以确保研究内容的一致性，因此 2002 年布什政府宣布将 USGCRP 和 CCRI 整合成气候变化科学计划（CCSP）。该计划遵守《全球变化研究法》的要求，包括递交年度报告、由国家研究理事会科学评估并定期出版十年战略规划等。这一行动标志着美国政府更加注重对气候变化的研究和投入，也标志着 USGCRP 得到了更多的经费支持。

四是持续发展阶段（2009—2011 年）。2009 年，从奥巴马执政以来，在《全球变化研究法》的指引下，政府继续并全力推动 USGCRP。2011 年，奥巴马政府加大对 USGCRP 的投入力度，以比 2010 年多 21% 的投入力度全力支持全球变化工作的开展。

2001—2011 年，USGCRP 计划投资 219.26 亿美元，支持和协调了 860 个项目，成功地将美国相关领域的资源、政策和力量集中到全球变化科学研究中，形成了全世界最强大的全球变化研究能力。

USGCRP 经费资助情况如图 1.25 所示。

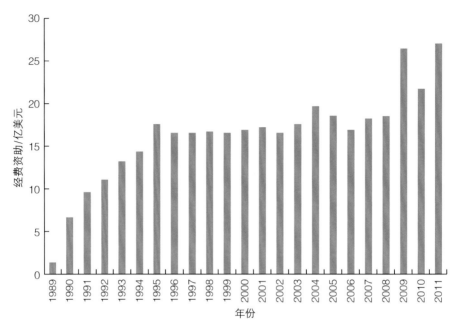

注：1990—2001 年的预算为 USGCRP 的预算；2002—2009 年为 CCSP（包括 USGCRP 的预算）；2010 年后美国政府新修订为 USGCRP 计划，因此预算为 USGCRP 预算。

图 1.25　1989—2011 年 USGCRP 经费资助情况

由图 1.25 可见，USGCRP 年度预算由 1989 年的 1.34 亿美元增加到 2011 年的 27.13 亿美元，23 年增加了约 20 倍，总计达 376.44 亿美元。其中，1993—1999 年的经费分配主要着重于部门分配，科学/空间与技术所占比例最大，每年平均占总经费的 80% 以上。自 2000 年起，USGCRP 更着重于研究领域的统筹和协调，因此在经费分配大类中，划分为大气成分、气候变率与变化、碳循环、水循环、生态系统、历史环境、人文 7 个主要领域。2000—2008 年年均经费比 1990 年增加了一倍以上。2011 年 USGCRP 的预算请求更是达到 27.13 亿美元，比 2010 财年增加了 21%，是历年申请预算的最大值，反映了奥巴马政府对 USGCRP 的支持。

（2）《能源政策法》（2005 年）

2005 年 8 月，美国总统布什签署了《能源政策法》（2005 年）（Energy Policy Act of 2005），该法案长达 1724 页，共有 18 章 420 条，主要涉及能源效率、可再生能源、石油与天然气、洁净煤技术、核能、交通与燃料、汽车效率、制氢、能源效率研究与项目支持、供电及乙醇与发动机燃料 11 个方面。法案中制定了一系列能源发展与执行机制，体现了美国在新能源形势下的政策调整与变化，因此被称为美国在 21 世纪的"能源战略蓝本"。

《能源政策法》（2005 年）以确保国家能源供给、维护国家能源安全为宗旨，以节约能源、提高能效、开发新能源为内涵。法案的亮点无疑是美国政府为适应新的国际能源形势而做出的新规定，反映出美国在未来一段时间的能源政策方向，主要包括以下 4 个方面。

1）鼓励企业及社会公众提高能源利用效率

首先，《能源政策法》（2005 年）将提高能效作为开篇重点，加大政策导引，以法律手段结合经济等全方位激发国内各主体提高能效的意识和积极性。其次，《能源政策法》（2005 年）涉及总额高达 145 亿美元的用于提高能效的政策性款项，主要针对石油、天然气、煤炭和电力四大骨干能源行业，对中小企业和普通消费者也设立了许多颇有吸引力的经济奖励条款。例如，凡是安装家用太阳能热水器和发电设备的居民可以获得最多 2000 美元的减税待遇；购买采用新燃料技术的汽车，则可以得到最多 3400 美元的减税待遇。同时，基于提高能效的考虑，该法案针对许多高能耗的消费品制定了新的能效标准，以节约能源成本。

2）大力提倡节约能源

首先，法案以详细的税收计划调动整个社会消费群体节能的积极性和主动性，并减免节能产业的税收额度。其次，对于个人等小型群体用于日常生活的消费项目，采取一定的优惠方案和资金补偿。法案还规定，从 2007 年起美国的"夏令时"将在原有时间上再增加 4 个星期，即增至 7 个月，这样在"夏令时"期间每天节约的能源相当于 10 万桶石油。此外，在公共建筑及居住建筑节能等方面，法案也做出了明确而详尽的规定。

3）开发替代和可再生能源，促进能源供应的多样化

在大力倡导节约能源和提高效率的同时，美国政府还强调能源开发的多样性和科学性，使用一系列对外依存度较小、对环境危害较低、可循环利用或可再生的能源形式，如清洁煤炭、核能，以及风能、地热能、太阳能、生物质能等可再生能源。政府对这些新能源形式的开发利用寄予了极大的希望，并通过持续增加资金投入、强制购买等方式给予鼓励。

4）加大国内能源生产，减少对外能源依存度

美国政府充分认识到，大幅依靠能源进口的策略有碍于长远的发展。因此，在法案中提出要在多方面加大国内的能源生产，如提倡减少对进口石油的依赖，加大国内其他能源尤其是清洁能源和可再生能源的生产，推动提升这些清洁能源在整个国家能源结构中的比重和作用，逐步广泛地应用于实践并替代传统能源。

此外，《能源政策法》（2005年）还注重传统能源基础设施的完善与改造，减少能源利用时的污染物排放，倡导清洁生产，并针对电器等产品设定新的能效标识并规范应用。

《能源政策法》（2005年）是在石油价格飞涨的情况下获得通过的，目的是保证能源价格能维持在大众接受的水平，同时保证在生产能源产品时不对环境造成危害。法案内容丰富且规定细致，考虑到了新出现的能源问题，同时兼具法律的实体价值和应用价值。法案涉及能源的生产、储运、输配管理、安全保障、高效利用、宣传教育、税收减免、新技术研发以及创新激励等各个环节，并注重完善税收减免、宣传教育等配套措施，对于各种能源形式统筹兼顾，有利于促进能源政策的落实和管理实施。但这部法案也受到了争议，布什总统特别强调，《能源政策法》（2005年）是以减税的措施来鼓励美国国内进行能源生产，短期内无法降低数十年积累下来的高油价和对进口石油的依存度等问题。美国环保科学家联合会（Union of Concerned Scientists）发表评论说，国会基本上遵循了19世纪以化石燃料为主的老路子，而不是通过起草能源法案把我们引入使用清洁能源的未来。该联合会反对《能源政策法》，因为"它无法降低我们对石油的依赖，没有重视全球气候变暖，没有降低家庭供暖和汽油价格，没有有效提高可再生能源开发，而且增加了核恐怖主义的威胁"。也有人反对政府继续补贴那些发展很好的能源公司，特别是核工业和石油工业公司。

《能源政策法》（2005年）对美国能源发展具有非常重大的意义，以至于美国参议院能源与自然资源委员会主席多门尼斯干脆把这部法律称为美国在能源政策上的"未来之法"。法案具有以下几大特点：第一，立法速度相对较快，短短4年就获得了参众两院的通过。第二，适应了美国能源发展的新形势，对原有的法律做了修订，如现行的《联邦电力法》、《能源政策法》（1992年）以及《公用事业管制政策法》（1978 年）等多项法律，还废止了《公用事业控制公司法》（1935 年）等。第三，也是十分值得我国借鉴的一点，就是法案的可操作性强，规定具体。虽然法案长达 1724 页，内容广泛，但可操作性极强。例如，在第十二章"电力"中专门增加了"可靠性标准"一节，并且全法案有 40 处提到"可靠性标准"。再如，法案规定，从 2007 年开始将"夏令时"时间增加 4 个星期；向开发太阳能和网通等新型公司提供补贴等具体可行的制度。第四，具有较强的执行力度。法案不仅需要联邦、州政府和司法系统执行，而且明确要求由 PERC 制定强制性的各项实施计划。

（3）《新能源法》（2007 年）

2007 年 12 月 18 日，美国众议院以压倒性多数通过了自 1975 年以来的首个能源法，次日，布什总统就批准了这部法案。《新能源法》（2007 年）从拟定、国会通过到总统批准自始至终都饱受争议，其实施标志着美国将从汽车油耗标准及生物燃料等方面入手，拉开能源改革的序幕。

首先，《新能源法》（2007 年）对美国汽车行业油耗标准做出了更为严格的规定，以降低石油消费量。根据法案，到 2020 年美国汽车平均油耗必须降低 40％，达到每加仑 35 英里。

汽车油耗标准改革被认为是美国能源改革的重要部分。作为"汽车王国"，汽车是美国最主要的耗油"大户"。与欧洲车相比，美国车普遍体积更大、动力更强，也更耗油。新的油耗标准将迫使美国汽车业转型。根据测算，如果新油耗标准顺利实施，届时美国每天可少消耗石油 120 万桶。从环保角度看，有助于大大减少温室气体排放。

其次，发展生物燃料等替代能源将成为美国"国策"。《新能源法》（2007 年）鼓励大幅增加生物燃料乙醇的使用量，使其到 2022 年达到 360 亿吨，这意味着在未来 15 年内使用量要增加 5 倍多。法案还进一步要求，这 360 亿吨乙醇中要有 210 亿吨是纤维素乙醇，即用非食用纤维制成的一种非粮乙醇。生物燃料乙醇制造商将面临重大的技术挑战，若这一目标得以实现，将降低美国对进口石油的依赖，有助于增强美国的能源安全。

最后,《新能源法》(2007年)还要求大力提高能源使用效率,并制定更严格的能效标准,如美国联邦政府机构和商业建筑必须降低建筑能耗、推广节能产品、逐步淘汰白炽灯等。

但《新能源法》(2007年)也是一个妥协的产物。其实,众议院早先通过的版本更为"环保"。例如,早先的版本要求进行能源税改革,取消给予石油公司的135亿美元减税优惠,转而用于促进新能源开发和提高能源使用效率,但此举遭到了石油公司和参议院共和党人士的强烈反对,布什总统也威胁会动用否决权。在参议院第一次表决以一票之差未能通过这一版本后,能源税改革条款被剔除,新法案才最终以86票对8票的结果在参议院获得通过。

另外,根据众议院早先通过的版本,到2020年美国电力生产量的15%应来自风能、太阳能等可再生能源。但此举遭到了美国电力公司的反对,该条款最终也被删除。

尽管美国能源改革即将展开,但围绕能源问题的争论仍在继续。美国石油公司认为,有关推广使用生物燃料的目标太高,可能无法实现。部分汽车业人士则担忧,更为严格的油耗标准将使本来就不景气的美国汽车业面临巨大挑战。一些环保人士除对新法案向石油公司妥协表示不满外,还担心发展生物燃料可能导致粮食产品价格上涨。如何解决这些问题,将是美国新能源法案实施过程中必须面对的考验。

(4)《美国清洁能源安全法》(2009年)

2009年6月,旨在降低美国温室气体排放以及减少美国对海外石油依赖的《美国清洁能源安全法》(ACESA),在众议院以微弱多数(219票对212票)涉险过关。

按照ACESA,要在2005年的基础上,2012年温室气体排放量减少3%,2020年减少17%,2030年减少42%,2050年减少83%。法案还要求到2020年,美国电力生产供应中至少15%为太阳能、风能、地热能等清洁能源,另有5%通过节能措施减少能源经费来实现,两项相加必须达到20%。

ACESA共分为四大部分:

• 清洁能源。包括促进可再生能源、碳捕获与封存技术、低碳交通燃料、清洁电动汽车以及智能电网与输电的普及应用等。

- 提高能效。提高所有经济部门的能效，包括建筑、电器、交通运输以及工业等。

- 减少温室气体排放。对温室气体排放设置限额。

- 向清洁能源经济转变。在美国向清洁能源经济转变过程中保护美国消费者和工业界并增加绿色就业机会。

ACESA 要求电力供应商利用可再生能源发电和提高能源利用效率的方法满足美国部分电力增长的需求，使风能、太阳能等可再生能源的发电量在 2012 年占总发电量的 6%，并在 2020 年提高到 20%。

ACESA 规定，2009—2015 年新建的燃煤发电厂必须采用碳捕获和封存技术。新的燃煤电厂如果想在 2020 年后获得大气污染许可证，必须减少 65% 的碳排放。法案还批准每年投资 10 亿美元，以资助新建立的燃煤发电厂进行碳捕获项目。

ACESA 鼓励清洁交通的发展，设置相关标准与激励措施，减少对石油的依赖，遏制全球变暖。根据法案要求，环保署将制定大型卡车、火车、飞机和其他移动污染源的温室气体排放标准。法案将使用配额拍卖所得的资金建立一个汽车制造设备更新的财政激励机制，为进行节能设备更换的汽车制造商提供 30% 的成本补贴，从而帮助其生产拥有先进节能技术的环保汽车。

ACESA 在建筑节能方面针对新建住宅和商业建筑设立了新的节能改进目标。DOE 将设立一个国家建筑能效规范，根据建造时间，把新建住宅和商业建筑的节能效率提高到 30% ~ 50%。法案同时将建立激励措施鼓励对现有住宅和商业建筑进行节能改造。

ACESA 提高了现有的照明和家用电器节能标准。国家将采取措施奖励生产节能家用电器的制造商，并激励零售商销售节能产品。

ACESA 建立了一个名为"总量控制与排放交易"的温室气体排放权交易机制。在排放交易体系下，法案要求美国发电、炼油、炼钢等工业部门要对其排放的每一吨温室气体都要持有相应单位的排放配额。这些配额可以进行交易和储存。同时，每年发放的配额数量在 2012—2050 年将会逐年减少，企业若超额排放需要出资购买额外的排放配额。法案的内容还包括，允许企业通过植树等保护森林手段抵消自己的温室气体排放量。

ACESA 将创建一个项目来帮助失业人员进行绿色职位的培训。该项目将给那些受到法案影响而失去工作的产业工人提供专业培训，从而使其在清洁能源领域找到新的工作。

（5）《两党基础设施法》（2021 年）

2021 年 11 月 15 日，美国总统拜登正式签署《两党基础设施法》（Bipartisan Infrastructure Law），为重建美国基础设施、加强制造业、创造高薪就业机会、发展经济和解决气候变化危机等问题提出了 6 个优先事项，以提供初步的指导方针。拜登当天还在白宫发表公开讲话，强调了《两党基础设施法》对美国工人、家庭和本土建设的重要性，列出了包括有效投资公共事项避免资金浪费、购买美国产品提高美国经济竞争力、为数百万美国人创造高效就业机会、公平使用公共资金、建设能够有效抵御气候变化影响的基础设施，以及在实施这些关键投资时与州、地方、部落和领地政府有效协调等 6 个优先事项。同时，为了推进法案提出的优先事项，美国政府设立了特别工作组，以协调各部门工作。

根据 2021 年 11 月 9 日 DOE 官网发布的《两党基础设施协议》，该协议是对美国国家基础设施、工人、家庭和竞争力的长期投资。作为拜登总统《重建更好法》（Build Back Better）的关键部分，基础设施协议包括为 DOE 提供超过 620 亿美元的资金，为美国人民提供更公平的清洁能源未来，具体实施方式包括投资美国制造业和工人，投资美国劳动力扩大家庭、社区和企业获得能源效率和清洁能源的机会，扩大电网现代化将为更多美国人提供可靠、清洁和负担得起的电力，维护美国现有的清洁发电车队，通过清洁能源示范构建未来技术等[①]（表 1.4），实现到 2035 年实现 100% 无碳电力目标，到 2050 年实现零碳经济。

---

① https：//www.energy.gov/articles/doe-fact-sheet-bipartisan-infrastructure-deal-will-deliver-american-workers-families-and-0.

表 1.4 2021 年 DOE 发布的《两党基础设施协议》中的主要实施方式

实施方式	目标	主要领域
投资美国制造业和工人	振兴国内供应链和美国的制造业领导地位，预计到 21 世纪末投资将达到 23 万亿美元	投资电池供应链超过 70 亿美元；额外提供 15 亿美元用于清洁氢气制造和推进回收利用研发；创建一个新的 7.5 亿美元赠款计划，支持煤炭社区的先进能源技术制造项目；扩大 DOE 贷款计划办公室（LPO）的权力，增加投资国内关键矿产供应项目，并扩大投资于制造中型和重型车辆、火车、飞机和船舶的零碳技术
投资美国劳动力	在十年内平均每年将增加 150 万个工作岗位，同时加速美国实现充分就业并提高劳动力参与率	根据《戴维斯－培根法案》，要求向该协议资助项目的所有建筑工人支付现行工资；投资数亿美元用于劳动力发展，让电网、清洁建筑和工业部门的工人获得尖端技术培训；建立一个多机构能源就业委员会，与利益相关者合作，监督能源就业和劳动力数据的开发和发布，为国家、州和地方层面的决策者提供相关信息
扩大家庭、社区和企业获得能源效率和清洁能源的机会	为将 30% 收入作为能源成本的低收入家庭、低收入社区等提供更清洁的空气、更好的健康和更低的医疗费用	为气候变化援助计划投资 35 亿美元，以提高能源效率、增进健康和安全，并将低收入家庭每年的能源成本降低数百美元；为公立学校投资 5 亿美元，改进设施能源效率，为孩子和教师提供更清洁的可再生能源，投资 50 亿美元用电动巴士取代数千辆污染严重的柴油校车；投资 5.5 亿美元用于提高能源效率和保护区块赠款计划（EECBG），投资 5 亿美元用于国家能源计划，拨款支持社区、城市、州、美国领土和印第安部落开发和实施清洁能源计划和项目，创造就业机会
提高电网现代化将为更多美国人提供可靠、清洁和经济的电力	使美国能源部门更具弹性，并能建设负担得起的、可靠的清洁能源，支持拜登提出的到 2035 年实现 100% 清洁电力的目标	为州、部落和公用事业提供 110 亿美元的赠款，以增强电力基础设施抵御极端天气和网络攻击等破坏性事件的能力；为 DOE 建立一个 25 亿美元的输电促进计划，帮助开发具有国家意义的输电线路，通过连接国家各地区来提高弹性，并改善获得更便宜的清洁能源的机会；支持 30 亿美元的智能电网投资匹配补助计划扩展，重点关注提高电网灵活性的投资
维护美国现有的清洁发电机组	确保美国能够保持清洁、无污染的能源在线发电	为民用核信贷计划拨款 60 亿美元，以防止现有零碳核电厂过早退役，帮助挽救全国数千个高薪工会工作岗位；在现有水电设施上投资超过 7 亿美元，提高效率、维护大坝安全、减少对环境的影响，并确保发电机继续提供零排放电力
通过清洁能源示范构建未来技术	展示清洁能源突破并验证其可大规模应用	为清洁能源示范和研究中心提供 220 亿美元的资金，重点关注实现美国到 2050 年实现净零排放目标所需的下一代技术，其中 80 亿美元用于清洁氢，超过 100 亿美元用于碳捕集、直接空气捕集和工业减排，25 亿美元用于先进核能，10 亿美元用于农村地区的示范项目，5 亿美元用于经济重灾区的示范项目

总之，在未来五年中，《两党基础设施法》将支持 60 个新的 DOE 项目，包括 16 个示范项目和 32 个部署项目，并扩大对 12 个现有研究、开发、示范和部署（RDD&D）项目的资助。DOE 期待成为各州、社区和行业的合作伙伴，因为 DOE 通过加强更新过时的能源基础设施，推动美国经济走向清洁能源、低碳排放的未来。

1.4 美国的能源管理

1.4.1 能源部的战略规划

进入 21 世纪，面对新的挑战，2003 年 DOE 出台了《能源部战略规划》（The Department of Energy Strategic Plan）（下称《DOE 未来 25 年战略规划》），确定了未来 25 年 DOE 的核心任务和战略目标，提出了实现这些战略目标的中期具体目标和措施。为全面贯彻《能源政策法》（2005 年）中关于节能、开发可再生和可替代能源、增加国内传统燃料生产保证能源供给及核安全等方面的政策，2006 年 10 月 DOE 发布了《能源部战略规划（2006）》（The Department of Energy's 2006 Strategic Plan）（下称《DOE 战略规划（2006—2011 年）》），详细阐述了 DOE 未来 5 年（2006—2011 年）的职责和任务。2014 年 4 月 DOE 发表了《DOE 战略规划（2014—2018 年）》（2014—2018 Department of Energy Strategic Plan）。这些战略规划都成为指导美国应对某一发展阶段的一系列能源挑战的"路线图"。

(1)《DOE 未来 25 年战略规划》

该计划确定了 DOE 在未来 25 年的核心任务和战略目标，提出了实现这些战略目标的中期具体目标和措施，分为 3 个层次：第一层次为未来 25 年的核心任务和四大战略目标（Strategic Goal）；第二层次是进一步将四大战略目标分解成 7 个长远性的一般目标（General Objective）；第三层次是实现一般目标应采取的战略措施、影响一般目标实现的外部因素，以及应实现的中期具体目标等。

未来 25 年，DOE 的核心任务是"促进美国的国家、经济、能源安全，推进为实现上述任务所需的科技创新，对国家核武器设施及试验场进行环境清理"。

DOE 的四大战略目标：①国防战略目标，利用先进科技，尤其是核技术来维护国家安全；②能源战略目标，通过促进可靠、经济、环境友好的能源供应多样化来维护国家和经济安全;③科学战略目标,通过世界一流的科研能力和科学知识的不断发展来维护国家和经济安全;④环境战略目标,解决冷战时期发展核武器遗留的环境问题,对高辐射性核废料进行永久性处理。

国防战略目标主要通过以下 3 个长远目标来实现:①核武器管理目标,保持和加强核武器储备的安全性与可靠性以确保核武器的威慑作用;②核不扩散目标,防止与大规模杀伤性武器有关的材料、技术的扩散,提高对全球大规模杀伤性武器的检测技术水平,销毁或采取措施使可用于制造核武器的剩余材料和基础设施处于安全状态;③军用核动力装置目标,在未来 25 年向海军提供安全、有效的核动力装置,并保证其安全、可靠运行。

能源战略目标主要通过完成能源安全目标来实现,即通过技术开发来促进能源供应的可靠、经济、环境友好和多样化,提高能源运输的可靠性和能源效率,提高国家的能源安全,有效应对能源突发事件。

科学战略目标主要通过完成世界一流科研能力目标来实现。这又需要提供先进的科研能力来满足以下需求:确保 DOE 维护国家能源安全的目标任务,促进物理、生物、医学、环境、计算等学科的前沿知识的发展,为科技界提供世界一流的科研设施。

环境战略目标主要包括两个目标:环境管理目标——加快对核武器生产和试验场所的环境清理,在 2025 年前完成对 108 个遭受核污染地点的清理工作;核废料管理目标——批准和建立尤卡山永久性核废料储存场,并于 2010 年投入使用。

《DOE 未来 25 年战略规划》还分别对实现以上目标应采取的措施和外部影响因素进行了分析。

(2)《DOE 战略规划(2006—2011 年)》

该计划制定了 DOE 的使命、愿景及战略规划。

1)DOE 的使命、愿景及战略计划

DOE 的使命:探索能源措施,确保美国未来的发展;寻求有效方案,确保美国今后的能源安全。

DOE 的愿景:即在可见的未来中获得相当成果,以确保能源安全、核安全、科学驱动的技术革命和建立一个有能力履行承诺的能源部门。

DOE 的战略规划：旨在 5 个战略主题方面取得重要成果，即能源安全、核安全、科技发现和创新、环境职责以及高效管理。在这 5 个战略主题中包含着 16 个战略目标，这些目标有助于 DOE 完成其任务并实现其愿景。

2）战略主题介绍

一是能源安全。通过可靠、清洁和可负担的能源，提升美国的能源安全。其目标包括：①能源多样性，增加美国的能源选择，减少对石油的依赖性，从而降低对能源供给中断的脆弱性，并增加市场的弹性以满足美国的需求；②能源的环境影响，通过减少温室气体的排放，减少能源生产和利用对土地、水和空气的影响，从而改善环境质量；③能源设施，创建一个更具弹性、更加可靠、更大容量的美国能源基础设施系统；④能源生产力，从成本上有效地改进美国经济的能源效率。

二是核安全。主要确保美国的核安全。其目标包括：①核威慑，转变国家核武器储备和支撑设施状况，使其能更好地应对 21 世纪美国面临的威胁；②大规模杀伤性武器，阻止用于大规模杀伤性武器和其他恐怖行为的核和放射性原料的承购；③核动力推进装置，为美国海军提供安全的、能有效用于军事目的的核动力推进装置。

三是科学发现和创新。加强美国的科学发现和经济竞争力，通过科学和技术创新改善生活质量。其目标包括：①科学突破，完成主要的科学发现，这些发现将驱动美国的竞争力，激发美国的信心，革新应对国家能源、国家安全和环境质量挑战的措施；②科学基金，提供实验室、科研设备和基础设施，培训新一代的科学家和工程师，以满足美国"科学优先"的需要；③研究整合，将基础研究和应用研究结合起来，加速创新并为美国的能源和其他需求创造新的解决方案。

四是环境职责。提供解决由于核武器制造而遗留下来的环境问题的可靠方案，实现对环境的保护。其目标包括：①环境清理，完成对全美国受到污染的核武器制造和试验场所的清理；②管理环境遗存，担负起本部门"（污染场所）封闭后"的环境责任，确保未来对人类健康和环境的保护。

五是高效管理。通过高效的管理来保证完成任务，其目标包括：①综合管理，通过联邦和合约组织，在整个 DOE 引入综合商业管理方法，它应具有明确的功能、责任和职责；②人力资本，通过吸引、激发和保持高度技能化和多样化的工作团队从事最好的工作，确保 DOE 的员工有能力面对 21 世纪的挑战；③基础设施，建造和维护具备各种功能的基础设施并使其现代化，以实现任务目标，确保安全可靠的工作环境；④资源，将完整的综合资源管理战略制度化，以支持任务需求。

《DOE 战略规划（2006—2011 年）》对每一个目标的实施都制定了战略方案，确保规划落到实处。

（3）《DOE 战略规划（2014—2018 年）》

2014 年 4 月，DOE 发布了其 2014—2018 年战略规划[①]，这是一份全面的蓝图，列出了科学与能源、核安保以及管理和绩效总计 12 个战略目标，旨在指导该机构的核心使命，即通过变革性的科学和技术解决方案应对美国的能源、环境和核挑战，从而确保美国的安全与繁荣。

"根据这份路线图，DOE 将继续致力于建设更加清洁的能源环境，繁荣我们的经济，创造工作岗位，并在这一过程中促进创新。" DOE 部长欧内斯特·莫尼斯说，"这一规划中指明的优先事项对于推进国家能源安全并为子孙后代建设一个更加安全和繁荣的国家是十分关键的。"

该战略规划中的科学与能源、核安全、管理和绩效战略目标与 2013 年 8 月通过的 DOE 组织结构一致。3 名副部长负责管理执行 DOE 任务的核心职能，在整个 DOE 的职能范围内开展重要的交叉工作。截至 2013 年底，DOE 事业单位由大约 14 000 名联邦雇员和 90 000 多名管理和运营承包商及其他承包商雇员组成，工作在位于华盛顿特区的 DOE 总部和 85 个现场地点。DOE 运营着一个由 17 个国家实验室组成的全国性系统，提供世界一流的科学、技术和工程能力，以及包括来自学术界、政府和工业界的 29 000 多名研究人员使用的国家科学用户设施的运营。DOE 实验室提供的科学技术的范围、规模和卓越性的战略资产，为完成 DOE 任务、支持政府应对不可预见的国内和国际紧急情况以及制定全球科技议程提供了技术支持与帮助。

• 科学与能源。DOE 在一系列清洁能源和高效技术的转型研究、开发、示范和部署方面处于全国领先地位，支持总统气候行动计划和"上述所有"能源战略。

---

① https：//www.energy.gov/sites/prod/files/2014/04/f14/2014_dept_energy_strategic_plan.pdf.

DOE 确定并促进基础科学和应用科学的进步，将尖端发明转化为技术创新，并加速能源领域的转型技术进步，而能源行业本身由于技术或金融风险不太可能实现这一点。DOE 还领导国家努力开发技术，使电网现代化，增强能源基础设施的安全性和恢复力，并加快从能源供应中断中恢复。DOE 还进行强有力的综合政策分析和区域参与，以支持国家能源议程。DOE 是物理科学基础研究的最大联邦资助机构。DOE 为物理、化学、生物学、环境和计算科学方面的世界领先研究贡献了基本的科学发现和技术解决方案，支持美国在科学和创新方面的领先地位。

• 核安全。DOE 通过其国家安全努力加强国家安全：在没有核试验的情况下维持安全、可靠和有效的核武器储存，并管理研发以及满足国家核安全要求所需的生产活动和相关基础设施；加速和扩大努力，以减少核武器、核扩散和无保障或过剩核材料所构成的全球威胁；为美国海军提供安全有效的核动力。由于为支持这些核安全任务而开发了专门知识，DOE 实验室也成为支持更广泛的国家安全任务的战略资产。

• 管理和绩效。DOE 领导了世界上最大规模的清理工作，以修复 60 多年来核武器及核研究、开发和生产的环境遗产。随着 DOE 履行其使命，它将加强有效和成本效益高的管理，支持敬业的员工队伍，并提供现代化、安全的物理和信息技术基础设施。DOE 仍然致力于为所有人员维护安全的工作环境，并确保其运营维护周围社区的健康、安全和安保。

DOE 在规划制定过程中征求并采纳了多个利益相关者的意见。DOE 从其员工、国家实验室和电力营销管理部门获得了投入。DOE 还征求了国会和公众的意见。针对 2013 年 12 月 4 日宣布的 14 天公众评论期，在《联邦公报》中 DOE 收到了180 多条评论，涉及广泛的主题。这些涉及替代概念、优先事项、指标、风险和不确定性的评论被视为战略目标及目标的制定。

综上所述，上述战略规划既有承脉关系，又各有侧重。《DOE 未来 25 年战略规划》是一个长期计划，比《DOE 战略规划（2006—2011 年）》《DOE 战略规划（2014—2018 年）》眼光更长远，但后者强调的是近中期目标，为全面响应《能源政策法》（2005 年）、《美国清洁能源安全法》（2009 年）等新法案以及应对日益紧张的能源国际环境、气候变化等新情况、新趋势而制定了新目标及采取的新举措。

首先，上述战略的主要目标基本一致。前者的四大战略目标基本上涵盖了《DOE 战略规划（2006—2011 年）》关于能源安全、核安全（国防安全）、科学发现和创新、环境职责等战略目标，以及《DOE 战略规划（2014—2018 年）》关于科学与能源、核安全、管理和绩效等战略目标的内容。

其次，为了适应新形势，后者逐步提出了高效管理、科学与能源、管理和绩效等方面的目标，这对一个国家能源主管部门的 5 年计划来说是非常必要的，反映了新规划更加重视科学研究、核安全及管理成效。由于前者主要是面向未来 25 年的规划，情况复杂多变，不适合专门提出高效管理的目标。

最后，后者是对前者的近期落实和发展。为了实现未来 25 年的目标，后者先对今后 5 年进行了更细致的规划，也为实现 25 年后的目标铺平了道路，因此后者是前者的一个分步走的 5 年规划。在当前全球能源紧张、应对气候变化日益成为全球关注焦点的情况下，后面的规划特别对节能、开发可再生和可替代能源、增加国内传统燃料生产和供给等进行了详细的阐述。

1.4.2 确定碳中和目标，实施零碳战略与管理

2020 年 6 月 30 日，美国众议院气候危机特别委员会公布了一项行动计划，旨在作为帮助美国在 2050 年实现净零排放的路线图。这份题为《解决气候危机：国会为建立清洁能源经济和一个健康、有弹性、公正的美国而制订的行动计划》的报告包括了详细的、可采取行动的气候解决方案。报告认为，国会应该通过这些方案使全国各地的美国家庭受益。该计划呼吁国会促进美国经济增长，让美国人重返清洁能源领域；保护所有家庭的健康；确保美国社区和农民能够承受气候变化的影响；为下一代保护美国的土地和水域。该计划设定了一系列目标，包括到 2030 年将导致全球变暖的温室气体排放量减少 45%。该计划还要求到 2035 年，新车不排放温室气体，而重型卡车将在 2040 年之前消除温室气体排放。该计划强调美国引领零碳技术并强大美国制造业，将在 2040 年之前消除电力部门的总体排放，并在 2050 年之前消除所有经济部门的温室气体排放，实现碳中和。

2021 年 1 月，美国总统拜登就职后，将气候安全提升到国家安全的战略高度，即刻宣布美国重返《巴黎协定》，确定了 2030 年美国温室气体排放较 2005 年水平

减少50%～52%，2050年实现碳中和的目标。而美国前总统奥巴马任期内曾承诺，2025年美国排放量比2005年降低26%～28%，但目前美国尚未实现该目标的一半。为此，白宫发布了《国家气候战略》《实现2050年净零排放目标的长期战略》等。在国际上美国重塑气候变化多边合作的全球领导力；在美国国内通过清洁能源投资和科技创新等一系列多领域的配套政策，加大技术创新投资力度，大幅降低储能、可再生氢等关键清洁能源的成本，以及计划对400万栋建筑进行节能改造，大力倡导推动清洁电力生产，推动能源领域的绿色转型，实现全社会2050年净零排放目标，同时创造大量优质就业机会，重振美国经济。

2021年3月31日，美国拜登政府发布《美国就业计划》（The American Jobs Plan），预计未来10年总投资2.35万亿美元，用于应对气候危机等挑战。该计划与应对气候变化直接相关的主要投资包括以下方面：一是投资3890亿美元，改善、维护公共交通设施，实现交通电动化，其中投资850亿美元改造现有公交系统，投资800亿美元用于铁路系统，以减少拥堵，降低污染和温室气体排放；投资1740亿美元用于赢得电动汽车市场，将在2030年之前建设50万座充电站，替换5万辆柴油车，至少20%校车电动化，邮政系统用车电动化，并设立基金以支持创新；投资500亿美元用于提高应对极端天气的基础设施的应急能力。二是投资1000亿美元，促进美国电力基础设施的现代化，旨在升级电力系统，降低美国中产阶级能源账单，改善空气质量和公共健康，创造良好的就业机会，实现2035年零碳电网目标。三是投资2130亿美元，建造、保护和改造200多万套住房和商业建筑，使其具有可持续性和经济适用性，其中投资主要用于以下方面：建造、保护和改造100万套经济、有弹性、节能及电气化住宅；为中低收入购房者建造和修复超过50万套房屋；消除排斥性区分和有害的土地使用政策；投资400亿美元改善美国公共住房系统的基础设施，解决长期的公共住房资本需求；让建筑行业的工人从事住宅和商业建筑的翻新工作，即通过整笔补助计划、气候变化援助计划以及扩大住房和商业效率税收抵免来升级住房，节省家庭开支；建立270亿美元的"清洁能源和可持续发展加速器"，呼吁私人投资分布式能源，改造住宅、商业和市政建筑，以及清洁交通，将侧重于尚未从清洁能源投资中受益的弱势社区。三是投资850亿美元，加大气候变化研发。未来将设立新的气候国家实验室，并将投资主要用于以下方面：投资 500 亿美元支持国家科学基金会（NSF）成立一个技术理事会，加强与政府现有的项目合作，主要研发半导体和先进计算、先进通信技术、先进能源技术和生物技术等领域；投资 350 亿美元支持气候和清洁能源技术研发，维护美国气候科学、创新和研发的领导地位，并关注大规模储能、碳捕集与封存、氢能、先进核能、稀土元素分离、漂浮式海上风能、生物燃料、量子计算和电动汽车等技术研发和市场开拓。四是投资 460 亿美元，通过联邦政府采购快速启动清洁能源制造。联邦政府采购国内制造的电动车、充电端口、建筑热泵、先进核反应堆等，充分利用联邦政府的购买力推动创新和清洁能源生产，并支持高质量的就业，重振地方经济，尤其是农村地区。

1.4.3 实施一系列计划与措施，加快研发清洁能源技术

美国采取一系列清洁能源技术研发计划与措施，加大能源研发投入力度，抢占能源低碳技术的制高点。

首先，美国政府的能源研发投入整体呈现增长的趋势，从 2001 年的 40.06 亿美元递减至 2003 年的 37.85 亿美元，再增长至 2008 年的 52.86 亿美元。研发资金主要用于能源科学、基础设施改造、提高能源效率和新能源技术开发等方面。受次贷危机的影响，2009 年美国颁布了《经济复兴和再投资法案》，促使美国能源研发与示范经费投入有较大幅度的增长，达到 117.34 亿美元，但 2010 年降至 56.34 亿美元，2011 年又增至 73.76 亿美元，然后逐步回落到 2015 年的 65.76 亿美元，最后逐步增长 2020 年的 87.65 亿美元（图 1.26）。根据 2009 年的《经济复兴和再投资法案》规定，16 亿美元用于能源科学研究，4 亿美元用于先进研究计划署 – 能源（Advanced Research Projects Agency–Energy，ARPA–E）项目，化石燃料研发为 40.15 亿美元，提高能源效率研发为 25.40 亿美元，可再生能源研发为 26.38 亿美元。另外，电力输送与能源安全计划 45 亿美元，保护环境清洁计划 51.27 亿美元。

其次，美国能源方面的研发逐步形成以 DOE 为主导、其他相关部门相配合的完整体系，全力推进能源各领域的研发。美国以 DOE 为主导的能源研发与示范经费投入主要集中在其他交叉技术、能源效率、化石燃料、核能、可再生能源等领域。其中其他交叉技术的研发与示范经费投入一直都是美国能源研究资助重点，

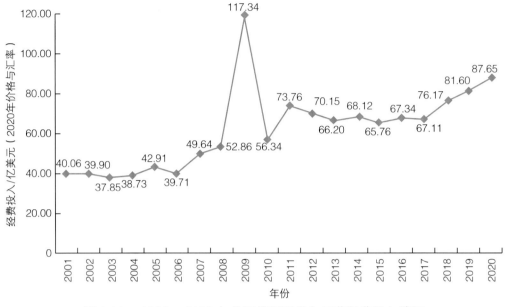

图 1.26　2001—2020 年美国能源研发与示范经费投入情况

（资料来源：《国际能源署能源技术研发统计报告 2021》）

但呈现先降低后增加的螺旋式发展态势，从 2001 年的 17.06 亿美元，逐步降低到 2005 年的 12.3 亿美元，又增加到 2008 年的 15.68 亿美元，2009 年又大幅下降为 598 万美元，2010 年猛增到 1.30 亿美元，随后剧增到 2012 年的 27.4 亿美元，再递减至 2017 年的 23.26 亿美元，最后又逐步递增至 2020 年的 26.91 亿美元；能源效率的研发与示范经费投入呈现先降后增、再降再增的发展态势，自 2001 年的 8.28 亿美元逐步下降到 2004 年的 5.1 亿美元，之后快速增加到 2009 年的 25.3 亿美元，随后又回落到 2011 年的 10.21 亿美元，然后逐步增加到 2020 年的 24.95 亿美元；化石燃料的研发与示范经费投入由 2001 年的 5.02 亿美元增加到 2002 年的 5.95 亿美元，随后减少到 2006 年的 5.21 亿美元，再递增到 2008 年的 6.82 亿美元，2009 年猛增到历史资助的最高点，达 40.15 亿美元，再减少到 2012 年的 3.57 亿美元，又增加到 2018 年的 6.06 亿美元，最后回落到 2020 年的 5.59 亿美元；核能的研发与示范经费投入自 2001 年的 4.11 亿美元逐步增加到 2008 年的 11.64 亿美元，2009 年下降到 10.08 亿美元，随后增加到 2011 年的 14.19 亿美元，2013 年又降低到 8.24 亿美元，然后逐步增加到 2020 年的 13.85 亿美元；可再生能源的研发与示范经费投入呈现先下降再增加的趋势，自 2001 年的 3.56 亿美元逐步下降到 2006 年的 2.56 亿美元，2007 年增加到 6.83 亿美元，2009 年剧增至 26.38 亿美元，2011 年下降了一半，达到 13.44 亿美元，2012 年又增至 16.93 亿美元，后逐步降低到 2017 年的 7.1 亿美元，最后逐步增加至 2020 年的 9.56 亿美元；氢能与燃料电池的研发与示范经费投入总体上比较平稳，自 2004 年的 2.01 亿美元增加到 2006 年的 4.1 亿美元后，逐步下降到 2008 年的 3.87 亿美元，2009 年增至 4.26 亿美元后逐步减少到 2017 年的 1.07 亿美元，到 2020 年才缓慢增至 1.72 亿美；其他电力与储能技术的研发与示范经费投入自 2001 年的 1.93 亿美元递增到 2003 年的 2.25 亿美元，随后到 2008 年在 1.8 亿美元左右徘徊，2009 年剧增到 11 亿美元，然后减少到 2012 年的 1.15 亿美元，再递增到 2014 年的 3.02 亿美元，随后再减少到 2018 年的 1.27 亿美元，最后递增至 2020 年的 4.23 亿美元（图 1.27）。例如，2010 年美国总统奥巴马批准未来 5 年向国家航空航天局（NASA）拨款 24 亿美元，主要用于重新修理现有装备，将气候变化作为主要研究领域，专门研究全球冰川消融、大气化学物质增多、海洋温度上升等各国政府和科研机构都非常关心的全球气候变化核心问题，借此重整 NASA 的地球科学部门。

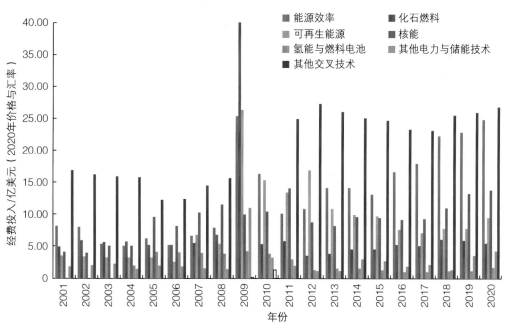

图 1.27　2001—2020 年美国能源各领域研发与示范经费投入情况

（资料来源：《国际能源署能源技术研发统计报告 2021》）

最后，持续加大研发投入推动清洁能源产业化。美国为了实施相关能源战略，推动清洁能源技术发展，10多年来采取了发布能源安全蓝图、综合能源战略、启动研发计划等一系列举措（表1.5）。

表1.5　2011—2021年美国清洁能源计划与措施

年份	事件
2011	美国政府发布《未来能源安全蓝图》
2013	1月，DOE发布电动汽车普及计划（EV Everywhere Grand Challenge）蓝图。3月，DOE宣布启动"清洁能源制造业技术"。6月，奥巴马宣布总统气候行动计划，从减少温室气体排放、应对气候不利影响、加强国际应对气候变化合作等方面采取一系列举措
2014	5月，白宫发布《综合能源战略是实现可持续经济增长之路》报告。11月，中美两国联合发布《中美气候联合声明》，对合作应对气候变化做出承诺
2015	4月，美国发布《四年能源评估：能源运输、存储、配送基础设施评估》。8月，正式颁布《清洁发电计划》，控制发电行业二氧化碳排放；发布《四年技术评估：能源技术和研发机遇评估》，提出电网现代化、系统集成、网络安全等8个关键领域的研发部与示范。11月，发起"创新使命"倡议，推动全球推广部署清洁能源技术。12月，美国延长可再生能源发电税收抵免政策（PTC）和联邦商业能源投资税收抵免政策
2016	6月，DOE宣布将为其28个州的核能科研部门、核能设备研发和基础设施部门投资超过8200万美元。7月，发布《水电愿景：美国最早的可再生能源新篇章》《国家海上风电战略：促进美国海上风电产业的发展》推动可再生能源发展。11月，DOE支持研发联网和自动驾驶车辆的下一代能源技术。12月，DOE提供3000万美元支持根际观测优化陆地封存
2017	1月，美国公布《美国优先能源技术》，抢占技术制高点。9月，DOE先进研究计划署－能源（ARPA-E）宣布在"藻类生物燃料"（MARINER）主题研究计划下资助2200万美元用于18个研发项目。10月，DOE资助3600万美元用于商业规模的碳捕集技术设计与测试，旨在实现更加高效、经济捕集CO_2，促进捕集技术的商业化，资助2600万美元用于开发变革性的碳捕集技术，旨在进一步提高火力发电厂的碳捕集效率，降低碳捕集成本，宣布在"分布式风力发电竞争力改进项目"主题下资助149万美元，ARPA-E宣布资助2000万美元用于支持"计算机建模助力核能创新和复兴"（MEITNER）主题研究计划，DOE车辆技术办公室宣布资助1500万美元支持电动汽车用动力电池和充电系统研发项目。11月，DOE宣布加强和以色列能源部（MOE）及以色列科技创新部合作，支持在"双边工业研发能源计划（BIRD）框架下"联合资助480万美元，推进可持续清洁能源技术的研发；DOE投入860万美元资助12个先进燃烧系统交叉研究项目，宣布"热电联产技术援助合作计划"资助2500万美元用于支持从全美新遴选的8个合作机构来开展新一轮的热电联产技术合作开发项目，宣布在"碳封存技术开发"主题下资助800万美元用于支持在墨西哥湾开展海洋碳封存技术研发项目。12月，DOE宣布向"海上风电研发联盟"资助1850万美元，ARPA-E宣布第四轮开放式招标计划（OPEN 2018），DOE宣布将在未来5年为"核能技术研发创新"项目提供资助达4亿美元

续表

年份	事件
2018	2月，DOE资助4400万美元用于商业规模的碳捕集技术设计与测试，1760万美元开发变革性的碳捕集技术，2750万美元开展"先进化石能源发电技术研发创新"项目。3月，DOE宣布资助3250万美元用于"煤基固态氧化物燃料电池技术"研发项目，化石能源局宣布资助700万美元支持"变革性燃烧前碳捕集技术设计与开发"项目。4月，DOE宣布资助1.055亿美元支持约70个太阳能研发新项目，3900万美元支持先进氢能和燃料电池技术的研发创新，3450万美元支持研发新型高效建筑节能技术，1450万美元支持先进地热钻井技术的开发项目，1900万美元支持"电池快充技术""电动汽车快充系统"两大主题下遴选的12个研发项目，2300万美元支持"海洋能源开发利用技术"研发项目。5月，DOE宣布资助6850万美元支持先进车辆技术项目研发，ARPA-E宣布资助3000万美元实施"电网规模长时储能"主题研究计划，DOE宣布在"小企业创新研究与技术转让"（SBIR/STTR）计划框架下启动新一轮研发项目，7800万美元支持先进生物质能源技术研发项目。6月，DOE宣布资助6400万美元支持国家实验室、高校和企业联合开展核能基础研究、交叉技术开发和基础设施领域的创新核能技术研发项目，1350万美元支持"固体氧化物燃料电池"（SOFC）主题下遴选的两大主题研发项目，880万美元开展"先进化石能源发电技术研发创新"项目，在2018财年向全美42个能源前沿研究中心资助近1亿美元，ARPA-E资助2400万美元支持"计算机建模助力核能创新和复兴"（MEITNER）主题研究计划下遴选的9个研究项目。7月，DOE宣布资助360万美元开展机器学习在地热领域应用研究项目。9月，DOE宣布将在未来5年内为储能联合研究中心第二期投入1.2亿美元推进电池科学和技术研究开发，ARPA-E在"电网规模长时储能"（DAYS）主题下资助2800万美元，8000万美元支持先进车辆技术项目研发。10月，DOE宣布资助2800万美元支持研发先进能源系统相关的网络安全技术，资助5300万美元支持先进太阳能发电技术创新研发项目，资助1870万美元先进煤炭/二氧化碳转化技术研发。11月，DOE公布"CoalFIRST"计划，投入1800万美元支持先进核能技术研发，投入750万美元支持电网领域4个项目。12月，ARPA-E公布"OPEN+"开放式招标群组资助子计划的首批资助项目，即资助1200万美元支持研究核用高性能能材料
2019	1月，DOE宣布投资8800万美元用于石油和天然气回收研究，特朗普签署"核能创新和现代化法案"（NEIMA），资助2050万美元促进锂电池回收再利用事业发展，4000万美元支持电网现代化计划（GMI），1月底累计将向通用电气、西屋电气和法玛通三大核能企业合作伙伴拨款1.112亿美元。2月，DOE宣布资助2800万美元开展"集成航海和综合自动控制系统的轻量化浮动式风力涡轮机（ATLANTIS）"主题研究项目，2400万美元用于开展先进碳捕集技术研发项目，国家能源技术实验室（NETL）发布《2018年碳捕集技术汇编》报告，ARPA-E宣布3500万美元资助12个项目。3月，DOE宣布资助5150万美元支持卡车、越野车及新型替代燃料研究创新项目，特朗普公布2020财年联邦政府4.7万亿美元的预算纲要，其中提议的DOE预算总额为317亿美元，较2019年预算纲要增加11亿美元，投入5000万美元推进"碳捕集计划"框架下碳捕集、利用与封存（CCUS）技术研发、加快商业

年份	事件
2019	部署，1.3亿美元支持80个研发项目，资助7000万美元推动节能制造网络安全的早期研究，资助3100万美元推进"H2@Scale"概念计划的研究项目，在SBIR/STTR计划框架下启动2019财年第二阶段的第二批研发资助。4月，DOE宣布资助8730万美元用于支持先进煤炭燃烧技术研发项目，520万美元用于高性能计算能源创新计划，1亿美元资助"Coal FIRST"计划，9500万美元支持小企业86项科学创新及研发，3900万美元的联邦资金用于成本分摊研究和开发项目，旨在改善石油和天然气技术，4700万美元支持能效创新技术，5900万美元研究先进的车辆技术，2000万美元支持"利用人工智能和机器学习增强能源创新"主题研究计划。5月，1060万美元支持三个州的三个先进核技术研发项目，7900万美元支持先进生物能源技术研发项目，3350万美元用于支持先进建筑节能技术研发项目，DOE发布《地热愿景：挖掘地下热能潜力》报告，NREL和NETL宣布与埃克森美孚公司（Exxon Mobil）签订联合研究协议在未来10年内公司将向NREL和NETL投资1亿美元，推进新型低碳排放能源技术研发、示范和商业化部署工作。6月，美国国务院发布《能源资源治理倡议》，DOE资助4450万美元支持研发回收非常规油气资源先进技术，4930万美元支持"核能大学计划"、"核科学用户设施"计划和交叉领域研究计划。7月，DOE天然气水合物咨询委员会发布《天然气水合物研究开发路线图：2020-2035》报告，1.21亿美元资助SBIR/STTR计划。8月，DOE提供5900万美元资助43个加速先进车辆技术研究的项目，5000万美元支持大学、国家实验室和私营企业联合开展聚变能和等离子体科学研究项目。9月，DOE资助1.1亿美元支持先进CCUS技术的研发、设计与试验，DOE公布太阳能奖得主及两项新的太阳能创新计划。10月，7300万美元资助35个生物质能源技术研发项目，ARPA-E宣布获得3500万美元的新资金，2800万美元支持13个项目在全国推广风能，选择12个项目促进能源技术商业化，2490万美元支持开发行业主导的创新水力发电技术，美国贸易官员将取消特朗普政府对海外生产的太阳能产品征收关税时对双面太阳能电池板的豁免。11月，DOE拨款1500万美元用于在印第安部落部署能源基础设施，ARPA-E获得4300万美元资金开发CCS技术，美国众议院将30%的太阳能投资税收抵免（ITC）延长5年，并出台新的储能激励措施，DOE将在2020财年拨款4000万美元开展能源前沿研究中心第四轮资助，1.28亿美元支持太阳能发电技术研发项目。12月，美国国家石油委员会发布《迎接双重挑战：CCUS规模化部署路线图》报告，ARPA-E资助5500万美元开展"集成驱动的航空级协同冷却电动机（ASCEND）"和"低碳高效航空电子增程器（REEACH）"两大主题研发项目
2020	1月，DOE能效和可再生能源办公室宣布资助近3亿美元推进先进可持续交通技术研发，投资2500万美元资助16个项目支持研发天然气基础设施技术。2月，DOE资助7400万美元支持研发先进建筑节能技术，提供5000万美元的跨部门资金支持聚变能研究与开发计划，未来5年将资助1亿美元支持研发人工光合系统制燃料技术，9700万美元支持28个州的70家小企业研发，1.255亿美元支持先进太阳能发电技术研究。3月，DOE宣布投入3000万美元支持核聚变创新研究，6000万美元支持建立多学科团队开发利用超级计算机进行科学发

续表

年份	事件
2020	现的新工具和技术，2200万美元支持实现直接从空气中捕获二氧化碳技术的突破，2200万美元支持"海洋能源基础研究和测试基础设施建设"计划，3000万美元用于聚变能源的研究。4月，DOE资助1400万美元支持研发先进煤化工技术，1200万美元用于量子信息科学（QIS）研究，2800万美元开发燃气轮机超高温材料，美国核燃料工作组提出的《恢复美国核能竞争优势：确保美国国家安全的战略》，ARPA-E投入3000万美元支持"基于性能研究的能源资源反馈、优化和风险管理"（PERFORM）主题计划，3200万美元资助15个具有商业应用潜力的聚变能研究项目，3800万美元用于支持"海洋流体动力和河川千兆瓦系统（SHARKS）"主题研究项目，DOE资助1.31亿美元支持研发先进CCUS技术，3000万美元用于机器学习（ML）和人工智能（AI）的高级研究项目。5月，DOE宣布启动"先进反应堆示范计划（ARDP）"，DOE拨款3000万美元用于关键材料加工技术创新，1000万美元支持在"高性能材料"主题框架下电力行业使用的极端环境材料研发新项目，投入8100万美元支持"Coal FIRST"计划，内政部和土地管理局（BLM）宣布批准一项建设和运营美国最大太阳能项目的提案。6月，DOE化石能源办公室投入1700万美元支持"碳利用计划"下11个研发项目，1.22亿美元支持建立多个煤基高价值产品创新中心，宣布更佳建筑计划（Better Buildings Initiative）为950多个公共和私营部门组织节省了能源成本近110亿美元。7月，DOE发布《"储能大挑战"路线图草案》，能源前沿研究中心（EFRCs）第五轮资助1亿美元资金支持未来4年建设全美10个中心，1.39亿美元支持研发先进车辆技术项目，投入1.18亿美元支持"Coal FIRST"计划，2020财年将在"H2@Scale"计划框架下资助6400万美元推进氢能技术研发示范，未来5年资助9700万美元支持33个生物能源技术研发项目。8月，DOE宣布资助2000万美元支持钙钛矿太阳电池技术研发新项目，在未来3年资助2100万美元支持探索人工智能和机器学习技术在聚变能源领域的应用潜力，3000万美元支持技术研发，3300万美元支持天然气管道改造项目，发布了《实现低成本生物燃料的综合战略》报告。9月，ARPA-E宣布投入1650万美元支持"农业资源和管理中的可再生交通燃料监测和分析系统"（SMARTFARM）计划下的6个研究项目，7200万美元支持CCUS计划27个碳捕集技术研发项目，3400万美元用于支持"小型固体氧化物燃料电池（SOFC）系统和混合电解槽技术"主题的新研发项目，2400万美元支持电池和甲烷检测技术开发，1.22亿美元启动"煤炭、稀土和关键原材料（CORE-CM）"多年期（2021—2023）研发计划，1700万美元用于普林斯顿等离子体物理实验室聚变能设施的研究，宣布重建能源部北极能源办公室（Arctic Energy Office，AEO）。10月，1.6亿美元资助在"先进反应堆示范计划"（ARDP）框架下向泰拉能源公司和X能源公司，特朗普政府发布了关键技术和新兴技术国家战略，DOE批准一项超过10亿美元的研发成本分摊项目，8000万美元资助"Coal FIRST"计划，发布创新集群能源计划（EPIC）的资助机会公告（FOA），支持区域创新集群中的硬件开发和测试，投入1亿美元支持未来5年将在"H2@Scale"计划。11月，DOE发布《氢能计划发展规划》，在"太阳能技术办公室2020财年资助计划"下投资1.3亿美元资助先进太阳能技术研发，1600万美元支持先进能源研究计划，提供3500万美元资助11个项目。12月，DOE投入

续表

年份	事件
2020	1570万美元支持开发高性能煤基材料，资助1.28亿美元资助先进可持续交通技术研发，加州能源委员会（CEC）投资多达1.15亿美元支持该州大幅增加氢燃料电池电动汽车的加氢站数量，投资640万美元专注于分摊联邦研究与开发项目氢燃料的研发费用，2020财年提供5000万美元支持"未来示范反应堆风险管控专项"和"先进反应堆概念开发专项"，投入4500万美元推进太阳能硬件和系统集成的研究，DOE发布《储能大挑战路线图》，美国国会结合了9000亿美元的COVID-19救助计划和2021年的综合性支出计划通过太阳能法案，2000万美元支持先进反应堆示范项目的三个方案，投资2200万美元支持海洋能源基础研发和测试
2021	1月，ARPA-E宣布在"有应用潜力的领先能源技术种子孵化"（SCALEUP）主题研发计划框架下资助4700万美元，DOE能源效率和可再生能源办公室（EERE）宣布了高达1450万美元的环境研究经费，1.6亿美元支持改造美国化石燃料和发电基础设施，1.6亿美元支持化石能源技术研发，800万美元支持研究下一代风力涡轮机传动技术，2835万美元支持"关键矿产可持续发展计划"，发布《太空能源战略：强化美国在太空探索领域的领导力》报告，宣布新成立一个矿产可持续发展部门。2月，ARPA-E宣布第五轮开放招标计划（OPEN 2021），11家大型公司携手在美国成立氢能联盟增强对氢能价值链各环节技术的开发，推动美国氢能发展，4600万美元"地热能研究前沿观测研究"（FORGE）计划。3月，7500万美元依托西北太平洋国家实验室（PNNL）建立一个名为"电力储能工作站（GLS）"的国家级电力储能研究中心，启动7500万美元电网储能研究设施的设计和建设，200万美元支持新遴选的4个制氢研究项目，2450万美元用于构建清洁、弹性电网的创新制造，宣布增强美国能源部门安全性和弹性的网络安全计划，3000万美元支持关键材料学确保美国供应链安全，3450万美元支持利用尖端研究工具进行包括清洁能源和气候解决方案在内的新科学研究，1.28亿美元用于降低太阳能技术成本、提高性能和加快部署，1.15亿美元资，助小企业的清洁能源研发项，2400万美元，研究二氧化碳直接空气捕获技术，5250万美元帮助美国制造商和废水处理设施提高效率，3000万美元研究量子信息科学。4月，DOE投入1.62亿美元支持推进汽车和卡车脱碳相关技术研发，600万美元开发煤炭废弃物再利用技术，7500万美元支持开发促进天然气发电和工业部门脱碳的新型技术，入1.095亿美元支持创新能源技术项目，6140万美元用于研发生产低成本、低碳生物燃料技术，投入3500万美元支持新的ARPA-E计划项目，2022财年拨款461亿美元资金请求以重点支持清洁能源创新，发布《综合能源系统：协同研究机遇》报告。5月，DOE宣布投入620万美元支持8个由大学牵头的氢燃气轮机前沿研究项目，3500万美元支持新ARPA-E下"生物燃料低碳化（ECOSynBio）"主题计划遴选的15个研究项目，4000万美元支持一项新的ARPA-E项目，400万美元用于4个研发项目。6月，DOE宣布投入1200万美元支持6个直接空气碳捕集（DAC）研发项目，3000万美元支持68个项目和3500多万美元支持私营部门，DOE创新集群能源计划（EPIC）投资950万美元资助10个孵化器和加速器，发布首份政府主导的2021—2030年锂电池国家蓝图

由表 1.5 可见，美国作为目前世界上经济最发达国家，也是科技创新能力最强的国家，通过先进能源研究计划、"小企业创新研究与技术转让"（SBIR/STTR）计划、交叉领域研究计划、先进反应堆示范计划和创新集群能源计划等一系列研发计划，部署了风电，太阳能，核能，氢能，储能，电动汽车，清洁能源制造，CO_2 捕集、利用与封存等前沿技术，通过其强大的科研创新能力及加大研发力度，实现从新能源技术及节能环保技术到洁净煤技术、CO_2 捕集与封存等技术突破，推动科研成果转化，为美国在全球气候变化问题上扮演领导者角色、实现清洁能源产业化、助推美国 2050 年实现碳中和目标等奠定了坚实的技术基础。

1.4.4 采取多种措施积极应对气候变化

首先，美国政府逐渐重视采用政策手段积极应对气候变化。布什 2001 年上台伊始，即退出《京都议定书》，拒绝执行强制性减排要求的气候变化政策。奥巴马在气候变化问题上采取更积极务实的政策，其中拟采用的能源政策包括：大规模投资改造联邦政府办公楼、全国各地的学校设施升级、公共建筑节能改造及大规模投资公路、桥梁等基础设施，推进数字智能型能源网建设；大量投资风能、有着广阔前景的新型沙漠太阳能阵列等绿色能源、永远有效的绝缘材料、核能、混合动力汽车、动力电池，以及核电、风电、太阳能等设备；促使政府和私营行业大举投资混合动力汽车、电动车等新技术，减少美国的石油消费量；针对能源企业的污染物排放权交易支持建立强制性的"总量管制与排放交易"制度，力争在 2050 年之前实现二氧化碳减排 80%，低于 1990 年的水平；设立技术转移计划，专门面向发展中国家出口对气候友好的技术等。2009 年 1 月 26 日，奥巴马签署了燃油使用效率和汽车尾气二氧化碳含量标准两份总统行政命令，而且宣称"美国准备在新能源和环保问题上重新领导世界"，并呼吁各国广泛合作以保护全球气候。2009 年 2 月 20 日，希拉里访问中国时把中美对话的重点议题放在气候变化、能源等问题上。这些措施均显示奥巴马决心改变前政府能源政策，重新在新能源与环保问题上领导世界。

其次，美国重视综合利用信息、海洋、航天等多种技术手段积极应对气候变化，主要表现在 4 个方面：①利用监测网络应对气候变化。隶属于国家海洋和大气管理局（NOAA）的碳循环监测网络对全球温室气体几十年来进行持续的测量与监察，该监测网是由地面、塔台、飞机、卫星和海洋观测系统组成的环球体系网络，提供了世界气象组织温室气体数据中心 70% 的大气监测数据；饥荒预警系统网络，运用应用研究手段，监视全球 20 个（将很快发展到另外 30 个）粮食极度无保障国家情况，将全球气候变化趋势资讯按国家和区域分解，以便于具体策划。②利用碳排放量追踪工具（Carbon Tracker）帮助科学家监测碳源和碳汇。由国家海洋和大气管理局地球系统研究实验室研制的碳排放量追踪工具，通过测量 CO_2 浓度、风速以及其他大气观测数据，形成温室气体气流的"缩影"，同时，还能通过被观察到的 CO_2 在大气中的模式，推测区域 CO_2 的排放和排除。③利用卫星为应对气候变化提供第一手资料。美国第四代静止气象卫星共为 3 颗，其中 2006 年与 2009 年美国分别发射了戈斯-N、戈斯-O 气象卫星，2010 年 3 月美国利用德尔塔-4 火箭成功发射了第 3 颗，也是最后一颗第四代静止气象卫星戈斯-P，入轨后被命名为戈斯-15，旨在进一步监视地球气候系统，提供天气监测、预报和预警的数据，协助国内气象学家和气候科学家开展研究；还将探测海洋和陆地的温度，为气象部门提供第一手资料，以便对飓风等恶劣天气做出准确预报，另外还提供数据中继、太空天气预报以及搜索和救援支持。2010 年，美国白宫宣布，国家航空航天局（NASA）再次发射"嗅碳"卫星，以代替之前发射后坠毁的轨道观测卫星，主要用于监测城市、发电站等地产生的 CO_2，旨在为推进各国制定气候变化条约而设计的太空探测铺平道路。④跨机构合作研究共同支持一系列帮助发展中国家了解气候的多变性及变化并为之制订计划的手段。美国国际开发署（USAID）与跨机构合作伙伴与国家航空航天局开展的联合项目 SERVIR，通过综合卫星观察、预测模型和来自中美洲和非洲的其他地理信息，监测和预报生态变化，辅助制定对自然灾害应采取的对策和措施。这一项目新运用的气候制图（Climate Mapper）工具，可以让使用者通过简单的图面得到气象历史数据和气候变化预测。

再次，美国政府通过财政、信贷、基金、碳关税等多种方式为应对气候变化募集资金。例如，美国建立一个联邦资金支持的全国清洁能源的贷款机构，向可再生能源项目投放低利率贷款或进行贷款担保，以激励普通投资者在可再生能源领域的发展；对乡村的清洁能源产业有一定的信贷支持；建立基金会来为房屋业主改进能源使用效率提供资金；创建清洁技术风险资本基金，未来 5 年每年投入 100 亿美元，以确保有前途的替代能源和可再生能源技术能够走出实验室，实现商业化；节能公益基金来源于电价上调带来的额外收入，通常由各州的公用事业委员会负责管理，相关部门都可以申请利用该基金开展节能活动。通常，节能基金很少用于支持某个具体的节能改造项目，而是作为激励手段，构建、维护节能市场机制，调动参与方自发从事节能活动，着眼于从根源上逐步推动和解决节能问题。2009 年，美国众议院先后通过了《限量及交易法案》《美国清洁能源与安全法》中均有条款授权美国政府对来自不实施碳减排限额国家的进口产品征收"碳关税"，参议院也通过了"碳关税"立法，其目的除构筑贸易壁垒、增加全球气候变化谈判筹码、维护美元主导的国际货币体系、确保美国能源安全外，更重要的意图是通过征收"碳关税"间接地为国内能源密集型产业或企业提供 "低碳补贴"，构建美国绿色产业体系，确立美国的世界低碳经济领袖地位。

最后，运用宣传与教育等多种手段鼓励大众参与低碳经济，引导人们向低碳生活方式转变。美国前副总统戈尔是一位坚定的环保主义者，在白宫任职期间积极推动克林顿签署《京都议定书》，离职后的戈尔仍然周游列国宣传环保观念，投资并参与拍摄纪录片《难以忽视的真相》，并亲自以地球村普通公民的身份向人们展示全球变暖的危害：长此以往，冰川将融化，洪水将泛滥，人类的家园将遭遇毁灭性破坏。美国明尼苏达州圣保罗市的绿色超市就是一种促进大众践行低碳生活的典型做法，具体表现在以下方面：①超市里的大多数建筑材料是工业废品和废料的再利用，如地砖是工业废渣和玻璃碎片重新凝固制作而成的，货架是用废旧钢筋重新抛光、上漆改造而成的。②超市里的建筑结构采用太阳能建筑一体化技术，超市四周和顶部装有 44 个朝向太阳的"天窗"，这些"天窗"其实是一个个小型太阳能聚光板，专门吸收太阳能，而且每个"天窗"里都装有特定设备，能有效跟踪太阳的行踪，随时改变"天窗"的朝向，确保从早到晚都能对着太阳，以便更高效地吸收太阳光，转化为能量供超市日常使用。③超市里的设备利用节能技术，为节省电能，超市中的照明及冷藏设备全都用节能的 LED（发光二极管）灯，每年能为超市节省 45% 的电能。④超市里的所有商品施行 "轻包装"，或者干脆不包装，许多商品除了贴有一张小小的保质标签外，再无其他"外衣"，这样不仅能省下大量包装材料，还能让顾客少带外包装废品回家，避免二次环境污染，减少碳排放；一些还可再次使用的商品包装箱，则被单独拣出来，整整齐齐地叠放在一起，供顾客免费使用。⑤超市并不提倡顾客大量购物，以提高超市销售量和利润，反而鼓励顾客适量购物。超市墙上贴满了提醒顾客进行理性消费的各种标语：不要让你家的冰箱透不过气来，别让你的购物袋超负荷，等等。另外，不少货架上的商品还注明"碳足迹"，顾客可以根据商品上标明的碳排放量的高低，决定要不要购买。

1.4.5 积极采用多种形式推动应对气候变化国际合作

美国政府在应对气候变化、可持续发展、节能和环保等领域开展了形式多样的国际合作。

首先，主持、倡导或参与各种应对气候变化的国际会议、国际组织或活动，促进应对气候变化的国际合作。2003 年，美国倡导与发起"国际氢能经济合作组织"（IPHE），组织和实施国际氢能研发合作；2003 年 2 月 27 日，美国积极倡导提出成立"碳收集领导人论坛"（CSLF），这是针对碳收集技术和政策的第一个部长级国际组织，并于同年 6 月 23—25 日在美国弗吉尼亚州主持召开首届"碳收集领导人论坛"部长级会议，与会的 14 个国家和欧盟的部长们共同讨论了碳收集技术的经济及技术可行性等问题，通过了《碳收集领导人论坛宪章》；2004 年，美国倡导发起"甲烷市场化伙伴计划"部长级会议，旨在通过国际合作，促进各国对从煤矿、垃圾填埋场以及石油和天然气系统逃逸的甲烷进行回收和利用，减少其引起的温室效应；2005 年，美国牵头成立"第四代核能国际论坛"，并与加拿大、法国、日本、英国共同签署了具有法律约束力的《第四代核能系统研究开发国际合作框架协定》，正式启动 GIF 第二阶段通过合作研究开发验证上述系统的可行性和性能等工作；2005 年，布什与八国领导人就加速清洁能源技术研发与应用达成一致认识，美国加入了澳大利亚、中国、印度、日本和韩国新达成的亚太清洁发展和气候合作协议；2007 年，美国在华盛顿举行主要经济体能源安全与气候变化大会，邀请世界大国高层代表团出席，同时牵头发起大科学工程与计划，主要包括"国际热核聚变实验堆（ITER）计划"、"全球核能伙伴计划"（GNEP）

及"全球生物能源伙伴计划"(GBEP)等，促进美国应对气候变化能力的提升；2008 年，美国在华盛顿举行全球可再生能源大会，力图改变其退出《京都议定书》所受到的批评，希望在未来全球性问题上发挥美国的领导作用；2009 年，美国积极促成"全球能源论坛"的成立，并试图通过该平台重启"后京都时代"等国际气候变化谈判；2010 年，美国宣布作为其与南美能源及气候伙伴计划的一部分，发起新的合作计划，建立新的合作伙伴，帮助南美地区发展清洁能源、加强能源安全。可见，美国的一系列活动与举措，旨在强化美国以能源和环境为主题，以科技为后盾，以国家利益为目标，开展多种多样的全球应对气候变化的国际合作。

其次，签署政府间合作协议，加强气候变化领域的国际合作。2001 年 6 月以来，美国已与许多国家就气候变化技术、能源与回收技术，以及气候变化政策等问题建立了双边合作。一是与发达国家建立应对气候变化的国际合作。例如，2009 年，美国与加拿大共同启动了美加清洁能源对话机制，联合发布了主题为"向低碳经济转型"的《"美加清洁能源对话"行动计划》；2010 年 6 月，美国与加拿大联合宣布了"清洁能源对话"框架下的合作协议，促进美国能源部橡树岭国家实验室(ORNL)与加拿大能源技术中心材料技术实验室(CANMET-MTL)合作，重点开展清洁能源的研究与开发。二是与发展中国家建立应对气候变化的国际合作。例如，2010 年 3 月 3 日，美国国务卿希拉里与巴西外长阿莫林在巴西利亚签署了应对气候变化协议，旨在"加强和协调各方力量以有效应对气候变化，主要是实现低碳的可持续性经济增长"，协议制定了一项两国间新的应对气候变化的对话政策，双方将通过这一政策讨论与气候变化有关的问题，承诺在全球气候变化问题上加强合作；2010 年 11 月 8 日，美国与印度达成为期 10 年，包括页岩气和清洁能源的研发合作协定，将在印度设立清洁能源研发中心，未来 5 年将与民营企业每年共同提供 1000 万美元资金，重点发展太阳能、第二代生物燃料与建筑物能效。

最后，美国通过多边清洁能源合作关系，提升自身应对气候变化的能力。考虑到气候变化的全球性和其他国家所做的贡献，美国积极参与其他国家大规模的合作性技术研究，从而合理调节资源，参与大尺度和复杂性的研究活动，共享研究成果，促进美国在高级风涡轮设计、核裂变能源研究等气候变化技术研发与开发的某些领域能够得到国外许多国家先进技术的帮助，鼓励合作性计划和共同承担风险，促进先进的气候变化技术开发、转移和应用。同时，美国引领全球地球观测系统的研究，还致力于加速向发展中国家传播清洁技术，并建议创建有效的多边机制，向发展中国家提供技术援助和培训。

1.4.6　美国石油战略储备管理

根据《能源政策和储备法》，美国国会授权 DOE 建设和管理战略石油储备（Strategic Petroleum Reserve，SPR）系统，并明确了战略石油储备的目标、管理和运作机制。

DOE 化石能源办公室设有战略石油储备办公室，负责美国石油战略储备。该办公室的首要任务是保证按照总统指示，迅速将储备油抛售出去。原油从石油储备基地输出的最大能力为每天 60 万吨，可以保证在总统下动用令之后的 15 天内把原油送到指定地点，石油储备量相当于美国 90 天的石油进口量。石油储备基地的具体日常维护、保养和管理工作委托给合同公司。

（1）美国战略石油储备的发展

美国战略石油储备的建立过程耗时近 10 年。从 1976 年开始建设，1977 年第一批石油开始入储，到 1986 年石油的储备量达到了 5 亿桶，以后一直稳定在5 亿～6 亿桶，1994 年高达 5.92 亿桶，可供应 82 天。截至 2009 年 1 月，美国原油储备水平约为 7.02 亿桶。截至 2021 年 1 月 31 日，美国战略石油储备储存能力为 7.135 亿桶，由墨西哥湾沿岸的得克萨斯州和路易斯安那州 4 个大型地下盐穴基地组成，是全球规模最大的应急原油储备。

截至 2021 年 8 月 30 日，美国战略石油储备的实际储存数量为 6.202 亿桶，其中布赖恩芒德基地为 2.241 亿桶，大希尔基地为 1.394 亿桶，西哈克伯里基地为1.857 亿桶，拜乌查克托基地为 7100 万桶。从原油种类来看，6.202 亿桶的战略原油储备中，低硫原油为 2.527 亿桶，含硫原油为 3.675 亿桶。

《能源政策和储备法》授权 DOE 建造储存量为 10 亿桶的战略石油储备。战略石油的储备对象是原油而非精炼油品，主要是因为原油可按要求随时制成所需的各类产品，且原油容易保存、成本低。美国战略石油储备的主要来源是墨西哥、英国北海、美国本土、沙特阿拉伯、利比亚、伊朗、阿联酋和尼日利亚等。

（2）石油储备点的选择与储备和购买方式

美国石油储备比较集中，路易斯安纳州和得克萨斯州各有两个储备点。美国将石油储备点建在墨西哥湾一带，主要有3个原因：一是当地海岸集中了500多个可供储油的盐穴。盐穴结构为长久储备石油提供了安全、低成本的方式，每桶容积平均成本只有1.5美元，每桶储备石油每年的日常运行和维护费用为25美分，是采用地上罐储方式的1/10，是采用岩石矿洞储存方式的1/20。二是墨西哥湾是美国石油管线和炼油厂最集中的地区，有便于供油品运输的油罐、管道、驳船和码头，通过这些设施还可以与中部和中西部的炼油厂相连。由于紧靠油品生产企业，加上便利的运输手段，不仅大大提高了战略石油储备的快速反应能力，同时还降低了释放储备时的运输成本。三是采用这种储存方法安全、可靠，对环境的污染程度也相对较低。

战略石油储备目标、预算等均需由总统提出，经国会批准后由DOE战略石油储备办公室负责具体购买事宜。为了降低购买成本，战略储备石油的购买采取公开竞标方式。首先由DOE战略石油储备办公室提前向社会公开购买计划（包括数量、品种、交货地点、时间等）和竞标时间，拟参加竞标的公司须向战略石油储备办公室出具银行信用证等资质证明，经审核同意后方可参加竞标。在竞标中报价最低者中标。

（3）战略石油的释放条件

由于部门权限的不同，战略石油的释放条件也有所不同。

1）全部释放

只有总统才有权做出全部释放战略石油储备的决定。《能源政策和储备法》规定，只有在总统认定出现了"严重能源供应中断"情况，才能发布全部释放的命令。

2）限量释放

只有总统有权做出限量释放战略石油储备的决定。总统可以依据以下情况做出限量释放的决定：①在国际或国内有可能出现大范围、长时间的石油供应短缺；②采取限量释放措施可避免或减少因供应短缺给经济带来的负面影响。

限量释放还必须满足以下要求：①限量释放的总量不能超过 3000 万桶；②限量释放时间不能超过 60 天；③在战略石油储备量略高于 5 亿桶或低于 5 亿桶时不能进行限量释放。

3）试验销售

依据《能源政策和储备法》，DOE 部长有权对战略石油储备进行试验销售。试验销售主要是对战略石油储备体系的运转和销售程序进行测试。试验销售总量不能超过 500 万桶，可以是市场销售方式，也可以向公司进行石油借贷或交换。

在战略石油储备的历史上，总统指示的紧急释放已经发生过 3 次。第一次是 1991 年海湾战争爆发，当沙漠风暴行动开始时，美国与盟国一起确保全球石油供应充足。战争开始当天宣布紧急出售战略石油储备原油。第二次发生在 2005 年 9 月卡特里娜飓风摧毁路易斯安那州和密西西比州海湾地区的石油生产、分销和炼油行业之后。事实上，卡特里娜飓风的影响是如此之大，促使在总统决定从储备中提取和出售石油之前，DOE 审批紧急石油贷款。在卡特里娜飓风登陆后的 24 小时内，炼油厂第一个收到 DOE 批准的多项紧急贷款申请。第三次是在 2011 年 6 月，美国及其在国际能源署（IEA）的合作伙伴宣布释放 6000 万桶原油，以应对利比亚和其他国家的原油供应中断。美国的义务是 3000 万桶，到 2011 年 8 月交付了 3060 万桶。

2021 年 9 月 10 日，DOE 表示，美国政府已同意将国家紧急石油储备中的原油出售给包括法国道达尔、美国雪佛龙公司旗下的大西洋贸易和营销公司、埃克森美孚石油公司、马拉松石油供应和贸易公司、莫蒂瓦企业公司、菲利普斯 66 公司、瓦莱罗营销和供应公司、瓦莱罗能源公司等 8 家公司，以按预定计划进行拍卖，为美国预算筹集资金。此次出售与席卷美国墨西哥湾和路易斯安那州的飓风艾达（Ida）造成的能源供应中断无关，但时机选择仍可能在一定程度上缓解原油供应紧张。此次合同总额为 2000 万桶，将在 10 月 1 日至 12 月 15 日期间从得克萨斯州和路易斯安那州的战略石油储备基地交付。

2022 年 1 月 25 日，据 DOE 报道，DOE 批准从战略石油储备中再释放 7 次额外的 1340 万桶原油。战略石油储备交易所合同授予以下公司：壳牌贸易公司（Shell Trading US Company）（420 万桶）、托克贸易有限责任公司（Trafigura Trading LLC）

（300 万桶）、菲利普斯 66 公司（Phillips 66 Company）（230 万桶）、麦格理商品交易（Macquarie Commodities Trading）（200 万桶）、雪佛龙公司（Chevron Corporation）（88.5 万桶）、埃克森美孚石油公司（ExxonMobil Oil Corporation）（51.5 万桶）、BP 北美公司（BP Products North America）（50 万桶）[①]。DOE 总共提供了近 4000 万桶战略石油储备原油，以增加美国的燃料供应，这是美国历史上第二次大规模石油储备释放。DOE 表示，通过交易所接收战略石油储备原油的公司同意返还收到的原油数量，以及额外数量，具体取决于它们持有石油的时间长短。

俄乌冲突爆发后，2022 年 3 月 1 日美国和 IEA 下属的其他 30 个国家承诺从战略石油储备中释放 6000 万桶石油以稳定全球能源市场，IEA 成员国联合起来应对俄乌冲突问题，以解决严重的市场和供应中断问题[②]。

2022 年 3 月 31 日，美国总统拜登宣布未来 6 个月将从美国战略石油储备中每天释放 100 万桶石油，累计释放 1.8 亿桶，以应对目前供应短缺、油价高企的局面，并称这是美国史上最大规模的石油储备释放。拜登当天发表讲话说，新冠肺炎疫情和俄乌冲突是目前油价上涨的两大原因。他承认，对俄制裁有"代价"，全球市场上俄罗斯石油供应量下降推升了油价。拜登敦促美国石油公司增产，并指责一些公司利用当前形势赚取高额利润。他同时表示，石油公司实现增产需要数月时间，为应对增产之前的供应短缺，他授权释放战略石油储备。

---

① https：//www.energy.gov/articles/doe-awards-134-million-barrels-strategic-petroleum-reserve-exchange-bolster-fuel-supply.

② https：//www.energy.gov/articles/us-and-30-countries-commit-release-60-million-barrels-oil-strategic-reserves-stabilize.

2 日本能源管理

日本是资源约束型的国家，矿产资源贫乏，除煤、锌有一定储量外，90%以上的矿产依赖进口，如石油等几乎完全依靠进口。主要资源依赖进口的程度为：煤95.2%、石油99.7%、天然气96.4%、铁矿石100%、铜99.8%、铝矾土100%、铅矿石94.9%、镍矿石100%、磷矿石100%、锌矿石85.2%。为此，日本政府积极开发核能、氢能、海上风电等新能源。截至2021年1月，日本拥有65座核能发电站，总发电装机容量为32吉瓦，位居世界第四。

日本虽然国土狭小、资源贫乏，但第二次世界大战后的日本奉行"重经济、轻军备"路线，重点发展经济，一度成为经济实力仅次于美国的经济体，但在2010年被中国超越，目前是世界第三大经济体。截至2020年，日本国内生产总值（GDP）约合5.05万亿美元，为世界第三；外汇储备达1.4万亿美元（2020年7月），为世界第二；拥有约10.4万亿美元海外资产，连续30年为世界最大债权国。

日本为实现碳中和采取了一系列能源管理措施。2020年12月25日，日本发布《2050年碳中和绿色增长战略》提出了2050年实现碳中和的目标，2021年6月对该战略进行了修订，进一步明确了14个重点行业领域划分，并把为应对气候变化而推进的能源转型描绘为机遇而非负担，提出应采取果断措施应对气候变化，明确了在14个重点领域推进温室气体减排，推动产业结构和经济社会改革，从而实现巨大的经济增长。2021年5月26日，日本国会参议院正式通过修订后的《全球变暖对策推进法》，以立法的形式明确了日本政府提出的到2050年实现碳中和的目标，于2022年4月施行。这是日本首次将温室气体减排目标写进法律，也展现了日本一直以来的能源管理为应对碳中和承诺打下了牢固的基础。

2.1 日本的能源现状

作为发达的工业化国家，煤炭、石油、天然气、核能是支持日本经济增长的四大能源支柱。然而，作为能源需求大国的日本，却又是公认的贫油国、贫气国和贫煤国，其石油及天然气储量分别仅占全球整体储量的0.2%及4%，煤炭储量占比更是微乎其微。同时，随着世界能源形势的变化，日本高度重视可再生能源的发展，持续加大对可再生能源的开发力度。

2.1.1 能源资源储量

日本是高度工业化的国家，国土面积狭小，能源资源稀缺且储量极其有限，原油、天然气、铀等能源资源基本全部依赖进口。

数据显示，日本煤炭99%依赖进口（2018年数据），石油自给率不足0.3%，更是天然气第一大进口国（在2018年被中国超越）。在资源短缺的同时，日本也是能源消耗大国，2018年日本共计进口煤超过2.1亿吨，是世界第三大进口国；同年，进口原油15 080万吨，进口成品油4366万吨；进口天然气8280万吨，是世界第二大进口国。日本仅有的能源资源储备中主要是无烟煤和烟煤，2020年底探明储量为30 838万吨，储采比达到273。

日本只有一个铀矿床（Ningyo-Toge），建立了一个从矿石直接生产UF4的铀水冶厂。据OECD发布的《2020年铀：资源、生产和需求》（第28版）报告显示：截至2019年1月1日，日本回收成本≤130美元/千克的铀资源探明原地资源储量为7800吨、可采资源储量为6600吨。

2.1.2 能源生产

日本的煤炭生产量自1981年的17.7 Mtoe（Million Tonnes of Oil Equivalent，百万吨油当量），逐渐减少到2002年的1.4 Mtoe，随后一直到2017年基本稳定在1.3 Mtoe左右，2018年、2019年分别下降到1.0 Mtoe、0.8 Mtoe，2019年的下降比达到27.1%。日本的煤炭生产总体上处于逐步减少到基本稳定的发展状态（图2.1）。

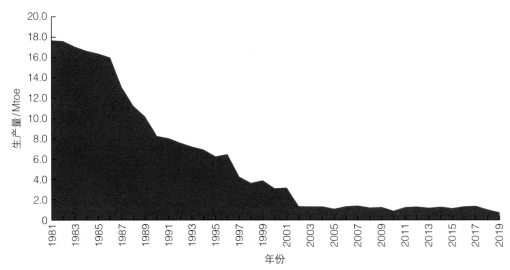

图 2.1　1981—2019 年日本煤炭生产量的变化状况

日本的电力生产量自 1985 年的 672.0 TW·h 逐渐增加到 2008 年的峰值 1183.7 TW·h，从 2009 年开始有一定的回落起伏，到 2019 年是 1036.3 TW·h，相较 2018 年下降 1.9%，占世界电力生产总量的 3.8%。日本电力生产从 1985 年到 2008 年呈现增长的状态，自 2009 年以后处于平稳的状态（图 2.2）。

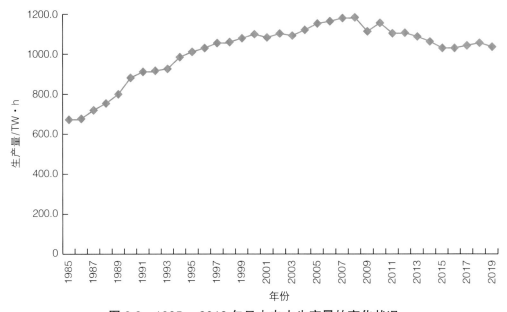

图 2.2　1985—2019 年日本电力生产量的变化状况

日本的可再生能源发电量自 2000 年的 16.6 TW·h 逐渐增加到 2012 年的
34.2 TW·h，从 2013 年到 2015 年实现了快速增长，达到 68.1 TW·h，2016 年
可再生能源发电量保持平稳，从 2017 年到 2019 年又呈现了第二次快速增长，
达到 121.2 TW·h，2019 年较之 2018 年增长 24.7%，占世界可再生能源发电总量
的 4.3%。日本可再生能源发电经历了十年的平稳发展期后，呈现出两次快速增长
态势，并仍保持上升的状态（图 2.3）。

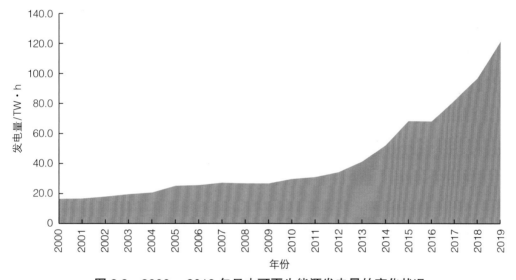

图 2.3　2000—2019 年日本可再生能源发电量的变化状况

第二次世界大战后，日本在原子能领域的研究曾被全面禁止。1953 年，美国提
出了所谓"和平利用原子能"的口号，在全面垄断核武器开发这一核战略前提下，
美国与原子能产业相关的各大企业开始以提供原子能技术援助的名义，向日本兜售
原子能反应堆和核燃料。日本政府立即做出积极响应，并顺应本国财界要求于 1954
年提出了 2.35 亿日元的原子能利用特别追加预算，日本的核能逐渐发展起来。其
中，日本动力示范堆（JPDR，12.5 MWe 的沸水堆）是日本第一座电力反应堆，自
1963 年运行至 1976 年，1996 年完成退役。东海核电站（石墨气冷堆）是日本第一座
商用核电站，自 1966 年运行至 1998 年，目前处于退役阶段。敦贺核电站 1 号机组
（357 MWe 的轻水堆）和美浜核电站 1 号机组（340 MWe 的压水堆）分别是日本第一
座商用轻水堆和商用压水堆，它们都是自 1970 年开始运行，于 2015 年宣布退役。

截至 2010 年核能是日本电力的重要能源来源之一，2010 年发电量为 303 MkW·h。当年，从电力总体情况上看，煤炭、石油、天然气等传统能源发电量仍然占据主要部分，约为 60%，核能发电量约占 27%，水能及新能源发电量比例较小。截至 2010 年 1 月 1 日，日本在运核动力反应堆机组 54 个，总容量为 46 823 MW（MegaWatt，兆瓦），在建反应堆机组 1 个，总容量为 1325 MW。2008 年供应的核能发电量为 241.3 TW·h，占日本总发电量的 24.9%。截至 2011 年初，日本共有 54 座核电站，核电占全国发电量的比重已经达到 30%。2011 年 3 月 11 日，日本福岛第一核电站 1 号反应堆所在建筑物发生爆炸，从而引起 2 号机组高温核燃料泄漏事故，日本核电受到重创，截至 2019 年仅有 9 座核电站（均位于日本西部地区，且为压水堆）通过新安全标准而获得重启，另外有 19 座核电站宣布退役。

2.1.3　能源消费

日本的石油消费量自 1965 年的 87.9 Mt（Million tonnes，百万吨）快速增长至 1973 年的 269.1 Mt 后，连续 6 年基本稳定在 250 Mt 左右。自 1980 年的 237.7 Mt 逐渐降低到 1985 年的 206.3 Mt，此后又有小幅增长，1996 年达到 270.5 Mt，为历史最高。之后稳步下降，2009 年底为 197.6 Mt，2013 年小幅回升后，保持稳步下降，2019 年底为 173.6 Mt，相较 2018 年下降 1.1%，占世界石油消费总量的 3.9%。长期以来，日本石油消费总体上处于上升—下降—上升—下降的波动状态（图 2.4）。

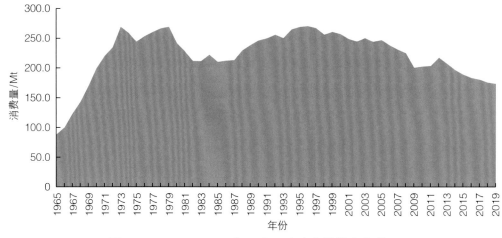

图 2.4　1965—2019 年日本石油消费量的变化状况

日本的天然气消费经历了自 1965 年到 1972 年缓慢增长，随后从 1973 年开始稳步快速增长的过程。日本的天然气消费量从 1965 年的 1.8 Mtoe 缓慢增加到 1972 年的 3.7 Mtoe，1973 年开始日本的天然气消费量稳步增长，从 5.3 Mtoe 快速增加到 2014 年的 124.8 Mtoe，然后从 2015 年开始平稳下降，2019 年日本的天然气消费量为 108.1 Mtoe，2019 年比 2018 年下降了 6.6%，约占世界天然气消费总量的 2.8%。日本的天然气消费总体上处于不断增长的变化状态，近几年在达到峰值后，逐渐保持平稳发展（图 2.5）。

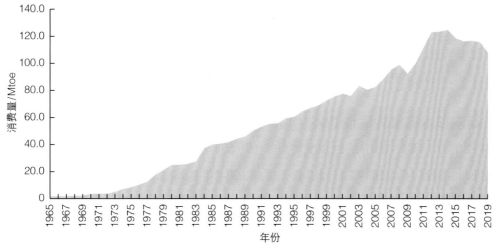

图 2.5　1965—2009 年日本天然气消费量的变化状况

日本的煤炭消费经历了先增、后降、再稳步增长的过程。1965 年日本的煤炭消费量为 2.04 EJ，1969 年增长至 2.62 EJ，之后缓慢降低到 1978 年的 1.96 EJ，1979 年后步入稳步增长阶段，从 2.10 EJ 增加到 2008 年的 5.09 EJ，2009 年小幅回落后，从 2010 年到 2019 年基本保持在 5 EJ 左右，2019 年较之 2018 年下降了 1.7%，占世界煤炭消费总量的 3.1%。长期以来，日本的煤炭消费总体上处于稳步增长的状态（图 2.6）。

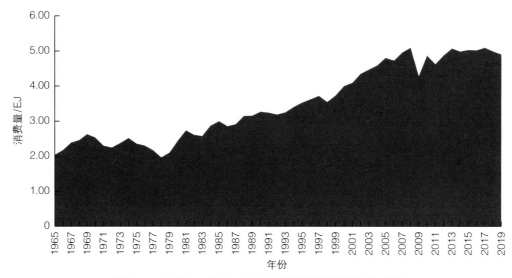

图 2.6　1965—2019 年日本煤炭消费量的变化状况

日本的水电消费量自 1965 年的 0.76 EJ 增加到 1983 年的 0.84 EJ，此后降至 1984 年的 0.73 EJ，再增长到 1993 年的 0.93 EJ，又降低到 1994 年的 0.64 EJ，之后又增长到 1998 年的 0.89 EJ，此后一直到 2004 年基本稳定在 0.9 EJ 左右，2005 年开始逐步由 0.75 EJ 降低到 2009 年的 0.67 EJ，2010 年又回升到 0.83 EJ，直到 2019 年水电消费都存在起伏的发展变化，但一直维持在 0.8 EJ 以下，2019 年更降低到 0.66 EJ，较之 2018 年下降 9.1%，占世界水电消费总量的 1.8%。长期以来，日本的水电消费总体上处于周期性起伏变化状态（图 2.7）。

日本的核电消费量自 1966 年的 0.01 EJ 缓慢增长到 1970 年的 0.05 EJ，从 1971 年开始快速增长，到 1998 年增加至 3.26 EJ，1999—2002 年基本维持在 3.15 EJ，2003 年大幅降低到 2.26 EJ，又逐渐增加到 2010 年的 2.73 EJ，之后断崖式下降，低至 2015 年的 0.04 EJ，后缓慢增长到 2019 年的 0.59 EJ，占世界核电消费总量的 2.3%。长期以来，日本的核电消费总体上处于缓慢增长—快速增加—下降—增加—断崖式下降—缓慢增长的变动状态（图 2.8）。日本的核电消费带动了对铀的需求，2009 年日本全年的铀需求量为 8388 吨，之后出现回落。

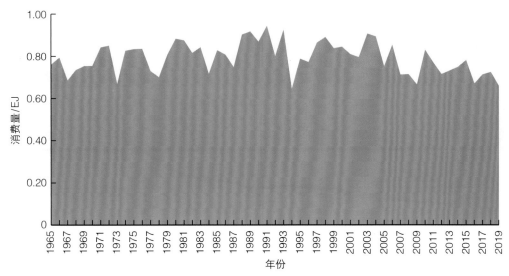

图 2.7　1965—2019 年日本水电消费量的变化状况

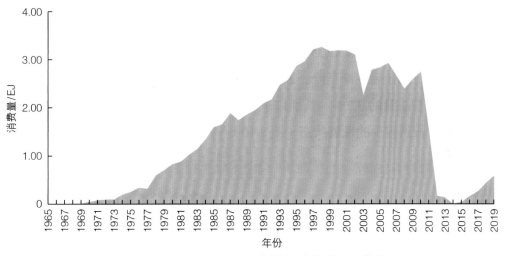

图 2.8　1965—2019 年日本核电消费量的变化状况

日本的可再生能源消费量自 2000 年的 0.17 EJ 缓慢增加到 2008 年的 0.26 EJ，之后快速增加到 2015 年的 0.64 EJ，在 2016 年小幅回落后，继续快速增长到 2019 年的 1.10 EJ，较之 2018 年增幅达 24.1%，占世界可再生能源消费总量的 3.8%。日本可再生能源消费经历了近十年的平稳发展后，呈现了两次快速增长后仍保持上升的状态（图 2.9）。

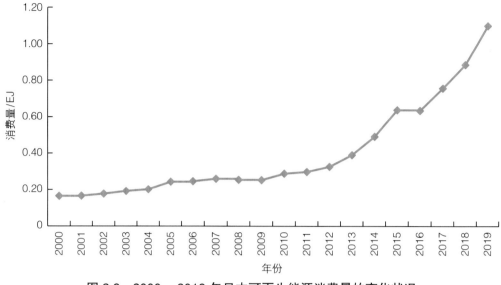

图 2.9　2000—2019 年日本可再生能源消费量的变化状况

日本的一次能源消费量自 1965 年的 6.52 EJ 快速增加到 1974 年的 14.59 EJ，之后缓慢增加到 2005 年的 22.35 EJ，之后逐步降低到 2009 年的 19.83 EJ，2010 年小幅回升到 21.13 EJ 后逐渐下降，2019 年为 18.67 EJ，较 2018 年下降 0.9%，占世界一次能源消费总量的 3.2%。长期以来，日本的一次能源消费总体上处于先快速增长再缓慢增长到减少的发展状态（图 2.10）。

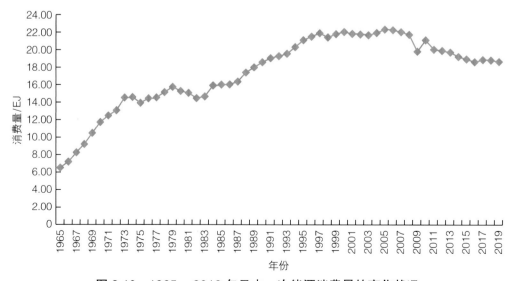

图 2.10　1965—2019 年日本一次能源消费量的变化状况

2.1.4　CO_2 排放情况

日本的 CO_2 排放量自 1965 年的 446.9 Mt 增加到 1973 年的 995.0 Mt，此后由于石油危机逐步下降到 1982 年的 863.6 Mt，随后总体上逐步增加到 2008 年的 1299.7 Mt，达到日本碳排放的最高点，又降低到 2009 年的 1130.0 Mt，逐步增加到 2012 年的 1296.1 Mt，此后总体上逐步下降到 2019 年的 1123.1 Mt，占世界 CO_2 排放总量的 3.3%[①]。长期以来，日本的 CO_2 排放总体上处于先增长达峰再逐步减少的状态（图 2.11）。

图 2.11　1965—2019 年日本 CO_2 排放量的变化状况

2.1.5　日本的能源特点

第二次世界大战之前，日本能源消费以煤炭为主，由于国内煤炭资源储量有限，开采成本较高，在一定程度上阻碍了日本经济的发展。随着日本经济的高速

---

① CO_2 排放数据参考 BP 的《世界能源统计年鉴 2020》，全书同。

增长，以及石油价格变得低廉，日本的主要能源消费也逐步由煤炭转向石油。1960年，石油在日本一次能源供给中占 37.6%，煤炭占 41.2%；到 1973 年，石油的比例升至 77.4%，煤炭下降到 15.5%。而且，日本消耗的大部分石油依赖进口，其中 80% 以上依赖中东，这意味着日本的经济发展隐含着严重的能源风险。1973 年 10月，第四次中东战争引发了石油价格暴涨，导致世界范围内爆发了第一次石油危机，严重打击了建立在进口能源基础上的日本经济。石油危机以后，日本政府重新检讨能源政策，在大力推广节能技术的同时，调整能源消费结构。

20 世纪 60 年代以来，日本能源结构变化如图 2.12 所示。可见，1965 年日本能源以石油（55.9%）、煤炭（29.3%）为主。1973 年，石油占比一度达到 75.5%，煤炭占比降到 16.9%。2018 年，石油占比降低到 37.6%，煤炭占比则增加到 25.1%，天然气占比达 22.9%，水电占比达 3.5%，核电占比达 2.8%，除水电外的可再生能源占比达 8.2%，逐步形成了石油、煤炭、天然气、太阳能、核能和其他非化

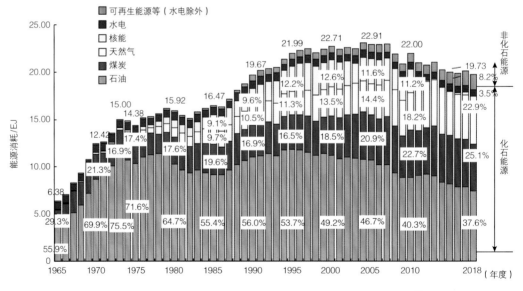

图 2.12　1965—2018 年日本能源结构的长期变化状况 [①]

---

① 　日本经济产业省资源能源厅. 日本能源白皮书 2020［R/OL］.［2022-09-20］. https：//www.enecho.meti.go.jp/about/whitepaper/2020html/2-1-1.html.

石能源多元化发展格局。经历了 20 世纪 70 年代的两次石油危机后，核能和天然气作为替代石油的重要能源在日本得到了长足发展，日本对石油的依赖度也从 1973 年的 77.4% 下降到 2005 年的 48.9%。然而，在 2011 年 3 月 11 日发生福岛核电站事故之后，日本的能源结构发生了明显的变化，煤炭、天然气与可再生能源的比例明显变高，核能所占比例呈现断崖式下降。随着日本政府于 2020 年 12 月公布了《2050 年碳中和绿色增长战略》，并于 2021 年 6 月对该战略进行修订后，日本将更加重视海上风电、氢能、下一代太阳能等清洁能源的研发与部署，其能源结构将进一步得到优化（图 2.13）。

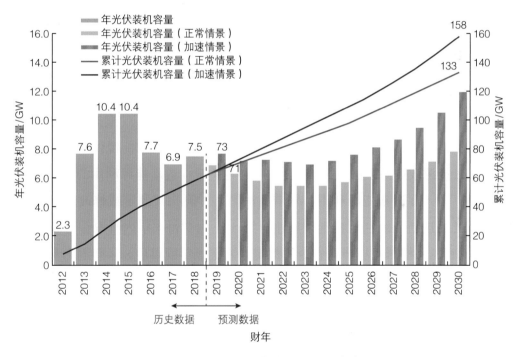

图 2.13　2012 年后日本能源结构及未来预测

　　两次石油危机是日本大力推广节能技术、实现能源多元化的转折点。自第一次石油危机以来，日本工业部门的能源消费总体稳定，单位 GDP 能耗低于其他主要发达国家。然而，近年来由于国民追求生活的舒适性和便利性，加上商业住房建筑面积的大幅增加，导致能源需求持续增长。能源资源的贫乏与能源需求持续增长导致的能源安全问题成为日本政府极为关注的焦点。

当前，日本能源的特点：①能源电力化突出，日本把各类能源变换为电力的比例在世界发达国家中是最高的，电力供应占一次能源供应的比例高达46.1%。②对外能源依存度高，原油、天然气、铀等能源基本依赖进口，能源自给率仅为6.8%，加上核能也才17.3%。石油在能源消费总量中占48.9%，其中的88%来自政局持续动荡的中东地区。③核电比重大，目前全日本共有54座核电反应堆在运行，核电量约占发电总量的25%。

2.2 日本的能源管理体制

日本实行中央统一管理的能源管理制度，并有许多参与能源管理的组织。根据《经济产业省设置法》《能源政策基本法》和其他专业性法规的规定，日本经济产业大臣负责能源管理工作："编制能源基本计划草案，谋求内阁会议的决定""基本能源计划的目的是以长期、全面和系统的方式促进有关能源供需稳定，并规定政府应至少每3年审查一次该计划，并做出任何必要的修改""根据能源基本计划中规定的政策，长期能源供需展望（也称能源结构）由长期能源供需小组委员会编制"（《能源政策基本法》第12条）；"制定关于促进新能源利用的基本原则并予以公布"（《促进新能源利用特别措施法》第3条）；"制定或修改新能源利用方针"（《促进新能源利用特别措施法》第5条）；"每4年内听取综合资源能源调查会的意见，根据经济产业省令的规定，制定该年度以后8年间电力从业者新能源电力的利用目标"（《电力从业者新能源利用特别措施法》第3条）；"统一管理能源相关从业者经营电力、天然气、石油精制业等工作，如许可、取消其许可证、编制相关能源计划等"（《燃气从业法》第3条、《电力从业法》第3条、《石油业法》第4条）。此外，能源的规划、生产、进口、消费和节能等方面的监管工作也由经济产业省负责，所以日本经济产业省既是能源管理机构，又是能源监管机构。

除经济产业省外，外务省、环境省、农林水产省、文部科学省和国土交通省等其他部委也涉及部分能源事务，如外务省涉及与能源相关的国际政策的制定和能源外交的开展，环境省涉及能源开发和利用所产生的环境问题，农林水产省涉及生物质能源的开发。日本内阁府还设立了原子能委员会和原子能安全委员会。

2.2.1 日本的能源主管机构

2.2.1.1 内阁府双碳领域的相关机构

（1）内阁府综合科学技术会议（CSTI）

内阁府综合科学技术会议（Council for Science，Technology and Innovation，CSTI）充分发挥司令塔的作用，根据《科学技术创新综合战略》《日本在省战略》，2013 年启动了跨部门的战略性创新创造计划（Cross-ministerial Strategic Innovation Promotion Program，SIP）。SIP 计划由 CSTI 确定研究课题并重点分配预算和选定课题负责人（Program Director，PD），由来自相关政府部门所属研究机构、大学和企业等的研究人员组成产学研联合研发团队，推进基础研究和产业化应用贯通研发。2013—2017 年，第一期 SIP 计划共资助 11 个课题，其中 4 个涉及双碳领域，分别是"革新性燃烧技术""下一代动力电子学""革新性结构材料""能源载体"；2018 年启动的第 2 期计划已资助 12 个课题，其中包括双碳领域的"能源网络社会（IoE）的能源系统"。

（2）日本学术振兴会（JSPS）

日本学术振兴会（Japan Society for the Promation of Science，JSPS）成立于 1932 年，主要负责资助学术研究、培训研究人员、促进学术国际交流、支持大学改革和大学全球化、稳定和持续地支持研究人员的活动。JSPS 负责执行日本政府于 2009 年 11 月设立的 1500 亿日元的"简短研究助成基金"，支持的项目主要包括"简短研究开发支援项目"（FIRST）和"下一代尖端研究开发支援项目"（NEXT）两类，其中涉及与低碳和能源等领域相关的课题共有 8 个，并包括绿色创新和生命创新两个方向。

2.2.1.2 文部科学省双碳领域相关机构

(1) 新创物质科学研究中心(CEMS)

新创物质科学研究中心(Center for Emergent Matter Science,CEMS)是日本理化学研究所(RIKEN)的下属机构,以创造出对解决能源问题而言至关重要的新创物质为目标,坚信通过物理、化学和电子学3个领域共同合作研究可以发现新现象,进而产生难以预测的具有划时代意义的研究成果,为实现环境友好型可持续发展社会做出贡献。CEMS的愿景包括"实现超高效能源收集与转换""实现超低能耗电子学"两个方面。

(2) 环境资源科学研究中心(CSRS)

环境资源科学研究中心(Center for Sustainable Resource Science,CSRS)是日本理化学研究所的下属机构,设立于2013年,主要通过植物科学、化学生物学、催化化学等不同学科融合,为有效应对气候变化和能源问题等危机、实现可持续发展和解决全球性问题做贡献。该中心以2015年联合国"可持续发展目标"(SDGs)和《巴黎协定》为指引,推进"问题解决型"研发,通过天然资源可用物质的高效创新、探索和利用,以及可持续粮食生产等举措,促进基础研究成果深度开发,实现跨研究领域且环境负荷低的物质生产。

(3) 日本科学技术振兴机构(JST)

日本科学技术振兴机构(Japan Science and Technology Agency,JST)成立于1996年10月,以创造技术的萌芽为目的,促进从基础研究到产业化全过程的研究开发,建设包括促进科学技术信息流通在内的科学技术振兴所必需的基础环境。JST为完成国家的中期目标,其具体工作的实施将遵循由JST制订并得到国家批准的中期计划来进行。JST先负责管理文部科学省"战略性创造研究推进事业"下设尖端低碳技术开发(Advanced Low Carbon Technology Research and Development Program,ALCA)项目。该项目着眼于未来低碳社会的技术需求和产业界期待,为实现温室气体减排而资助学术界进行战略性基础研究和创新研究,期望通过科研范式转变而创造尖端低碳技术。JST也将该项目作为落实SDGs的重要工具,实行自上而下的"特别重点技术领域"和自下而上的"革新技术领域""实用化技术项目"相结合，通过低碳技术开发为实现环境能源领域目标做出贡献。

2.2.1.3 经济产业省双碳领域的相关机构

（1）自然资源与能源局（ANRE）

自然资源与能源局（Agency for Natural Resources and Energy，ANRE）作为经济产业省（Ministry of Economy，Trade and Industry，METI）的一个外部局，是真正决定政策并发挥综合作用的机构。作为一个外部局，它具有高度的独立性，但该局作为经济产业省内部的一个组织，能源政策的最终决定权依然是 METI 部长。

早在 1973 年第一次石油危机之前，日本政府就在通商产业省（Ministry of International Trade and Industry，MITI）成立了自然资源与能源局，该机构在制定日本能源政策方面起主导作用。在提倡建立"小政府"的大背景下，21 世纪伊始日本完成了政府机构改革，通商产业省改组为经济产业省。经济产业省下设若干职能部门，如自然资源与能源局、电力及燃气市场监察委员会秘书处、贸易经济协力局、通商政策局、经济产业政策局、制造产业局等。其中自然资源与能源局管理与能源相关的事务，主要负责制定国家能源政策和计划，统一掌管全国的能源需求和供给条件，制定各种能源政策，实施全国的能源行政管理。电力及燃气市场监察委员会秘书处负责电力、天然气的变电、输配电、零售和批发，以及供热工作。

近年来，机构改革对自然资源与能源局的机构设置做了较大调整，以加强能源管理，从组织上保障能源安全。原来的核工业安全局（Nuclear Industrial Safety Agency，NISA）、核能政策规划司等均隶属于自然资源与能源局，其中核工业安全局成立于 2001 年 1 月 6 日，主要负责日本国内各种能源设施和能源工业（包括核能）活动的安全管理，但在 2011 年福岛核泄漏事故后被撤销。机构改革后的自然资源与能源局下设长官官房、节能与新能源部、资源燃料部和电力燃气部 4 个职能部门，各部门又下设若干科室（图 2.14）。

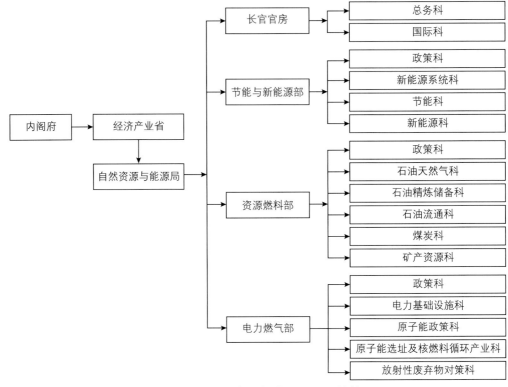

图 2.14 自然资源与能源局组织结构

自然资源与能源局各科室的职责如表 2.1 所示。

表 2.1 自然资源与能源局各科室的主要职责

长官官房	总务科	日常行政事务；信息公开、文宣事务；综合协调事务；人事、编制、医疗、福利事务；财务、会计、审计事务；关于能源以及矿物的综合政策；本厅所属事务中关于工业公害防治对策的事务；本厅所属事务中关于确保有效利用资源的事务；统管本厅所属事务中关于提高物资流通（运输、保管、保险）效率的事务；统管本厅所属事务中关于保护普通消费者的事务；综合资源能源调查会的日常行政事务；上述事务之外，属于本厅事务但不归其他科室所属的事务
	国际科	涉及矿物资源以及能源的通商经济领域的国际合作事务；统管关于通商政策中的关税等事务中本厅所属的事务；统管本厅所属事务中涉及国际合作的事务

节能与新能源部	政策科	关于节能、新能源的基本政策的相关事务
	新能源系统科	有效结合和综合利用节能及新能源相关技术的新能源供应和利用相关政策的相关工作
	节能科	与节能政策相关的办公室工作
	新能源科	新能源相关政策的办公室工作
资源燃料部	政策科	关于为了稳定、有效地供给石油、天然气、煤炭等矿物及产品，规划、起草、推进其基本政策；关于石油、石油产品及其价格基本政策的制定；关于石油、石油产品相关的资金事务处理；矿井生产事故的赔偿（煤矿生产事故除外）；日本石油、天然气、金属矿产资源机构的组织以及运营
	石油天然气科	开发石油；调查石油储量；石油的进出口以及生产；确保稳定、有效地供给天然气及其产品
	石油精炼储备科	关于石油精炼行业的许可、审批；石油产品的生产；石油产品（液化天然气除外）的进出口；石油以及石油产品的储备；石油以及石油产品的供需调节（石油流通科所属事务除外）；关于确保挥发油质量的法律的实施（仅限于石油产品的生产、进出口）
	石油流通科	石油及石油产品的流通（石油精炼储备科所属事务除外）；石油管道的发展、改善、调节；液化石油气的进出口、储备、供需的调整以及交易的监督；关于确保挥发油质量的法律的实施（石油精炼储备科所属事务除外）
	煤炭科	关于煤炭等，及其相关产品基本政策的制定；煤炭等的开发、储备调查；煤矿生产事故处理；相关单位的运营
	矿产资源科	确保矿产品（石油、天然气、煤炭等，核原料物质除外），及其产品的稳定、有效供给（电力燃气部）；相关单位的运营
电力燃气部	政策科	关于为了稳定、有效地供给电力、燃气、热力基本政策的规划、起草、推进；关于电力、电气化基本政策（电力基础设施科所属事务除外）的制定；关于燃气、供热等其他事务的处理；确保电力计量的正确实施（限于电力交易）；日本电力开发公司的组织以及运营
	电力基础设施科	涉及电力开发基本政策的规划、起草及推进；水力发电调查、协调以及相关设施建设；供电计划；电力供需协调
	原子能政策科	涉及能源的核政策的制定；作为能源利用的核技术开发（原子能选址及核燃料循环产业科所属事务除外）；经济产业省所属业务中与核能相关的销毁业务的发展、改善、调整；核燃料开发机构的组织及运营

续表

电力燃气部	原子能选址及核燃料循环产业科	涉及确保肥沃材料和核燃料材料稳定高效供应；相关文件①第一百零九条第七、八项所列与核原材料、核燃料材料有关的事项；关于作为能源利用的核原料物质和核燃料物质以及放射性废弃物的技术开发；经济产业省管辖的核电处置事业的发展、改善和调整；推进核能发电设施建设
	放射性废弃物对策科	涉及关于作为能源利用的放射性废弃物的技术开发；经济产业省主管的有关原子能废弃事业的发展、改善及调整

资料来源：https：//www.meti.go.jp/intro/data/akikou31_1j.html。

（2）原子力规制委员会（NRA）

原子力规制委员会（Nuclear Regulation Authority，NRA）作为环境省独立的监管机构，于2012年9月成立，下设NRA秘书处，承担原核工业安全局的相关任务。NRA下设人力资源开发中心、秘书处、独立行政机构、委员会等相关机构，其组织架构如图2.15所示。

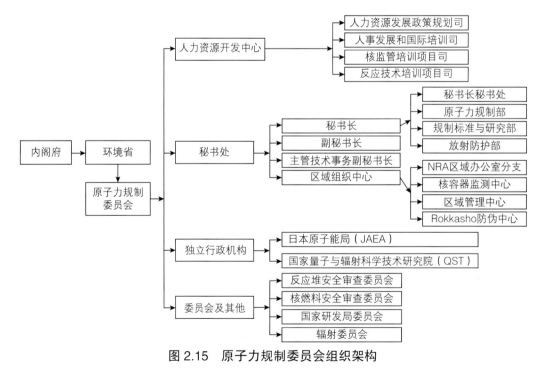

图2.15 原子力规制委员会组织架构

---

① https：//www.meti.go.jp/intro/data/akikou31_1j.html.

（3）相关能源机构

除了自然资源与能源局和原子力规制委员会这两个行政管理机构之外，根据《经济产业省设置法》第18条，经济产业省还设置了能源政策咨询机构——自然资源和能源顾问委员会（Advisory Committee for Natural Resources and Energy）。此外，经济产业省还管辖着若干独立行政法人、财团法人、社团法人、认可法人、产业团体和一个株式会社（日本电力开发公司），这些机构根据能源政策和计划的要求，在能源管理中分别起着不同的作用，主要为落实能源管理政策的半官方机构（表2.2）。因此，可以说日本形成了由行政管理机构、政策咨询机构和具体实施机构构成的能源管理组织体系，能源管理的组织保障有力。

表 2.2　相关能源组织

	机构名称	机构类型
科研与信息	日本能源经济研究所（Institute of Energy Economics，Japan）	财团法人
	能源综合工学研究所（Institute of Applied Energy）	财团法人
节能与可替代能源	新能源基金会（New Energy Foundation）	财团法人
	日本节能中心（Energy Conservation Center，Japan）	财团法人
石油	日本石油协会（Petroleum Association of Japan）	
	日本国际石油交流中心（Japan Cooperation Center，Petroleum）	财团法人
	日本石油学会（Japan Petroleum Institute）	社团法人
	日本石油能源中心（Japan Petroleum Energy Center）	财团法人
煤炭与矿物资源	日本煤炭能源中心（Japan Coal Energy Center）	财团法人
	日本金属经济研究所（Metal Economics Research Institute，Japan）	社团法人
核电	日本原子能产业协会（Japan Atomic Industrial Forum，Inc.）	社团法人
	放射性废弃物管理资金与研究中心（Radioactive Waste Management Funding and Research Center）	财团法人
	日本原子能文化振兴财团（Japan Atomic Energy Relations Organization）	财团法人
	核废物管理机构（Nuclear Waste Management Organization of Japan）	认可法人
电力和天然气	日本电力事业联合会（Federation of Electric Power Companies of Japan）	社团法人
	日本电力开发公司（Electric Power Development Co.，Ltd.）	株式会社
	电力中央研究所（Central Research Institute of The Electric Power Industry）	财团法人
	日本电气安全环境研究所（Japan Electrical Safety & Environment Technology Laboratories）	财团法人
	日本燃气协会（Japan Gas Association）	社团法人

续表

机构名称		机构类型
电力和 天然气	日本海外电力调查会（Japan Electric Power Information Center，Inc.）	社团法人
	日本热供给事业协会（Japan Heat Service Utilities Association）	社团法人
	日本热泵与蓄热中心（Heat Pump & Thermal Storage Technology Center of Japan）	财团法人

新能源产业技术开发机构（New Energy and Industrial Technology Development Organization，NEDO）、产业技术综合研究所（National Institute of Advanced Industrial Science and Technology，AIST）、日本石油天然气金属矿产资源机构（Japan Oil，Gas and Metals National Corporation，JOGMEC）、日本核能安全组织（Japan Nuclear Energy Safety Organization，JNES）和日本贸易振兴机构（Japan External Trade Organization，JETRO）为经济产业省的独立行政法人，均依照《机构设置法》设立。AIST 设有多个能源技术部门，开展先进能源技术的研究和开发。NEDO 成立于 1980 年，主要任务是负责新能源和节能领域的研究开发和普及，以及产业技术领域的研究开发（包括提供研究经费、组织和管理研究开发项目），其职员人数达到了 1000 名，2007 年度预算额达到了 2165 亿日元。

下面简要介绍一下日本石油天然气金属矿产资源机构。

日本石油天然气金属矿产资源机构（JOGMEC）是日本政府的独立行政法人，2004 年由前石油公团（Japan National Oil Corporation，JNOC）与前金属矿业事业团（MMAJ）合并成立，负责保障日本石油、天然气、有色金属和矿产资源的稳定供应和使用。JOGMEC 接管了国家石油储备的全部管理职责，包括管理国家石油和液化石油气（Liquefied Petroleum Gas，LPG）储备、建设国家液化石油气储备基地并筹备其运作，同时还包括根据日本政府的指令释放储备的石油和液化石油气。2012 年增加煤炭、地热资源开发方面的援助业务，强化了职能。2013 年 3 月，JOGMEC 成为第一个成功地从海底沉积物中提取甲烷水合物的机构。JOGMEC 积极承担着作为资源、能源开发的中心机构、能源储备机构与环保负责机构的主要具体职能，如下：

1）油气勘探投资（包括资产收购）和债务担保

为了确保油气勘探开发所需的资金，对在海外和日本周边进行油气勘探开发，以及优良油田资产收购的石油公司，原则上以 50％ 为限度提供项目所需的资金和债务担保。从 2007 年 4 月开始，在开发的油气田达到一定规模和技术难度的条件下，上述限度可提高到 75%。

2）油气技术开发和技术支持

该职能由 JOGMEC 下属的技术中心执行，目前重点进行提高石油采收率、油气藏描述、钻井技术、非常规油气田开发、油气高效利用和环保型油气田开发 6 项技术的研究。JOGMEC 在进行油气技术开发的同时，还对企业和产油国给予技术支持，举行各种技术讲座和训练，提供技术服务，如派遣 JOGMEC 的技术人员到民营企业的作业现场协作解决技术课题，或到产油国的国家石油公司合作研究技术课题，以及利用 JOGMEC 先进的研究设施、分析仪器等为民营企业和产油国进行样品分析。

3）全球能源相关资料收集和情报提供

为了确保油气开发顺利进行，获得新的油气资产，减少日本开发企业承担的成本，进行全球资源能源形势、产油国税法、新矿区招投标、国际石油公司动向等信息的调查，并在网站上进行公布。

4）油气地质构造调查

海外油气地质构造调查：主动获取日本企业作业区的地质情报和勘探技术，并对日本有望参与的海外未勘探地区进行地质勘探调查、地表地质调查，为日本企业创造获取商业项目的先机，同时接受外国政府和外国国家石油公司的委托进行地质构造调查，提供地球物理勘探数据。国内油气基础调查：在日本海陆领域内收集基础的勘探数据，促进国内的油气开发。

在公益法人中，还有一些为行业协会，日本政府通过这些行业协会来行使能源方面的某些监管职能。以日本电力事业联合会为例，它主要承担电力系统各种规则的制定和监管任务。

2.2.2　主要能源企业

（1）中部电力公司

中部电力公司（Chubu Electric Power Company，Incorporated）及其子公司在日本和国际上从事发电、输电、配电和电力零售。该公司通过 3 个部门运营：JERA、电力网络和客户服务及销售部。公司通过热能、核能、水力、风能、生物质能和太阳能发电，还涉及燃料上游、发电采购、电力、燃气批发业务，并提供电力网络服务。公司还从事电力相关设施的开发和维护建设，电力相关设施的材料和机械制造。此外，公司还涉及供气、现场能源、咨询和投资。

2020年9月24日的标准普尔Compustat数据显示：公司资产501.32亿美元，收入279.42亿美元，利润14.9亿美元，投资资本回报率4%，近3年综合收益率为5.6%，在普氏全球能源企业250强中排名第49位。

（2）日本关西电力公司

日本关西电力公司成立于1951年，总部设在大阪，主要从事日本的家庭、商业和工业的发电、配电和电力传输业务，为家庭、商业和工业用户提供电力、混合加热、冷却和空气调节系统等服务。公司还销售各种能源，包括天然气、液化天然气和其他能源，此外，还涉及通信服务，如针对个人和企业客户光纤到户、室内和户外的互联网连接等。

2009年10月27日的标准普尔Compustat数据显示：公司资产730.02亿美元，收入281.40亿美元，利润-0.89亿美元，投资资本回报率-0.19%，近3年综合收益率为2.65%，在普氏全球能源企业250强中排名第125位。2020年9月24日的标准普尔Compustat数据显示：公司资产693.79亿美元，收入290.2亿美元，利润11.85亿美元，投资资本回报率2%，近3年综合收益率为1.9%，在普氏全球能源企业250强中排名第65位，与2009年相比，排名上升了60位。

（3）英派克公司

英派克公司（Inpex Corporation）成立于1966年，总部位于东京，在日本以及亚洲、大洋洲、欧洲、非洲、美洲等地区从事石油、天然气和其他矿产资源的研究、勘探、开发、生产和销售。公司涉及对从事矿产资源业务的公司的投资和借贷等，此外，还运输天然气，以及参与天然气管道的运营、管理和维护。

截至2020年12月31日，其原油、凝析油、液化石油气的探明储量为27亿桶和1581.78亿立方米的天然气。2020年9月24日的标准普尔Compustat数据显示：公司资产442.01亿美元，收入115.82亿美元，利润14.31亿美元，投资资本回报率4%，近3年综合收益率为0%，在普氏全球能源企业250强中排名第79位。

（4）东京电力公司控股公司

东京电力公司控股公司成立于 1951 年，总部位于东京，在日本和国际上生产、传输、分配和零售电力。该公司经营一系列热力、核能、太阳能、风能、水力和地热发电厂，还涉及燃气销售业务，以及为电力公司提供咨询服务。公司前身为东京电力股份有限公司，2016 年 4 月更名为东京电力公司控股公司。东京电力公司控股公司是核损害赔偿和退役便利化公司的子公司，主要从事电力生产和供应，它的工作分为电力、信息和电信、能源和环境、环境和生活、海外 5 个部分。其中电力部门从事电力供应；能源和环境部门从事天然气供应，能源设施、发电设施、配电设施、环保设施、用电计量装置和其他设施的设计、经营和维修服务，并提供石油供应、供热、车辆和货物运输服务。

2009 年 10 月 27 日的标准普尔 Compustat 数据显示：东京电力股份有限公司资产 1420.15 亿美元，收入 593.91 的亿美元，利润 -8.53 亿美元，投资资本回报率 -0.93%，近 3 年综合收益率为 3.85%，在普氏全球能源企业 250 强中排名第116 位。2020 年 9 月 24 日的标准普尔 Compustat 数据显示：东京电力公司控股公司资产 1089.79 亿美元，收入 568.82 亿美元，利润 4.62 亿美元，投资资本回报率 1%，近 3 年综合收益率为 5.2%，在普氏全球能源企业 250 强中排名第 99 位，与 2009 年东京电力股份有限公司相比，排名上升了 17 位。

（5）日本东北电力公司

日本东北电力公司（Tohoku Electric Power）建于 1951 年，总部位于仙台，在日本东北地区从事发电、传输以及电力分配业务。公司为居民、商业以及工业领域生产并提供水电、热能以及核电。公司为近 770 万名消费者提供电力。公司还从事建筑业，包括设备维护更新、扩大建设规模等。此外，还能提供液化天然气发电，同时还通过承包日本东北地区通信设备和科技涉足信息处理及通信产业。

2009 年 10 月 27 日的标准普尔 Compustat 数据显示：公司资产 420.97 亿美元，收入 185.94 亿美元，利润 -3.21 亿美元，投资资本回报率 -1.16%，近 3 年综合收益率为 3.55%，在普氏全球能源企业 250 强中排名第 153 位。2020 年 9 月 24 日的标准普尔 Compustat 数据显示：公司资产 393.99 亿美元，收入 204.73 亿美

元，利润 5.75 亿美元，投资资本回报率 2%，近 3 年综合收益率为 4.8%，在普氏全球能源企业 250 强中排名第 105 位，与 2009 年相比，排名上升了 48 位。

（6）东京燃气有限公司

东京燃气有限公司（Tokyo Gas Co., Ltd.）成立于 1885 年，总部位于东京，在日本从事城市天然气和液化天然气、凝析油、煤层气、液氮、医用气体等相关产品的生产、供应和销售；安装供气管线、给排水管线、空调系统、燃气总支线；检查地下中心的安全、燃气设备建设；输送液化石油气，经营液化石油气运输基地；供应氢气并安装氢燃料电池；太阳能、液化天然气收费，供热公用事业和独立发电业务；液化天然气接收站运维；参与页岩气开发项目、汽车液化石油气销售，以及液态二氧化碳和干冰的制造和销售；开发液化天然气低温利用技术；销售和维护热电联产系统，租赁燃气设备和器具并向管理部门提供安装服务等；安装和维护气体供应设施。截至 2020 年 3 月 31 日，该公司运营约 64 545 公里的管网，为约 1211 万个客户提供服务。

2009 年 10 月 27 日的标准普尔 Compustat 数据显示：公司资产 184.77 亿美元，收入 167.47 亿美元，利润 4.21 亿美元，投资资本回报率 3.24%，近 3 年综合收益率为 9.44%，在普氏全球能源企业 250 强中排名第 134 位。2020 年 9 月 24 日的标准普尔 Compustat 数据显示：公司资产 231.28 亿美元，收入 175.46 亿美元，利润 3.95 亿美元，投资资本回报率 2%，近 3 年综合收益率为 6.7%，在普氏全球能源企业 250 强中排名第 132 位，与 2009 年相比，排名上升了 2 位。

（7）大阪燃气公司

大阪燃气公司（Osaka Gas Co., Ltd.）成立于 1897 年，总部位于大阪。该公司在日本和国际上提供天然气、电力和其他能源产品及服务。它通过 4 个部门运营：国内能源/天然气部门、国内能源/电力部门、国际能源部门、生活与生产的业务解决方案部门。国内能源/燃气部门从事与燃气、环保等相关的各类工厂的设计、建设等业务；燃气设备和器具、住宅设备和器具的销售、维修检查、燃气表的检查及燃气账单的收集，以及租赁、分期付款协助、保险代理等其他业务；此部门业务还涉及气体管道工程，能源设施设备、供热系统用品等的销售、建设，临时人员配备和呼叫中心运营活动，并提供各种研究和咨询服务。国内能源/电力部门供应、销售电力。其电力来自天然气火力发电厂以及风能、生物质能和太阳能等。国际能源部门从事液化天然气油轮租赁、石油和天然气的开发和投资、与能源供应业务相关的投资以及液化天然气的采购和销售业务。生活与生产的业务解决方案部门主要从事生产和销售精细材料、碳材料产品、活性炭、木材保护涂料、吸收功能材料和树脂添加剂，开发、租赁、管理和销售房地产，并开发软件产品并提供基于计算机的数据处理服务，还涉及体育设施及其他的管理和承包经营。

2009 年 10 月 27 日的标准普尔 Compustat 数据显示：公司资产 152.12 亿美元，收入 133.84 亿美元，利润 3.64 亿美元，投资资本回报率 3.18%，近 3 年综合收益率为 7.57%，在普氏全球能源企业 250 强中排名第 159 位。2020 年 9 月 24 日的标准普尔 Compustat 数据显示：公司资产 195.08 亿美元，收入 124.74 亿美元，利润 3.95 亿美元，投资资本回报率 2%，近 3 年综合收益率为 0%，在普氏全球能源企业 250 强中排名第 147 位，与 2009 年相比，排名上升了 12 位。

（8）电力发展有限公司

电力发展有限公司（Electric Power Development Co.）于 1952 年成立，总部在东京，主要在日本和国际上从事发电和电力传输业务。它拥有并经营热电和水力发电站和变电站，变频器站、交流电/直流电转换器站主要通过电力公司提供电力；还建设和运行风力发电厂，由独立的电力生产商给电力批发公司以及电力生产商和供应商供应电力；从事热电厂和核电厂、变电站、输电线路等的研究、建设、技术开发、设计、咨询、维修、测绘、建筑用地补偿和民间工程，以及火电厂和水电厂的研究、建设和维修，煤炭的装卸、运输和销售，环境工程、环境保护规划研究等业务，为施工管理和建设提供设施运行、设备维修和业务流程外包等服务。截至 2022 年底，公司拥有 60 座水力发电厂，总容量为 8560 MW；13 座火力发电设施，总容量为 9200 MW；21 座风力发电设施，总容量为 500 MW；1 座地热设施，总容量为 23 MW；2410.1 公里的输电线路、9 座变电站和换流站；在泰国、美国、中国等运营 33 座发电设施，总容量为 6523 MW。

2009 年 10 月 27 日的标准普尔 Compustat 数据显示：公司资产 210.05 亿美元，收入 71.11 亿美元，利润 1.96 亿美元，投资资本回报率 1.20%，近 3 年综合收益率为 4.26%，在普氏全球能源企业 250 强中排名第 203 位。2020 年 9 月 24 日的标准普尔 Compustat 数据显示：公司资产 255.67 亿美元，收入 83.28 亿美元，利润 3.85 亿美元，投资资本回报率 2%，近 3 年综合收益率为 7.1%，在普氏全球能源企业 250 强中排名第 162 位，与 2009 年相比，排名上升了 41 位。

（9）JXTG 控股有限公司

JXTG 控股有限公司始创于 1888 年。JXTG 集团业务涉及石油开采、精炼、研发，以及金属、能源等领域。在日本国内燃料油及润滑油市场占有率约 55%，稳坐行业龙头位置。"J"代表日本的世界一流综合能源、资源、材料企业集团；"X"代表对未知的挑战以及未来的成长性、发展性、创造性、革新性。2017 年 4 月 1 日，日本第四大石油公司"TG"（东京燃气有限公司）与 JX 控股有限公司进行正式事业整合成立 JXTG 控股有限公司，作为世界上屈指可数的"综合能源、资源、原材料企业集团"之一，拥有"ENEOS"（引能仕）品牌，其润滑油产品以高性能、节能环保为特色，是一家在开发环保商品方面拥有最先进技术的企业。在汽车工业高度发达、追求"高品质"与"省燃油"的日本润滑油市场，ENEOS 是最受消费者欢迎的品牌。JXTG 控股有限公司一如既往地重视海外市场，尤其是中国市场，在中国与超过 25 家汽车主机厂有合作，尤其是日系汽车厂商初装及售后专用油的长期供应商，给众多的汽车制造厂商供应 OEM 原厂专用油。

2020 年 9 月 24 日的标准普尔 Compustat 数据显示：公司资产 730.12 亿美元，收入 912.43 亿美元，利润 -17.13 亿美元，投资资本回报率 -3%，近 3 年综合收益率为 12.5%，在普氏全球能源企业 250 强中排名第 175 位。

（10）九州电力公司

九州电力公司于 1951 年在福冈成立，主要从事日本电力的生产和分配，通过热能、水力、地热、核能、风能、生物质能和太阳能来发电，另外还涉及气化、液化天然气储存和供应、发电企业供热以及能源咨询业务。公司还为地方当局、电信公司提供高速互联网接入服务，及其他宽带服务的电信基础设施的设计、开发、运营和应用，以及光纤光缆租赁和有线电视业务。此外，它还从企业和家庭回收日光灯管，建造高级公寓，倡导舒适的生活方式，并提供护理服务和商业建筑及住宅建筑评价业务。

2009 年 10 月 27 日的标准普尔 Compustat 数据显示：公司资产 430.56 亿美元，收入 153.75 亿美元，利润 3.43 亿美元，投资资本回报率 1.18%，近 3 年综合收益率为 2.83%，在普氏全球能源企业 250 强中排名第 121 位。2020 年 9 月 24 日的标准普尔 Compustat 数据显示：公司资产 450.95 亿美元，收入 183.46 亿美元，利润 -2600 万美元，投资资本回报率 0%，近 3 年综合收益率为 3.3%，在普氏全球能源企业 250 强中排名第 186 位，与 2009 年相比，排名下降了 65 位。

（11）日本出光兴产株式会社

日本出光兴产株式会社（Idemitsu Kosan）成立于 1940 年 3 月 30 日，主要经营项目有石油化工，石油及其他矿物资源的勘探及开发，医药品、农药品、化学药品的制造仓储业，海运业等，是日本最大的石油化工企业之一，与研发相关的机构包括中央研究所、营业研究所和石油技术中心。日本出光株式会社（以下简称"日本出光"），创立于 1911 年，以销售润滑油产品起家，经过不断努力，业务范围已经扩展到石油行业的各个领域，包括石油的开发（原油探矿）、石油制品的运输、原油的冶炼与销售、石油化工以及其他服务（加油站等），成为日本最大的石油综合集团之一，在日本拥有近 6000 家加油站，遍及日本各地，也是世界 500 强之一。日本出光拥有五大子集团：出光石油开发（株）、出光运输（株）、出光兴产（株）、出光石油化学（株）和阿波罗服务（株）。出光兴产（株）主要负责日本出光石油产品的冶炼和销售，其资本金达到 388 亿日元，共雇用员工 3652 人，在日本国内有 22 家分支机构，在海外有 23 家事务所。润滑油是日本出光一直以来都非常专注的业务。2000 年度日本出光在日本的润滑油销售量占日本市场的 22%（一般都在 20% 左右），创纪录地连续 43 年保持日本第一。2001 年在世界润滑油销售量的排行榜上，日本出光也达到了世界第九的位置。日本出光的润滑油产品构成系列，包括压缩机油、热处理油、工业用油、设备用油、金属加工油、原料油和润滑脂等。其中热处理油最著名，在日本和中国台湾的热处理油市场拥有 50% 以上的占有率，在东南亚地区、欧洲和美国也有比较高的知名度。

2009 年 10 月 27 日的标准普尔 Compustat 数据显示：公司资产 239.83 亿美元，收入 383.17 亿美元，利润 0.34 亿美元，投资资本回报率 0.36%，近 3 年综合收益率为 4.51%，在普氏全球能源企业 250 强中排名第 152 位。2020 年 9 月 24

日的标准普尔 Compustat 数据显示：公司资产 354.24 亿美元，收入 551 亿美元，利润−2.09 亿美元，投资资本回报率−1%，近 3 年综合收益率为 23.7%，在普氏全球能源企业 250 强中排名第 190 位，与 2009 年相比，排名下降了 38 位。

（12）北海道电力公司

北海道电力公司成立于 1951 年，总部位于札幌，在日本生产、传输和分配电力。公司承接电气通信、土木工程建设，管道、空调及给排水设施和防灾设备工程；制造和销售电表，并检查和安装电表。它还从事建筑物的管理，环保事业，燃料、设备和材料的销售，公共浴室、清洁/保安服务和电线杆广告业务；提供建筑、土木工程、电力、环境、能源、家电维修等领域的咨询服务，发电设施和各种工厂的建设、维护、运营和维修，销售热力、水力、光伏和风能产生的电力，进口煤炭的卸、储、运，以及海运代理和清关活动。此外，公司还提供以太通信网络和互联网连接服务，信息通信网络的安装、维护、监督和咨询，互联网数据中心等信息处理相关服务，并销售与网络相关的机械设备、信息处理设备和软件。此外，它还参与教育相关信息处理系统的咨询、开发、运营和管理，液化天然气接收设施租赁，公司商品、礼品、杂货、食品等的销售。此外，公司还从事设计、印刷、装订作业，字幕的制作，以及提供文件管理、机密文件销毁和回收服务。

2020 年 9 月 24 日的标准普尔 Compustat 数据显示：公司资产 178.54 亿美元，收入 68.21 亿美元，利润 2.31 亿美元，投资资本回报率 2%，近 3 年综合收益率为 2.1%，在普氏全球能源企业 250 强中排名第 201 位。

（13）四国电力公司

四国电力公司（Shikoku Electric Power）成立于 1951 年，总部设在香川，主要在日本四国岛的德岛、高知、爱媛、香川县从事发电、输电、配电和售电业务。它经营的电力来自核能、燃煤热、燃油热、水力、太阳能和风能资源。截至 2020 年 3 月 31 日，该公司拥有的发电设施的装机容量为 6665 兆瓦，还拥有 207 个变电站，经营约 6355 公里的输电线路、165 319 公里的配电线路，拥有约 244.9 万个住宅客户和 41 万个工业及商业客户。该公司还从事电气和机械工程设计、生产，电器销售，信息和通信服务业务。此外，公司还管理由当地政府拥有的各种公共设施，包括融资、设计、建设公共设施项目。

2009 年 10 月 27 日的标准普尔 Compustat 数据显示：公司资产 147.22 亿美元，收入 64.07 亿美元，利润 2.94 亿美元，投资资本回报率 2.99%，近 3 年综合收益率为 3.83%，在普氏全球能源企业 250 强中排名第 195 位。2020 年 9 月 24 日的标准普尔 Compustat 数据显示：公司资产 125.19 亿美元，收入 66.82 亿美元，利润 1.65 亿美元，投资资本回报率 2%，近 3 年综合收益率为 2.3%，在普氏全球能源企业 250 强中排名第 221 位，与 2009 年相比，排名下降了 26 位。

（14）科斯莫能源控股有限公司

科斯莫能源控股有限公司（Cosmo Energy Holdings Co.，Ltd.）成立于 1986 年，总部位于东京，通过其子公司在日本和国际上从事石油业务。该公司通过 3 个部门运营：石油部门、石化部门和石油勘探与生产部门。石油部门生产和销售汽油、石脑油、煤油、瓦斯油、重油、原油、润滑油、液化石油气、沥青和其他石油产品。石化部门生产和销售乙烯、混合二甲苯、对二甲苯、苯、甲苯、石化溶剂和其他石化产品。石油勘探与生产部门从事石油勘探开发和生产。该公司还从事风能和太阳能发电业务，此外还为个人客户租赁汽车。公司在日本石油产业中居第 3 位，其前身由大协、丸善和亚洲石油公司 3 家合并而成。日本科斯莫石油株式会社是集原油开采、运输、提炼、生产及销售于一体的大型企业，此外日本科斯莫石油公司（Cosmo Oil Corp.）在日本全国还有特约店（特许经营加盟子公司）426 家，下属加油站 4003 座，还经营石油开发、油品运输、润滑油销售、石油化工，是日本原油行业的大型企业，也是日本第四大炼油企业。

2020 年 9 月 24 日的标准普尔 Compustat 数据显示：公司资产 149.44 亿美元，收入 249.53 亿美元，利润 −2.57 亿美元，投资资本回报率 −3%，近 3 年综合收益率为 6.1%，在普氏全球能源企业 250 强中排名第 232 位。

（15）日本石油勘探株式会社

日本石油勘探株式会社成立于 1955 年，总部位于东京，在日本和国际上从事石油、天然气和其他能源资源的勘探、开发、生产、运输和销售。该公司在北海道、秋田、山形和新潟县的陆上和海上运营着 10 个国内油气田，还拥有和管理总长度约 800 公里的天然气管网。此外，公司还涉及承包工程和钻井业务，石油产品的制造和销售，房地产管理和保险代理活动，原油的销售和承包运输，废油后处理，以及管道管理和维护操作。此外，它还从事合同地球物理调查和合同录井作业，地球物理勘探技术的发展，油砂和页岩气的勘探、开发和生产，液化天然气、石油产品等的购销，为工业设施和安全服务提供灾害保护，钻井泥浆的制造和销售并提供泥浆技术服务。

2020 年 9 月 24 日的标准普尔 Compustat 数据显示：公司资产 57.15 亿美元，收入 29.06 亿美元，利润 2.44 亿美元，投资资本回报率 5%，近 3 年综合收益率为 15.5%，在普氏全球能源企业 250 强中排名第 242 位。

（16）昭和壳牌石油公司

昭和壳牌石油公司（Showa Shell Sekiyu KK）成立于 1985 年 1 月 1 日，总部在东京，主要从事日本石油产品的销售，提供汽油、石脑油、煤油、柴油、燃料油、润滑油、液化气、沥青、油脂和石化产品。该公司通过服务站提供汽油、煤油、润滑油以及各种汽车服务。公司是在昭和石油有限公司和壳牌石油株式会社的基础上合并而成，通过合并成立的。昭和石油有限公司的前身成立于 1942 年 8 月 1 日，通过 3 家公司（叶山油、朝日石油和新津油）合并而成。在 1949 年 4 月，昭和石油有限公司被指定为回油分销商从事石油分销业务。在 1949 年 6 月，昭和石油有限公司与皇家荷兰壳牌集团达成了一项原油和进口的交换相关联合作协议。1951 年 6 月开始昭和石油有限公司株式会社股权投资皇家荷兰壳牌集团，进一步加强了二者的合作关系。昭和壳牌石油公司是日本最大石油进口和精炼企业，旗下 4 个炼油厂，总产能达 41.2 万桶/天，为日本第五大炼油商。此外，公司也是日本第一家进军太阳能发电事业的石油批发商。公司通过由近 5000 座加油站组成的壳牌零售网路营销成品油，同时还营销诸如船舶燃料、润滑剂、沥青及液化石油气等石化制品。公司还大举进军各个能源领域，包括太阳能和氢燃料，还使用铜铟硒（CIS）技术制作薄膜太阳能电池板。

2009 年 10 月 27 日的标准普尔 Compustat 数据显示：公司资产 126.73 亿美元，收入 330.14 亿美元，利润 -1.64 亿美元，投资资本回报率 -4.11%，近 3 年综合收益率为 13.00%，在普氏全球能源企业 250 强中排名第 186 位。

2009 年，昭和壳牌石油公司宣布斥资约 1000 亿日元于日本宫崎县兴建一座 CIS 太阳能电池新厂，年产能为 900 MW（90 万 kW），于 2011 年下半年启用量产。该座太阳能电池新厂产能规模也将超越 Sharp 位于奈良县的葛城工厂（年产能为 710 MW），成为日本最大规模的太阳能电池厂。除了上述新厂之外，昭和壳牌石油公司目前已拥有 2 座年产能分别为 20 MW 和 60 MW 的 CIS 太阳能电池厂，故待新厂量产后，昭和壳牌石油公司整体太阳能电池年产能将上看 1 GW（1000 MW）的规模。昭和壳牌石油公司该座太阳能电池新厂的土地及厂房主要来自日立（Hitachi）旗下电视电浆面板子公司 Hitachi Plasma Display 所属的宫崎工厂，因电浆面板和太阳能电池面板在生产过程上非常类似，故昭和壳牌石油公司收购宫崎工厂之后就决定将其改建为太阳能电池生产点。2010 年，昭和壳牌石油公司看准日本国内石油需求将持续减少，关闭了主力炼油厂，并投入 3 年的利润，建设大型太阳能电池工厂。进行巨额投资的背景之一是石油业界所处的严峻经营环境。2011 年 9 月 20日，昭和壳牌石油公司停运了其下属企业东亚石油公司的京浜炼油厂扇町工厂的原油处理装置。这是一座自 1931 年设立、连续运转长达 80 年的大规模炼油厂，这段悠长的历史在 2011 年 9 月 29 日的最后出货后落下帷幕。由于扇町工厂关闭，原油处理能力平均每天削减了 12 万桶，这相当于昭和壳牌石油公司整体处理能力的约 20%，这也象征着昭和壳牌石油公司所处的严峻经营环境。第二次世界大战后，日本国内的石油制品市场持续扩大，并于 1999 年迎来了发展顶峰，这之后需求持续减少，到 2020 年跌落至顶峰时的一半。2011 年 2 月，全球最大级别的太阳能电池工厂在有 2 万人口的日本宫崎县国富町投入运转。这是昭和壳牌石油公司在宫崎的第三工厂，总投资额约为 1000 亿日元，约为 2010 财年营业利润的 3 倍，其面积相当于东京巨蛋球场的 8.6 倍。加上已经建成的第一和第二工厂，公司年生产规模高达 1 GW。自该公司 2005 年决定从事太阳能电池事业以来，仅用 6 年时间就拥有了匹敌位居日本国内首位的 Sharp、不逊于海外列强的生产规模。

在 2020 年 9 月 24 日标准普尔 Compustat 数据库中已无昭和壳牌石油公司的信息，说明其目前已不在最新的普氏全球能源企业 250 强中。

（17）日本石油公司

日本石油公司（Nippon Oil Corp）成立于 1888 年，总部位于东京，从事石油和天然气等矿产资源的勘探、生产、炼制，石油产品、副产品、润滑油等相关产品的销售，以及石油、天然气和液化天然气的贸易；石油仓储及码头设施的安装、施工及运作服务，为海洋和铁路运输服务提供原油和石油产品等。公司还生产合成树脂及其制品、建筑材料、液晶膜、沥青基碳纤维及面料、电力电容器油及溶剂，出售和租赁集装箱车和坦克，以及维护政府的石油仓储和码头设施，提供道路铺设、土木工程和建筑服务。该公司还对石油产品的使用、产业分析仪器和其他设施提供咨询和维修服务，并设有服务站点。此外，公司为营销和促销活动提供策划服务；涉及体育设施的销售、租赁和运作，以及房地产和物业、停车场的管理；销售催化剂/化学品、灭火设备和计算机设备。公司的业务还延伸到办公业务的支援服务，如市场调查、广告宣传，以及数据处理服务。该公司已与三洋电机有限公司在太阳能发电领域的公司结成了战略联盟。公司的业务主要分布在亚洲、北美、大洋洲和欧洲。

2009 年 10 月 27 日的标准普尔 Compustat 数据显示：公司资产 415.77 亿美元，收入 74 539 亿美元，利润 -25.38 亿美元，投资资本回报率 -13.90%，近 3 年综合收益率为 6.49%，在普氏全球能源企业 250 强中排名第 136 位。在 2020 年 9 月 24 日标准普尔 Compustat 数据库中已无日本石油公司的信息，说明其目前已不在最新的普氏全球能源企业 250 强中。

2.3 日本的能源法律法规

针对本国匮乏的能源储藏和较高的能源需求现状，日本很早就在注重调控国家能源政策的同时，运用法律武器对相关能源产业、能源供需进行调节和监管，先后对石油、煤炭、电力、天然气、水、矿产等资源的开发与利用分别进行了规制，通过法律制度强化贯彻国家不同时期的能源政策。一旦国家能源政策调整变动，对相关法律规范就要进行相应修改、废止或者重新立法，所以日本在能源方面的立法、修法频率很高。时至今日，日本已构建了由能源政策基本法为指导，由煤炭立法、石油及天然气立法、新能源及可再生能源立法、节能能源立法、原子能立法、电力立法等为主体，相关实施令和实施规则等为配套的金字塔式的能源立法体系。这些法律主要由资源能源厅和原子力安全保安院单独管理实施或共同管理实施。

（1）煤炭立法

1952 年日本制定了《临时煤矿矿害修复法》，为适应日本煤炭矿业政策，该法被多次修改并于 2000 年废止。1955 年制定的《煤矿业结构调整临时措施法》，经多次修改后于 2000 年废止，2002 年再度被修改。1963 年制定的《煤矿矿害赔偿等临时措施法》，经多次修改后于 2000 年废止，2000 年 5 月 31 日又进行了修改。1958 年制定的《有关水洗煤业的法律》，2004 年进行了修订。此外，与煤炭相关的现行立法还有《石油煤炭税法》《矿业法》《矿山保安法》等。

2022 年 3 月 1 日，日本内阁决定修订《关于促进能源供应业者利用非化石能源和有效利用化石能源原料的法案》（先进法案），规定将定位不明确的氢、氨定位为非化石能源，推广使用脱碳燃料；通过碳捕获与封存（CCS）促进热能的使用。

（2）石油及天然气立法

日本石油立法紧密结合国家石油政策，在不断修改、废止和新的立法之中得以完善。现行的石油立法主要有《石油管道事业法》《石油以及可燃性天然气资源开发法》《石油气税法》《石油煤炭税法》《石油供需调整法》《汽油等油品质量确保法》《煤炭、石油及能源供需结构高度化对策特别会计法》《石油储备法》《独立行政法人石油天然气金属矿产资源机构法》《石油替代能源促进法》等。

1975 年的《石油储备法》是有关石油储备的专门法规，包括总则、石油储备、石油气储备和其他条例共 4 章，该法对石油储备责任者的义务，石油储备的计划、数量、品种、动用以及惩罚等都予以明确规定。2007 年 6 月，日本对《石油储备法》进行了最新修订。1978 年日本政府颁布《石油公团法》，将原有的石油开发公团改制为日本石油公团，负责建立国家石油储备和支持私营公司从事石油勘探与开发。2002 年通过的《独立行政法人石油天然气金属矿产资源机构法》，决定由日本石油天然气金属矿物资源机构从日本石油公团接管国家石油储备的全部管理职责，并废除原隶属于资源能源厅的日本石油公团，《石油公团法》也相应废止。

早在 1954 年日本就制定了《燃气事业法》，截至 2006 年先后进行了 17 次修改。为了贯彻该法，日本又制定了《燃气事业法施行令》《燃气事业会计规则》《燃气用

品的审定等省令》等相关配套法律。通过完善天然气立法，促进了日本天然气业的发展。

1979—1980年第二次石油危机发生，日本政府立即于1980年5月制定了《石油替代能源开发和导入促进法》，力图通过开发和利用替代能源，缓解由于依赖石油进口对国民经济发展带来的制约。根据该法日本政府制定了替代能源的发展目标，制定了优惠政策鼓励和促进新能源技术开发及推广普及的具体措施。随后日本对《石油替代能源开发和导入促进法》进行了多次修改，至今共经历了14次修订。2008年10月，日本经济产业省决定再次修改《石油替代能源开发和导入促进法》。

2022年3月1日，日本内阁决定对《合理使用能源法案》和其他法案进行部分修订，其中《日本石油天然气金属矿产资源组织法》（JOGMEC法）规定：一是增加海上风力发电地质构造调查；二是增加大型地热发电勘探等海外项目的投资业务（需要经济产业大臣批准）；三是增加氢气、氨气等生产与储存投资业务；四是增加CCS业务和地质勘探的投资业务；五是增加对稀有金属的选矿和冶炼的投资业务；六是完善上述一、二、四、五项的修改规则。

（3）新能源及可再生能源立法

1980年10月，为了开发能够替代石油的新能源技术，根据《石油替代能源开发和导入促进法》创立了新能源产业技术开发机构。2002年《独立行政法人新能源产业技术开发机构法》在独立行政法人化改革的背景下颁布。

为了确保能源的稳定供应，日本采取必要措施积极推进新能源的利用，于1997年制定了《促进新能源利用特别措施法》，大力发展风能、太阳能、地热、废弃物制取燃料和燃料电池等新能源和可再生能源。该法分为总则、基本方针、促进企业对新能源的利用和附则等4章，共16条。第一章明确了其立法目的和相关定义；第二章对基本原则，新能源利用方针、指导及建议，对地方公共团体措施的考虑等内容进行了规定；第三章对认定利用计划、利用计划的更改、新能源产业技术开发机构的业务、石油替代能源的内涵等进行了规定；第四章为附则。为了贯彻《促进新能源利用特别措施法》，1997年又制定了《促进新能源利用特别措施法施行令》，具体规定了新能源利用的内容、中小企业者的范围等。

2003 年全面施行的《电力从业者新能源利用特别措施法》（Renewable Portfolio Standard 法，即可再生能源组合标准法）要求电力公司提供的电力总量中，新能源和可再生能源发电要占有一定的比例，否则必须到市场上去购买绿色能源证书。随后，日本政府又颁布了《电力从业者新能源利用特别措施法施行令》《电力从业者新能源利用特别措施法施行规则》。2007 年 4 月 28 日，日本众议院修订了《新能源与产业技术开发组织法》的部分法律条款；2016 年 3 月 31 日，再次对《新能源与产业技术开发组织法》部分法律条款进行了修订。

（4）节能能源立法

日本是一个能源匮乏的国家，几乎所有的石油、天然气和煤炭都依赖进口。为此，日本政府十分重视节能工作，并通过立法大力推进能源节约。

1979 年第二次石油危机时，日本制定了《能源利用合理化法》（又称《节约能源法》），并根据形势的变化，对其进行了多次修改、补充和完善。现行《能源利用合理化法》是经济产业省于 2006 年颁布的，该法共有 8 章 99 条，包括总则、基本方针和罚则等条款，涉及工厂、运输、建筑物、机械器具的节能措施。《能源利用合理化法》对实施对象、目标、职责、具体措施的规定都非常详细、明确，可操作性强，从而避免了对法律条文要求的不同解释。

《能源利用合理化法》根据能源消耗多少对能源使用单位进行分类管理，重点用能企业必须建立节能管理机制，必须配备专职能源管理士（即专门从事能源管理的人员），每年向经济产业省及相关部门报告能耗状况，提交节能计划。《能源利用合理化法》对能源消耗标准做了严格的规定，并奖惩分明。此外，对办公楼、住宅等建筑物也提出了明确的节能要求。最新修改的《能源利用合理化法》还提高了汽车、空调、冰箱、照明灯、电视机、复印机、计算机、磁盘驱动装置、录像机等产品的节能标准，达不到国家规定标准的产品将被禁止上市销售。

同时，该法对国家在财政、金融以及税收上应采取的相关措施，研发推进及普及能源合理化的相关措施，以及通过教育宣传活动寻求国民参与节能，对地方公共团体通过教育宣传活动增进当地居民合理使用能源的义务等也进行了规定。

2008 年 5 月，日本国会通过了《能源利用合理化法》修正案，以促进节能减排，积极应对气候变化，大力建设低碳社会。2018 年 5 月 17 日，日本众议院对《提高

建筑物能耗性能法》部分法律条款进行了修订。

2022年3月1日，日本内阁决定对《合理使用能源法案》和其他法案进行部分修订，以建立稳定的能源供应和需求结构，旨在为实现第六次能源计划中2050年碳中和以及2030财年雄心勃勃的温室气体减排目标，建立促进日本能源供求结构转变并确保稳定的能源供应系统①。其中关于《节约能源法》的内容包括：一是扩大《节约能源法》范围，将非化石能源纳入其中。二是呼吁工厂从化石能源向非化石能源转型（提高非化石能源使用率）。具体而言，要求特定企业制定向非化石能源过渡的中长期计划。三是将当前的"电力需求平衡"转变为"电力需求优化"，并为用电企业制定指导方针，以促进从电力需求向可再生能源输出控制的转变，并在供需紧张时减少需求。此外，要求电力公司制定有助于优化电力需求的措施计划（如制定鼓励优化电力需求的电价计划）。

（5）原子能立法

日本的原子能立法由原子能基本法、研究开发相关法、组织法、规制（监管）法、赔偿法、电源开发促进和核废物管理法6个方面的法律组成。日本于1955年制定了《原子能基本法》《原子能委员会和原子能安全委员会设置法》，分别于2002年、2004年进行了最新一次的修订。1961年制定了两部有关核损害的赔偿法，即《原子能损害赔偿法》《关于原子能损害赔偿补偿合同的法律》。与核能有关的规制法律有1957年通过的《与核原料物质、核燃料物质及反应堆有关的规制法律》《电力事业法》《关于防止放射性同位素等导致辐射障碍的法律》和1999年通过的《原子能灾害对策特别措施法》。2000年通过了《关于振兴核电设施等选址地区特别措施法》，以解决核电设施的选址问题，之后就核废物管理制定了《关于特定放射性废物最终处理的法律》。2004年通过了《独立行政法人日本原子能研究开发机构法》，成立了由文部科学省主管的日本原子能研究开发机构。

2006年5月20日，日本众议院对《核材料、核燃料材料和核反应堆管制法》部分法律条款进行了修订。2016年5月18日，日本众议院对《核电厂乏燃料再处理等储备金储备管理法》部分法律条款进行了修订。2017年4月14日，对《核材料、

---

① https: //www.meti.go.jp/press/2021/03/20220301002/20220301002.html.

核燃料材料和核反应堆管制法》等部分法律进行了修订，以加强核利用方面的安全措施；2017 年 5 月 17 日对《核损害赔偿和退役支持机制法》部分法律条款进行了修订；2021 年 3 月 31 日对《关于振兴核电设施等选址地区特别措施法》部分法律条款进行了修订。

（6）电力立法

为了促进电源开发，日本于 1974 年 6 月 6 日通过了《发电设施周围地区的整备法》《电源开发促进税法》《电源开发促进对策特别会计法》。根据《电源开发促进税法》《电源开发促进对策特别会计法》的规定，要针对电力公司所销售的电力向电力公司征收电源开发促进税，电源开发促进税的全部收入用于制定电源开发对策和电源多样化对策。此外，日本政府为了解决电力开发的融资问题，还制定了《关于电力公司从日本开发银行借款担保的法律》。

20 世纪 90 年代，由于日本的电价水平普遍高于一些欧美国家，日本开始考虑由政府主导，并在相关的法律框架下进行电力市场化改革。1995 年，日本政府对 1964 年颁布的《电力事业法》进行了首次修订，修订的主要内容包括两个方面：放开发电市场，引入独立发电商（Independent Power Producer，IPP）；在电力批发市场引入竞价机制。

1999 年出台了第 2 次修订的《电力事业法》，2000 年 3 月 21 日正式实施。这次修订包括在电力零售侧引入部分自由化市场机制及重新修订电价制度。2003 年 6 月日本再次对《电力事业法》进行了修订，并于 2005 年 4 月 1 日正式实施。此次修订增加了用户选择供电商的自由，为日本下一步的电力市场化改革指明了方向。这次修订主要包括：①输电系统仍然保持垄断，但建立了电网针对不同电力供应商的调度机制，以保证电网对电网用户的公平与公开；②重视环保问题，在此基础上对日本全国的电力交易与配售机制进行重新审视；③在保持原有管制电力公司垂直垄断的基础上，创造促进电力开发的有利环境，如鼓励开发核电、建立电力批发交易中心等。此外，还决定在保证供电稳定和系统允许的范围内，进一步放开零售管制的范围。

2007 年 4 月，日本开始酝酿第四次电力改革，就扩大零售竞争范围、在销售环节全面实现市场化以及是否允许所有用户自由选择供电商等问题进行了两次讨论，讨论的结果是目前还不具备实施居民用户供电完全市场化的条件。

2016 年 6 月 3 日，日本众议院对《电力企业采购可再生能源电力特别措施法》等部分法律进行了修订；2018 年 6 月 12 日，日本众议院对《电力事业法》部分法律条款进行了修订，以建立强大和可持续的电力供应系统。

2022 年 3 月 1 日，日本内阁决定修订《电力事业法》，主要内容包括：一是关于发电站的关闭，由"事后通知制"改为"事前通知制"；二是在广泛运营促进机构向经济产业大臣提交供货计划的意见中，追加确保供应能力的必要措施，经济产业大臣在向电力运营商提出改变供应计划的建议时，将听取这些意见；三是将"大型蓄电池"定位为"发电业务"，并改善其与系统的连接环境。

（7）能源基本法

2002 年 6 月，日本制定了《能源政策基本法》，作为从宏观上规范能源管理的基本法，该法仅有 14 条，其立法宗旨是"通过确定与能源供需政策有关的基本方针，明确国家及地方公共团体的责任和义务的同时，规定能源供需政策的基本事项，以长期、综合和有计划地推进与能源供需有关的政策，并以此在对地区和地球的环境保护做出贡献的同时，对本国和世界经济的持续发展做出贡献"。

该法将日本能源基本指导思想明确为"在降低对特定地区进口石油等不可再生能源的过度依赖的同时，推进对我国而言重要的能源资源开发、能源输送体制的完善、能源储备及能源利用的效率化，并对能源进行适当的危机管理，以实现能源供给源多样化、提高能源自给率和谋求能源领域中的安全保障作为政策的基础，并不断改善政策措施"。《能源政策基本法》还指出了能源市场竞争与政府监管的关系，提出了国际合作的指导方针，明确了国家、地方公共团体、能源企业和国民的相关义务。

（8）全球变暖对策推进法

1998 年，为推进全球温暖化对策，日本制定了《地球温暖化对策推进要纲》，同时制定了《全球变温对策推进法》，旨在促进中央政府和地方政府的合作。1999 年，根据《全球变温对策推进法》，日本政府制定了《全球变温对策基本方针》。

2003 年 6 月 17 日，日本国会通过了《全球变温对策推进法》修正案，以促进节能减排，积极应对气候变化，大力建设低碳社会。随后，在 2006 年 6 月、2008

年 6 月、2016 年 5 月、2021 年 6 月，日本国会再次对《全球变温对策推进法》部分法律条款进行了修订，以应对气候变化，实现国家 2050 年碳中和的愿景。

2020 年 10 月，日本首相菅义伟宣布了日本到 2050 年实现碳中和的目标。为此，日本政府 2020 年 12 月 25 日发布了《2050 碳中和绿色增长战略》，将在海上风力发电、电动车、氢能源、航运业、航空业、住宅建筑等 14 个重点领域推进温室气体减排。

2021 年 4 月，菅义伟表示，日本力争 2030 年度温室气体排放量比 2013 年度减少 46%，并将朝着减少 50% 的目标努力。2021 年 5 月 26 日，日本国会参议院正式通过修订后的《全球变暖对策推进法》，以立法的形式明确了日本政府提出的到 2050 年实现碳中和的目标。修订后的《全球变暖对策推进法》当天在国会参议院全体会议上获得通过，正式成为法律，于 2022 年 4 月施行。这是日本首次将温室气体减排目标写进法律。根据这部新法，日本的都道府县等地方政府将有义务设定利用可再生能源的具体目标。地方政府将为扩大利用太阳能等可再生能源制定相关鼓励制度。

（9）氢能立法

2014 年 4 月 11 日，日本内阁会议通过第四次《能源基本计划》，将氢能源定位为与电力和热能并列的核心二次能源，提出建设"氢能社会"。2015 年，日本政府在施政方针中公开表达了实现"氢能社会"的决心，旨在继续建造燃料电池加氢站之后，通过氢能发电站的商业运作来增加氢能流通量并降低价格。2017 年 12 月，日本制定了《氢能基本战略》，包括降低氢气价格、增加氢燃料电池汽车数量、增加氢气加注站等。2018 年，在距离福岛核电站约 20 公里的地方，日本布局建设了目前世界上规模最大的可再生能源制氢工厂，占地总面积为 22 万平方米，氢气生产能力为 2000 立方米/小时，年产量 1.008×10^7 立方米，可满足 1 万辆氢能源汽车一年的氢能所需。

（10）废弃物循环利用立法

2000 年，日本政府制定了《推进形成回收型社会基本法》，其中包括 7 个具体法律：《废弃物管理和公共清洁法》《促进资源有效利用法》《容器和包再回收法》

《家电再回收法》《建筑工程材料再资源化法》《食品再生利用回收法》《促进绿色购买发达的节能环保科技法》。2005 年 4 月 16 日，日本众议院对《清洁工业法》部分法律条款进行了修订；2005 年 4 月 28 日，对《废弃物管理和公共清洁法》部分法律条款进行了修订；2006 年 5 月 18 日，对《废弃物管理和公共清洁法》部分法律条款进行了修订；2017 年 6 月 16 日，再次对《废弃物管理和公共清洁法》部分法律条款进行了修订，进一步综合利用自然资源与能源，对废弃物实行管理，促进废弃物再生利用。

2.4 日本的能源管理

第二次世界大战后，日本能源管理及其政策的演进历史大致可分为 6 个阶段：一是鼓励国内能源工业（主要是煤炭工业）的发展和水电开发阶段（1945—1955 年）；二是鼓励海外石油开发、扩大石油进口、努力提高国内能源供应能力阶段（1956—1973 年）；三是加强石油储备、鼓励能源多元化、积极推行节能、确保能源稳定供应阶段（1974—1990 年）；四是提出能源安全（Energy Security）、经济增长（Economic Growth）和环境保护（Environ mental Protection）的能源政策"3E"目标，并大力推进能源市场化改革阶段（1991—2000 年）；五是注重能源战略管理、全面能源国际合作及共同应对气候变化阶段（2001—2011 年）；六是转向氢能部署发展，构建"零碳社会"实现碳中和（2012 年至今）。每个阶段都与当时世界的能源供应形势、政治经济状况、科技发展水平和日本自身的发展阶段相对应，通过这 6 个阶段，日本完成了从一般性能源政策组合、综合性能源政策到能源产业细致规划的发展历程。在形成前期，日本能源政策的主要目标是为经济复苏提供必需的能源，以及在保证经济高速发展的情况下，确保稳定有效的能源供应；在形成期的主要目标是优先确保能源供应的稳定，避免能源危机再次冲击国内经济；在成熟期的主要目标是实现经济增长、环境保护和能源安全的最佳平衡。就具体政策而言，有的体现了很强的连续性，有的则适时进行了修订，但总体来讲，自第一次石油危机以来能源安全一直是日本政府高度重视的问题。目前，日本的能源政策主要体现在能源结构转型、能源进口多元化、多层面推动节能、建立石油储备创新研发低碳技术、加强能源国际合作 6 个方面。

2.4.1　能源结构转型

第一次石油危机重创了日本经济。为了降低对石油的依赖，日本一直在寻求替代石油的能源，力求天然气、煤炭、核能和石油的均衡使用，并积极开发新能源，通过能源结构转型，使能源消费结构多元化。2018 年 7 月 3 日，日本内阁批准了第五次《能源基本计划》，提出了日本国内能源供求结构以及节能技术创新趋势，为 2030 年新能源政策和 2050 年进一步发展提供基础。2020 年 12 月 25 日发布的《2050年碳中和绿色增长战略》中，突出强调了海上风电、氢能、核能、氨燃料、下一代太阳能等清洁能源的重要性。

（1）推进天然气、煤炭和核能的利用

虽然 20 世纪 60 年代发生了能源革命，煤炭在能源中的统治地位被石油替代，但是 70 年代的两次石油危机，使煤炭的重要地位得到重新确认。为了改善日本脆弱的能源供需结构，日本扩大对煤炭的利用，并大力发展煤炭清洁使用技术，煤炭成为替代石油的重要能源之一。日本用于发电的煤炭已经从 1975 年的 718 万吨上升到 2001 年的 6223 万吨，煤炭在日本能源消费结构中的比例也提高至 20%。

使用天然气对环境的破坏作用较小，而且全球天然气储量要比石油大得多。因此，日本政府将增加天然气的使用作为能源多元化的重要一环，大力推广液化天然气，加强天然气制油、二甲醚等新技术的开发。据统计，天然气在日本能源消费结构中的比例，已从 20 世纪 70 年代第一次石油危机时的 1.5% 提高到 2001 年的13.8%；2002 年日本天然气发电量在总发电量中的比例高达 27%，而同期石油发电的比例只有 6%。

由于核电稳定性好、经济可行，并具有明显减少温室气体排放的优势，因此它在日本能源中的作用日趋重要。从 20 世纪 50 年代中期开始，日本政府就积极推动核能发展，在核能技术开发上不断增加投入，力求保持世界领先。目前，日本核电技术居于世界先进水平，民用核电规模居世界第三。尽管核电开发不完全被日本国民所接受，2002 年还发生了核电信任危机，但是在原油价格高涨的背景下，核能利用在日本仍然受到高度重视。在 2006 年经济产业省资源能源厅制定的《国家能源新战略》中，重申了日本大力发展核能的立场，并明确了核能技术开发、从海外

获取铀供应、快速反应堆的商业化运作、与核能生产国进行技术合作的措施。但是在 2011 年核电站事故后，日本核电的总发电量出现了断崖式下降，最近才开始逐渐恢复。

（2）大力发展清洁能源和可再生能源

2006 年 5 月，日本公布《国家能源新战略》，明确提出通过改善和提高汽车燃油经济性标准、推进生物质燃料应用、促进电动汽车和燃料电池汽车的应用等途径，到 2030 年使日本运输领域能源效率比现在提高 30%，对石油的依赖度从 100% 降至 80% 的目标。2009 年 4 月 1 日，日本实施新的"绿色税制"，对包括纯电动汽车和混合动力车等低排放且燃油消耗量低的车辆给予税收优惠。"绿色税制"对低公害、低排放的低燃耗汽车进行减税，对环境负荷较大的汽车进行增税。2013 年 5 月，日本政府在推出的《日本再复兴战略》中，首次把发展氢能源提升为国策，并启动了加氢站建设的前期工作。2014 年 4 月 11 日，日本内阁会议通过第四次《能源基本计划》，提出建设"氢能社会"。2015 年，日本政府通过氢能发电站的商业运作来增加氢能流通量并降低价格，决心实现"氢能社会"，2017 年 12 月又制定了《氢能基本战略》。2018 年，日本在距离福岛核电站约 20 公里的地方布局建设了目前世界上规模最大的可再生能源制氢工厂，加快推动氢能发展。2018 年，日本发布《东京宣言》，提出要协调各国的氢能发展举措及标准制定等。2020 年，日本启动跨区联络线输电权市场，缓解跨区交易联络线容量不足。2020 年 7 月，日本政府宣布将不再向气候政策不明的国家或地区提供新建煤炭项目的投资；日本三井住友金融集团表示，从 2020 年 5 月 1 日起，不再向新的燃煤电厂提供贷款。

通过长期的努力，日本设计的能源结构多样化政策已经取得了成效。在日本一次能源构成中，石油的比重从高峰时期 1973 年的 77.4% 下降到 2005 的 48.9%。日本政府认为，到 2030 年应该将能源消费中的石油依存度进一步降低到 40%。

2.4.2 能源进口多元化

执行多年的能源结构多样化政策虽然取得了一定成效，但日本的石油几乎全部依赖进口，其中 88% 来自局势动荡的中东地区。因此，日本抵御石油危机和市场风险的难度要比其他发达国家大得多。为了减轻国际局势变化对石油进口的影响，保障能源供给安全，日本政府在许多能源政策文件中都提出，要加紧拓展全球能源市场，使能源进口来源地多元化，分散能源进口渠道，降低对中东石油的过分依赖。换言之，就是既要亲近中东又要摆脱中东。开拓新的渠道已成为日本的国策，其千方百计地与中国争夺俄罗斯远东输油管道就是例证。

（1）积极开展能源外交

第二次世界大战后，在经济发展强劲需求的刺激下，能源安全在许多国家外交政策中的分量日趋增加，特别是能源贫乏的国家，围绕能源安全进行了重大的对外政策调整与外交活动。日本是战后施展能源外交最为出色的国家之一。保证能源的稳定供应和运输通道的畅通是日本能源外交的主要任务。

为了保证能源特别是石油的稳定供应，日本政府积极开展资源外交、石油外交，采取包括积极开展首脑外交和政府间双边磋商、缔结自由贸易协定（FTA）和投资协定、提供政府开发援助（ODA）和国际开发银行的贷款等措施，与资源提供国建立战略关系，以确保日本海外石油供应的安全和稳定。长期以来日本主要采取"亲中东"政策，与中东产油国保持长期的合作关系，此外，与亚太地区的印度尼西亚、文莱、马来西亚和澳大利亚等国也保持着良好的合作关系。随着冷战结束和经济全球化的不断深入，日本政府从外部能源供应多元化和能源安全角度考虑，积极发展与周边国家特别是俄罗斯的能源合作，协助本国公司获得俄罗斯萨哈林、西伯利亚、伏尔加－乌拉尔等地区油气开发的参与权，并对里海地区以及哈萨克斯坦、土库曼斯坦等前苏联地区其他国家的油气开发表现出极大的兴趣。

为了保障石油进口的多元化，日本大力推行"日元外交"，注重对石油生产国实施经济援助和技术合作，积极主动地利用资金技术优势走出国门，与石油生产国合作开发石油，争夺石油的优先开采权、优先购买权、长期石油供应合同或能源稳定供应承诺。

此外，日本还积极加强与国际能源组织、环保组织和多边能源开发机构的协调与合作。由于亚洲各国的能源需求不断扩大，日本还以能源需求不断增加的中国和印度为重点，以节能为主要合作领域，并在煤炭有效利用及安全生产、新能源及核电等方面，积极与亚洲各国开展能源和环境合作。

（2）争取海外油气的自主开采权

通过争取海外油田自主开采权，能够获得固定的石油供应基地。日本政府一直坚持贯彻争取海外油田自主开采权的相关政策，将其作为能源进口多元化的一项重要举措。为此，日本政府积极推行海外矿产勘查补贴计划和贷款支持计划，允许从事海外矿产资源开发的企业将投资的部分金额计入"投资损失准备金"内，以免缴企业所得税，如投资受损，则可从"投资损失准备金"中得到补偿。

日本政府还通过一些半官方的组织，如日本石油公团〔2004年并入日本石油天然气金属矿产资源机构（JOGMEC）〕和JOGMEC，承担日本海外市场争夺资源的任务，对国内企业从事海外资源开发提供资助或贷款担保支持。此外，日本海外经济合作基金会也为日本公司在境外的矿产开发活动提供贷款，该基金会主要为在欠发达国和地区进行的矿业开采活动而设置。

拥有自己的资产变得比以前更加重要。2006年5月，日本经济产业省制定的《新国家能源战略》提出，要通过收购海外石油公司和参与海外石油开发等手段，培育本国的核心石油企业，将在海外开采石油的比例从目前占进口总量的15%提高到40%以上。为了确保这一目标的实现，日本政府愿意为这些公司的海外扩张活动提供必要的补贴。在《新国家能源战略》推出过程中，日本政府就不断敦促三井物产、三菱公司以及帝国石油等公司在海外扩展方面变得更主动些。

2.4.3　多层面推动节能

第一次石油危机后，日本政府采取了抑制需求的政策，主要目标是减少石油消耗，提高能源利用效率。在第二次石油危机的背景下，日本政府于1979年颁布了《能源利用合理化法》，后来对其进行了多次修订，使之不断完善，并配以各项政策措施，使节能政策体系涵盖了产业部门、商业部门、运输部门以及家庭。2007年5月，日本发布"下一代汽车及燃料计划"，该计划将提高动力电池和燃料电池的性能及寿命、降低成本作为重点，力争在2030年左右使纯电动汽车和燃料电池汽车商业化。2009年4月1日，日本实施新的"绿色税制"，对包括纯电动汽车和混合动力车等低排放且燃油消耗量低的车辆给予税收优惠。"绿色税制"对低公害、低排放的低燃耗汽车进行减税，对环境负荷较大的汽车进行增税。2020 年，日本启动跨区联络线输电权市场，缓解跨区交易联络线容量不足。

（1）完善的节能管理体制

日本节能管理体系分为 3 层：第一层是以经济产业省及地方经济产业局为主干的节能领导机关，主要负责产业领域的节能管理，国家机构中与节能工作直接相关的部门还有环境省、国土交通省、文部科学省等；第二层是节能专业机构，如日本节能中心负责节能推进和组织实施，新能源产业技术开发机构负责组织、管理和推广应用研发项目；第三层是节能指定工厂（重点用能单位）和节能产品生产商及经销商，负有落实各项节能政策措施的义务。

（2）对用能单位进行分类管理

根据能源消费量，日本将用能工厂分为两种类型：第一类是年消费原油 2555.4 吨以上的工厂；第二类是年消费原油 1277.7 吨以上的工厂。日本的《能源使用合理化法》明确规定了各类工厂的责任、义务，提出了不同的管理要求，如每年定期提交能源使用状况申报书、定期报告书和中长期计划书（中长期计划书仅限第一类工厂），依法聘用能源管理士。从 2001 年起，日本节能中心每年对第一类工厂实施现场调查，如果评分不达标，经济产业省及地方经济产业局将实施"见证检查"，并提出改进建议，如果企业不遵从指示，将被实行通报、命令和罚款。该法中"涉及建筑物的措施"规定：建筑物面积 30 000 m² 以上的为第一种能源管理指定单位，15 000 ~ 30 000 m² 的为第二种能源管理指定单位，管理方式与前述工厂相同。日本政府 2020 年 7 月提出了在 2030 年底之前暂停或关闭 100 座老旧、低效的老式燃煤电厂的计划。

（3）加强民用设备节能

1997 年批准《京都议定书》后，日本政府高度重视民用设备的节能政策。例如，在消费环节实行能效标识制度，在制造环节实行"领跑者"（Top Runner）制度，在 2006 年修订的《能源利用合理化法》中，液晶电视、等离子电视、卡车、巴士等产品就被追加为"领跑者"对象。"领跑者"制度是以能耗效率最佳产品的值为基准设定目标标准值，将达到同一目标标准值的产品分为同一类，并根据产品技术进步不断修订标准值。随着产品的更新和进步，经济产业省每年组织进行一次调查，当达到最佳标准的器具比标准制定时增加30%时，重新评价能效最佳标准。

（4）用经济政策促进节能

为了鼓励企业和社会节能，经济产业省实施了多项财政和税收政策，对企业和家庭的节能设备投入给予一定的扶持，如对引进节能设备有税收优惠，更换节能设备有引进补助金或低息贷款，这种政策促进了节能设备的普及。在经历第一次石油危机后，日本政府于1975年开始对引进节能设备实施特别折旧和免除税额的优惠政策，为引进节能设备的企业提供低息贷款。随后多次扩充了节能设备的对象范围和税收优惠措施。1993年，日本政府在签署《联合国气候变化框架公约》后，建立了特别会计制度，即在国家预算中安排专门的节能资金，由经济产业省实施支援企业节能和促进节能的技术研发等活动。1998年，日本建立了节能设备补助金制度，对引进高节能效果的节能设备给予补助。2019年，日本公布"氢能利用进度表"，明确日本应用氢能的关键目标，提出到2030年使氢气价格降至30日元/标准立方米，未来应进一步降至20日元/标准立方米，确保其价格不高于传统能源。

（5）促进产业结构调整

日本努力实施以节能为导向的产业政策，促进产业结构由"资源能源高消耗型"向"资源能源节约型"转变，重点扩大加工组装型、知识密集型产业，如家电、数控车床的生产，相对减少钢铁、水泥、石化等部门的生产，通过产业结构调整来减少能源消耗。

除这些政策措施外，日本还大力扶持能源服务产业，利用专业的节能服务公司（Energy Service Company，ESCO）为业主提供包括节能诊断、解决方案、维护设备及运营管理等全套服务。日本政府还非常重视节能宣传教育工作，通过举办形式多样的宣传和教育活动，动员全民参与节能。

总之，从 1973 年至 2003 年，日本的单位 GDP 能耗下降了 37%，成为全世界推进节能最先进的国家。在 2006 年，出台的《国家能源新战略》中，日本政府设定了到 2030 年能源效率比现在提高 30% 的目标，而且节能的重点将从产业部门转向非生产性领域的终端产品。2006 年，日本政府共投入约 260 亿日元用于交通业节能设备的推广，2007 年这一投入已增加为 286 亿日元。2008 年，日本经济产业省发布了《日本能源领域技术战略路线图》《Cool 地球能源革新技术计划》《日本节能技术战略 2008》，提出：从 2020 年到 2030 年，将日本最终能源利用效率提高 30%，将石油对外依存度降低到 40%；到 2050 年，使日本温室气体（CO_2）排放减少一半。在上述战略和计划中，凸现出电力电子技术的重要地位，并具体制定了《日本新一代节能器件技术战略与发展规划》。2020 年 10 月 26 日，日本政府表示，将于 2050 年实现碳中和，"下一代"太阳能电池或能在日本实现这一目标的过程中发挥重要作用。日本是世界第五大碳排放国，日本此前的目标是到 2050 年将排放量减少 80%，向英国和欧盟看齐，气候分析师们将日本此前的这一承诺评为"严重不足"。

此外，日本政府通过实行能源改革税收计划为提高能耗标准的资金投入提供有效支持，并通过商业低息贷款方式，解决了企业提高能效活动中的资金困难。可以说，日本的节能运动以《能源利用合理化法》为中心，是政府与私人部门的紧密合作与共同努力：政府在提高能源利用效率的运动中发挥积极的导向作用，设计激励、惩罚并存的改革机制促进能源使用的转型；私人部门在与政府的积极配合中，传达并培养了良好的节能意识以及普及了实用的节能技术，提高能源效率是达到可持续能源利用的一条有效、经济之路。能源利用效率的提高，不仅有利于减少能源基础设施投入、降低能源消耗成本、增强国家竞争力以及增加国民福利，而且还有利于提升国家能源安全、降低对进口能源的依赖度。

2.4.4 建立石油储备

石油储备是日本确保能源安全的重要支柱。从 20 世纪 70 年代开始，日本政府就着手依法建立石油储备。1975 年 12 月，日本出台了《石油储备法》，提出了储备目标，并开始向私营公司提供资金支持，由私营公司进行储备。1976 年 6 月，日本发布了《能源储备五年计划》，提出到1980年，石油储备量达到90天石油进口量的规模。1978年6月，日本批准由日本国家石油公司进行石油储备，从而首次引入了国家石油储备制度。经过30多年的发展，建立了官民并举的石油储备和液化石油气储备，积累了丰富的储备管理经验。

1981年《石油储备法》修订之后，确定私营业者有50天进口量的液化石油气储备义务，国家液化石油气储备任务是到2010年达到150万吨。2005年已有3个国家液化石油气储备基地完工，并投入运营，2个基地正在建设中。截至2007年3月，日本私营部门的液化石油气储备量相当于59天的进口量，超过了50天进口量的法定标准。截至2007年6月，日本政府和企业的石油储备分别达到98天和83天消费量的水平。

为了提高管理效率、降低运作成本，2001年日本政府开始对石油储备管理体制进行改革。2004年2月29日成立了日本石油天然气金属矿产资源机构（JOGMEC），JOGMEC将日本石油公团（JNOC）与日本金属矿产事业团合并，从JNOC手中接管了储备管理的全部职责，包括对石油、液化石油气和稀有金属等国家储备进行管理，国家液化石油气储备基地的建设和管理，紧急时期按政府指令迅速释放储备的石油和液化石油气，为私营公司的石油储备和液化石油气储备提供资金等方面的支持。

在石油储备体制改革前，JNOC在经济产业省（2001年以前为通商产业省）的指导下，负责制订国家石油储备基地建设、石油储备的运作计划，具体管理8个国家石油储备公司。国家石油储备公司由JNOC出资70%、民间出资30%成立，负责石油储备基地的建设，实施石油储备的具体运作。JNOC拥有石油储备基地土地和所储石油的产权，而石油储备基地的设施设备归石油储备公司所有。改革后，政府将石油储备基地的土地、石油及设施设备全部收归国有。JOGMEC受经济产业省委托管理国家石油储备。国家石油储备公司转变为全部由民间投资的运营服务公司，并按照合同负责基地的运营。

2006年，经济产业省在《国家能源新战略》中提出，要以建立成品油储备为重点，完善现有以石油为中心的能源储备制度，研究建立天然气应急储备机制，充实并完善能源应急对策。具体政策措施是：重点建设成品油储备，推进液化石油气储备，完善储备制度，提高国家整体储备水平，探讨建立天然气供应应急预案；加强危机应对措施管理，协调紧急情况下各能源品种应对方案的横向协调与合作。

截至 2021 年 9 月底，日本的石油储备能满足国内 240 天的需求，其中，国家储备量为 145 天，石油公司等的义务储备量为 90 天，产油国共同储备量为 6 天。根据日本《石油储备法》的要求，一旦确定释放石油储备，首先释放 1 ~ 2 天的储备量，如有必要，还将考虑追加释放。2021 年 11 月 24 日，日本经济新闻报道，由于美国宣布释放战略石油储备，日本首相岸田文雄宣布首次释放国家石油储备。在必要储备量的多余部分中，释放量相当于日本国内需求 1 ~ 2 天的量，也就是大约 420 万桶。日本应美国要求与各国展开了协调，但释放国家储备对石油价格的影响还是未知数。最早 2021 年内将实施竞标，销售释放出的石油，在 2022 年 3 月之前出售。还考虑 2021 年内开始将进入国库的销售收入用作抑制汽油价格暴涨的补贴资金来源。

日本《石油储备法》规定，只有在出现断供可能性和发生灾害时才允许释放石油储备。如果有剩余，则可以不受法律束缚，随机释放石油储备。

根据日本共同社 2022 年 4 月 22 日报道，关于与国际能源署（IEA）协调实施的释放石油储备（以下简称"释储"），日本经济产业省 22 日发布了出售国家储备石油的招标公告：出售对象为 3 个基地共计 76 万千升（约 480 万桶）原油，都将在 5 月 10 日招标。此次释储旨在抑制因俄乌局势而高涨的原油价格。具体数量分别为：北九州市白岛国家石油储备基地约 177 万桶、长崎县新上五岛町上五岛国家石油储备基地约 202 万桶、鹿儿岛市 ENEOS 喜入基地约 101 万桶。此次招标是与 IEA 协调释储的一环，包含在首相岸田文雄 2022 年 4 月 15 日宣布的日本释储量 1500 万桶之内，其中 600 万桶从民间储备、900 万桶从国家储备释放。该省表示，剩余部分也将迅速启动释储程序。

2.4.5　创新研发低碳技术

1995 年，日本政府明确提出"科学技术创新立国"战略，力争将日本由一个技术追赶型国家转变为科技领先的国家。2001 年日本启动的科学技术基本计划确定能源领域是 21 世纪初重点发展的科技领域之一。日本政府决定加强能源技术的开发与储备，通过技术进步大大降低能源的使用成本，提高能源使用效率，确保安全、经济、可持续的能源供应。

早在 1974 年日本就提出了"新能源技术开发计划"（即"阳光计划"），致力于太阳能的开发利用，此后，又于 1978 年和 1989 年分别提出了"节能技术开发计划"（即"月光计划"）和"环境保护技术开发计划"。为了实现经济增长、能源供应和环境保护之间的平衡，1993 年日本政府将上述 3 个计划合并成规模庞大的"新阳光计划"，主要目的是在政府领导下，采取政府、企业和大学三者联合的方式，共同攻关，克服在能源开发利用方面遇到的各种难题。"新阳光计划"的主要研究课题分为七大领域：可再生能源技术、化石燃料应用技术、能源输送与储存技术、系统化技术、基础性节能技术、高效与创新性能源技术以及环境技术。为了保证"新阳光计划"的顺利实施，日本政府每年拨款 570 多亿日元，其中约 362 亿日元用于新能源技术的开发，同时吸引了大量社会资金的投入。从目前的成果看，经过多年的研究与开发，日本的节能技术居世界先进水平，太阳能研究也达到了世界先进水平。

根据 IEA 统计，2006 年日本政府用于能源研发及示范的投入达到了 36.2 亿美元，高于美国的 32 亿美元。2006 年日本经济产业省制定的《国家能源新战略》共提出了 4 项战略计划，明确了相应的目标和具体措施，均事关能源科技创新（表 2.3），并就能源技术战略的制定进行了阐述，足见日本对能源科技创新的重视。

表 2.3　《国家能源新战略》中与能源科技创新有关的战略计划

计划	目标	具体措施
节能先进基准计划	制定支撑未来能源中长期节能的技术发展战略，优先设定节能技术领先基准，加大节能推广政策支持力度，建立鼓励节能技术创新的社会体制，显著提高能源效率，到 2030 年能源效率比目前提高 30%	制定面向 2030 年的中长期节能技术战略；在各领域推广节能先进基准计划并提出初期基准目标，优先在制造业、建筑业、运输业，以及居民家庭、通用机械和车辆等领域推广；对热心销售节能产品的零售商，对节能有重要贡献的企业、行政机关、教育部门及个人进行表彰和奖励；建立节能投资评价机制；构筑节能型城市和区域

计划	目标	具体措施
下一代交通能源计划	降低汽车燃油消耗，促进生物燃料、天然气液化合成油等新型燃料的应用，推动燃料电池汽车的开发普及，使运输对石油的依存度从目前的98%减少到80%左右	制定车辆新油耗标准，修订车辆用油品质量性能标准。进一步开展对乙基叔丁基醚的应用风险评价以及燃料乙醇的应用实验，建设必要的基础设施促进其推广使用。支持生物燃料、天然气液化合成油等新型燃料及添加剂的开发和利用。促进天然气液化合成油制造技术的应用，加快生物质基和煤基合成油等未来液体燃料的技术开发。加大柴油车普及力度，将电动汽车、燃料电池汽车作为重点进行开发
新能源创新计划	提出支持新能源产业自立发展的政策措施，支持以新一代蓄电池为重点的能源技术开发，促进未来能源（科技产业）园区的形成。2030年前使太阳能发电成本与火力发电相当，生物质能发电等区域自产自销性能源得到有效发展，区域能源自给率得以提高	扩大太阳能、风力和生物质能发电等进入普及期的新能源市场份额。支持尚在研究、普及阶段新能源技术的中长期发展，培育未来需求和供给的增长点。推进海洋能、宇宙太阳能利用的基础研究。促进太阳能发电、燃料电池及蓄电池关联产业群的形成。支持新能源风险投资事业发展
核能立国计划	以确保安全为前提，继续推进供应稳定、基本不产生温室气体的核电建设，2030年核电比例从目前的29%提高到30%～40%，争取更高	把核电作为未来基础电源，在电力消费需求增长低迷情况下，建设新核电站替代退役核电站，维持核电比例稳中有升。积极推进核燃料循环利用，促进快中子增殖反应堆恢复运作，培育核能人才，推进核能技术开发

2007年日本提出《Cool地球能源革新技术计划》框架方案，选定了发电和送电、运输、产业、民生及交叉领域的20项可大幅削减温室气体排放量的创新技术，并将对其进行重点扶持。这20项技术是：利用天然气的高效火力发电，高效、零排放的煤炭火力发电，创新型太阳能发电，先进的原子能发电，利用超导电性的高效输电，先进的交通系统，燃料电池汽车，插电式混合动力电动汽车，利用生物质能的运输用替代燃料，创新型材料生产和加工技术，创新型制铁工艺，节能型住宅建筑，新一代高效照明，固定式燃料电池，超高效热力泵，节能型信息设备和系统，家庭、楼房和一定地域范围中的能源管理系统，高性能电力存储，电力电子技术，以及氢的生产、运输和贮存。根据早先公布的方案，在10年内投入将近1万亿日

元的技术开发经费，予以重点支持，以达到在 2050 年之前将 CO_2 等温室气体排放量降至目前 1/2 的目标。

2008 年 5 月，日本政府综合科学技术会议公布《环境能源技术创新计划（草案）》，提出了为应对气候变化而开发环境能源新技术的中短期和中长期对策。草案在汇总各方面意见后，将作为日本政府解决气候变化和能源问题的构想之一。

2008 年 11 月，日本相关省厅（经济产业省、文部科学省、国土交通省、环境省）相互合作，制定了《扩大引进光伏发电系统实施计划》，在公立中小学等教育机关、高速公路、车站等公共设施开展典型性研究课题的调研，而后推广光伏发电项目。另外，从日本逐渐形成的"未来型能源社会体系"角度来看，其继续引进个别光伏发电系统、蓄电池或家用电器、电动汽车等其他机器之间的配合及其技术，显得尤为重要。为此，日本正在通过政府形成推广协会，将制造商、房地产商、电力、IT、统一承包商等参与者都纳入到这个协会来，推进产业间协作，不断在防灾、安全、教育、医疗、福利等方面捕捉使用者的需要。

2009 年 4 月，日本内阁府在《未来开拓战略》中提出低碳技术创新相关政策目标，涉及低碳能源、环保车、低碳交通和再生资源回收利用等技术领域。2010年，日本政府完善"低碳型创造就业产业补助金"制度，制定实践职业技能提高战略，对实施低碳产业领域职业培训的培训费用进行补贴。

2013 年 6 月，日本通过《科学技术创新综合战略》提出实现清洁、经济的能源系统，利用革新性技术扩大可再生能源供应；到 2018 年实现浮体式海上风力发电投入使用；到 2018 年实现可燃冰等海底资源勘探和相关生产技术的商业化运作；到 2020 年实现 CO_2 分离、回收和封存技术的实际应用；到 2030 年前确立下一代海洋资源开发技术；2030 年后太阳能发电成本控制在每度电 7 日元以内。

2013 年 9 月，日本内阁综合科技会议确定《环境能源技术革新计划》修正案，其中包括到 2050 年左右旨在遏制全球变暖的环境技术开发方针。此次修正案在2008 年公布的《环境能源技术革新计划（草案）》基础上增加了"利用可再生能源"中推广较为迟缓的地热发电、太阳能和海洋能源的内容，提出将降低成本，争取在 21 世纪 20 年代实现普及利用。修正案还提出将相关技术普及至海外。关于核电站，修正案明确提出出口方针。修正案将环境能源相关技术分为 37 项。此外，修正案还新增了通过减轻汽车车体重量来提升燃效的碳纤维复合素材等"革新的构造材料",以及采用温室气体中的 CO_2 制造出有用物质的"人工光合成"等项目。

2016 年 4 月,日本发布《能源环境技术创新战略 2050》,提出到 2050 年全球温室气体减排和构建新兴能源体系的目标与战略。2016 年,日本经济产业省发布《能源革新战略》,对能源供给系统进行改革,扩大能源投资,到 2030 年实现可再生能源占能源投资总量的 22% ~ 24%。

2018 年 7 月 3 日,日本公布最新制定的《第五期能源基本计划》,提出了日本能源转型战略的新目标、新路径和新方向,设定了日本明确的能源发展目标:①削减能耗。到 2030 年,日本能耗总量要削减 0.5 亿千升油当量,2016 年度能耗总量已削减 880 万千升油当量。②零排放电力比例。2016 年度日本的零排放电力比例约为 17%(可再生能源 15%、核能 2%)。到 2030 年要实现零排放电力比例达 44% 的目标,其中可再生能源发电在总发电量中的占比要提升至 22% ~ 24%,核电占比将要降至 20% ~ 22%,化石燃料电力占比减少至 56%。③ CO_2 排放量。2016 年度日本的 CO_2 排放量为 11.3 亿吨,到 2030 年要削减至 9.3 亿吨。④电力成本。2013 年日本的电力成本支出 9.7 万亿日元,2030 年要削减到 9.2 万亿 ~ 9.5 万亿日元。⑤能源自给率。2016 年日本的能源自给率为 8%,2030 年要达到 24%。

2020 年 12 月,日本政府制定《2050 年碳中和绿色增长战略》,旨在 2050 年实现碳中和目标,构建"零碳社会",以此来促进日本经济的持续复苏,预计到 2050 年该战略每年将为日本创造近 2 万亿美元的经济增长。为推动战略实施,日本政府将制定预算、税收、规制改革与标准化、国际合作等方面的一揽子措施,对包括海上风电、氨燃料、氢能等在内的 14 个产业提出了具体的发展目标和重点发展任务,详细内容如表 2.4 所示。

表 2.4 2020 年日本绿色增长战略 14 个产业的具体发展目标和任务

序号	产业领域	目标计划
1	海上风电产业	到 2030 年安装 10 GW 海上风电装机容量,到 2040 年达到 30 ~ 45 GW,同时在 2030—2035 年将海上风电成本削减至 8 ~ 9 日元/kW·h;到 2040 年风电设备零部件的国内采购率提升到 60%

续表

序号	产业领域	目标计划
2	氨燃料产业	计划到2030年实现氨作为混合燃料在火力发电厂的使用率达到20%，并在东南亚进行市场开发，计划吸引5000亿日元投资；到2050年实现纯氨燃料发电
3	氢能产业	到2030年将年度氢能供应量增加到300万吨，到2050年达到2000万吨。力争在发电和交通运输等领域2030年将氢能成本降低到30日元/立方米，到2050年降至20日元/立方米
4	核能产业	到2030年争取成为小型模块化反应堆（SMR）全球主要供应商，到2050年将相关业务拓展到全球主要的市场地区（包括亚洲、非洲、东欧等）；到2050年将利用高温气冷堆过程热制氢的成本降至12日元/立方米；在2040—2050年开展聚变示范堆建造和运行
5	汽车和蓄电池产业	到21世纪30年代中期时，实现新车销量全部转变为纯电动汽车（EV）和混合动力汽车（HV）的目标，实现汽车全生命周期的碳中和目标；到2050年将替代燃料的经济性降到比传统燃油车价格还低的水平
6	半导体和通信产业	将数据中心市场规模从2019年的1.5万亿日元提升到2030年的3.3万亿日元，届时实现将数据中心的能耗降低30%；到2030年将半导体市场规模扩大到1.7万亿日元；2040年实现半导体和通信产业的碳中和目标
7	船舶产业	在2025—2030年开始实现零排放船舶的商用；到2050年将现有传统燃料船舶全部转化为氢、氨、液化天然气（LNG）等低碳燃料动力船舶
8	交通物流和建筑产业	制定碳中和港口的规范指南，在全日本范围内布局碳中和港口；推进交通电气化、自动化发展，优化交通运输效率，减少排放；鼓励民众使用绿色交通工具（如自行车），打造绿色出行；在物流行业中引入智能机器人、可再生能源和节能系统，打造绿色物流系统；推进公共基础设施（如路灯、充电桩等）节能技术开发和部署；推进建筑施工过程中的节能减排，如利用低碳燃料替代传统的柴油应用于各类建筑机械设施中，制定更加严格的燃烧排放标准等
9	食品、农林和水产产业	打造智慧农业、林业和渔业，发展陆地和海洋的碳封存技术，助力2050碳中和目标实现
10	航空产业	推动航空电气化、绿色化发展，到2030年左右实现电动飞机商用，到2035年左右实现氢动力飞机的商用，到2050年航空业全面实现电气化，碳排放较2005年减少一半
11	碳循环产业	发展碳回收和资源化利用技术，到2030年实现CO_2回收制燃料的价格与传统喷气燃料相当，到2050年实现CO_2制塑料与现有的塑料制品价格相同的目标

续表

序号	产业领域	目标计划
12	下一代住宅、商业建筑和太阳能产业	针对下一代住宅和商业建筑制定相应的用能、节能规则制度；利用大数据、人工智能、物联网（IoT）等技术实现对住宅和商业建筑用能的智慧化管理；建造零排放住宅和商业建筑；先进的节能建筑材料开发；加快包括钙钛矿太阳电池在内的具有发展前景的下一代太阳电池技术研发、示范和部署；加大太阳能建筑的部署规模，推进太阳能建筑一体化发展
13	资源循环产业	发展各类资源回收再利用技术（如废物发电、废热利用、生物沼气发电等）；通过制订法律和计划来促进资源回收再利用技术开发和社会普及；开发可回收利用的材料和再利用技术；优化资源回收技术和方案，降低成本
14	生活方式相关产业	普及零排放建筑和住宅；部署先进智慧能源管理系统；利用数字化技术发展共享交通（如共享汽车），推动人们出行方式转变

2.4.6　积极加强能源国际合作

日本积极加强能源国际合作，主要表现在以下方面：

第一，通过加强能源国际合作，利用国外能源资源与技术。

一是在油气资源方面，日本在俄罗斯以及里海周边地区获得了一些开发项目（表 2.5），为油气供应提供了一定保障。其中把西伯利亚石油运送到俄罗斯太平洋沿岸的太平洋管道项目，可大幅降低日本对中东石油的依存度，因此日本企业参加西伯利亚的油气开发对本国有重要意义。以后还要在利比亚、尼日利亚等非洲国家，南美洲各国，加拿大等地继续开展工作。

表 2.5　截至 2007 年底日本参与的主要石油开发计划

国家	项目	参加企业	权益
伊朗	阿扎德甘油田	国际石油开发公司	10%
哈萨克斯坦	喀沙干	国际石油开发公司	8%
阿塞拜疆	ACG 油田	伊藤忠石油开发	4%
		国际石油开发公司	10%
俄罗斯	萨哈林 I	萨哈林油气开发	30%
	萨哈林 II	三井物产	12.5%
		三菱商事	10%

资料来源：《日本能源白皮书 2008》（2007 财年年度能源报告）。

2016 年 9 月 21 日，据日媒报道，日本政府计划通过经济产业省下辖的独立行政法人"石油天然气金属矿物资源机构"（JOGMEC，总部设在东京，主要从事资源勘探和开发）参与欧美、俄罗斯的资源开发以及入股国营企业。日本政府向 2016 年 9 月 26 日召开的临时国会提交相关法律修正案，使 JOGMEC 收购海外企业成为可能，并以此为契机积极开展海外投资，进一步加强能源安全保障。日本政府希望以此增加参与开发的油田数量，争取早日实现 2030 年石油和天然气等自主开发比例 40% 的目标。

二是在核能方面，2009 年 5 月 12 日日本与俄罗斯双方签署了和平利用核能的合作协议。日本强调，日本在核电站建设方面拥有完善的技术，而俄罗斯铀矿资源丰富，且铀浓缩技术领先，日俄的和平利用核能协议有望使得资源短缺的日本获得稳定的铀资源；俄罗斯愿意同日本分享俄在核电工程建设方面的经验与技术，并表示俄罗斯同日本的合作不仅有助于发展俄罗斯的经济，同时也有助于改善俄罗斯的形象。2009 年 5 月 4 日，日本与美国发布联合声明称"扩大核能利用是克服能源和全球变暖问题的关键"。双方还就今后在研究开发先进核燃料循环技术、构筑国际框架来保证核燃料供给问题上继续合作达成共识，此次联合声明还强调双方在促进新建核电项目时的融资援助政策、核不扩散、反恐等领域也将进行合作。

三是在氢能方面，日本制定了氢能预算（表 2.6），积极寻求海外氢源的选择。由表 2.6 可见，日本氢能预算总体上为 27.80 亿美元，经济产业省（METI）是日本氢能研究的主要资助机构，提供研发和补贴费用为 24.34 亿美元，其资助主要通过日本最大的公立研究开发管理机构——新能源和产业技术开发机构（NEDO）提供；环境省（MOE）和内阁府也提供了氢能的研发和补贴资助，分别为 1.95 亿美元和 1.50 亿美元。日本氢能发展的最终目标是走向无 CO_2 排放制氢，特别是通过可再生能源制氢，形成整个生命周期的零碳排放。但由于日本的气象条件和地形的复杂，其可再生能源成本远高于世界平均水平。日本能源经济研究所的研究显示，日本在 APEC 经济体中的制氢成本是最高的，因此应用碳捕获和储存（Carbon Capture and Storage，CCS）技术开发海外低成本化石能源制氢，以及利用海外可再生能源获得氢能，是日本氢能战略的主要目标之一，也是日本实现氢能社会的关键。为了从海外获得低价、无污染的氢能，日本已经开始与其他国家进行氢能供应链的合作，内容涵盖各种制氢方法。

表 2.6　日本氢能的公共预算及补贴

单位：万美元

部门	预算类型	领域	项目描述	2013年	2014年	2015年	2016年	2017年	2018年	总计
经济产业省	研发	电气化	电气化，包括可再生能源电气化	—	10	1400	800	1200	—	3410
	研发	供应链	发展氢能生产，进口及应用	1800	4400	10 700	2500	4200	8500	32 100
内阁府	研发	供应链	太阳能发电制氢技术，氨的运输利应用，液氢技术	—	3000	3000	3200	3300	2600	15 100
	研发	燃料电池	耐久性强，低成本的下一代燃料电池	4000	—	—	3300	2800	2600	12 700
经济产业省	研发/补贴	热电联产	家用热电联产补贴及商业化	15 600	15 300	13 500	8600	8400	8000	69 400
	研发	充气站	充气站研发，安全性	—	2900	3700	—	—	2200	8800
经济产业省	补贴	充气站	充气站建设和运营	4100	6500	9900	5500	4100	4300	344 00
环境省	补贴	充气站	充气站建设和运营	—	—	2400	5900	4900	6300	19 500
	补贴	汽车	清洁能源汽车，包括燃料电池汽车	—	—	—	12 300	11 100	11 700	35 100
经济产业省	研发	发电	改进火电生产，包括煤气化燃料电池联合循环	6300	5600	—	10 800	11 900	12 900	47 500
经济产业省			总计	31 800	34 710	39 200	43 800	43 700	50 200	243 410
环境省				—	—	2400	5900	4900	6300	19 500
内阁府				—	3000	3000	3200	3300	2600	15 000
			总计	31 800	37 710	44 600	52 900	51 900	59 100	278 010

资料来源：MONICA NH. Japan's Hydrogen strategy and its economic and geopolitical implications ［Z］. IFRI，Working paper，October 2018.

① 与挪威政府合作进行基于可再生电力的电制氢（Power to Gas）试验。2017年日本川崎重工与挪威 NeL 氢能公司实施利用水力发电生产氢能的示范合作项目，预计年制氢 22.5 万 ~ 300 万吨。如果项目成功，最终的目标是在挪威使用风力发电制氢，通过油轮将液化氢输送到日本，实现商业化零碳排放制氢。挪威方面预计该项目最终可以实现以最低 24 日元/立方米（约为 21.7 美分/立方米）的价格向日本供应液化氢。

② 与澳大利亚进行全球首个褐煤制氢试点项目。2018 年 4 月，澳大利亚电力生产商 AGL 能源公司和川崎重工宣布在维多利亚州拉特罗贝河谷建造一座煤气化示范厂，该试点项目于 2020 年开始运行，以测试将褐煤转化为氢的可行性，然后将其液化运往日本。项目总成本为 4.96 亿美元，其中一半用于维托利亚的试点，另一半用于日本的基础设施建设和航运。目标是在 2020 年中期完成初步示范，2030 年实现商业化运作。目前澳大利亚褐煤制氢的价格可以达到 29.8 日元/Nm³（约为 27 美分/Nm³）。尽管成本很低，但由于煤气化制氢与直接燃煤发电一样具有污染性，未来该项目的最终方案是与 CCS 技术相结合，实现零碳排放的氢能生产。

③ 首创从文莱到日本的国际氢运输示范项目。2017 年 7 月，4 家主要的日本基础设施和贸易公司千代田公司、三井公司、三菱公司和裕森公司在 NEDO 的支持下，成立了"先进的氢能链技术开发协会"（PREST），并与文莱达成协议，利用文莱天然气液化厂的副产品通过蒸汽重整进行氢气生产。生产出来的氢气利用千代田公司开发的 SPERA 氢技术，将甲苯加氢生成液态甲基环己烷（MCH），便于在标准温度和压力下储存和运输。运到日本以后进行脱氢，分解成原来的甲苯和氢。氢气将作为燃料用于另一个热电厂示范项目，而甲苯则返回文莱，重复加氢和运输的循环。该试点项目投资 1 亿美元，于 2019 年 12 月完工，2020 年 1 月至 12 月期间将运输 210 吨氢至日本，以探索未来商业化运行的可行性。

2022 年 2 月 4 日，第一艘 MCH 氢气运输船已通过新加坡的一个过境港抵达炼油厂接收设施，这些氢气产品在装载前已经在室外的储罐中被储存长达数月。MCH 将被送入具有脱氢功能的炼油厂，以确认长时间储氢对其产生的影响，同时研究人员将对 MCH 的使用量进行全面研究。2022 年 2 月 8 日，千代田公司表示，先进氢能链技术发展协会已经实现了"世界上第一个"以 MCH 的形式进行氢气海上运输，证明了在全球范围内以 MCH 的形式对氢气进行长期储存和运输是可行的，这将助力国际社会脱碳供应链的生成，使得氢能的发展更近了一步。

④ 与沙特阿拉伯的氢能合作。2016 年 9 月，日本和沙特阿拉伯成立联合小组，着手实施"2030 年沙特—日本愿景"项目，该项目牵涉双方 44 个部委和机构，包含 3 个支柱、9 个主题、46 个政府项目。能源属于 9 个主题之一，由沙特阿拉伯能源、工业和矿产资源部（MEIMR）与日本 METI 领导。目前正在设计联合示范项目，期待通过以氨为载体，将沙特阿拉伯的氢气运到日本。与其他氢载体相比，氨具有成本优势。为了实现与液化天然气/燃煤发电同等的成本，氨的供应成本必须是 350 美元/吨。尽管目前氨的成本已经可以达到 250～300 美元/吨，但这种氨的生产会造成二氧化碳排放。如果 CCS 的成本可以降到 50 美元/吨，那么无碳氨的价格为 300～350 美元/吨，则会具备与化石能源发电成本竞争的能力。

另外，日本的产业已广泛扩展到亚洲各国，并与亚洲周边国家在节能、新能源开发、能源储备等领域开展合作，对保障日本能源安全意义重大。日本在加强与资源国开展能源合作的基础上，开始重视与亚洲周边国家开展国际能源与环境合作。通过建立日本参与的 ASEAN+3（中日韩）、亚太经合组织（APEC）、东亚首脑会议（EAS）等亚洲地区多边框架及组织，积极推进与亚洲各国在节能、新能源开发、核能开发、煤炭清洁利用、温室气体减排以及构建亚洲储备体系等方面的合作。同时，强调要运用自己处于世界领先地位的新能源技术与节能技术，在减少温室气体排放、推进与亚洲各国的能源合作方面发挥主动性。

综上所述，日本政府开始了新一轮能源政策的调整：2002 年基于"确保供应、环境友好、市场导向"3 个基本方针出台了《能源政策基本法》，2003 年 10 月制定了配套的《日本能源基本计划》；2004 年开始加紧酝酿和制定面向 2030 年的中长期能源新战略，并发布了《2030 年日本能源供需展望》；2006 年 5 月出台《新国家能源战略》，并着手对《日本能源基本计划》进行修改；2007 年发布修订后的《日本能源基本计划》，同年发布了《2100 年能源技术战略》。2020 年 12 月 25 日，日本经济产业省资源能源厅制定《2050 年碳中和绿色增长战略》，这是日本政府首次提出进入脱碳社会的具体时间表，经济产业省有关部门和机构合作制定了《2050

年碳中和的绿色增长战略》。该战略是一项工业政策，旨在将日本政府"2050年碳中和"的挑战与"经济与环境的良性循环"联系起来。在这一战略中，日本政府把为应对气候变化而推进的能源转型描绘为机遇而非负担。应对气候变化不再是经济增长的制约因素，改变这种思维方式，采取果断措施应对气候变化，推动产业结构和经济社会改革，从而实现巨大的增长。2021年6月，日本政府修订了《2050年碳中和绿色增长战略》，确定了日本到2050年实现碳中和目标，构建"零碳社会"，以此来促进日本经济的持续复苏，预计到2050年该战略每年将为日本创造近2万亿美元的经济增长。为了落实上述战略目标，战略针对包括海上风电、燃料电池、氢能等在内的14个产业提出了具体的发展目标和重点发展任务。

可见，日本能源政策的制定更加着眼于长远，并与"全球必须在2050年达到CO_2净零排放（碳中和）"相结合，在力求实现经济增长的前提下，将重点重新转移到确保能源稳定供应上，着力完善能源储备，建立能源应急体系；强化全方位能源国际合作，输出日本新能源技术与节能环保技术，共同应对气候变化。

3 德国能源管理

3.1 德国的能源现状

3.1.1 能源资源储量

德国的能源资源以天然气和煤炭为主。1980—2019 年德国天然气探明储量经历了先逐步降低后突然增长，再逐渐降低后增长，又逐步降低后急剧下降，之后逐步增长、回调与快速增长，最后逐步降低的发展态势（图 3.1，不包括放空燃烧或回收的天然气）。1980 年德国天然气探明储量为 2330.0 亿 m^3，逐步降低到 1982 年的 2119.0 亿 m^3，突然增加至 1983 年的 2814.5 亿 m^3 后又逐渐降低到 1985 年的 2602.5 亿 m^3，1986 年猛增到 3358.6 亿 m^3，为历史最高，此后逐步递减至 1991 年的 1714.0 亿 m^3，接着逐渐增加到 1999 年的 2374.0 亿 m^3，之后一直递减至 2019 年的 219.5 亿 m^3，占世界总量不足 0.01%，储采比为 4.1。

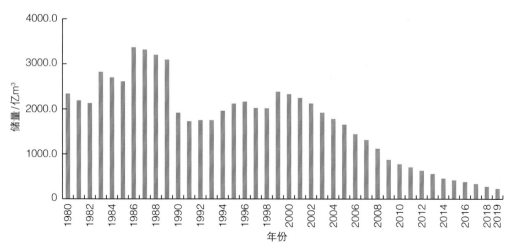

图 3.1　1980—2019 年德国天然气探明储量的变化状况

德国的煤炭资源主要是亚烟煤和褐煤，2019 年底煤炭探明储量为 35 900 Mt，全部是亚烟煤和褐煤，占世界总探明储量的 3.4%，储采比为 268.11。

3.1.2　能源生产

德国的天然气生产量自 1970 年的 120.1 亿 m³ 增加到 1978 年的 202.7 亿 m³，之后逐步降低到 1986 年的 140.2 亿 m³。此后逐步缓慢增加到 1999 年的 186.8 亿 m³，再缓慢减少至 2003 年的 185.2 亿 m³ 后开始快速减少到 2019 年的 53.3 亿 m³，占世界天然气生产总量的 0.1%，2019 年同比下降 3.8%，2008—2018 年年均下降 8.6%。长期来看，德国的天然气生产总体上处于先快速增长后波动式降低，又经过缓慢变动增长后较快递减的变化状态，未来呈现明显递减趋势（图 3.2）。

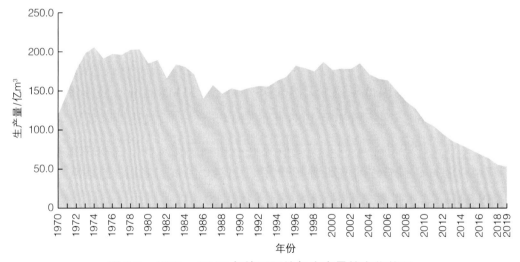

图 3.2　1970—2019 年德国天然气生产量的变化状况

1981—2019 年德国的煤炭生产量经历了先缓慢波动式增长到缓慢递减后快速递减，最后逐渐减少的发展过程。自 1981 年的 492.8 Mt 逐渐减少到 1991 年的 346.4 Mt 后，快速递减至 1999 年的 201.1 Mt，接着逐步减少到 2019 年的 133.9 Mt，占世界煤炭总产量的 1.65%。长期以来，德国的煤炭生产总体上处于减少状态（图 3.3）。

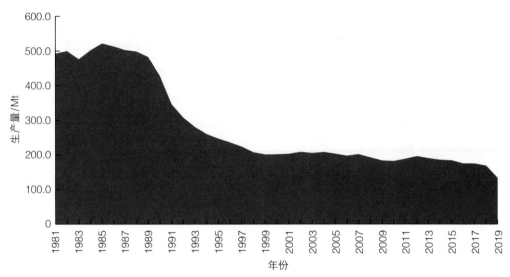

图 3.3　1981—2019 年德国煤炭生产量的变化状况

德国可再生能源发电量从 2000 年的 14.3 TW・h 稳步持续增加到 2019 年的 224.1 TW・h，占全球可再生能源发电总量的 8.0%，2019 年同比增长率达 8.0%，2008—2018 年年均增长率达 10.3%，总体呈现持续增长的发展过程（图 3.4）。

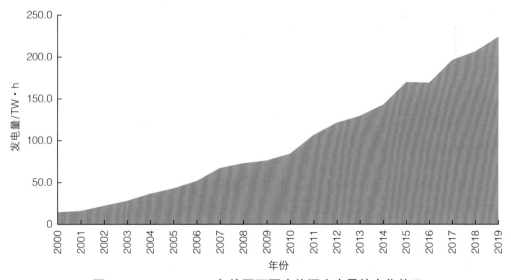

图 3.4　2000—2019 年德国可再生能源生产量的变化状况

德国的电力生产量自 1985 年的 522.5 TW·h 逐渐增加到 1989 年的 559.9 TW·h，
之后从 1990 年的 549.9 TW·h 先少量递减到 1993 年的 527.1 TW·h，之后逐渐增加
至 2008 年的 640.7 TW·h，又降低到 2009 年的 595.6 TW·h，然后经历缓慢增加
至 2017 年的 653.7 TW·h，之后又呈下降态势，至 2019 年下降至 612.4 TW·h，
占世界电力生产总量的 2.3%。长期以来，德国的电力生产总体上处于增长而后趋
于平稳的状态（图 3.5）。

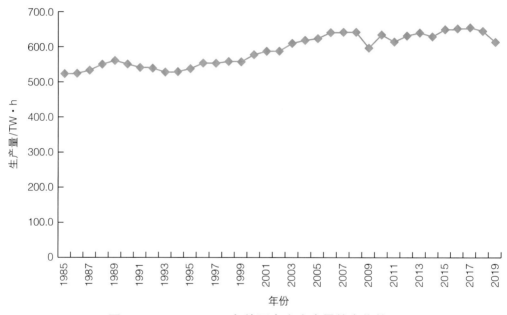

图 3.5　1985—2019 年德国电力生产量的变化状况

3.1.3　能源消费

德国的石油消费量自 1965 年的 86.3 Mt 逐步增加到 1973 年的 162.2 Mt，此后逐
渐降至 1975 年的 142.6 Mt，再缓慢增加到 1979 年的 163.2 Mt，此后快速降低至
1984 年的 122.5 Mt，接着波动式地缓慢降低至 2009 年的 110.6 Mt，之后持续缓慢
波动，至 2019 年为 106.9 Mt，占世界石油消费总量的 2.4%。长期以来，德国的石
油消费总体上处于先急剧快速上升，波动式降低后缓慢下降的态势（图 3.6）。

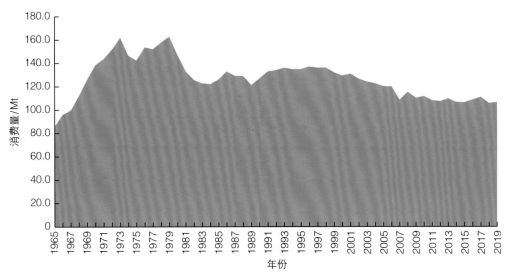

图 3.6　1965—2019 年德国石油消费量的变化状况

1965—2019 年德国的天然气消费经历了先高速增长、后逐步增长、再快速下降而又逐步增长的发展历程。自 1965 年的 31 亿 m^3 高速增加到 1979 年的 619.5 亿 m^3，之后逐步增长至 2006 年的 920.1 亿 m^3，又快速下降到 2015 年的 769.5 亿 m^3，又增加至 2019 年的 886.7 亿 m^3，占世界天然气消费总量的 2.26% 先快速增长再增长（图 3.7）。

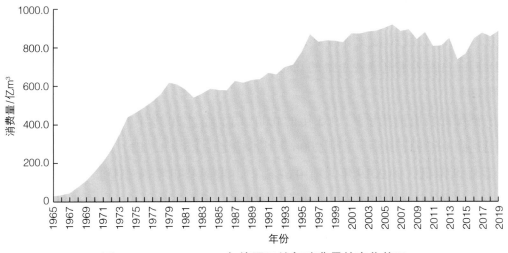

图 3.7　1965—2019 年德国天然气消费量的变化状况

德国的煤炭消费是 1965 年为 6.7 EJ，逐步减少到 1975 年的 5.3 EJ，然后缓慢增加至 1985 年的 6.3 EJ，此后先缓慢降低到 1989 年的 5.9 EJ，20 世纪 90 年代以后快速降低，2009 年达到 3.0 EJ，之后增加至 2013 年的 3.5 EJ，而后又开始下降至 2019 年的 2.3 EJ，占世界煤炭消费总量的 1.5%。长期以来，德国的煤炭消费总体上处于先缓慢减少、快速降低再逐步降低的状态（图 3.8）。

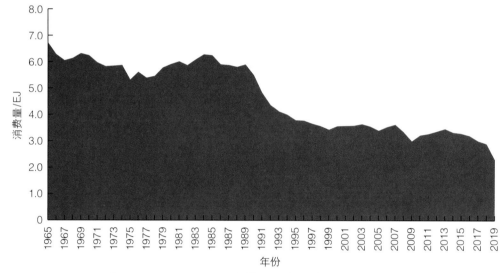

图 3.8　1965—2019 年德国煤炭消费量的变化状况

1965—2019 年德国的水电消费经历了波浪式增长与下降的发展过程。自 1965 年的 0.16 EJ 波浪式缓慢增加至 2000 年的 0.25 EJ，之后波浪式降低到 2019 年的 0.18 EJ，占世界水电消费总量的 0.48%，长期以来总体上处于波浪式的发展状态（图 3.9）。

德国的核电消费量从 1965 年的 0.001 EJ，经过 20 多年的快速发展，到 1989 年已达到 1.62 EJ，此后一直到 2006 年基本稳定在 1.5 ~ 1.7 EJ，2006 年为 1.61 EJ，之后逐渐降低，到 2019 年只有 0.67 EJ，占世界核电消费总量的 2.68%。长期以来，德国的核电消费总体上处于先快速增长、后逐渐稳定，后又快速减少的发展状态（图 3.10）。

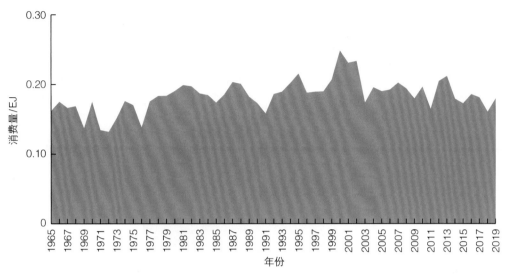

图 3.9　1965—2019 年德国水电消费量的变化状况

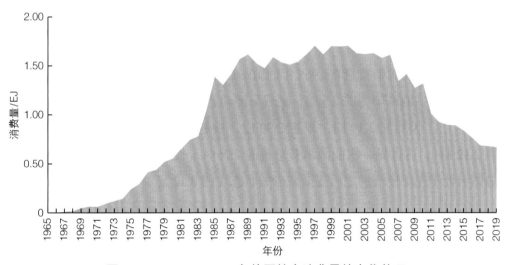

图 3.10　1965—2019 年德国核电消费量的变化状况

　　2019 年德国可再生能源在一次能源消耗中占 14.9％（2005 年占 4.6％，以下括号内均为 2005 年数据），占比最大的是石油 35.2％，其次是天然气 25.1％（图 3.11）。在总耗电量中占 10.2％（9.5％），在取暖用最终能源消耗中占 5.3％（5.1％），在城市交通能源消耗中占 3.6％（1.9％），在最终能源总消耗中占 6.4％（5.7％，包括用电、取暖和燃料）。2019 年，德国可再生能源销售额约 164 亿欧元，解决了 17 万人的就业问题。大量使用可再生能源使德国 2005 年的 CO_2 排放量减少了 8400 万吨，距实现《京都议定书》的目标更近了一步。目前，可再生能源已在德国电力、交通和供热等行业得到了快速发展。

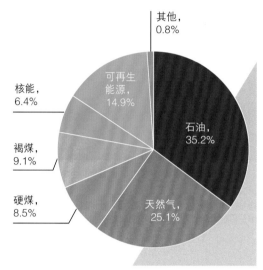

图 3.11　2019 年德国一次能源结构

　　德国的一次能源消费量自 1965 年的 10.68 EJ，逐步增加到 1979 年的 15.75 EJ，之后逐步降低，2009 年为 13.15 EJ，之后呈波动趋势，至 2019 年为 13.14 EJ（其中，石油 4.68 EJ，天然气 3.19 EJ，煤炭 2.30 EJ，核能 0.67 EJ，水电 0.18 EJ，可再生能源 2.12 EJ），占世界一次能源消费总量的 2.25%。长期以来，德国的一次能源消费总体上处于先缓慢增加之后逐渐减少的状态（图 3.12）。

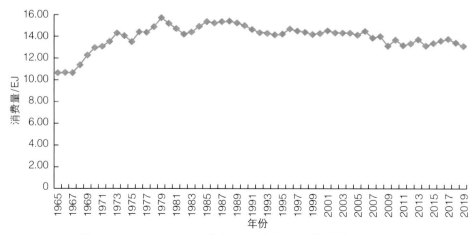

图 3.12　1965—2019 年德国一次能源消费量的变化状况

3.1.4 CO₂ 排放情况

德国的 CO_2 排放量自 1965 年的 910.4 Mt 下降到 1967 年的 892.4 Mt，此后逐步增加到 1973 年的 1116.4 Mt，达到德国碳排放的最高点，随后总体上逐步下降到 2019 年的 683.8 Mt，占世界 CO_2 排放总量的 2.0%。长期以来，德国的 CO_2 排放总体上处于先增长达峰再逐步减少的状态（图 3.13）。

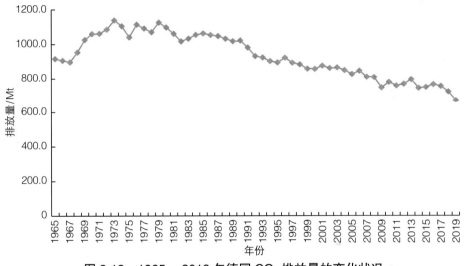

图 3.13　1965—2019 年德国 CO_2 排放量的变化状况

3.2　德国的能源管理体制

3.2.1　德国主要能源管理机构及其职责

目前德国联邦政府由联邦总理和 15 个联邦部门组成（表 3.1）。各联邦部门为执行机构，负责执行内阁会议做出的各项政策决定。与英法一样，德国也没有专门的能源部，而是由联邦政府相关多个部门进行管理。其中，与能源密切相关的部门有联邦经济事务和气候行动部，联邦环境、自然保护、核安全和消费者保护部，联邦经济合作与发展部。

表 3.1　德国主要联邦部门

中文名称	英文名称
联邦经济事务和气候行动部	Federal Ministry of Economic Affairs and Climate Action
联邦财政部	Federal Ministry of Finance
联邦内政和社区部	Federal Ministry of the Interior and Community
联邦外交部	Federal Ministry of Foreign Office
联邦司法部	Federal Ministry of Justice
联邦劳动和社会事务部	Federal Ministry of Labour and Social Affairs
联邦国防部	Federal Ministry of Defence
联邦食品和农业部	Federal Ministry of Food and Agriculture
联邦家庭、老年公民、妇女和青年部	Federal of Family Affairs，Seniorcitizens，Women and Youth
联邦卫生部	Federal Ministry of Health
联邦数字和运输部	Federal Ministry of Digital and Transport
联邦环境、自然保护、核安全和消费者保护部	Federal Ministry of the Environment，Nature Conservation Nuclear Safety and Consumer Protection
联邦教育和研究部	Federal Ministry of Education and Research
联邦经济合作与发展部	Federal Ministry of Economic Cooperation and Development
联邦住房、城市发展和建设部	Federal Ministry of Housing，Urban Development and Building

（1）联邦经济事务和气候行动部

联邦经济事务和气候行动部是政府宏观经济管理最重要的部门，其活动领域宽广，能源管理是其中的一部分。联邦经济事务和气候行动部有 4 位国务秘书和 3 位议会国务秘书以及 6 个机构，他们分别是：

• 联邦卡特尔机构，负责保护竞争。

• 联邦网络机构，监管电力、天然气、电信、邮政和铁路领域并确保以公平和非歧视的方式授予网络接入权，促进其竞争；确保全国各地可以获得基本的邮政和电信服务；保护消费者权益；能源监管方面负责批准电力和天然气传输的网络费用，为供应商和消费者进入能源供应网络消除障碍；负责电网快速扩张。

• 联邦经济事务和出口管制办公室，负责出口管制、中小企业的经济发展、资助能源部门节约能源并使用可再生能源。

• 联邦材料研究与测试研究所，负责材料和化学安全、技术安全，实施和评估材料和设备的测试等。

• 德国国家计量研究所，负责定义、保留和采用国际计量单位，并提供国家标准。

• 联邦地球科学和自然资源研究所，向联邦政府提供地球科学问题的建议，确保以经济和对环境无害的方式使用自然资源，该所每年会出版一本能源资源报告，它还是德国世界能源理事会（WEC）"德国能源"的编辑成员。

德国能源转型在联邦政府、联邦议院以及欧盟的制度和法规下进行。联邦经济事务和气候行动部有关能源方面的目标是实现合理的能源转型，在不损害德国工业竞争力的前提下，使能源转型实现现代化、数字化并具有创新性，同时保障能源供应安全、可负担和可持续。联邦政府设定了 4 个能源转型的目标，分别是到 2025 年可再生能源占比达到 40%～45%，2022 年关闭所有的核电厂，2030 年温室气体排放比 1990 年减少 55%，到 2050 年一次能源消费比 2008 年减少 50%。德国能源转型的两个主要目的是能源供应更多地依靠可再生能源和能源使用更加高效。

联邦政府负责监控能源转型的进展，联邦经济事务和气候行动部会出具年度监测和进展报告，用来报告德国在能源转型中所处的形势以及需要进行哪些调整。每三年，监测报告由一份战略进展报告进行补充，进展报告提供更深入的分析和确定新趋势。报告还审视了德国是否正在实现其长期目标，以及是否必须考虑采取额外的行动。联邦经济事务和气候行动部负责协调利益相关方之间密切和持续的对话，确保高度的透明度，并有助于获得公众对能源转型的支持。其建立了高水平的能源转换平台，用于促进与各州政府、工商业、社会、科学和研究机构代表的对话，为能源转型中的关键行动制定解决方案和战略。联邦政府和各州不断在实施能源转型方面进行协调。联邦总理和联邦经济事务和气候行动部长每年会见两次各州政府首脑，讨论能源转型的状况。除此之外，相关的联邦和州的部长们也聚集在一起召开年度会议，确定优先事项，并就能源转型的下一步措施达成一致。德国的能源转型也是欧盟能源系统转变的一部分，欧盟成员国为 2030 年及之后制定了雄心勃勃的能源和气候目标，确保整个欧洲的能源供应安全，以提升欧盟的国际竞争力。

（2）联邦环境、自然保护、核安全和消费者保护部

1986 年 6 月 6 日成立了联邦环境、自然保护和核安全部（以下简称"联邦环境部"），接管了原来由联邦内政部、联邦农业部和联邦卫生部共同负责的环境保护职能，负责制定基本的环境、资源和能源保护政策。

依据联邦议院的决议，联邦环境部有两个办公地点，分别设在波恩和柏林，但主要办事处设在波恩，共有 6 个部门、830 名雇员，6 个部门均在柏林设有第二办公室。从联邦环境部的组织结构（图 3.14）可知，联邦环境部长统领大局，部长在 2 名议会国务秘书和 1 名国务秘书协助下工作，部长直接领导新闻处、内阁处、部长办公室。

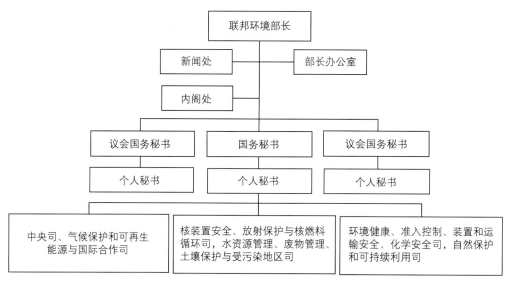

图 3.14　德国联邦环境部组织结构

联邦环境部设 6 个司局，分别为中央司，气候保护和可再生能源与国际合作司，核装置安全、放射保护与核燃料循环司，水资源管理、废物管理、土壤保护与受污染地区司，环境健康、准入控制、装置和运输安全、化学安全司，自然保护和可持续利用司。其中，气候保护和可再生能源与国际合作司及核装置安全、放射保护与核燃料循环司主要负责能源事务，前者主要负责可再生能源和能源方面的国际合作，而后者职能则集中于核能及安全方面。

联邦环境部的职能包括基本环境保护问题，国际合作，对公众提供环境问题的信息和教育，前东德地区的环境补救和发展，气候保护，环境和能源，空气质量控制，消除噪音，地下水、河流、湖泊和海洋保护，土壤保护和受污染地区的补救，废物回收利用政策，化学安全，环境与健康，工业设备紧急事件预防，生物多样性的保护、维持和可持续利用，核设施安全，放射性保护，以及核材料的供给和处置。

德国的可持续发展观不仅局限于环境保护，还涉及能源政策、农业政策、社会保障系统等诸多方面。联邦环境部还需定期向联邦议院呈交关于《可再生能源法》的评估报告，评估其对于环境保护和能源节约方面的影响，旨在建立符合实际情况的支撑体系。

2021年12月8日，根据联邦总理组织法令，联邦环境部名称更改为联邦环境、自然保护、核安全和消费者保护部（BMUV）。从那时起，BMUV不仅负责环境保护和自然保护，还负责消费者保护政策的制定。因此，BMUV塑造了关注人及其生活环境的未来核心问题，推动经济、环境和社会现代化。气候行动仍然是BMUV的一个关键问题，重点是制定自然气候、气候适应和资源政策的解决方案。

2021年底，BWUV组织结构共有五个领导人，其中部长由施特菲·莱姆克（Steffi Lemke）担任，负责监管并在联邦内阁中代表该部。1位国务秘书担任部长的副手，有权利向部门所有工作人员发布指令。2位议会国务秘书是部长在议会中的代表，如在联邦议院或者联邦参议院发言。BWUV研究包括气候适应、自然物种保护、核安全辐射防护、水资源浪费、健康化学品、可持续数字化等与能源和环境相关的主题。具体来说，BWUV主要负责相关领域的以下工作：

1）起草立法，为相关部门制定监管立法，将欧盟指令转化为国家法律，然后形成相关政策领域的法律框架

该部为联邦政府起草法律，然后提交联邦议院，并在适当情况下提交联邦参议院做出决定。该部还负责发布法定文书——详细说明法律细节的附属立法，特别是在执法方面。该部参与对其责任领域有影响的所有立法措施。

2）资助研发，支持创新技术的市场推广

该部还使用经济手段支配创新技术的推广。例如，支持的项目资金来自排放交易的税收和收入，使公众、协会、公司和市政当局能够获得具体项目的财政支助。

3）国内和国际合作

德国是一个联邦国家，是欧盟和许多国际组织的成员。国家和国际一级的密切合作对于能否在该部职权范围内有效地设计政策起到重要作用。这就是为什么联邦和州在许多问题上协商解决难题、起草方案和制定联合战略，以便能在德国有效地执行。除了德国环境部长联合会等常设机构之外，部际工作组和委员会也召开会议。许多环境和自然保护问题只能通过密切的国际合作来解决，该部在欧盟和国际组织（UN、OECD、WTO）中代表德国处理相关合作事宜。

4）公众广泛参与和可接受的沟通

开展广泛的媒体和公共关系工作，使活动和计划的措施透明。公众可以通过该部官方网站或出版物了解该部的最新消息。主题日和不断发展的公民参与旨在让公众发挥积极的作用。

（3）联邦数字和运输部

1998 年 10 月，德国联邦新政府进行机构改革，基于一体化运输的理念，成立联邦交通、建设与住房部，旨在推动制定跨运输方式政策的基础上，突出交通运输与城市和空间规划更紧密的联系。2005 年，原来的联邦运输部，联邦土地规划、建设部及联邦房屋部进行了合并，组成了联邦交通、建筑与城市规划部。

根据 2010 年的数据，联邦交通、建设与城市规划部（包括下属执行机构）的公共预算超过 260 亿欧元。联邦交通、建设与城市规划部作为联邦政府利益的代表，履行交通运输、建设和住房行业内部分企业产权所有人或共同所有人的职能，如机场、房地产企业等，主要负责德国的交通、住房和建筑等事宜，具体包括交通运输、基础设施、住房建设和城市建设管理，在能源方面则督导运输工具的能源管理、建筑节能、交通能源消耗、可再生交通能源等问题。

2013 年联邦交通、建设与城市规划部的机构设置是以部长为领导，以交流中心和政策事务办公室为辅助，在 5 位国务秘书的协助下开展工作，组织机构如图 3.15 所示 [①]，其下属 9 个司局，分管铁路运输、水路运输、道路建设、公路交通、

① 李聪，王显光，孙小年.德国交通管理体制变迁及特点 [J].工程研究：跨学科视野中的工程，2013，5（4）：395-406.

空中运输、航天和航运等，在建筑和住房事务方面，负责住房秩序和房屋结构政策制定、住房建设和城市建设。该部还设有大气与环境保护、能源政策处，主要负责制定公路交通和建筑领域中有关提高能源效率和清洁能源开发利用的政策。

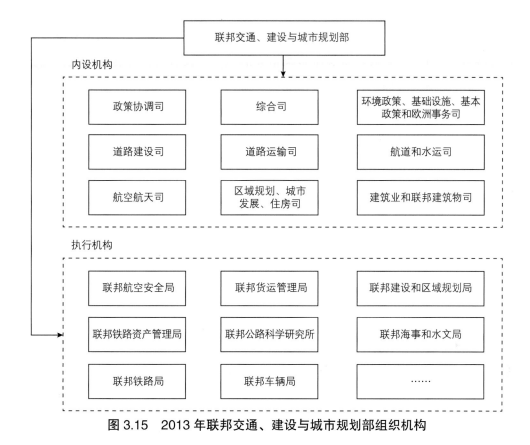

图 3.15　2013 年联邦交通、建设与城市规划部组织机构

2015 年至今叫作"联邦交通与数字化基础设施部"（以下简称"联邦交通部"）[①]。2016 年，联邦交通部有 1300 多名雇员，下设 9 个司局，分别负责铁路运输、水路运输、道路建设、公路交通、空中运输、航天和航运等方面的法规、政策的制定和执行。联邦交通部下属 21 个业务局，负责执行与实施具体业务[②]。该部专设运输工

① 付宇.德国交通运输发展趋势及重点［J］.工程研究：跨学科视野中的工程，2017，9（2）：165–172.

② 何霄嘉，许伟宁.德国应对气候变化管理机构框架初探［J］.全球科技经济瞭望，2017，32（4）：56–64.

具、物流和能源可持续发展政策处，主要负责在公路交通领域针对改善能源效率、加强新的可再生能源，特别是清洁能源的开发与应用等方面制定政策。在能源方面则督导运输工具的能源管理、交通能源消耗、可再生交通能源等问题，联邦交通部是电动汽车研发推广的主要责任部门之一。

德国基于《德意志联邦共和国基本法》施行联邦制，规定了州与地方政府具有高度自治权，州是国家行政管理中较为重要的单位。这种管理模式在交通运输系统也得以充分展现。例如，在道路管理方面，德国道路系统分类由"联邦远程公路"与地方道路（州、郡、镇三级）4 种单位构成。"联邦远程公路"由联邦交通部管理和制订计划，但具体建设和维护管理会委托给州一级政府。郡、镇的道路一般也会向州政府委托建设和维护运营。

2022 年 2 月 1 日，联邦交通部发布了最新的组织结构（图 3.16）。联邦交通部的执行团队由 3 个单位组成：联邦部长、3 个议会国务秘书（是联邦议院的成员，由部长任命并协助其履行政治职能）和 3 个国务秘书（公务员，协调该部各个总司的工作）。联邦交通部由联邦政府任命的部长领导，协调并负责该部门的工作，该部总共由 44 个执行机构组成，负责德国公路、铁路、水路和航空政策的各个方面以及数字基础设施的推出。部长的工作得到 3 个议会国务秘书和 3 个国务秘书的支持，这些最高级的工作人员协助部长履行部门负责人和政府成员的职能。

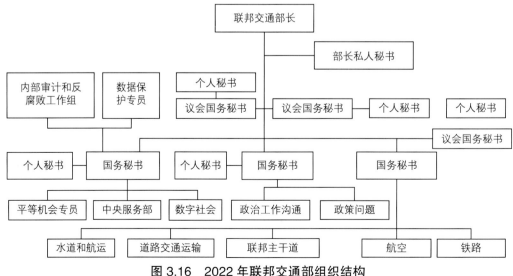

图 3.16　2022 年联邦交通部组织结构

（4）联邦经济合作与发展部

联邦经济合作与发展部大约 51% 的工作人员在波恩总部工作，其余 49% 在柏林办事处工作，其中一些员工是去世界各地执行发展政策任务而定期借调的，每次借调几年，目前有 130 名派驻国外的官员。2023 年 2 月 10 日，联邦经济合作与发展部发布最新组织结构图，分为沟通通信部门、机要部门、联邦政策宗教或信仰自由管理部门、2 个议会国务秘书负责的部门及 1 个国务秘书负责的部门等 6 个部门，分别负责不同的任务，具体职责如图 3.17 所示。

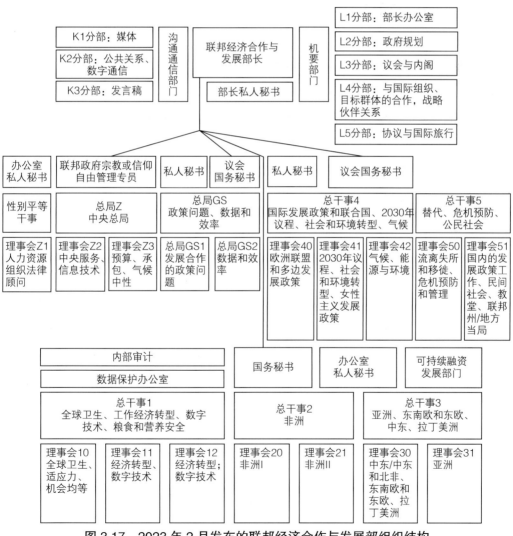

图 3.17　2023 年 2 月发布的联邦经济合作与发展部组织结构

每个部门又分别下属不同的理事会，其中，理事会 42 是气候、能源和环境相关的部门，是联邦经济合作与发展部的主要工作领域之一，研究的问题主要包括气候和能源、可持续城市发展以及环境问题，细分就是气候政策，气候融资，能源、氢能、原材料、基础设施，环境政策，城市发展，流动性，循环经济和海洋保护。

3.2.2 德国能源管理部门的权责体系和执行机制

德国是联邦制国家，联邦政府的主要职能定位为政策制定、信息提供、组织协调和检查监督，其余职能则由州政府负责。根据法律规定的不同权责体系，在联邦、州和地方 3 个不同层次设定了相应的组织机构，同时有相应的运行机制予以保障。

联邦政府能源管理的主要职能是总体的能源规划、一般能源政策的制定、核安全政策的制定与实施及组织协调。州政府能源管理的主要职能是能源政策的实施，同时也包括部分能源政策的制定。州政府的职能是在联邦的一些能源框架立法基础上进行细化和完善立法。联邦政府在能源政策制定及立法方面有领导或统帅作用，州政府则在能源执法方面负主要责任。在与联邦或州的规章没有冲突的情况下，地方对解决当地环境问题有自治权。除自治以外，地方也接受州政府直接委派的一些任务。

在执行机制方面，德国的特征是联邦掌握宏观控制，州和地方灵活机动实施。按照《德意志联邦共和国基本法》的规定，州政府可以按照其自己的权责实施联邦的法律、法令和行政规章。在有些领域，如核安全和辐射保护法，受联邦的监督，州可以代表联邦执行联邦法律。另外，"共同部级程序规则"对相关部门间合作也有具体规定：一是部门间有职责交叉时，各个部门应该相互合作以确保联邦政府对这一事情有统一的措施与陈述；二是主要负责部门应当确保其他所有相关部门的参与。

3.2.3 主要能源企业

（1）德国莱茵集团公司

德国莱茵集团公司（RWE）成立于 1898 年，总部设在德国埃森，主要生产煤炭、核电、天然气和石油以及可再生能源与抽水蓄能电站联合发电产生的电力，还在欧洲经营陆上和海上风力发电场，以及水电和生物质能发电厂项目。该公司主要为商业、企业及个人客户提供产品和服务，分销商分布在德国、英国、中欧和东南欧。2009年的标准普尔Compustat数据显示：公司的资产1321.79亿美元，收入658.74亿美元，利润43.25亿美元，投资资本回报率12.86%，近3年综合收益率为5.51%，在普氏全球能源企业250强中排名第14位。2020年9月24日的标准普尔Compustat数据显示：公司资产726.48亿美元，收入149.64亿美元，利润–14.92亿美元，投资资本回报率–6%，近3年综合收益率为–32.9%，在普氏全球能源企业250强中排名第210位，相比2009年排名急剧下降，各个指标也出现断崖式下跌。

（2）德国意昂集团

德国意昂集团（E.On AG）成立于1929年，总部设在德国杜塞尔多夫。该公司主要为区域和市政公用事业、商业、工业用户和住宅客户提供电力和天然气服务。截至2008年底，该公司拥有装机容量74吉瓦、天然气94亿立方米、天然气管道1.16万公里。2009年的标准普尔Compustat数据显示：该公司资产2221.78亿美元，收入1208.06亿美元，利润19.29亿美元，投资资本回报率2.20%，近3年综合收益率为18.95%，在普氏全球能源企业250强中排名第45位。2020年9月24日的标准普尔Compustat数据显示：该公司的资产为1115.50亿美元，收入469.56亿美元，利润5.68亿美元，投资资本回报率2.999%，该公司的资产、收入和利润均下降，投资资本回报率少量增加，在普氏全球能源企业250强中排名第91位，后退了46位。

（3）德国BW公司

德国BW公司总部设在卡尔斯鲁厄，业务涉及电力、煤气、能源和环境服务3个领域。电力部门从事贸易、输电、配电和售电；煤气部门提供约1900公里的天然气输送管道服务；能源和环境服务部门提供热和非热处理、自发电和冷却服务，以及管理能源植物等。2009年的标准普尔Compustat数据显示：公司资产465.81亿美元，收入226.43亿美元，利润12.07亿美元，投资资本回报率8.30%，近3年综合收益率为14.83%，在普氏全球能源企业250强中排名第47位。2020年9月24日和标准普尔 Compustat 数据显示：公司资产 489.91 亿美元，收入 214.05 亿美元，利润 8.31 亿美元，投资资本回报率 4%，近 3 年综合收益率为 -1%，在普氏全球能源企业 250 强中排名第 59 位。相比 2009 年排名下降了 12 位，资产增加，但收入和利润都有所下降，投资资本回报率下降了 50% 多，近 3 年的综合收益率下降了约 15%。

（4）Uniper SE

Uniper SE 成立于 2016 年，总部位于德国杜塞尔多夫。作为一家能源公司，Uniper SE 业务分为 3 个部分：欧洲发电、全球商品和俄罗斯发电。公司拥有并经营各种电力和热力发电设施，包括煤、天然气、石油、燃气和蒸汽联合发电等化石燃料发电厂，以及水力、核能、生物质能、光伏和风力发电厂。该公司还提供能源服务，包括燃料采购、工程和资产管理，以及运营和维护服务，并从事排放配额交易和电力销售。此外，该公司还向经销商、工业客户和电厂运营商销售个人电力和天然气，从事能源交易活动、基础设施投资和储气业务、发电厂燃料采购、工厂的运营和管理，以及能源的贸易和销售。此外，它还交易商品，包括电力、天然气、液化天然气、煤炭和货运解决方案，提供区域供热和在线燃气调度服务，在德国、奥地利和英国经营储气和电转气设施，并在富查伊拉拥有并经营船用燃料油生产设施。2020 年 9 月 24 日的标准普尔 Compustat 数据显示：公司资产 495.2 亿美元，收入 745.78 亿美元，利润 6.9 亿美元，投资资本回报率 4%，近 3 年综合收益率为 -0.7%，在普氏全球能源企业 250 强中排名第 53 位。

3.3 德国的能源法律法规

德国一直注重通过法律手段对能源产业、能源供需制度进行调节和监管。1935 年德国就制定了《能源经济法》，标志着德国有了独立、系统的能源法律规则，具有历史性意义。之后，德国分别在石油储备、可再生能源、节约能源、核能等领域制定专门法。目前，德国已形成了以 2005 年新修订的《能源经济法》为核心的，由煤炭、石油、可再生能源、节约能源、核能、生态税改革等专门立法为主体内容的能源立法体系[1]。

---

[1] 杜群，陈海嵩.德国能源立法和法律制度借鉴［J］.国际观察，2009（4）：49-57.

（1）能源基本法

德国联邦法律《能源经济法》是最主要的能源立法，是德国能源法体系中的基本法，主要对电力和天然气市场的相关问题进行规范。该法首次制定于 1935 年，当时德国的电力、天然气市场几乎没有竞争，大型联网公司同时负责发电、管理和运营供电网。该法的目的在于确保"尽可能安全和廉价地"组织能源供应，并授权有关部门负责能源的监管、市场准入、退出和投资控制。这一目的主要通过划定区域界线，由国家监督价格并控制竞争，建立和保证可靠的、城乡价格统一的电力供应经济体系。长期以来，在《能源经济法》的框架内，德国逐渐形成和巩固了强大的能源单一垄断体制。1957 年制定的《反对限制竞争法》虽然取消了电力经济中的区域保护协议，但是并未起到多大作用。

随着世界范围内放松管制潮流的兴起，德国能源工业的高度垄断状况越来越不适应能源市场发展的要求。1996 年，欧盟第一次发布了关于电子（包括电力）和天然气在欧盟内部市场自由化的指令，强调欧盟内部能源供应市场的公平竞争、废除垄断、根据类型分类定价、建立高度透明和没有歧视的统一能源市场。德国能源从业者也强烈要求政府开放能源市场。在国内外因素的压力下，德国联邦政府内阁对《能源经济法》进行了修改。

1997 年 11 月，联邦议会通过了新修订的《能源经济法》。1998 年 3 月 28 日，新修订的《能源经济法》公布并于次日生效，基本取代了 1935 年的老法。新的《能源经济法》共有 19 条，明确将"保障提供最安全的、价格最优惠的和与环境相和谐的能源"作为立法目的，而且这三者之间具有同等重要性，在相互冲突时没有任何一方享有优先。新法的基本原则是非歧视原则，即保障每个用户不受歧视地使用能源网络。新法打破了传统的能源工业垄断结构，引入了竞争机制，根本性的改变包括：①打破原有的地域供电界限，允许任何符合条件并获得政府有关部门经营许可的公司经营供电业务。只有在不符合必要的技术、经济条件的情况下，供电的许可才会被拒绝。②立即对所有的用户开放能源市场，即所有用户都可以立即取消原有的一一对应的供求关系，重新选择自己的供电商。③电力公司必须将发电、电力传输和配电业务分开，而电力传输在经营管理上也必须与公司的其他业务分离开来。

新法的另一个重点在于保障能源供应的安全，且主要通过 3 个制度来保障：第一，公共能源供应的准入制度，即"申请—许可"程序。新法第 3 条规定，从事向他人供应能源的活动须获得政府主管部门的许可。在申请者不具备确保长期能源供应能力，或可能导致对消费者不利的电力供应结构的情况时，管辖机关可以拒绝申请。许可必须适当考虑"安全、经济和环境上可接受的"能源供应目标。第二，保护能源消费者制度。新法第 10 条规定，能源供应企业应当向最终用户公布供电和供气的普遍适用条件和资费标准。供应商通常有义务满足其顾客的全部需求。然而，当能源服务对供应商在经济上不合理时，可以免除这一义务。第三，能源产业的国家监管制度。新法第 18 条规定，德国电力和燃气产业应服从国家监管，按照政府主管部门的要求提供技术和经济方面的相关信息，以监督能源企业的活动是否符合所有以能源供应安全为导向的法律法规和标准。

2003 年，为实施欧盟在 2003 年发布的关于加快欧盟能源市场开放的指令，德国对《能源经济法》进行了修改。欧盟指令要求欧盟各成员国最迟在 2004 年开放供应非民用电力和天然气的能源供应市场，从 2007 年 7 月 1 日起全面开放所有能源供应市场。《能源经济法》在 2005 年进行了第二次修改，并于 2005 年 7 月 1 日生效。2005 年《能源经济法》的改革内容在于将能源网络费用和接入条件由原来的自由协商和事后监管模式，改变为政府事先管制模式。为实现此目标，德国在联邦范围内加强了对能源市场的监管，将原负责管理邮政与电信市场的监管机构更名为"联邦网络局"（Bundesnetzagentur，BNetzA）。该监管机构负责对电力、天然气、电信、邮政和铁路网络进行监管，还负责为能源企业制定最高限价。该法放宽了对企业利润幅度的限制，允许企业通过降低成本来提高利润，以促进市场竞争。

自 1998 年 3 月德国新的《能源经济法》实施以来，德国电力和天然气等基础能源领域从原来的垄断结构转向自由市场经济结构，取得了较好的成效。在市场竞争的压力下，所有的电力公司不仅都在降低成本、提高效率上下功夫，而且进一步提高了用户服务质量，从而使电价明显下降，服务质量显著改善。但从总体上看，德国能源市场还存在改革不彻底、监管缺乏力度的问题。国际能源署（IEA）曾经呼吁德国政府进一步推动电力和天然气市场开放的改革，为公平竞争创造环境。

（2）能源专门法

在能源基本法的引领下，德国建立了以能源类别及制度为立法对象的能源专门立法体系，主要是煤炭、石油和天然气、可再生能源、电力输送、节约能源、热电联产、核能、生态税改革、气候变化等专门法。

1）煤炭相关法案

德国的煤炭工业历史悠久，并较早制定了相关法律进行规范。1919年，德国制定了《煤炭经济法》，这是世界上第一部以"经济法"命名的法律。当时德国刚刚在第一次世界大战中战败，经济面临崩溃。为挽救战后危机，德国立宪会议首先通过了《魏玛宪法》，在奉行"经济自由"的同时，确立了"社会化"原则，颁布了一系列经济法规。这些法律的主旨在于扶持垄断，对私有制实行限制，并授权政府对全国经济生活进行直接干预和管制。当时的德国试图通过这些法律，凭借国家权力直接干预和控制经济，把贯彻社会化政策同保护私有财产、维护契约自由结合起来。《煤炭经济法》则为其中的代表性法律，其目标在于确立煤炭产业的国家管制。

2020年7月，德国联邦议院通过《德国燃煤电厂淘汰法案》（the Act on the Phase-out of Coal-fired Power Plants）和《矿区结构调整法案》（the Structural Reinforcement Act for Mining Regions）两个法案，其中提出了具体的燃煤电厂分3个阶段进行的退出方案[①]：到2022年底，保留硬煤产能15 GW和褐煤产能15 GW（2019年硬煤产能为22.8 GW，褐煤产能为21.1 GW）；到2030年底，保留硬煤产能8 GW和褐煤产能9 GW；最迟到2038年底，随着淘汰工作的完成，将不再有煤炭发电能力。计划在2026年、2029年和2032年进行3次审查，以决定是否可以在2035年之前完成淘汰工作。拟到2038年关闭最后一座燃煤电厂，但需要花费约400亿欧元来帮助一些受影响的地区以应对这一能源转型带来的经济冲击。为此，对淘汰煤矿导致矿区工人失业带来的经济困难问题，德国提出《矿区结构调整法案》，其中规定按计划在德国4个主要煤炭开采州，即勃兰登堡州、萨克森-安哈尔特州、萨克森州和北莱茵-威斯特法伦州的煤炭开采地区的煤矿工人将直到2043年才有资格

---

① https://www.bmwi.de/Redaktion/EN/Pressemitteilungen/2020/20200703-final-decision-to-launch-the-coal-phase-out.html.

获得所谓的"调整金"。到 2038 年，4 个主要煤炭开采州将总共获得 140 亿欧元用于这些地区的直接投资，而联邦政府还将额外提供 260 亿欧元，以实施"进一步措施"来加强当地的经济。另外，这还不包括德国政府提出的向主要燃煤发电企业补偿 43.5 亿欧元的计划。

2）石油和天然气法

在石油危机后，德国开始重视石油等矿物资源的立法。1974 年 10 月 20 日，德国颁布了《能源供应安全保障法》，确保在原油、矿物石油产品或天然气进口受到危害或阻碍时保障能源供应安全。该法案授权联邦政府发布法令和规章来保证基本的能源供应。据此，德国政府先后颁布了多项规范矿物、石油、燃气和电力行业的详细法令，包括《电力供应保障法令》（1982 年 4 月 26 日）和《燃气供应保障法令》（1982 年 4 月 26 日），以应对和管理能源危机。1979 年，德国政府对《能源供应安全保障法》进行了修改。

此外，1978 年 7 月 25 日，德国联邦议院通过了《石油及石油制品储备法》，建立了比较完善的石油储备制度，并于 1987 年和 1998 年对该法进行了两次修改。

3）《可再生能源法》

德国一直重视可再生能源的开发和利用，并通过法律手段进行规范，大力发展可再生能源是德国能源政策的一个重要组成部分。1991 年，德国制定了《可再生能源发电向电网供电法》（又称《电力输送法》），强制要求公用电力公司购买可再生能源电力，这为德国可再生能源的发展打下了良好的基础。2000 年，出于环保和节省成本考虑，德国决定逐步放弃已初具规模的核电，并以此为契机大力开发太阳能、风能、生物能等可再生能源，并于 3 月 29 日颁布了《可再生能源法》。该法适用于水力，风能，太阳辐射能，地热能，垃圾填埋场、废水处理厂和矿井内产生的气体以及生物质能发电。其中生物质能不包括化石燃料，如石油、煤炭和天然气。该法所确定的优惠政策仅仅赋予利用上述能源所发电力。公用电网运营商必须购买可再生能源所发电力并支付优惠价格。该法建立在 1991 年的《电力输送法》的基础上，被视为世界上最进步的可再生能源立法。

2004 年、2009 年、2012 年、2014 年、2017 年和 2021 年德国先后对《可再生能源法》进行 6 次修改，修改后变动如下。

①《可再生能源法》（2004 年）。2004 年，德国对《可再生能源法》进行了修改，共有 12 条，主要改进了生物质、沼气、地热和光电等能源的支付条件，更加体现效率的要求。同时，修改后的《可再生能源法》（2004 年）提出了新的目标，即到 2020 年使可再生能源发电量占总发电量的比例达到 20%。该法的主要内容包括：

一是购买和补偿的义务。根据《可再生能源法》（2004 年），电网运营商有义务将他们的电网与上述以可再生能源发电的装置连接起来，优先购买这些装置所发电力并依据法律规定向电力供应者支付价款（给予补偿）。从经济角度出发，该法要求在技术可行的条件下，连接该种发电装置的义务由距发电装置最近的电网运营商承担。该法同时规定，即便电网运营商为此必须花费一定成本扩充其电网容量，也被认为是技术可行的。因此，电网运营商应毫无延迟地进行此等改进。

值得一提的是，该法明确指出电网运营商在购电并支付价款时，应优先购买可再生能源所发电力。也就是说，运营商不能以传统能源所发电力已满足电力需求为由拒绝购买可再生能源所发电力，并且，只要是适用本法的电力提供给电网运营商，运营商就必须购买，如果可再生能源所发电力已满足电网需求，还有更多的供给，这时在经济合理的前提下，运营商就有必要扩充其电网容量。

二是补偿价款。该法明确规定了电网运营商购买各种可再生能源所发电力应支付的最低补偿价款。价款制定的原则是可再生能源发电装置的运营者在有效管理的条件下可以获得经济上的效益。在计算补偿价时考虑的最重要因素包括投资成本、运营成本、测量成本、某种特定发电装置的资金成本以及资金的市场回报。

为减少电网运营商、政府部门，特别是小型分散的可再生能源发电装置运营者在管理方面所需的精力物力，该法采用了在全国范围内使用统一补偿价的方法，这就省却了根据个案来查验发电装置成本和控制经济效率。但这种统一价的方法不能保证在每种情况下支付的价款都能使供电者获得利润。因此，法律中规定的补偿价是最低价格，为系统地促进某种技术，可以支付更高的价格。原联邦经济与技术部，加强与联邦环境部及联邦粮食、农业和林业部协商，负责跟踪这一领域的发展情况并在必要时提出调整补偿价的建议。

基于技术进步和成本下降的考虑，补偿价从 2002 年起有一个名义上的年递减率。这一递减幅度是生物质能 1%、风能 1.5%、光伏能 5%。对用水力、填埋气、矿井气和废水处理厂气体发电的装置，由于它们成本下降的空间已非常小，剩下的空间也会被通货膨胀率抵消，所以没有关于补偿价递减的规定。

三是提供报告。《可再生能源法》（2004年）规定了严格的定期报告制度，使现实的信息能及时反馈到立法者面前。该法第12条规定："本法生效后，原联邦经济与技术部要在每隔两年的6月30日之前与联邦环境部及联邦粮食、农业和林业部取得一致，向德国联邦议院报告关于符合本法第2条的电站的市场进入及价格发展情况，并在每隔两年的1月1日提出对本法第4条至第8条所规定的偿付标准和与新电站的技术与市场发展相适应的递减率的调整建议方案，以及基于本法规定的计算期限经验按照本法附则对风力电站收益计算期限的延长建议方案。"

该法规定，根据发电的实际成本，为每一种可再生能源发电技术确立了每千瓦时（kW·h）的特定支付金额。电力公司有资格参与该支付费用的确定，这是电力部门解除官方控制产生的一种变革。该法进一步明确了新能源分类电价制度。由于德国风能发展迅猛，在该法中，特别规定了风力发电在设备投资使用前后的不同时期，采取不同的补价标准。电力运营商按照固定电价购买新能源电力，必须优先购买。固定电价则以各种新能源的发电成本基础确定，政府根据运营成本的不同对运营商提供金额不等的补助。该法保证购买和使用光伏发电能源的居民和企业得到0.99马克（0.56欧元）/千瓦时的价格返还。

另外，德国在2001年颁布了《生物质能条例》。该法在《可再生能源法》（2000年）基础上，对促进生物质能发展进行了规范。为促进可再生能源的开发和利用、调整能源结构，2004年8月德国出台了新的《可再生能源法》（2004年），对2000年出台的法律进行修订和补充，对发展可再生能源给予补贴，并实施了一系列鼓励使用新能源的计划。例如，该法明确规定了电网企业应支付的固定上网电价，包括水力、沼气、生物质能、地热、风力和太阳能发电等。针对不同的可再生能源，根据机组的大小确定最低上网电价。就风电而言，主要取决于当地的风力条件和建站的位置（内陆还是海上）。新修订的《可再生能源法》（2004年）规定的电价为：风电5.39欧分/千瓦时、水电6.65欧分/千瓦时、太阳能发电59.53欧分/千瓦时。根据这部法律，德国联邦环境部每年拨款3067万欧元，用于可再生能源的研究和开发，其重点是太阳能和地热发电，新的获取能源方式，如近海风能源、有机物利用以及燃料电池等相关研究。目前，德国风力发电的电价比常规电厂的电价高出近50%。《可再生能源法》（2004年）规定，电力公司必须无条件以政府制定的保护价，购买利用可再生能源产生的电力。此外，政府为鼓励开发利用太阳能，决定实施"10万个太阳能屋顶计划"，并为太阳能发电设备先期投入提供了低息或无息贷款的优惠条件。在《2004年国家可持续战略进展报告》中，德国政府制定了"替代燃料和创新推动方式"，旨在减少传统燃料消耗，并以此降低对石油的依赖。

②《可再生能源法》（2009年）。其条款由上一部的12条扩充到66条，通过对可再生能源电力发展路径进行更为全面、细致的思考与设计，建立起基于发电量的固定上网电价调减机制。同时，该法首次提出市场化方面的条款。

③《可再生能源法》（2012年）。首次将可再生能源电力的长期目标写入法律文件，提出2050年之前使可再生能源发电量占比达到80%，借此向市场释放出强烈的信号。该法通过设定补贴上限、装机容量上限等方式缩小补贴规模。以陆上风电为例，规定每年新增装机容量为240万~260万千瓦，超出部分则对电价进行递减式调整。此外，还通过补偿机制保护可再生能源项目的合理收益。当陆上风电机组发电量低于参考电量的150%时，该机组享受初始电价的期限便延长。

④《可再生能源法》（2014年）。该法为可再生能源的发展搭建了一个平台，使其成为德国电力供应的主要支柱之一。该法旨在通过固定关税和购买担保提供支持，使风能和太阳能等新兴技术进入市场。该法进行重要变革：一是控制可再生能源新增装机速度，并加强配套设施建设，以提高能效；二是引入直接销售机制，鼓励可再生能源电力供应商直接参与市场化交易，并从电力系统运营商处获取市场溢价；三是由长期固定电价收购制度，转变为以市场为导向的竞标制度。在给予风电开发商一定缓冲，继续实施电价支持政策的同时，废止现有的过度补贴和奖励政策。

⑤《可再生能源法》（2017年）。该法变更了可再生能源的融资方式，提出要将可再生电力的融资利率由政府指定转向市场拍卖的方式来确定。主要内容包括控制成本和引入竞争定价机制等，具体措施包括开始执行拍卖机制。一是由拍卖机制确定上网电价。可再生能源上网电价由政府制定的方式转向主要由拍卖确定的方式。拍卖机制将覆盖年度新增容量的80%。通过拍卖机制保证新增机组的成本效

益和市场主体的多元化。二是 2018—2020 年德国开始试行新的拍卖机制——技术中立拍卖,包含两类:第一类是联合拍卖机制,联合拍卖陆上风电与太阳能发电,年拍卖容量 40 万千瓦。第二类是创新拍卖机制,要求发电技术能够有益于电力系统的发展,年拍卖容量 5 万千瓦。2021 年及以后,联邦政府将借鉴前期经验,适时决定是否继续执行联合拍卖和创新拍卖机制,以及提出具体的拍卖规模。

该法还提出要控制年度新增规模。陆上风电 2017—2019 年每年新增 280 万千瓦,2020 年以后新增 290 万千瓦;海上风电 2020 年规模达到 650 万千瓦,2030 年达到 1500 万千瓦;太阳能发电每年新增 250 万千瓦;生物质发电 2017—2019 年每年新增 15 万千瓦,2020—2022 年每年新增 20 万千瓦。

该法还规定对"业主到租户"(Landlord to Tenant)模式进行补贴。这种模式是指业主在屋顶安装光伏,产生的电量直接被房屋住户或房屋附近的消费者直接使用,若电量未完全被消费者使用,允许出售给公共电网。直接消费的电量,业主可以享受一定的补贴;未消费直接上网的电量,将按照固定电价对业主进行结算。相比使用公共电网电量的消费者,此模式下的租户(消费者)可以免交一系列费用,如电量附加费、电网补贴费、税费等。

《可再生能源法》(2017 年)还指出,可以向欧洲其他成员国开放可再生能源拍卖,每年将有 5% 的新可再生能源装机容量向其他欧洲成员国开放(约 300 兆瓦/年)。跨境拍卖将在全国拍卖之外进行,全国拍卖仅对位于德国的装置开放。

⑥《可再生能源法》(2021 年)。德国联邦网络局(BNetzA)的数据显示,2020 年德国可再生能源发电量占比达到 49.3%。这代表了德国能源转型的阶段性胜利,但近几年大幅放缓的开发速度,则给胜利蒙上了一层阴影。据风电咨询机构 Deutsche Wind Guard 统计,2020 年德国陆上风电新增装机容量仅为 1.4 吉瓦。德国风能协会等组织认为,若不做出改变,德国注定无法完成目标。

2020 年 12 月 18 日,《可再生能源法》(2021 年)(Eerneuerbare Energien Gesetz 2021,EEG2021)以 357 票赞成、260 票反对获得通过[①]。2021 年 1 月 1 日,该法律正式生效。

---

① https://www.in-en.com/article/html/energy-2305149.shtml.

EEG2021 设定了新的发展目标，如表 3.2 所示。

表 3.2　EEG2021 设定的各类可再生能源年度装机目标　　单位：吉瓦

发电类型	2020 年	2021 年	2022 年	2023 年	2024 年	2025 年	2026 年	2027 年	2028 年	2029 年
陆上风电	1.5	1.5	1.8	4.3	2.9	3.7	3.9	4.5	4.5	5.4
海上风电	0.2	0.5	0.5	0.7	0.7	0.7	0.95	0.95	0.95	2.9
光伏发电	4.0	4.6	4.8	4.8	4.8	4.8	5.3	5.4	5.5	5.6
生物质能发电	0.2	0.2	0.2	0.5	0.5	0.5	0.5	0.5	0.5	0.5

EEG2021 规定，当风电机组与市区之间的距离小于 2500 米时，开发商可以选择向当局提供 0.2 欧分 / 千瓦时（约合人民币 0.015 元 / 千瓦时）的利润分成。这部分费用由电网运营商和终端用户分摊。

面对南、北部资源与用能分布不均的问题，德国始终未能建设起完善的远距离输送能力。EEG2021 为此引入了南部支持政策（Southern Quota，也叫南部配额），将陆上风电项目招标量的 15%（截至 2023 年）和 20%（截至 2024 年）分配给南部地区，其余容量在其他地区进行分配。

此外，EEG2021 还为光伏发电提供了很多支持政策，如将高速公路和铁路旁边 110 米范围内可用于建设光伏发电项目这一规定范围延伸到 200 米。同时，鼓励小型屋顶光伏以及建筑光伏一体化等项目的建设。

此次修订最重要的是设定发展目标。此前，欧盟提出德国每年至少需增加 6 吉瓦的陆上风电和 10 吉瓦的光伏发电装机容量，才能完成其应对气候变化的目标。为此，大众对德国的新目标充满期待。EEG2021 强调到 2050 年所有电力行业和用电终端实现碳中和等目标。它规定到 2030 年，使陆上风电累计装机容量达到 71 吉瓦，海上风电达 20 吉瓦，光伏发电达 100 吉瓦，生物质能发电达 8.4 吉瓦，并为可再生能源设定了更为详尽的年度发展路径。

4）电力输送法

1991 年 1 月德国通过《电力输送法》，规定风力发电的销售配额和每度电 17 芬尼的补贴价格。《电力输送法》的执行，有力地推动了可再生能源——风力发电的迅速发展。联邦政府还设计了一种回购电价（Feed-in Tariffs）政策，即要求所有用可再生能源发电的电网公司必须按居民电力零售价格的 90% 收购全部电量，同时允许电网公司提高电力零售价格（0.65欧分/千瓦时）。为此，平均每个德国家庭每月增加电费开支1.5欧元。同时，对投资新能源的企业，通过德国复兴与开发银行以低于市场利率1%~2%的优惠政策向其提供相当于设备投资成本75%、长达12年的优惠贷款。此外，还实行投资直接补贴政策，对风力发电1千瓦安装提供120美元的补贴；对光伏发电，每个屋顶提供50%~60%电池费用的补贴。从1990年开始，德国风能和太阳能的使用逐步增加，1990—1997年的7年里，德国新能源发电装机容量大约以每年10%的速度增加，到1997年时已超过2000兆瓦。2006年德国风力发电装机容量达到20 622兆瓦，为全球最大风能市场。这样，可再生能源发电项目的收益有了保障。

5）节约能源法

德国一直重视能源节约和能源效率的提高，并制定了较为完备的相关法律：1976年制定了《建筑物节能法》；1977年制定了《建筑物热保护条例》，提出了详细的建筑节能指标，该条例在1982年、1995年和2002年进行了3次修改；1978年制定了《供暖设备条例》，并在1982年、1989年、1994年和1998年进行了修改；1981年制定了《供暖成本条例》，并在1984年和1989年进行了修改。

2002年2月，德国颁布了《节约能源条例》（Energy Conservation Ordinance），取代了之前的《建筑物热保护条例》《供暖设备条例》，对新建建筑、现有建筑和供暖、热水设备的节能进行了规定，制定了新建建筑的能耗新标准，规范了锅炉等供暖设备的节能技术指标和建筑材料的保暖性能等。按照该法，建筑的允许能耗要比2002年前的能耗水平下降30%左右。2004年和2006年，根据新的情况，该法进行了两次修改。另外，热电联产是提高能效、节约能源和保护环境的重要技术。1998年德国新的《能源经济法》第二条即规定"环境可承受性是指使能源供应活动满足合理和节约的要求，以确保以自然资源进行有节制和可持续的开发，尽可能降低给环境造成的负担。热电联产和使用可再生能源在此方面具有特别重要的意义"，明确鼓励热电联产的发展。

6）热电联产法

2002年，德国颁布了《热电联产法案》，旨在鼓励热电联产的应用，实现节约能源、提高能效、降低CO_2排放量，以应对气候变化，并专门就企业和政府在促进热点联产上的责任和规则进行了规定。当时，仅对未获得《可再生能源法》支持的热电联产项目，实际是针对火力发电热电联产项目给予资助，其主要目的是升级改造现有大型电厂的运行系统。新安装的项目仅适用于容量不超过 2 兆瓦的项目。适用于上网的电量补贴根据热电联产容量不同分三档：小于 50 千瓦、大于等于 50 千瓦小于 2 兆瓦、大于等于 2 兆瓦[①]。

2009 年，德国针对既有的《热电联产法案》进行修改，提出热电联产比例到 2020 年达到 25% 的目标。

2012 年，对《热电联产法案》进行再次修改，进一步明确热电联产发电比例到 2020 年达 25%，对补贴的额度进行修改，并将其有效期延长到 2020 年。《热电联产法案》的内容涵盖立法目的，适用范围，术语的定义，电网接入、购买和支付义务，享受不同的热电联产类别，热电联产发电厂许可、新建和扩容供热管网的许可，补贴额度和支付费用，核实热电联产发电量，接入电网通知，热电联产发电量来源核实，责任，成本、临时审计，共 12 章。

2021 年 6 月 3 日，欧盟委员会批准了德国《热电联产法案》的修订版，该法案于 2020 年 8 月生效。这意味着《2020 年热电联产法案》可以在整个批准范围内适用[②]。

在批准《2020 年热电联产法案》时，欧盟委员会确认了德国迈向气候中性能源部门的另一个重要法律基础。《2020 年热电联产法案》旨在明智地支持德国退出煤炭市场。新立法引入了有关资助热电联产技术的新规则。

欧盟委员会的批准为根据修订法案引入的重要新元素提供了法律确定性，包括煤炭替代溢价，这鼓励燃煤电厂提前退役，并用最先进的燃气电厂替代。修订后法案的其他方面包括供资率、提高灵活性的激励措施，以及为使用可再生能源供热而发放的热量奖金等措施，也已确认符合国家援助规则。

7）核能法

德国很早就有专门的核能立法。西德政府在 1958 年就颁布了《核能法》，该法是德国核能立法的主要法律，与后来的《放射性物质保护条例》《核能许可程序条例》

① 孙李平，李琼慧，黄碧斌. 德国热电联产法分析及启示［J］. 供热制冷，2013（8）：34-35.
② https://www.bmwi.de/Redaktion/EN/Pressemitteilungen/2021/06/20210604-european-commission-approves-revised-combined-heat-and-power-act.html 20210824.

等共同构成德国的核能安全与核利用法律体系。根据《核能法》，德国联邦环境部（BMU）是监管核能设施和许可核能利用的主要政府部门。

由于切尔诺贝利核泄漏事件给德国留下了阴影，德国绿党在 1998 年上台后，提出了逐步关闭核电站的国家政策。通过谈判，2000 年 6 月德国政府和核能企业签署了废除核能的协议。

2002 年，德国制定了《有序结束利用核能进行行业性生产的电能法》，规定德国在 20 年后要彻底关闭现有核电站。

2002 年修订后的《核能法》主要规定包括[1]：一是明确规定禁止新建核电站；二是对现已存在的核电站规定了自运营起平均 32 年的运营期限；三是规定自 2000 年 1 月 1 日起还允许最多能生产 262 万吉瓦时，但由于旧设施可以转让剩余电量给新设施，所以没有确定的具体退出时间表；四是第一次在法律上规定了需要对核电站定期进行安全评估的义务；五是对于放射性核废料的再加工只能在最终储存地进行，自 2005 年 7 月起禁止向再加工地点运输；六是将核电站安全保证金的上限提高 10 倍，增至 25 亿欧元；七是这些规定是基于 2000 年当时政府与电力企业的核共识基础上达成的。

日本核事故后，2011 年 6 月德国联邦政府、议会各党团提出了退出核能的《核能法》第 13 次修订草案（BT Drs.17/6070）。在新修订的《核能法》中，第 7 条确定了具体的核电站运行截止时间。阶段性的时间限制，一方面是基于现实的电力供应和核电运营企业的权力以及对于核风险的回避；另一方面也为平衡电力供应的其他选择提供了一个时间表。由此全面取消 2002 年引入的剩余电量计算的方式，而《原子能法》也已从许可法转变为退出性法律规定。

8）生态税改革法

为了防止自然资源的过度利用和减少温室气体，德国还注重通过税收手段来提高能源价格，以促进自然保护。1999 年，德国颁布了《生态税改革法》，并以此为基础进行了一系列的生态税收改革，对矿物能源、天然气、电力等征收生态税。同时，对使用风能、太阳能、地热、水力、垃圾、生物能源等再生能源发

① 沈百鑫.退出核能，进入可更新能源时代：德国能源转型之法律应对［J］.绿叶，2011（10）：75-85.

电免征生态税，以鼓励开发和利用清洁能源。2003 年，德国颁布了《进一步发展生态税改革法案》，强调税收从按劳动力因素负担逐渐转换到依环境消费因素而定。生态税开征，对德国能源结构的改善和温室气体减排都起到了很大的推动作用。

9）气候变化法

德国联邦《气候变化法》于 2019 年 12 月 18 日生效，属于框架性立法，明确了有法律约束力的国家减排目标，即到 2030 年在 1990 年基础上减排 55%，在 2050 年实现碳中和。

德国联邦宪法法院在 2021 年 3 月 24 日提出《气候变化法》的修订建议后，2021 年 6 月 24 日德国联邦议院通过了经修订的《气候变化法》。由于联邦宪法法院的裁决和欧盟新的 2030 年气候目标，这一修订变得必要，要求德国必须大幅减少其剩余的温室气体排放量，并提前明确 2030 年后的减排路径。修订后的《气候变化法》将 2030 年减排目标上调至 65%，规定了 2031—2040 年的年度减缓目标（表 3.3）[1]，提出到 2040 年减排目标为 88%，将碳中和的时间从 2050 年提前到 2045 年，2050 年之后实现负排放[2]。

表 3.3　《气候变化法》规定的 2030—2040 年减缓目标

年份	2030	2031	2032	2033	2034	2035	2036	2037	2038	2039	2040
减缓目标	65%	67%	70%	72%	74%	77%	79%	81%	83%	86%	88%

《气候变化法》规定了 2020—2030 年能源、工业、建筑、交通、农业、废弃物及其他等各个排放部门的具体年度排放预算目标，如表 3.4 所示。

---

[1]　https：//www.bmuv.de/fileadmin/Daten_BMU/Download_PDF/Klimaschutz/infopapier_novelle_kLimaschutzgesetz_en_bf.pdf.

[2]　https：//www.bmuv.de/en/download/revision-of-the-climate-change-act-an-ambitious-mitigation-path-to-climate-neutrality-in-2045.

表 3.4　《气候变化法》最大允许年度排放预算　　　　　　单位：百万吨 CO_2 当量

年份	2020	2021	2022	2023	2024	2025	2026	2027	2028	2029	2030
能源[①]	280（280）		257（257）								108（175）
工业	186（186）	182（182）	177（177）	172（172）	165（168）	157（163）	149（158）	140（154）	132（149）	125（145）	118（140）
建筑	118（118）	113（113）	108（108）	102（103）	97（99）	92（94）	87（89）	82（84）	77（80）	72（75）	67（70）
交通	150（150）	145（145）	139（139）	134（134）	128（128）	123（123）	117（117）	112（112）	105（106）	96（101）	85（95）
农业	70（70）	68（68）	67（67）	66（66）	65（65）	63（64）	62（63）	61（61）	59（60）	57（59）	56（58）
废弃物及其他	9（9）	9（9）	8（8）	8（8）	7（7）	7（7）	6（7）	6（6）	5（6）	5（5）	4（5）
合计											438（543）

注：《气候变化法》没有规定能源部门具体的年度部门目标，因为减排主要通过欧盟排放交易实现。这就是为什么明确要求，如果可能，能源部门的排放量将稳步下降。表里括号内数字为截至 2021 年 6 月 24 日《气候变化法》中的数字。

联邦主管部门负责以最高年度排放预算的形式实现这些目标。部门目标加起来就是该年度的总体气候目标。2030 年减排目标的增加意味着年度排放预算也必须调整。该法充分考虑了各部门不同的减缓潜力，还规定各部门为实现更宏大的气候目标所做的不同贡献。例如，很明显，建筑和农业部门的排放量不能像其他部门那样迅速减少。

《气候变化法》创新性地建立了"行业目标分解的年度排放预算许可制度"，调整了能源、建筑、交通、工业和农业等部门年度排放预算，并制定了 2030—2040 年的年度跨部门减缓目标。2030 年后的年度排放预算设定得越早，挑战就越大。然而，为了使规划更加可靠，并符合联邦宪法法院的要求，该法规定，除总体减缓目标外，联邦政府必须在获得联邦议院同意的情况下，通过法定文书，在 2024 年为 2031—2040 年以及在 2034 年为 2041—2045 年制定具体的年度排放预算。可见，为保障目标落实，德国出台了系列配套机制，每 5 ~ 10 年更新一次《气候行动计划》，建立每年更新一次监测报告、每两年更新一次预测报告的监测预警机制，建立了"碳预算补缺机制"。德国气候变化专家委员会负责对各部门的碳排放预算执行质量进行检查。

保护泥炭地和森林等生态系统是减缓气候变化和实现气候净中立的重要组成部分。因此，《气候变化法》还包含关于土地利用部门对减缓气候变化和向气候变化专家委员会分配补充任务。修订后的《气候变化法》设定了德国联邦增加"土地利用、土地利用变化和森林"的碳汇目标，要求努力提升自然碳汇水平，以 4 年为期的年排放平均值计算，到 2030 年德国的碳汇要达到 2500 万吨 CO_2 当量，到 2040 年为 3500 万吨 CO_2 当量，到 2045 年为 4000 万吨 CO_2 当量，并将通过自然碳汇来抵消到 2045 年仍不可避免的碳排放量。

《气候变化法》为德国的气候政策提供了法律框架，通过加强到 2045 年应对气候变化的努力并更公平地分担这些努力的负担，确保了联邦宪法法院赋予年轻一代的基本自由权利。

3.4 德国的能源管理

3.4.1 德国能源监管体系

德国主要通过以下 3 种方式实现能源监管。

一是通过相关能源立法，由相应的政府部门负责实施。从 1976 年以来，德国联邦议院先后颁布了《建筑物节能法》（1976 年）、《建筑物热保护条例》（1977）、《供暖成本条例》（1981 年）、《电力输送法》（1991 年）、《生态税改革法》（1999 年）、《可再生能源法》（2000 年）、《节约能源条例》（2002 年）、《热电联产法案》（2002 年）等一系列法律。其中，联邦经济事务和气候行动部负责节能和提高能效工作；联邦环境、自然保护、核安全和消费者保护部负责 CO_2 减排、环境保护和核能工作；联邦数字和运输部，联邦住房、城市发展和建设部负责交通、建筑物的节能工作；等等。1998 年，在第一部《能源经济法》框架内，德国联邦议院表决通过了修订后的《能源经济法》，以促进和规范电力与燃气市场的竞争。2005 年 7 月，德国通过了一项新修订的《能源经济法》。根据该法，德国在联邦范围内加强对能源市场的监管，负责管理邮政与电信市场的监管机构更名为"联邦网络局"，监管领域扩展到能源市场。新法的核心内容是由该局负责为能源企业制定最高限价，同时放宽对企业利润幅度的限制。新法的实施将使德国能源企业面临更大的价格和成本压力，能源市场的竞争将更加激烈。2016年通过了《电力市场法》(Strommarktgesetz)，规定了德国要在不断提高可再生能源的情况下建设安全、高效的电力市场。2019年通过、2021年修订的联邦《气候变化法》为德国未来实现碳中和目标提出了具体目标及实施途径，为有效应对气候变化提供了法律保障。

二是通过专门的监管机构实施。德国的能源产业普遍存在垄断现象。20世纪90年代后期，为满足欧盟指令德国将其天然气产业自由化。目前，私营企业控制着德国的天然气生产，由皇家荷兰壳牌集团和埃索共同拥有的合资企业BEB控制了德国国内约一半的天然气产量，其他重要公司包括Mobil Erdgas-Erdoel（埃克森美孚的子公司之一）、RWE和Wintershall。德国最大的天然气批发分销公司E.ON Ruhrgas控制着德国国内市场约一半份额。德国批发分销商控制了多数国有天然气运输网络。德国E.ON AG、RWE AG、EnBW Energie Baden Wuerttemberg AG和Vattenfall Europe AG 4家公司提供了德国约80%的电力。

德国是具有较完善市场管理机制的国家，原来并没有设立专门的能源监管机构，也没有创立一项适用于能源监管的国家法规。德国几乎完全依靠企业自律进行管理，通过联邦卡特尔办公室（反垄断局）监控企业的市场行为。竞争控制是联邦卡特尔办公室独有的责任，法律授予办公室广泛的调查权力，它可以从企业获取信息，检查商务档案，并在当地法院的授权下搜查企业获取证据。2007年12月，德国联邦议院通过了反垄断法案的修改，新的法案使得能源公司更加难以提高价格。同时，新的法案要求能源公司证明它们的产品价格是适当的。德国联邦网络局主要负责对电力、天然气、供热等能源市场进行协调和管理，在能源监管方面的主要任务包括批准电力和天然气传输的网络费用、消除阻碍供应商和消费者进入能源供应网络的障碍、实现供应商转换相关流程的标准化以及改善新发电厂连接到网络的条件；同时负责确保第三方无歧视接入电网，使德国能源监管逐步走向制度化。自2011年以来，联邦网络局还负责通过实施《电网扩张加速法案》加快电网扩张。

三是部分通过行业协会实施。德国电力联合会（以下简称"德电联"）是企业自发的行业组织，成立于1892年，一度迁往法兰克福，2005年迁回柏林，以会员制的方式运行，经费主要来源于会费。德电联的重要功能之一是就电力企业、行业有关问题同政府接触和交涉，参与能源规划与政策的制定，为相关能源企业提供咨询服务。

3.4.2 双碳目标下德国能源管理的主要举措

德国在推动实现双碳目标过程中，先后采取了如下一系列主要举措[①]。

（1）重视与加强可再生能源与气候变化等方面的立法

第一，十分重视可再生能源等相关方面的立法。2000 年生效的《可再生能源法》在德国可再生能源法规体系中处于核心地位，其基本政策方针是可再生能源优先以固定费率入网，即电网运营商必须以法律规定的固定费率收购可再生能源供应商的电力。由此降低了可再生能源的发展风险。除《可再生能源法》之外，德国主要促进和规范可再生能源发展的联邦法规包括：2001 年颁布的新的《建筑物节能法》，2002 年 2 月施行的《节约能源条例》，2002 年 4 月施行的《热电联产法案》，2001 年 6 月生效与 2005 年 8 月修订的《生物质发电条例》，2005 年 7 月颁布与 2008 年 10 月修订的《能源供应电网接入法》《能源行业法》，2008 年 4 月生效及 2009 年 3 月修订的《促进可再生能源生产令》，2009 年 1 月施行的《可再生能源供暖法》及 2009 年 3 月生效的《可再生能源分类规则》等。另外，德国所有和能源使用相关的法律法规，在近年的立法或修订中，都设立了促进可再生能源使用的相关优惠条款。

第二，重视环境变化方面的立法。一是征收生态税。德国为提升可再生能源产品竞争力，1999 年 4 月开始征收生态税，征收对象是汽油、柴油、天然气等传统能源产品。二是征收能源税。德国能源税历经多次变革，2006 年为了把欧盟理事会于 2003 年 10 月 27 日颁布的《重构对能源产品和电力征税的欧盟框架的指令》转化为国内法，德国颁布并实施《能源税法》，同时还颁布了《能源税实施细则》，进一步解释了《能源税法》中所涉及的概念和具体操作问题。《能源税法》依据完

[①] 孟浩，陈颖健.德国 CO_2 排放现状、应对气候变化的对策及启示［J］.世界科技研究与发展，2013（1）：157–163.

善的法律规范实现征收管理，利用税收减免政策提高工农业生产的国际竞争力，运用税收优惠政策引导生态型新能源的推广使用，将大部分源于能源税的财政收入用于支付养老金，达到营造绿色福利社会的目的。

第三，制定和完善与气候变化有关的立法。2007年12月，为配合推进同年8月发布的能源与气候一揽子计划，联邦内阁提出如下14项与应对气候变化相关法规的修订建议：一是修订或建议能源效率领域5项法律，包括修订《热电联产法案》、《能源工业法》、《节约能源条例》、关于"清洁发电厂"的法律条文及《联邦排放控制法实施条例》第37条；建议为高能源效率产品和服务出台政府采购指南。二是修订《可再生能源法》《可再生能源供热法》《燃气管网接入条例》等3项可再生能源领域法律。三是修订《生物燃油定额法》《可持续发展条例》《燃油质量条例》，以及批准《燃油氢化条例》等4项生物燃料领域的法律。四是建议运输领域以排放物和CO_2为基础改革机车税1项。五是建议制定《为保护气候减少化学物排放条例》1项。2019年底制定、2021年6月修订的联邦《气候变化法》，将2030年减排目标上调至65%，到2040年减排目标为88%，2045年实现碳中和目标，2050年之后实现负排放。

德国还制定了与碳排放相关的法律。为履行欧盟2003/87/EC指令，2004年3月联邦环境部制定了《温室气体国家分配计划（2005—2007）》（NAP Ⅰ），规定温室气体排放的总额及其分配方案。同年4月，在NAP Ⅰ的基础上，联邦内阁颁布《温室气体排放贸易法》，构建了德国温室气体排放限额交易的法律框架。2006年6月联邦环境部制定了《温室气体国家分配计划（2008—2012）》（NAP Ⅱ），2007年8月实施NAP Ⅱ的《温室气体分配法》生效。根据2007年11月公布的欧盟指令，制定德国关于CO_2分离、运输和埋藏的法律框架，建设示范低碳发电站等；2009年7月施行的《车辆购置税改革法》，规定新车购置税率与车辆发动机大小和CO_2排量高低挂钩。

地方政府也出台了配套法律。例如，2021年6月17日，柏林决定从2023年起要求新建住宅和非住宅建筑安装光伏。柏林众议院通过了《柏林太阳能法案》，这个法案适用于所有新建筑以及可用面积超过50平方米的现有建筑屋顶的重大改造。光伏系统必须至少覆盖屋顶净面积的30%。另外，对住宅建筑规定了不同的最低要求：住宅建筑在 2 套公寓以内必须安装 2 千瓦的光伏系统，3 ~ 5 套公寓必须安装 3 千瓦的光伏系统，6 ~ 10 套公寓必须安装 6 千瓦的光伏系统。

可见，德国联邦政府或地方政府通过出台一系列促进可再生能源发展与应对气候变化有关的法律法规，构建比较完整的应对气候变化法律体系，为积极应对气候变化及能源挑战，参与"后京都议定书时代"的能源和气候变化的国际谈判奠定了坚实的法律基础。

（2）制定一系列能源战略

第一，实施节约能源战略。作为能源进口型的国家，德国政府很早就把节约能源作为其能源战略的重要组成部分。节约能源是德国政府一贯的能源政策，长期以来，联邦政府通过信息咨询、政策法规和资金扶持等手段，调动个人和企业的节能积极性。2002 年通过的《节约能源条例》中规定，到 2008 年将对所有的建筑实行能源证书认定，没有能源证书的房屋将被禁止出售和出租。德国还制定了建筑保温节能技术新规范。除了完善立法之外，德国政府还采取多种措施调动企业节能的积极性，包括为它们提供免费的节能咨询，对于节能项目提供低息贷款，为项目迅速实施提供政策和资金两方面的支持，这些都使环保产业在德国得以迅速发展。早在 1977 年德国就在欧洲首次开办了"能源管理师"培训课程，目前，这一培训课程已经推广到欧盟 10 多个国家，600 多人取得从业资格。此外，德国政府还积极通过各种渠道向公众宣传建筑节能知识，并解答人们在节能方面遇到的问题。2016 年，德国通过《建筑节能国家战略》，进一步提高建筑能效，使德国有望在 2050 年基本实现碳中和的建筑标准。2019 年 12 月 18 日，德国联邦内阁通过了联邦政府《2050 年能源效率战略》（EffSTRA），为进一步提高德国的能源效率奠定了基础，为在德国和欧洲层面实施能源和气候政策目标做出了重要贡献。提高能源效率是实现经济增长、能源供应可持续和气候保护的关键。同时，能源效率的提高推动了现代化和创新过程，提供了出口机会，还可以在很大程度上确保德国的就业。

第二，实施能源战略与规划，加速能源转型。一是制定能源总体发展战略。2010 年 9 月 28 日，德国发布了《能源规划——环境友好、可靠与廉价的能源供应》。该规划由联邦经济与技术部与联邦环境部共同起草，是德国面向 2050 年的能源总体发展战略。规划包括 9 个方面的内容：可再生能源是未来能源供应的基石，能源效率关键问题，核能与化石能源电厂，集成可再生能源的电力网络基础设施，建筑能效和节能建筑，交通领域的挑战，能源技术的创新研究，欧洲和国际领域的能源供应，信息透明与公众接受。根据规划，到 2020 年，可再生能源发电将占德国电力消耗总量的 35%，到 2030 年这一比例将达到 50%，到 2050 年将提高到 80%；在温室气体减排方面，到 2020 年德国的温室气体排放量将比 1990 年的水平降低 40%，到 2030 年降低 55%，到 2050 年将降低 80%~95%。二是制定能源转型战略。德国能源转型将在 2050 年以前逐步实施，涉及各个政治层面和大小企业，也触及全体公民的生活领域，任务需要几代人完成，必须依靠明确的政策方向、清晰的路线图划和良好的合作才能成功。2015 年德国发布《共同使能源转型迈向成功》报告，指出能源转型是德国通往安全、环保和经济成功未来的途径，德国决定从根本上改变德国的能源供应：从核能转向可再生能源，其目标是在未来更有效地利用能源。为此，制定了《能源议程十点方案》，勾画出已完成的和尚未完成的工作以及应当采取的必要步骤，并在内容和时间上做出协调。2016 年德国发布《第六次"能源转型"监测报告：2016 年的未来能源》，2017 年发布《能源转型创新：联邦政府第七能源研究计划》。这一系列举措有助于德国为应对气候变化做出重大贡献。三是实施国家氢能战略。2020 年 6 月，德国发布《国家氢能战略》，对德国未来氢能的生产、运输、使用和再利用以及相应的技术创新和投资建立一个统一、连贯的政策框架，主要提出以下目标：通过主要基于可再生能源的气候友好型方式制氢并结合后续氢能衍生产品推动德国能源转型，实现相关部门的全面脱碳；为氢能技术的市场增长创造政策框架和监管条件，开拓国内氢能生产和利用市场；结合该战略中提出的氢能行动计划，降低氢能技术成本，开拓和建立国际市场；通过促进创新氢能技术有关的研发和技术出口增强德国工业竞争力；通过可再生能源制氢以及后续氢能衍生产品，保障德国未来能源供应安全；扩大"蓝氢"或"绿松石氢"制取。通过该战略，联邦政府提出了有助于实现国家气候目标、为德国经济创建新的价值链以及进一步发展国际能源政策合作所必需的步骤和措施，保障可再生能源比例不断提高情况下德国能源供应系统的安全性、经济性和气候友好性。

第三，推行实施相关工业、技术及经济战略。一是制定工业战略。2019 年 11 月 29 日，德国联邦经济事务和气候行动部发布《国家工业战略 2030》，提出要对德国经济至关重要的九大关键领域进行重点扶持，以人工智能和工业 4.0 为重点，充分利用数字化潜力，保障电动汽车、能源转型等技术变革所需的原材料供应，加强循环经济创新。二是实施高技术战略。2014 年，德国政府实施了"可持续交通""碳中和、高效节能和适应气候变化的城市""能源供应的智能化改造""作为石油替代品的可再生原料"等《高技术战略 2020》重大未来项目。三是实施国家生物经济战略。2014 年 3 月，德国发布了《国家生物经济战略》，将发展生物经济提升为国家战略，其主要内容是：增加可再生资源的生产和供应，加快技术和产品的创新，通过智能化价值链提升产业附加值，切实提高土地资源的利用效率，在全球背景下发展生物经济。通过简述德国《国家生物经济战略》的总体目标和重点内容，对德国政府采取的一系列重要举措进行了剖析，对该战略实施进展情况进行了归纳，并对德国生物经济发展面临的机遇和挑战及未来发展趋势进行了分析。四是出台 5G 战略。2016 年秋天，联邦政府启动了德国 5G 计划，该计划代表了一个旨在支持 5G 网络的部署和早期 5G 应用程序开发的行动框架。2017 年，德国发布《德国 5G 战略》，5G 战略描述了截至 2025 年期间在德国推出 5G 网络的背景和行动领域，其目标是使德国成为 5G 应用的领先市场。五是实施交通和燃料战略。2013 年，在与专家广泛对话的基础上联邦政府制定了《交通和燃料战略》(MFS)，并由联邦内阁通过，这是塑造交通部门能源系统转型的关键工具，从而实现联邦政府的能源和气候变化政策目标。因此，联邦数字和运输部创建了一个关于技术、能源和燃料选择的跨模态信息和参考框架平台，以及交通和模态转换的创新和现代方法。这巩固了现有知识，并积极推动产生新知识。2018 年 5 月，德国发布了《能源新途径：联邦政府交通和燃料战略的最新发展》，为实现德国碳中和目标指明了能源发展的新途径。

可见，德国通过国家节能战略、能源战略以及工业、技术及经济战略等，加速推动了能源转型。

（3）实施科技计划，鼓励可再生能源与核电发展

德国非常重视应对气候变化的研究，先后发布实施一系列科技计划，鼓励可再生能源与核电发展。对德国能源及气候变化相关文献进行了收集、整理与分析，归纳成表 3.5。

双碳目标下主要国家能源管理

表 3.5　2001—2022 年德国实施的与能源和气候变化有关的重要科技计划

年份	主要计划	主要内容
2001	10 万个太阳能屋顶计划	该计划 1999 年 1 月启动，2001 年仍在实施，2004 年结束，联邦经济与技术部为此提交财政预算总约 4.6 亿欧元，促进了德国太阳能产业的发展
2002	欧盟第 6 期环境行动计划	期限为 2002—2012 年，致力于形成系列政策措施，以减少 CO_2 排放，并保证欧盟（原欧盟 15 个成员国）至 2012 年相比 1990 年温室气体排放减少 8%
2003	可再生能源出口倡议计划	联邦经济与技术部于 2003 年发起，旨在帮助德国中小企业进入国际市场，每年提供约 500 万欧元预算资金
2003	住所改造计划	由联邦政府出台，主要利用节能技术改造建筑，减少能耗
2004	可持续发展研究计划	6 月发布，联邦政府未来 5 年投入 6.54 亿欧元，支持工业和经济可持续发展、地区可持续发展、自然资源可持续利用及可持续发展社会行动战略等研究领域
2004	微系统技术计划	联邦政府未来 5 年投入 2.6 亿欧元，重点研究改善汽车安全性、可靠性、环境友好性、联网操作性、舒适性和降低制造成本的微系统技术，生产、运输、商业流通以及循环利用过程中智能物流标识技术，显著提高化学工业经济效益的微系统技术
2005	生物质能行动计划	根据欧委会宣布在全欧盟范围实施生物质能计划的要求，德国按照可持续发展原则，持续提高生物质能在能源供应中的比例，具体措施依托现有法规体系和促进措施而展开，涵盖产量、农地、供热、发电、燃油和其他方面
2005	市场激励计划	利用生态税改革的税收对可再生能源应用技术研发和成果推广提供资金支持
2005	国家气候保护报告	提出减少温室气体排放的具体目标，强调进一步开发汽车相关技术和推广住宅能源节约计划，争取到 2020 年使德国的温室气体排放比 1990 年减少 40%
2006	有机发光二极管研发计划	2007—2011 年联邦教育和研究部为 OLED 的研发提供资助 1 亿欧元，同时企业配套 5 亿欧元，重点推动大面积、应用灵活的 OLED 生产技术发展，大幅降低生产成本
2006	高技术战略计划	确定能源技术、环境技术、安全技术等 17 个重点领域，2006—2009 年投资 150 亿欧元，提高创新能力，将德国建成"创意之国"，并使其在未来最重要的市场领域居于世界领导地位，政府通过实施该战略计划，创造 150 万个就业机会

212

续表

年份	主要计划	主要内容
2007	"气候保护贰——气候保护研究和预防气候变化后果"研究计划	2007—2009 年资助 3500 万欧元，计划实现 2 个目标：一是推动交通、工业和家庭领域创新型气候保护技术的发展，如船舶风能利用；二是气候研究着眼于防治气候变化引起的洪水、干旱等自然灾害
	有机太阳能光伏电池研发计划	6 月启动，在该领域结成战略伙伴关系的企业投入 3 亿欧元进行研发，联邦教育和研究部资助 6000 万欧元
	COORETEC 计划	该计划是 CO_2 减排技术的缩写，主要资助研发一系列创新技术及组合技术，重点资助产学研结合研发项目，联邦经济与技术部 2007 年投入 2600 万欧元，2008 年投入约 3000 万欧元，到 2010 年研发投入总计超过 1 亿欧元，企业界配套相应数额的资金
	"E-Energy：基于信息和通信技术的未来的能源系统"计划	研发计划应用信息和通信技术提高能效，确保供应安全和保护气候，通过竞标选出基于信息和通信技术的创新解决方案支持提高发电、配电和用电的效率；竞标重点是建立电子化能源市场，4 月竞标开始，中标方案作为示范项目获得资助，2008 年启动，联邦经济与技术部投入 4000 万欧元，企业配套 6000 万欧元
	国家能源效率行动计划（EEAP）	为贯彻欧盟"能源最终使用效率和能源服务"指令（2006 年），由联邦经济与技术部提出国家能源效率行动计划，目标是 2008—2016 年，德国在欧盟碳排放交易体系之外的最终能源消耗部门 5 年期能耗总量下降 9%。计划措施被分解到私人房屋，商业、建设物能源开发项目和包括公共部门在内的服务业、工业、交通运输、交叉等 6 类不同能源消耗部门
	气候保护高技术战略计划	以节能和节约资源的技术为研发重点，重点研发大幅提高能效、提升德国气候保护市场竞争地位的关键技术，其中可再生能源每年研发经费预算 500 万欧元
2008	"基础研究——能源 2020+"研究计划	由联邦教育和研究部出台，是政府高科技战略的重要组成部分，几乎所有研究课题都把降低 CO_2 排放量作为研究目标，研究重点是指提高能源生产、转移、存储、利用和运输效率；生物质的能源利用也是该计划重点课题
	"气候保护贰——气候保护研究和气候变化影响"计划	该计划是在 2007 年"气候保护贰——气候保护研究和预防气候变化后果"研究计划的基础上，在"可持续发展研究框架计划"下出台的资助计划，资助重点是为减少温室气体排放和应对气候变化措施
	节能降耗产品研发计划	联邦教育和研究部拟于 2008—2010 年在提高产品资源和能源利用率方面投入 5000 万欧元，资助领域集中在具有很大节能降耗潜力的产品领域，尤其是机器设备制造业

续表

年份	主要计划	主要内容
2009	生物质能国家行动计划	联邦农业部和联邦环境部联合发布，明确德国未来生物质能源发展战略和政策措施：到2020年生物质能在一次能源消费中的占比在2007年基础上提高一倍，达12%；2009年政府在可再生能源技术的研发投入已占全部能源科技研发投入的60%
	国家电动汽车发展计划	由联邦经济与技术部、联邦交通部、联邦环境部、联邦教育和研究部共同启动，确定电动汽车电池技术及电动汽车的能效、安全性与可靠性两大关键技术领域，2010年在德国召开世界电动汽车大会，计划到2020年电动汽车总量达100万辆，2030年达600万辆
	经济振兴一揽子计划	由联邦政府出台，新增5亿欧元投入，用于加强对电动汽车技术研发创新、市场准备及技术准备等工作的支持
2010	可持续发展研究计划	包括全球责任与国际合作网络化、地球系统与地质科学、气候与能源、可持续经济与资源利用以及社会发展等5个关键领域，实施期限10年，2010—2015年为第一阶段，该阶段总研发经费投入为20亿欧元
	国家氢燃料电池计划	该计划实施期限9年，2010年进入第二阶段，该阶段获得约7亿欧元的经费支持，促进电池关键技术的研发
	国家可再生能源行动计划	8月，联邦政府对其现有促进可再生能源发展的相关法规和政策进行整合，是联邦政府落实欧盟可再生能源指令（2009/28/EC）所规定义务的重要措施，并制定了到2020年可再生能源消费量达到18%~20%的约束性指标
	二氧化碳减排技术研究计划	联邦经济技术部在该计划框架下实施10个研发项目，并开始规划建设3万千瓦级的碳捕获与封存技术试点电池项目
2011	第六能源研究计划	提出2011—2014年"实行经济、能源、环境和气候保护的政策目标，抢占世界能源技术领域领先地位，保障扩大自身能源技术选择"的总体目标，规定德国政府在创新能源技术领域资助政策的基本原则和优先事项，是德国政府能源和气候政策的补充，德国政府计划拨款34亿欧元，重点研究可再生能源
	德国联邦政府电动汽车计划	是德国国家汽车发展进入第二阶段的重要标志，根据计划，联邦政府和企业界在未来3~4年时间内，将在电动汽车领域新增投入170亿欧元，确保德国发展为世界电动汽车领域的技术领先者、市场先行者和产品供应商
	德国光子学研究——未来之光计划	实施期限4年，总经费预算4.1亿欧元，提出了德国光子学研究领域未来10年的发展战略，设定了促进光子学技术成果市场转化，通过建立产业联盟等方式促进光子学技术成果在照明、能源、生物和信息等领域的应用等目标

续表

年份	主要计划	主要内容
2011	下一代海洋技术研究计划	政府将大幅提高海洋技术领域研发经费投入，2011—2015年研发经费投入将达到1.5亿欧元，比上一期计划增加近70%，并设定保障国家航运安全及与海洋环境的协调性、确保国家能源与原材料供应安全等发展目标
2012	生物炼制路线图计划	旨在大力加强工业生物技术研发创新，推进传统化学工业的转型，使其从以石油等不可替代资源为主要原料转变为以可再生生物质（尤其是植物）原料为主的新型产业，适应未来生态化经济的发展要求
2013	氢能交通计划	计划到2023年投入3.5亿欧元资助六大企业，将德国加氢站数量增加至400座
2014	可持续交通及应对气候变化计划	德国政府实施"可持续交通""碳中和、高效节能和适应气候变化的城市""能源供应的智能化改造""作为石油替代品的可再生原料"重大项目
2015	能源转型的哥白尼克斯计划	联邦教育和研究部明确提出将由四大"联合研究团体"开展研发，其研究重点分别集中于电网开发、多余电力储存、适应能源供给变动的工业生产流程、加强能源系统有关各方相互协作等能源转型的关键领域，承诺在2018年前的第一阶段投入1.2亿欧元，并在2025年前再提供2.8亿欧元
2016	2050气候行动计划	11月由联邦环境部宣布实施，为欧盟制定2050年减排目标提出了更高要求，并提出了2030年前要在能源、建筑、工业、交通和农业领域达到的紧要目标。根据目标，德国能源部门到2030年前将淘汰超过60%的煤炭
2016	电动汽车推广计划	4月由联邦政府投入10亿欧元投资充电基础设施建设，剩余资金将用于研发新型电池。联邦交通与数字化基础设施部发布了"电动汽车充电设施在德国"的自主指南，旨在尽快实现德国境内建成15 000个充电站的目标
2016	电力2030计划	联邦教育和研究部发布"电力2030计划"，以实现到2050年减少80%～95%的温室气体排放，可再生能源占到80%，并以提供安全、廉价和环保的电力为目标
2017	清洁空气应急计划（2017—2020）	11月由德国政府推出该计划，制定了一系列改善城市空气质量的措施，包括城市交通电气化和充电基础设施建设等
2018	政府第七能源研究计划	9月由联邦内阁通过该计划，主要"面向能源转型的创新"。作为德国能源政策的战略组成部分，新计划着眼能源转型，将通过实施全面的支持政策解决当前面临的和新出现的挑战

续表

年份	主要计划	主要内容
2019	煤炭退出计划	1月由德国政府任命的煤炭委员会推出了一项在2038年之前逐步淘汰所有燃煤发电的建议路线图,这是该国能源转型的一部分,即计划向国内能源低碳化生产过渡,与先前逐步淘汰核能发电的计划一起,将引导德国发电组合日益向可再生能源技术和天然气利用方面转变
	气候保护计划2030	9月由联邦政府出台该计划,包括为二氧化碳排放定价、鼓励建筑节能改造、资助相关科研等具体措施,涵盖能源、交通、建筑、农业等多个领域,将在未来几年为开展气候研究项目投入3亿欧元,以期达成2030年温室气体排放比1990年减少55%的目标
	2019—2030年电网发展计划	12月由联邦网络局(BNetzA)发布实施,提出到2030年将德国可再生能源发电量占比提升至65%
2020	国家能源与气候计划(NECP)	6月启动该计划,目标是到2030年实现65%的可再生电力和30%的可再生能源,为此德国计划到2030年将其陆上风电装机容量扩大到67~71 GW,海上风电装机容量扩大到20 GW
	电池研发能力集群计划	7月由联邦教育和研究部投资1亿欧元,支持实施智能电池生产、绿色电池回收、电池使用方案及质量保证分析等4个新的电池研发能力集群项目,用于大学和校外研究机构的电池研究,作为"电池研究工厂"总体概念的一部分,将有助于在整个价值链上加强德国电池研究
2021	氢行动计划(2021—2025)	该计划或将成为下一任联邦政府有关氢主题的政府计划蓝图,分析了到2030年氢经济增长预期,并为有效实施国家氢战略提出了围绕氢的研发和应用包括绿氢获取在内的80项措施。2021年以来,德国政府资助总额超过87亿欧元,有力支持了德国在整个价值链上实现氢市场的增长
2022	应急能源计划	3月,德国启动了第一阶段应急计划应对俄乌冲突,正在为俄罗斯天然气断供做准备,以管理紧张的能源供应
	复活节一揽子计划	联邦内阁已于4月6日批准该计划,根据新的《可再生能源法》,提出到2030年实现80%的可再生能源发电的目标,其中太阳能发电达到600 TW·h

可见,20多年来德国历届政府通过实施一系列计划,彰显了积极应对气候变化的态度与决心,确保德国对全球变化研究的持续投入,促进德国太阳能、风能、氢能等新能源,以及节能减排产业的发展。

（4）加大新能源研发，抢占新能源技术的制高点

研发先进适用的可再生能源技术是德国政府保障其长期能源供应安全、促进可再生能源产业化发展的重要战略目标。从 20 世纪 90 年代开始，德国就不断加大对可再生能源技术研发的投入力度，特别是进入 21 世纪以来，更是出台了一系列计划，将推动可再生能源技术创新作为重要领域。

第一，德国政府的能源研发投入呈现先减少后总体上增长的发展态势。从 2001 年的 4.32 亿美元先减少至 2002 年的 3.85 亿美元后，2003 年增加到 5.43 亿美元，再逐步增长至 2020 年的 13.85 亿美元（图 3.18）。可见，进入 21 世纪以来，德国对能源领域的研发投入总体上逐步增加，较好地体现了表 3.5 所列的一系列科技计划在能源领域的研发情况。

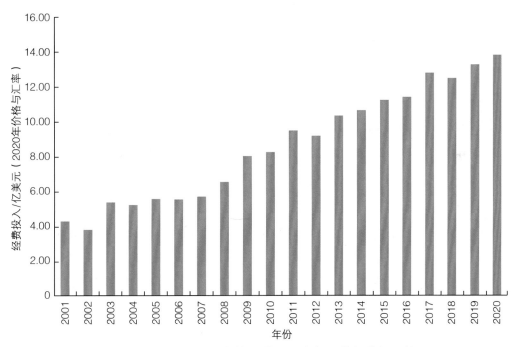

图 3.18 2001—2020 年德国能源研发与示范经费投入情况

（资料来源：国际能源署 . 能源技术研发统计报告 2021［R/OL］.［2021-12-20］. https://stats.
oecd.org/BrandedView.aspx?oecd_bv_id=enetech-data-en&doi=4532e363-en#.)

第二，德国能源研发主要集中在核能、可再生能源、能源效率及其他电力与储能技术等领域。20年来，德国的能源研发与示范经费投入主要集中在核能、可再生能源及能源效率上，投入力度总体上呈现逐步增长态势。其中核能的研发与示范经费投入自2001年的1.87亿美元下降到2002年的1.71亿美元后，2003年增加到2.01亿美元后递减到2005年的1.94亿美元，再逐步增长到2009年的2.87亿美元，又下降到2010年的2.72亿美元，再增加到2011年的2.93亿美元，最后逐步减少到2020年的2.46亿美元，这与德国逐步弃核有关；可再生能源的研发与示范经费投入自2001年的1.04亿美元增加到2002年的1.10亿美元后，逐步递减到2004年的0.81亿美元，逐步快速增长到2010年的2.54亿美元，波浪式微增到2013年的3.28亿美元，最后波浪式减少到2020年的2.76亿美元；能源效率的研发与示范经费投入自2001年的0.35亿美元先下降到2002年的0.23亿美元后，逐步增长到2013年的2.34亿美元，接着减少到2016年的1.26亿美元，最后增长到2020年的2.27亿美元；其他电力与储能技术的研发与示范经费投入呈现先减少后增再减的发展态势，自2001年的0.62亿美元逐步减少到2008年的0.03亿美元，随后一直增长到2017年的1.63亿美元左右，接着减少到2020年的1.30亿美元；氢能与燃料电池的研发与示范经费投入总体上呈现减少趋势，自2004年的0.37亿美元减少到2005年的0.31亿美元，随后递增到2007年的0.43亿美元，减少到2016年的0.19亿美元，最后递增到2020年的0.69亿美元；其他交叉技术的研发与示范经费投入呈现先下降后快速增长、缓慢下降到快速下降、逐步增长再到逐步降低的发展态势，由2001年的0.19亿美元先降低到2002年的0.12亿美元后，快速增加到2003年1.59亿美元，又逐步降低到2008年的1.39亿美元，再快速下降到2011年的0.23亿美元，然后逐步增加到2016年的0.79亿美元，最后逐步降低到2020年的0.56亿美元；化石燃料的研发与示范经费投入由2001年的0.26亿美元逐步递减到2003年的0.11亿美元，逐步增加到2008年的0.46亿美元，随后逐步下降到2010年的0.36亿美元，再逐步增长到2017年的0.56亿美元，又递减到2019年的0.23亿美元，2020年回增至0.36亿美元（图3.19）。德国加强能源领域研发的投入，有力促进了能源技术的发展。

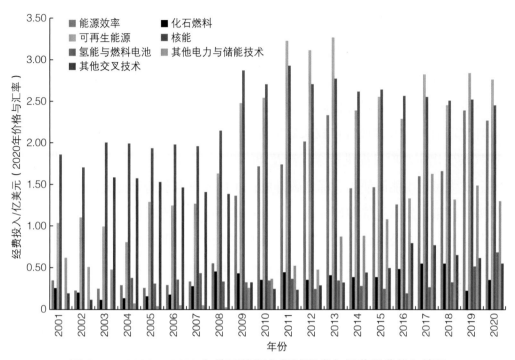

图 3.19 2001—2020 年德国能源各领域研发与示范经费投入情况

（资料来源：国际能源署.能源技术研发统计报告 2021［R/OL］.［2021-12-20］. https：//stats. oecd.org/ BrandedView.aspx?oecd_bv_id = enetech - data - en&doi = 4532e363 - en#.)

第三，德国十分重视新能源技术研究成果的市场化和产业化发展。具体表现如下：一是强化企业是技术创新的主体，各联邦部门在研发项目的立项申请评估过程中将有没有企业参与作为重要的评判标准之一。目前，实施的各类可再生能源研发项目中，企业的投入比例一般在 25% ~ 50%。二是通过市场激励措施，引导科研院所与企业的技术成果推广。三是通过《可再生能源法》《能源经济法》《电力入网条例》等法律法规为新能源新技术成果产业化发展保驾护航。

可见，德国作为世界发达国家之一，能源研发重点是核能、可再生能源及能源效率，储能技术、氢能及其他能源技术也日益受到重视，力求保持其核能科研创新能力的同时，逐步抢占新能源的制高点，保持了可再生能源技术研发的世界领先地位。在风力发电技术、太阳集热技术、地热能利用技术、生物质能技术和沼气技术领域的专利数量都位居世界第一，为德国利用新能源技术积极应对全球气候变化奠定了坚实的技术基础。

（5）支持社会各界积极广泛参与应对气候变化

第一，通过联邦政府直接持续支持可再生能源与应对气候变化。2003 年联邦经济与技术部发起"可再生能源出口倡议"，每年提供约 500 万欧元预算资金，旨在帮助德国中小企业进入国际市场；2008 年联邦环境部发起"国际气候行动"，联邦环境部通过 CO_2 排放许可权来筹集资金，筹集资金总额达 1.2 亿欧元，为全球范围气候变化应对项目提供资金，涉及 49 个国家近百个改善项目，推动提高能源效率、扩大可再生能源使用、降低碳排放；2011 年联邦教育和研究部根据德国"能源转型"政策，发布了能源研究议程，表示基础设施、能源效率、可再生能源、核安全与辐射、社会公众认可是德国未来能源技术研究的重点内容，为此，联邦政府启动了《面向环境友好、安全可靠与经济可行的能源供应研究》的第六期能源研究计划，联邦教育和研究部资助了"光伏发电创新联盟"第一批研究项目；联邦环境部将可再生能源研究年度经费预算提高到 128 亿欧元，资助了海上风电技术研究等184 个项目；联邦食品和农业部表示在未来 4 年将新增 1.8 亿欧元经费投入，支持生物质能技术研究。

第二，发挥多部门联动优势，积极应对气候变化。联邦财政部、联邦环境部、联邦食品和农业部、联邦外交部及其下属的经济出口促进局、再生材料局和各联邦州有关部门，还有受政府和企业资助的民间机构、大专院校、科研机构形成了节能环保网络系统，它们从法律法规建设、新技术开发应用、财税支持等各方面为可再生能源的开发利用提供保障，为应对气候变化提供支持。新能源研发计划由联邦经济技术部牵头指导，联邦环境部、联邦教育和研究部及联邦食品和农业部等部门参与，联邦政府制定优先发展领域以确保计划得到有效实施；2011 年初联邦经济与技术部与联邦环境部及联邦教育和研究部发起成立了"能源储存"领域第一个联合基金计划，这在商业界与科学界引起共鸣；2018 年德国政府创建"跨越式创新促进署"，支持中小企业积极参与新一轮高技术研发。

第三，注重向未来新能源时代转型。在优先考虑应对气候变化的前提下，德国重建其能源系统，提出由雄心勃勃的目标、具体措施、基金持续及定期监测 4 个支柱支撑的能源理念（包括 120 个独特办法），2011—2014 年提供约 35 亿欧元资金重点支持可再生能源技术的研发，能源理念尽可能中立，避免阻碍新技术市场化；

同时，德国实施能源一揽子计划（6个法律及1个条例），焦点集中在电网发展及升级、可再生能源及转向新能源时代的资助方式等领域；2018年9月，德国政府启动第七期能源研究计划，将在2018—2022年提供64亿欧元资金，由联邦经济事务和气候行动部、联邦教育和研究部、联邦食品和农业部等部门协同参与推动德国能源转型。

第四，通过多种途径与方式，鼓励大众参与节能减排，引导低碳生活方式。一是通过多层次的教育，提高民众的节能意识。德国的节能环保教育从娃娃抓起，延伸到教育的各个层次，已形成完整的节能环保教育体系。二是发起各种倡议进行科普与宣传。德国政府组建了大量的协会、公益组织和咨询机构（目前全德国已超过400家），如德国能源署（DENA）等，在全国范围内开展面向社会公众的信息咨询服务，并利用政府和企业的资助经费开展能源效率倡议、能源信息服务行动、能效证书行动、节能建筑奖评选活动、可再生能源供热奖评选活动、白色家电倡议、我与我车倡议、气候保护行动等形式多样的节能减排科普宣传行动。三是通过互联网加强宣传与教育。德国通过专门的节能知识网站、能源能效信息服务门户网站、可再生能源科普网站、信息咨询服务网站等，进行节能环保、提高能效、普及可再生能源等方面的宣传。四是通过能源合作社促进新能源的发展。德国不仅在乡镇，而且在一些大城市共有几百个能源合作社，涉及领域除太阳能外，还有风力发电场、小型生物发电站等；能源合作社实行会员制，不仅能减排 CO_2，而且便于会员使用新能源发电及将多余电量并入临近电网高价销售获取收益，德国很多机构也喜欢从能源合作社购电；能源合作社在促进德国新能源发展上做出很大贡献。总之，通过丰富多彩的途径与措施，德国使节能减排、绿色生产、绿色消费和低碳发展模式深入人心，公众的节能减排参与意识和能力不断提高，低碳节能产品热销、设备和建筑节能改造、清洁能源、可再生能源使用与开发越来越得到民众的认可和应用。

（6）积极开展多种形式的国际合作，共同应对气候变化

德国政府在应对气候变化、可持续发展、新能源和节能环保等领域开展了形式多样的国际合作。

第一，德国主导或参与各种应对气候变化的重大计划、国际会议或活动，促进应对气候变化的国际合作。2007年，G8峰会在德国海利根达姆镇召开，气候变化是主要议题之一，东道主德国总理默克尔希望此次峰会能就在 2009 年之前达成一项温室气体减排的新全球框架协议达成共识，并提出到 2050 年全球温室气体排放量比 1990 年降低 50%、全球平均气温上升幅度不超过 2 ℃的具体目标；随后到 2009 年，连续 3 年的 G8 峰会均把气候变化作为重要议题，并达成一系列共识，德国作为 G8 的重要成员之一，为全球应对气候变化做出积极贡献。2009 年 6 月及 8 月，第二轮及第三轮联合国气候变化条约谈判均在德国波恩举行，德国作为欧盟主要成员国之一，利用联合国气候变化大会的舞台，初步达成了应对全球气候变化的协议草案。在 2009 年底的丹麦哥本哈根会议上，德国谋求在节能减排领域发挥领军作用，认为以美国为首的工业国应承担主要减排义务，但中国和印度等新兴工业国也要采取相应措施；在 2010 年的墨西哥坎昆会议上，德国加强与欧盟伙伴国家的密切合作，为达成《坎昆协议》积极努力，建立涵盖所有排放大国的具有法律约束力的国际框架，加强应对气候变化的能力；在 2011 年的南非德班气候变化会议上，欧盟内部统一谈判立场：在一定条件下愿意认可《京都议定书》第二承诺期；2016 年，为履行《巴黎协定》，德国实施了"2050 年气候行动计划"，这使其成为首个通过此类详尽长期减排计划的国家。可见，德国凭借自身的技术、在欧盟的地位与国际影响力，加强了应对气候变化的国际合作。

第二，签署政府间合作协议，加强能源与气候变化领域的国际合作。德国利用其世界领先的清洁能源技术，通过加强世界各国气候保护的合作，共同应对气候变化。具体可分三类：一是与发达国家之间的合作，侧重点在于强强联合，共享技术与经验。2009 年德国太阳能企业在美国开展投资与合作：德国太阳能电池板厂 Aleo Solar AG 宣布，在美国设立全资子公司；德国太阳能公司 Solar Millennium AG、营造与工程公司 MAN Ferrostaal AG 宣布，在美国西南部合资组建企业，双方各持股 70%、30%，建造 3 座发电厂；德国太阳能公司 Solarworld 和 Solon 宣布将分别在美国俄勒冈州和亚利桑那州投资设厂，主要生产太阳能晶片和太阳能集热设备，前者计划 2011 年总投资达 5 亿美元，产能达 500 兆瓦。二是注重在欧盟科研平台上发挥作用。德国与法国、英国等启动实施一批双边或多边国际科技合作项目；德国联邦政府积极参与欧洲研究委员会的相关工作，推动欧盟第七框架研究计划实施，计划实施的前 2 年德国对项目经费的投入比例约为 19.6%；德国还参加氢和燃料电池计划、全球环境与安全监测计划等 6 个领域的联合技术计划。三是采用多种形式与发展中国家加强合作。2010 年，德国与巴西联合举办"德国–巴西客机创新年"系列活动，与印度联合组建"印德科技中心"，启动总经费 1200 万欧元的"印度新通道"项目，用于资助两国学生的交流来访；向南非政府提供 7500 万欧元无偿援助，用于帮助其发展可再生能源；与智利共同资助 10 个合作项目，研究涉及能源系统、地学研究、机器人技术等领域。2011 年，德国与 6 个非洲国家在汉堡市举行德非能源论坛，议题包括可再生能源、能源效率、电力生产调配、能源原材料和应对气候变化等，以期加强与非洲国家的能源领域合作。

第三，加强中德合作应对气候变化。主要体现在 3 个层次：一是宏观战略合作。2010 年以来，中德两国签署了《中德政府间关于电动汽车科学合作的联合声明》《中德关于建立电动汽车战略伙伴关系的联合声明》，联合成立"中德汽车联合研究中心"，发表联合公报，支持"中德替代动力平台"建设，继续加强中德在电动汽车领域的合作。二是双方部委之间的合作。2010 年，中国科技部与德国联邦教育和研究部在德国柏林召开"中德政府科技合作联委会第 21 次会议"，就近年来中德双边科技工作组合作工作进行了回顾，并就进一步深化合作、建立"中德创新平台"等工作达成新的共识；2011 年，中德两国签署了《中国科技部与德国联邦交通、建设与城市发展部关于可再生能源和交通技术合作的谅解备忘录》；2014年 10 月 10 日，中德双方发布《中德合作行动纲要：共塑创新》，强调中德两国将以高远目标为指引，深化双方多年来在环保和气候变化领域富有成效的合作，共同推进创新和可持续发展；2022 年 4 月 11 日，中国科技部部长王志刚与德国联邦教育和研究部长贝蒂娜·施塔克–瓦青格（Bettina Stark–Watzinger）举行视频会晤，围绕落实两国元首共识、科技创新战略规划对接、务实推进双边科技创新合作等深入交换意见，两国科技部门聚焦"碳中和"、创新战略政策等领域积极开展创新合作，深化中德科技创新合作，促进产学研用融合发展，为应对全球挑战提供科技支撑[①]。三是加强企业之间的合作。2009 年，德国风能设备制造商 Nordex 宣布获得宁夏电力投资公司 33 兆瓦风能设备订单，设备将安装于宁夏太阳山和红寺堡两

① 中华人民共和国科学技术部. 科技部部长王志刚与德国联邦教研部部长施塔克–瓦青格举行视频会晤［EB/OL］.［2022–06–14］.https：//www.most.gov.cn/kjbgz/202204/t20220413_180229.html.

座风电园；2009 年 11 月，德国太阳能企业 Odersun 宣布，2010 年开始和中国安泰科技股份有限公司合作在北京设厂，生产太阳能电池板；2011 年，德国莱茵 TÜV 集团在第五届国际太阳能光伏大会暨（上海）展览会上与安徽颐和新能源科技股份有限公司签署全球战略合作备忘录，宣告双方将在产品认证、系统安全评估及项目管理等方面进行更深入广泛的合作；中国北汽集团与德国戴姆勒集团签署全面战略合作意向书，双方本着"优势共享，资源互补，共同发展，合作双赢"的原则，将双方关系深化为全方位的战略合作伙伴关系，加强集团层面的合作，支持彼此深层次的投资，共同探讨进一步技术支持和双方在新能源汽车领域的合作，共同提升双方在中国市场的竞争力。

可见，通过国际能源合作，德国推动新能源技术的出口，使之成为应对全球气候变暖的有效手段，为其谋求应对全球气候变化领导权营造了良好的国际氛围。

4 英国能源管理

英国在世界经济发展史上曾占有十分重要的地位，2021 年是世界第五大经济体。英国是欧洲能源资源最丰富的国家，主要有煤炭、石油和天然气，而水电资源比较匮乏。英国能源产业长期依赖化石燃料，其中煤炭占 95%，石油和天然气仅占 5%。随着石油和天然气资源日渐枯竭，以及使用煤炭对环境造成的污染日趋严重，英国正面临着巨大的能源压力。

4.1 英国的能源现状

4.1.1 能源资源储量

石油和天然气是英国重要的能源资源。2006 年英国石油探明储量为 5 亿吨，占世界石油总探明储量的 0.3%，储采比为 6.5；天然气探明储量为 0.48 万亿 m^3，占世界天然气总探明储量的 0.3%，储采比为 6.0。英国的油气资源几乎全部分布在北海大陆架。20 世纪 60 年代英国先后在北海发现了第一个天然气田和第一个油田，随后进入大规模勘探开发时期，80 年代进入油气勘探开发高峰期，石油探明储量达到近 19 亿吨，年产量近 1.3 亿吨。

1980—2019 年英国的石油探明储量经历了快速递减、逐渐增长到不断缓慢下降，再到快速下降后逐渐趋于平稳的发展过程（图 4.1）。1980 年英国的石油探明储量为 84.38 亿桶，逐步快速下降到 1989 年的 38.25 亿桶，随后缓慢增加到 1997年的 51.75 亿桶，再缓慢下降到 2016 年的 23.13 亿桶，为历史新低，最后缓慢增长到 2019 年的 27.00 亿桶，仅占世界石油总探明储量的 0.2%，储采比为 6.6。

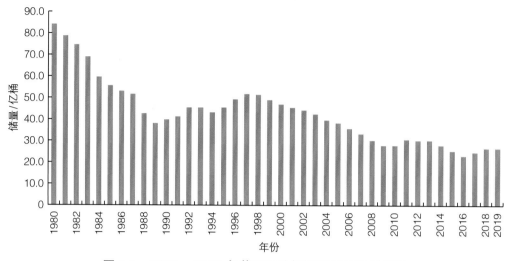

图 4.1　1980—2019 年英国石油探明储量的变化状况

1980—2019 年英国的天然气探明储量逐步经历了波动式降低、增加再快速降低，最后趋于平稳的发展过程（图 4.2，不包括放空燃烧或回收的天然气）。1980 年英国的天然气探明储量为 7390 亿 m³，到 1982 年降为 6298 亿 m³，1984 年增至 7214 亿 m³ 后逐步下降到 1991 年的 5400 亿 m³，随后较快增长到 1997 年的 7650 亿 m³，之后逐年快速降低，2016 年降至历史最低的 1840 亿 m³，之后趋于平稳，2019 年为 1870 亿 m³，仅占世界天然气总探明储量的 0.1%，储采比为 4.7。

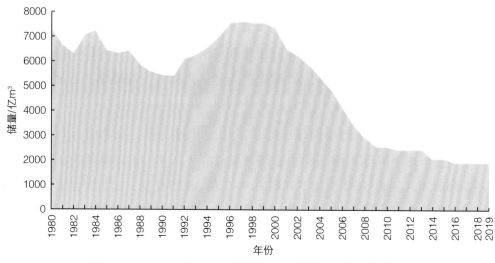

图 4.2　1980—2019 年英国天然气探明储量的变化状况

4.1.2 能源生产

1965—1974 年英国的石油生产量很低，均不超过 0.4 Mt，但 1975 年达到 1.6 Mt 后开始快速增加，1985 年高达 127.6 Mt，此后逐渐降低至 1991 年的 91.3 Mt。1999 年增加到 137.4 Mt，为历史最高，之后又快速下降到 2014 年的 39.9 Mt，随后又逐步增加到 2019 年的 51.8 Mt。尽管如此，2019 年的生产量仍占世界石油生产总量的 1.2%，长期以来英国石油生产总体上呈 "M" 形的变化状态，进入 21 世纪以来逐年降低，2014 年之后则缓慢增加（图 4.3）。

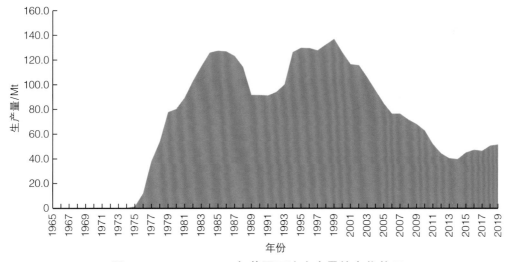

图 4.3　1965—2019 年英国石油生产量的变化状况

英国天然气生产量自 1970 年的 109 亿 m³，较快地增加到 1977 年的 396 亿 m³，然后缓慢增长到 1990 年的 476 亿 m³，再快速增加至 2000 年的 1135 亿 m³，为历史最高。此后快速减少到 2013 年的 370 亿 m³，再缓慢增加到 2017 年的 419 亿 m³，最后缓慢递减到 2019 年的 396 亿 m³，比 2018 年下降了 2.2%，2019 年英国天然气生产量占世界天然气生产总量的 1%，2008—2018 年年均下降 5.7%。长期以来英国天然气生产量总体上处于先增后减的变化状态（图 4.4）。

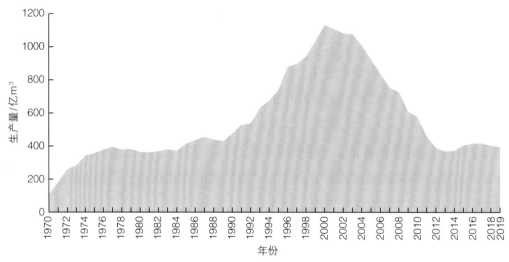

图 4.4　1970—2019 年英国天然气生产量的变化状况

英国的煤炭生产量自 1981 年的 127.5 Mt，递减到 1983 年的 119.3 Mt，锐降到 1984 年的 51.2 Mt 后，1986 年恢复到 108.2 Mt 后快速下降到 1997 年的 48.5 Mt 又逐步缓慢降低，2019 年只有 2.2 Mt，仅占世界煤炭总产量的 0.03%，长期以来总体上处于快速减少的状态（图 4.5）。

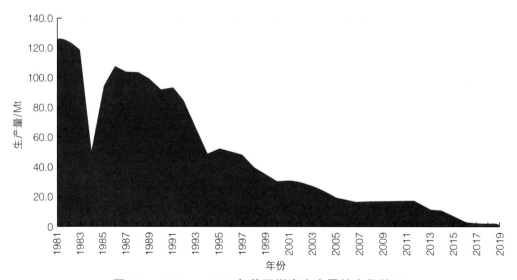

图 4.5　1981—2019 年英国煤炭生产量的变化状况

英国的电力生产量自 1985 年的 298.1 TW·h 逐步增加到 2006 年的 398.4 TW·h，之后开始减少，2019 年降低至 323.7 TW·h，占世界电力生产总量的 1.2%，长期以来总体上处于先缓慢递增再逐渐减少的变化状态（图 4.6）。

图 4.6　1985—2019 年英国电力生产量的变化状况

英国可再生能源发电量从 2000 年的 4.8 TW·h 缓慢递增到 2010 年的 22.6 TW·h，再快速增长到 2019 年的 113.4 TW·h，2019 年增长率达 8.1%，2008—2018 年年均增长率达 19.4%，2019 年英国可再生能源发电量占全球可再生能源发电总量的 4.0%，总体呈现先缓慢递增再较快增长的发展过程（图 4.7）。

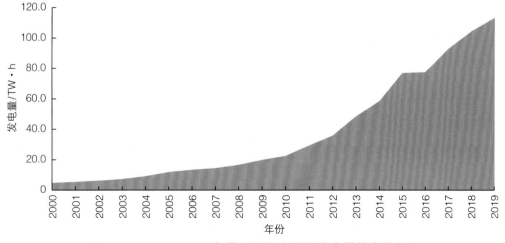

图 4.7　2000—2019 年英国可再生能源发电量的变化状况

4.1.3 能源消费

英国的石油消费量自 1965 年的 74.2 Mt 快速增加到 1973 年的 113.2 Mt，随后较快地降低到 1976 年的 91.6 Mt，再缓慢增长到 1979 年的 94.7 Mt 后快速下降到 1983 年的 72.5 Mt，1984 年增至 89.7 Mt 后递减到 1987 年的 75.2 Mt，1988—2008 年英国石油消费量基本维持在 81 Mt 左右，随后缓慢降低到 2014 年的 69.5 Mt，达到历史最低，再缓慢增加至 2017 年的 73.8 Mt，最后逐步降至 2019 年的 71.2 Mt，2019 年英国石油消费量占世界石油消费总量的 1.6%。可见，21 世纪 80 年代以来英国石油消费量总体上维持在 80 Mt 左右，近 5 年维持在 70 Mt 左右（图 4.8）。

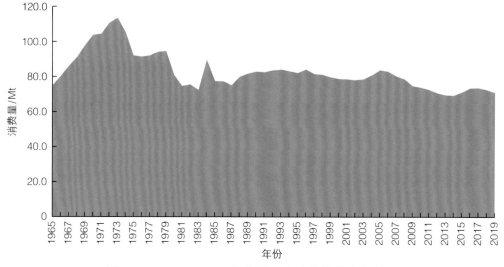

图 4.8 1965—2019 年英国石油消费量的变化状况

英国的天然气消费量自 1965 年的 0.9 Mtoe 逐步增加至 2004 年的 102.0 Mtoe，之后逐渐降低到 2014 年的 70.1 Mtoe，随后缓慢增加到 2019 年的 78.8 Mtoe，占世界天然气消费总量的 2.0%，长期以来总体上处于从快速增加到缓慢减少的变化状态（图 4.9）。

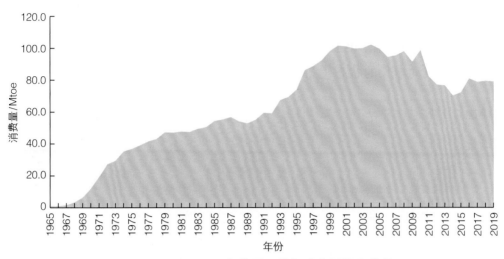

图 4.9　1965—2019 年英国天然气消费量的变化状况

　　英国煤炭消费量自 1965 年的 4.92 EJ 快速下降到 1972 年的 3.12 EJ，1973 年增至 3.38 EJ 后缓慢减少到 1983 年的 2.79 EJ，1984 年骤降至 1.98 EJ 后较快地增长到 1987 年的 2.91 EJ，又较快地下降到 1999 年的 1.44 EJ，随后一直到 2005 年基本维持在 1.55 EJ 左右，2006 年增至 1.71 EJ 后逐步递减到 2009 年的 1.25 EJ，之后增至 2012 年的 1.63 EJ，最后又快速降至 2019 年的 0.26 EJ，2019 年英国煤炭消费量占世界煤炭消费总量的 0.2%，长期以来总体上处于逐步下降的状态（图 4.10）。

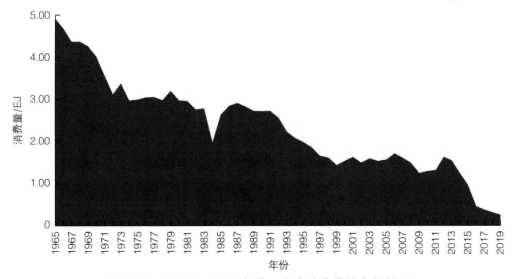

图 4.10　1965—2019 年英国煤炭消费量的变化状况

英国的水电消费量连续变动,自 1965 年的 0.046 EJ 缓慢波动增加至 2019 年的 0.053 EJ,2019 年英国水电消费量仅占世界水电消费总量的 0.1%,长期以来总体上处于缓慢波动增长的状态(图 4.11)。

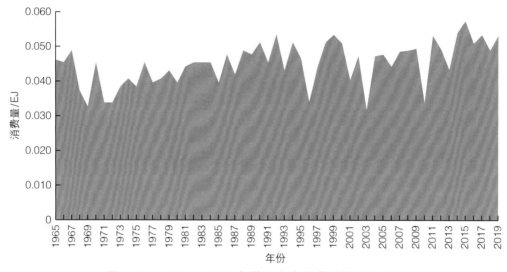

图 4.11　1965—2009 年英国水电消费量的变化状况

英国的核电消费量自 1965 年的 0.15 EJ 快速增加到 1998 年的 0.99EJ,之后逐渐降至 2008 年的 0.50 EJ,除 2010 年和 2014 年为 0.58 EJ 外,2009—2016 年均为 0.65 EJ,随后又逐步降低到 2019 年的 0.50 EJ,2019 年英国核电消费量占世界核电消费总量的 2.0%。20 世纪后半期,英国的核电消费总体上处于快速增长阶段,但进入 21 世纪后呈现逐步减少的态势(图 4.12)。

英国的可再生能源消费量自 2000 年的 0.05 EJ 缓慢增长到 2007 年的 0.15 EJ,此后快速增长到 2019 年的 1.08 EJ,占世界可再生能源消费总量的 3.7%,2019 年增长率达 9.1%,2008—2018 年年均增长率 17.8%,长期以来总体上呈现从缓慢增长到快速增长的发展态势(图 4.13)。

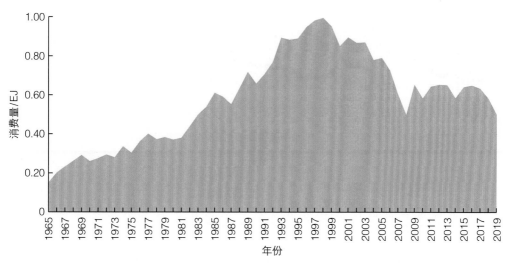

图 4.12　1965—2019 年英国核电消费量的变化状况

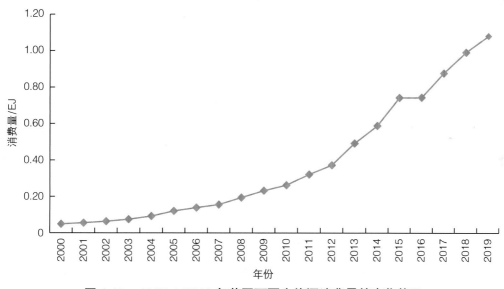

图 4.13　1965—2019 年英国可再生能源消费量的变化状况

　　1965—2019 年英国的一次能源消费量经历了逐步增长、降低、再增长、再降低的发展过程，自 1965 年的 8.33 EJ 增加到 1973 年的 9.59 EJ，快速降低至 1975 年的 8.59 EJ 后，又快速增长到 1979 年的 9.40 EJ，再快速降低到 1984 年的 8.24 EJ，之后逐渐增加至 2001 年的 9.58 EJ，最后逐步减少到 2019 年的 7.84 EJ，占世界一次能源消费总量的 1.3%，长期以来总体上处于波动变化的状态（图 4.14）。

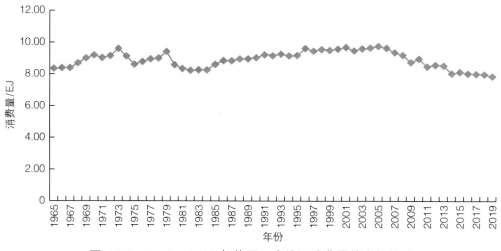

图 4.14　1965—2019 年英国一次能源消费量的变化状况

4.1.4　CO_2 排放情况

英国的 CO_2 排放量自 1965 年的 688.1 Mt 减少到 1967 年的 670.1 Mt，此后由于石油危机逐步增加到 1970 年的 724.5 Mt，再下降到 1972 年的 690.5 Mt 后增至 1973 的 728.7 Mt，达到英国 CO_2 排放量的最高点，随后较快下降到 1984 年的 538.6 Mt，再增至 1986 年的 594.3 Mt 后一直基本维持在 577.4 Mt 左右，最后逐步下降到 2019 年的 387.1 Mt，2019 年英国 CO_2 排放量占世界 CO_2 排放总量的 1.1%，长期以来总体上处于先减少到增长达峰再逐步减少的发展状态（图 4.15）。

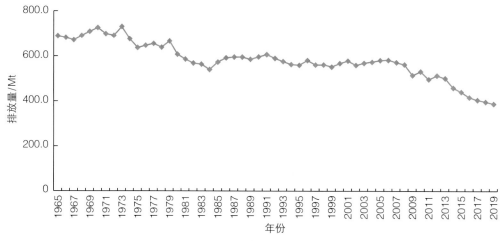

图 4.15　1965—2019 年英国 CO_2 排放量的变化状况

4.2 英国的能源管理体制

英国是君主立宪制国家，政体是议会内阁制，又称责任内阁制。英国虽然将教育、健康、运输、环境和农业等问题的最终决定权下放给了苏格兰、威尔士和北爱尔兰议会，但是能源政策却由英国统一制定。英国政府保留了对主要能源政策的决定权，为实现统一的能源政策提供了制度基础。

英国能源管理体系主要由作为能源主管机构的商业、能源和产业战略部（Department for Business，Energy & Industrial Strategy，BEIS），作为能源监管机构的燃气与电力市场监管办公室（Office of Gas and Electricity Market，OFGEM）和能源技术支持公司（Energy Technology Support Unit，ETSU）三大机构组成。

4.2.1 英国能源主管机构

BEIS 负责制定能源政策，其前身为工业贸易部。另外，环境、食品与农村事务部和运输部也负责部分能源政策。

4.2.1.1 商业能源和产业战略部

（1）商业、企业和规划改革部

英国是发达国家中较早实行大部门体制的国家。自 20 世纪 60 年代以来，英国政府机构设置经过多次改革和调整。1970 年，英国工业贸易部（Department of Trade and Industry，DTI）正式成立，接管了原英国贸易委员会的工业与贸易政策职能，同时将电力部、技术部、就业与生产力部进行合并。1974 年，从 DTI 负责能源的司局分设出能源部。1992 年，撤销能源部并入 DTI。2005 年，英国工党布莱尔首相组阁后，一度将 DTI 更名为生产力、能源和工业部（Department for Productivity，Energy and Industry），但很快又恢复原名。2007 年 6 月，布朗首相对政府进行调整，其中包括在 DTI 基础上成立商业、企业和规划改革部（Department for Business，Enterprise and Regulatory Reform，BERR）。新组建的 BERR 具有原 DTI 在生产力、商业关系、能源、竞争和消费者政策、公司法以及就业管理等方面的职能。

大部门体制的一个显著特点是部门的职能范围较广。BERR 是英国主要的宏观管理部门之一，根本任务是促进科技进步、提高竞争能力、发展生产力、实现可持续发展。BERR 是一个综合经济管理部门，全面负责管理工业和贸易、科技、国际贸易政策和促进出口政策等，其目标是通过增强竞争力和提高科技水平，不断提升英国的生产率及其经济的可持续发展能力，协调贸易投资总署在出口、引资方面的职能。BERR 有雇员约 2500 名，重要执行机构中还有工作人员 4000 名，年预算超过 30 亿英镑，其中一半花在核设施退役计划上，其他的用于促进贸易及能源供应安全等方面。

BERR 由一名内阁大臣领导，负责全面工作，有 5 位国务部长分管各部分工作。其中主管能源事务的国务部长主要负责能源问题、可持续发展与环境、能源供应安全、燃料缺乏、核安全与出口管制以及公司社会责任等。此外，还负责部分燃气、电力市场事务（如管理非矿物燃料电力的使用）及任免高级官员。

1989 年颁布的《电力法》授予英国能源部长一项特殊权力，即可以通过颁布命令，要求在英格兰和威尔士地区的电力公司保证使用一定数量的非矿物燃料作为发电原料进行电力生产。

BERR 的管理董事会（Management Board）为 BERR 提供战略性领导，并与 BERR 的几位部长一起制定战略、分配资源、批准商务计划并监督实施、加强 BERR 内部的能力建设、制定标准及价值体系。管理董事会由包括 BERR 各主要总司司长在内的 8 位董事及 4 位独立董事构成，BERR 常务秘书任主席。

BERR 内设 10 个司局，其中主管能源领域的为能源总司（Energy Group，EG）。EG 的主要职能是：提供安全、多样和可持续的能源供应，确保能源价格处于适当水平。EG 负责的能源政策包括：可持续发展与环境、能源供应安全、燃料缺乏、核安全、出口管制，以及管理能源国有公司。EG 下设 4 个司局，主管能源战略，能源市场，能源创新，核、煤责任以及许可审核。EG 还下设石油工程局、近海供应署和能源技术局 3 个分支机构。

EG 的主要职责是：发展和促进英国自然能源资源的开发，参与国际能源事务。EG 及其所属近海供应署和能源技术局共同组建海洋技术委员会，该委员会着重有关海洋开发技术的研究工作。早在 1979 年 EG 就提出了"水下工作提案"，其主要内容与近海石油天然气资源的管理与开发密切相关。EG 还负责如风能、波浪能、潮汐能等其他形式能源开发的协调工作，EG 下设的波能开发管理委员会负责制定并管理海洋波能资源的研发计划。

英国在各个政府部门内设立了大量的执行机构，专门承担执行政策和提供服务的职能，在组织形式上将政策制定与执行职能分开。执行机构隶属于各内阁部门，直接对主管部长负责，与内阁部门签订协议，进行契约式管理。主管部长只负责制定执行机构的战略方向和绩效目标，对机构编制、人事制度和日常业务并不干预。

（2）商业、创新与技能部

2009 年 6 月，创新、大学和技能部（DIUS）与 BERR 进行合并，组建成商业、创新与技能部（DBIS）。DBIS 主要负责英国的商业发展，属于政府的核心部门。该部门旨在营造一种企业文化，鼓励每一个有才能的人将设想变成实实在在的成功企业，并消除那些妨碍企业发展的不必要的障碍。

DBIS 主要职能：

在整个政府中为企业界代言；打造对商业和消费者有利的经营环境；制定产业政策和技能培训政策；评估英国经济所需的技术变化并为之制定终身培训政策；发展高等教育和继续教育体系；发展科研基地，促进科技产业化；扩展学徒制；鼓励创新；维护有利于企业和技能的监管环境；与地方发展署合作促进各地方的经济增长；与欧盟合作制定影响欧盟共同市场开放度和英国公司竞争力的欧盟监管制度和政策；促进英国出口和对英投资。

DBIS 内设机构：

• 国际贸易司，联系英国外交部，通过英国贸易投资总署开展工作。

• 务总司，下设 9 个司局，主管商业关系、商业支持、国内各地区事务。

• 欧洲和世界贸易总司，下设 2 个司局，主管诸如单一市场、国别援助、欧盟扩大等欧盟政策，世贸组织与经合组织事务，多边贸易关系与贸易政策，英联邦贸易事务，进口限制以及应对贸易壁垒等。

• 公平市场总司，下设 5 个司局，主管公平市场，规则，联络欧洲、世界组织事务，仲裁，公司法，公司治理，就业关系，妇女，平等。

• 创新总司，下设 6 个司局，主管技术创新、英国宇航中心、专利办公室、国家计量实验室。

• 服务总司，下设 7 个司局，主管服务、公司注册署、就业、出口管制、防扩散、金融和资源管理、人力资源管理、信息、破产事务。

• 法律服务总司。

• 战略室，下设 2 个司局，主管经济与统计顾问、新闻发布、公众关系和政府网站维护。

（3）能源与气候变化部

2008 年 10 月 3 日，英国首相布朗改组内阁，成立了能源与气候变化部（Department of Energy and Climate Change，DECC），负责先前由 BERR 主管的能源政策和环境、食品与农村事务部（DEFRA）负责的气候变化减缓政策。DECC 的目标有 3 个：确保英国能源安全、有效与使用得起；转向低碳社会；2009 年 12 月在哥本哈根达成关于气候变化的国际协议。

DECC 面临的主要挑战来自环境、经济与未来的能源供给安全，它现在做出的决策将会影响英国后代的生活方式。DECC 的创立反映了气候变化和能源政策之间存在内在的联系，事实上英国 2/3 的碳排放来自能源使用，一个领域的好的决策应在充分考虑了对其他领域的影响后才能做出。

DECC 首任大臣为埃德·米利班德（Ed Miliband），此前任英国内阁大臣（Cabinet Secretary），负责气候变化事务的 DEFRA 继续保留，其职能类似于原英国农业、渔业和食品部。

DECC 的机构设置旨在确保实现其目标，并以有效、高效和符合伦理的方式运作。DECC 做出有关治理事项制度与程序的决策，并提出监管绩效的方式。

DECC 的管理董事会（Management Board）成员构成如下：国会秘书 Moira Wallace 担任管理董事会主席，Mike Anderson 司长负责能源与气候变化的国际事务，Edmund Hosker 司长（执行）负责治理支持与共享服务，Willy Rickett 司长负责能源市场与基础设施，Simon Virley 司长（执行）负责国家气候变化与用户支持，Mike Blackburn 主任（临时）负责财务，Jonathan Brearley 主任负责战略，Paddy Feeny 主任负责沟通协调，Andrew Lawrence 主任负责过渡时期的事务，Alison Rumsey 主任（执行）负责人力资源与能力建设。管理董事会为 DECC 提供战略性领导，制定战略，分配资源，批准商务计划并监督实施绩效，加强 DECC 内部的能力建设，制定标准、价值及控制体系。

（4）商业能源和产业战略部

2016年7月，DBIS和DECC进行合并，组建商业、能源和产业战略部（Department for Business，Energy & Industrial Strategy，BEIS）。BEIS主要负责商务、产业战略、科学研究创新、能源、清洁发展和气候变化。BEIS将确保英国拥有可靠、负担得起和清洁的能源供应，利用新技术带来的经济机遇，更有效地支持英国的全球竞争力。

2020年12月，英国BEIS发布了《能源白皮书：赋能净零排放未来》（*The Energy White Paper：Powering Our Net Zero Future*），阐述了其将如何通过净零能源驱动未来发展，规划了英国能源系统转型路径，明确了力争2050年能源系统实现碳净零排放目标；发布的"绿色工业革命十点计划"动员120亿英镑的政府投资，并支持多达25万个绿色工作岗位；发布了《工业脱碳策略》，以缔造全球首个低碳工业部门；发布了《北海过渡协议》，旨在将北海盆地变成绿色；在2020年12月共同主办了"气候变化目标峰会"，占全球二氧化碳排放量65%左右的国家承诺实现净零排放。

2021—2022年，BEIS优先事项包括：应对气候变化；在全国范围内释放创新并加速科技进步以提高生产力和英国的全球影响力；帮助企业从新冠肺炎疫情的影响中恢复过来，并加快疫苗的开发和制造来对抗新冠病毒；通过使英国成为全球创业和发展的最佳地来促进企业发展。

1）机构简介

BEIS的核心部门由4717人组成，在英国各地设有地区办事处，分成8组，每组由一名总干事领导。小组又设立董事会。BEIS的部门委员会（Departmental Board），执行委员会（Executive Committee），审计、风险和保障委员会（Audit，Riskand Assurance Committee）是主要决策、执行和管理的机构。部门委员会就战略、绩效和风险管理提供指导，执行委员会执行战略并确保部门的有效管理，审计、风险和保障委员会确保审计和风险控制职能的质量。

英国在各个政府部门内设立了大量的执行机构，专门承担执行政策和提供服务的职能，在组织形式上将政策制定与执行职能分开。执行机构隶属于各内阁部门，直接对主管部长负责，与内阁部门签订协议，进行契约式管理。主管部长只负责制定执行机构的战略方向和绩效目标，对机构编制、人事制度和日常业务并不干预。

2020—2021 年，BEIS 负责有效管理 442 亿英镑的部门资金，其中 319 亿英镑与核心部门和机构相关，123 亿英镑与其合作伙伴组织和指定机构相关，如支出 24 亿英镑用于核退役管理局（NDA），以安全、负责任地管理 DBIS 的能源遗产。

BEIS 的合作伙伴组织包括英国政府投资公司（UKGI）等在内的 43 个公共机构。BEIS 的采购订单在任务范围、规模、复杂程度和分类上各不相同，大型机构如英国国家科研与创新署、核退役管理局，致力于监管的中等规模组织如竞争和市场管理局，咨询委员会如气候变化委员会等。

BEIS 的部级官员如下。

- BEIS 部长：Rt Hon Kwasi Kwarteng 议员；

- 商业、能源和清洁增长部长：Rt Hon Anne–Marie Trevelyan 议员；

- 议会副秘书、工商部长：Nadhim Zahawi 议员；

- 议会副秘书、气候和企业改革部长：Lord Callanan 议员；

- 议会副秘书，小企业、消费者和劳动力市场部长：Paul Scully 议员；

- 议会副秘书、科学研究和创新部长：Amanda Solloway 议员；

- 投资部长：Lord Grimstone。

- BEIS 的主要下属机构及高级官员如下。

- 常任秘书长及首席会计主管：Sarah Munby；

- BEIS 首席运营官（临时）：Doug Watkins；

- 能源与安全司司长：Joanna Whittington；

- 能源转型与清洁增长司司长（临时）：Ben Golding；

- 能源转型与清洁增长司司长（临时）：Cath Bremner；

- 科学创新与增长司司长：Jo Shanmugalingam；

- 科学顾问：Paul Monks 教授；

- 市场框架司司长：Jaee Samant；

- 贸易、国际、联盟与分析司司长：Ashley Ibbett；

- 疫苗特遣部队司司长：Madelaine McTernan；

- 财务司司长：Tom Taylor；

- 战略与政策司司长：Dan Micklethwaite；

- 执行与交付司司长：Simon Hulme；

- 通信司司长：Craig Woodhouse；

- 人事司司长：Alice Hurrell。

2）能源使用（能源政策）

- 实现能源绩效和能源管理系统绩效的持续改进；

- 通过正式的能源和碳节约措施计划减少能源消耗；

- 定期制定和审查能源目标和指标；

- 提供充足的资源和信息，以实现能源和碳目标与指标；

- 在供应链中鼓励能源效率和良好的能源和碳管理；

- 发布可以衡量绩效的目标；

- 实施能源管理系统中确定的能源改进项目；

- 定期提供关于能源绩效的管理报告；

- 对能源绩效和成本保持透明，每年发布有关能源使用、能源成本和温室气体排放的信息；

- 支持采购影响能源绩效的节能产品和服务；

- 支持能源性能改进的设计活动。

3）应对气候变化和提供的净零绩效指标

① 英国温室气体排放总量

据 BEIS 统计，2019 年英国温室气体总排放量为 45 480 万吨 CO_2 当量，较 2018 年减少 2.8%，较 1990 年减少 43.8%；2020 年英国温室气体总排放量为 41 410 万吨 CO_2 当量，较 2019 年减少 8.9%。

② BEIS 政策所节约的温室气体排放总量（截至 2019 年 8 月）

- 能源供应：22 200 万吨 CO_2 当量（1900 年水平为 27 800 万吨 CO_2 当量，2030 年预测为 5600 万吨 CO_2 当量）；

- 商业：5900 万吨 CO_2 当量（1900 年水平为 11 400 万吨 CO_2 当量，2030 年预测为 5500 万吨 CO_2 当量）；

- 工业生产过程：5100 万吨 CO_2 当量（1900 年水平为 6000 万吨 CO_2 当量，2030 年预测为 900 万吨 CO_2 当量）；

• 住宅：1000 万吨 CO_2 当量（1900 年水平为 8000 万吨 CO_2 当量，2030 年预测为 7000 万吨 CO_2 当量）。

（5）能源安全和净零部

2023 年 2 月 7 日，英国政府新设立能源安全和净零部（Department for Energy Security and Net Zero，DESNZ），由格兰特·沙普斯（Grant Shapps）领导，专注于以前 BEIS 制定的能源组合，其职责是确保英国能源长期供应安全，保证能源市场正常运行，鼓励提高能源效率，抓住净零的机遇，引领世界绿色新产业。

2023 年，DESNZ 的优先事项：

• 通过降低能源账单，降低通胀，确保 2023 年冬、2024 年冬和长期的能源供应安全。

• 确保英国能够履行其具有法律约束力的净零排放承诺，并通过大幅加快网络基础设施和英国国内能源生产的交付来支持经济增长。

• 提高英国家庭、企业和公共部门建筑的能源效率，满足 15% 的需求削减目标。

• 提供当前方案，支持能源消费者的账单，并制定长期改革方案，改善电力市场对家庭和企业的运作方式。

• 抓住净零的经济效益，包括通过投资新的绿色产业创造的就业机会和增长。

• 通过《能源法案》，支持新兴的 CCUS 和氢行业，更新能源系统的治理，减少海上风电项目审批时间。

4.2.1.2 环境、食品与农村事务部

能源政策不只是保障供应的问题，环境和食品安全也体现在英国能源政策中。能源是环境和食品安全问题中最难解决的问题。因为能源的生产和利用，无论对大气污染、酸雨、森林减少等区域环境问题，还是对气候变化、臭氧层损耗等全球环境问题，都有重要影响，因此环境问题在能源政策中占有极其重要的位置。

环境、食品与农村事务部（Department for Environment，Food and Rural Affairs，DEFRA）是负责英国环境保护、食品生产和标准、农业、渔业和农村社区的政府部门，还负责在农业、渔业和环境，可持续发展和气候变化等问题上与欧盟进行国际谈判。2001 年 6 月，DEFRA 由农业、渔业和食品部与环境、运输和地区事务部，

以及一小部分英国内政部合并而来。能源安全、经济效益和环境保护是政府制定能源政策的三大依据，实现清洁化、多样化的能源结构，进一步增加使用替代能源和可再生燃料既是安全利用能源、提高能效的要求，也是保护生态环境的需要。制定合理的能源政策，保障能源的高效利用，其目标与保护环境是一致的，即发展绿色经济，维持繁荣的农村社区。

DEFRA 负责制定英国的长期能源政策和环保政策，也是协调能源环境政策的管理机构。DEFRA 努力使能源发展与环境保护一体化，并与经济可持续发展相协调。

DEFRA 与 32 个机构和公共团体合作，包括林业委员会等非部级部门，环境、渔业和水产养殖科学中心等执行机构，环境署、联合自然保护委员会、海洋管理组织等行政非部级公共机构，以及环境排放咨询委员会等非部级公共咨询机构。

（1）官员及内设机构

DEFRA 的部级官员如下。

- 环境、食品与农村事务国务秘书：Hon George Eustice 议员；
- 国务部长（太平洋和国际环境部长）：Hon Lord Goldsmith；
- 国务部长（农业、渔业和食品部长）：Victoria Prentis 议员；
- 议会副国务秘书（自然恢复和国内环境部长）：Rebecca Pow 议员；
- 议会副国务秘书（农村事务、接触自然和生物安全部长）：Hon Lord Benyon；
- 议会副国务秘书（农业创新和气候适应部长）：Jo Churchill 议员。

DEFRA 的主要下属机构及高级官员如下。

- 常任秘书：Tamara Finkelstein；
- 环境、农村和海洋司司长：David Hill；
- 总干事、首席运营官：Sarah Homer；
- 粮食、农业和生物安全司司长：David Kennedy；
- 战略和变革司司长：Lucy Smith；
- 国际和边境司司长：Katrina Williams；
- 首席科学顾问：Gideon Henderson 教授；
- 司长、首席兽医官：Christine Middlemiss 教授；
- 主要非执行董事会成员：Henry Dimbleby；

- 非执行董事会成员：Elizabeth Buchanan；
- 非执行董事会成员：Colin Day；
- 非执行董事会成员：Ben Goldsmith；
- 负责工会的非执行委员会成员：Lizzie Noel；
- 主席和董事会自然成员：Emma Howard Boyd；
- 主席和董事会自然成员：Tony Juniper。

（2）应对气候变化的努力

2012—2020 年，英国温室气体排放量持续下降，减排幅度超过其他同类发达国家，英国经济脱碳的速度是 21 世纪以来 G20 成员国中最快的。

2018 年 1 月 11 日，DEFRA 发布了"绿色未来：英国改善环境 25 年计划"，该计划将通过增强英国的自然资本（支持所有生命形态的空气、水、土壤和生态系统——长期经济增长和生产力发展的必要基础）促进英国生产力发展。通过实施该计划，英国将实现如下目标：清洁的空气；洁净和充足的水资源；欣欣向荣的植物和丰富的野生物种；降低环境危害风险；更加可持续和高效地利用自然资源；美化自然环境，增加遗产保护及环保参与度；减缓和适应气候变化；废物最小化；管理化学品的环境暴露风险；提升生物安全。

2019 年，DEFRA 及英国卫生部联合发布《清洁空气战略 2019》指出将从 5 个方面着手改善空气质量：减少车辆尾气排放，包括自 2040 年起停止销售传统的柴油车和汽油车；提高炉灶和燃料标准，优化家庭燃气灶和明火；减少农业温室气体排放；支持低碳制造和清洁技术；出台新环境法案（包括空气质量的最新立法）。战略明确到 2020 年之前通过实施该战略每年减少因空气污染造成的社会损失 17 亿英镑，自 2030 年起这一数字将提高至 53 亿英镑。

英国绿色恢复挑战基金（GRCF）耗资 8000 万英镑，在英格兰各地推出了一系列自然项目，这些项目将在未来几年实现"绿色未来：英国改善环境 25 年计划"目标，同时在自然领域创造并保留数千个工作岗位。赠款被授予环境慈善机构及其合作伙伴，以恢复自然，应对气候变化，并将人们与自然环境联系起来。DEFRA 在 2020—2021 年启动了第一轮资助，共资助 69 个项目。2020—2021 年，英国恢复了 3600 公顷的英格兰泥炭地，使其处于有利的状态或更可持续的管理形式；

2020—2021 年，英国种植了 2178 公顷林地，其中 1892 公顷（相当于 390 万棵树）得到了政府的支持；为了支持改善空气质量的创新项目，DEFRA 向 29 个地方政府拨款 510 万英镑，目前二氧化氮计划已经向地方当局提供了超过 5.5 亿英镑，以推进他们的二氧化氮计划。2021 年 3 月，DEFRA 还在巴斯启动了第一个清洁空气区（CAZ）；2020—2021 年，英国的污染物排放（除 NH_3 外）有长期下降趋势，但下降幅度还不足以达到长期目标（除 SO_2 外）。

- 2020—2021 年，温室气体排放减少 59%（超额完成 2021 年 4 月设定的减少 45% 的目标）；
- 2020—2021 年，总浪费减少 45%；
- 2020—2021 年，国内航班减少 98%（超额完成 2021 年 4 月设定的减少 30% 的目标）；
- 2020—2021 年，纸张使用减少 97%（超额完成 2021 年 4 月份设定的减少 50% 的目标）。

4.2.1.3　运输部

英国原设有环境、运输与地区事务部，主管健康与安全事务。2001 年 6 月政府机构调整，环境、运输与地区事务部的环境保护部分划归 DEFRA，另外成立了运输、地方政府与地区事务部，继承了原机构相应的管理职能。2002 年，英国成立运输部（Department for Transport，DfT），专门负责交通运输事务。DfT 是一个负责英国运输网络，英格兰海、陆、空交通政策的政府部门，其主要职责是向英国地方当局提供政策、指导和资金，帮助其运营和维护道路网络，改善客运和货运，并制订新的主要运输计划；投资、维护和运营英格兰约 4300 英里的高速公路和主干道网络；为英格兰和威尔士的铁路行业制定战略方向，通过英国国营铁路公司为基础设施投资提供资金，授予和管理铁路特许经营权，并监管铁路票价；通过资金和监管改善英国公交服务；通过推广低碳交通，包括骑自行车和步行，努力减少道路拥堵和污染；鼓励使用智能票务和低碳汽车等新技术；保持高标准的运输安全；通过制定英格兰和威尔士港口的总体战略和规划政策，支持海事部门管理工作；制定国家航空政策，与航空公司、机场、民航局和 NATS（英国的空中交通服务）合作。健康与安全事务的政府管理职能转移至就业及退休金部，有关地方政府与地区事务暂时移交副首相办公室。DfT 的主要任务包括：维持经济增长，并开通可靠和高效的交通网络，以提高生产率；提高运输环保性能；加强运输安全和保障；加强交通工作、服务和社交网络，为包括最弱势人群的居民提供便捷的交通服务。

交通运输对保证英国经济、社会和环境的可持续发展起了关键作用，其中十分重要的一点就是，更有效地利用能源，更多地使用可再生能源。因此，DfT 下设了可再生燃料局（Renewable Fuels Agency，RFA）。在《能源法》（2004 年）、《电力工业可再生能源义务法》（2002 年）的基础上，英国制定了《交通可再生燃料法》（2007 年，Renewable Transport Fuel Obligation，RTFO）。RTFO 经议会通过后，英国正式成立了相关的管理机构。RTFO 管理机构根据已纳税可再生燃料的数量颁发可再生交通燃料证书。证书可在公司间进行交易。如果某公司在法定期限内未能获得证书，则要交纳豁免罚金，罚金将进入专门的基金。RTFO 要求所有的燃料供应商有义务在其销售的燃料中添加规定比例的生物燃料，同时自执行之日起对生物燃料实施 0.35 英镑/升的优惠售价，对不使用生物燃料的企业进行 0.15 英镑/升的罚款。

DfT 共与 23 个机构和公共团体合作，包括铁路和公路办公室，驾驶员和车辆标准局、海事和海岸警卫局等执行机构，英国交通警察署、直接经营铁路有限公司等行政非部级公共机构，国际铁路公司、民用航空管理局等公营公司。

（1）官员及内设机构

• DfT 的部级官员如下。

• DfT 部长：马克·哈珀（Mark Harper）于 2022 年 10 月 25 日上任，格兰特·沙普斯（Grant Shapps）于 2019 年 7 月 24 日至 2022 年 9 月 6 日曾担任 DfT 部长；

• 国务部长：Andrew Stephenson 议员；

• 国务部长：Wendy Morton 议员；

• 议会副国务秘书：Baroness Vere；

• 议会副国务秘书：Robert Courts 议员；

• 议会副国务秘书：Trudy Harrison 议员。

DfT 的主要下属机构及高级官员如下。

• 常任秘书：Bernadette Kelly；

- 副常任秘书：Gareth Davies；

- 航空、海事和安全总局临时局长：Rannia Leontaridi；

- 高速铁路局局长：Clive Maxwell；

- 铁路基础设施局局长：David Hughes；

- 铁路战略与服务局局长：Conrad Bailey；

- 道路、场所和环境局局长：Emma Ward；

- 企业交付局局长：Nick Joyce；

- 法律总监：Brett Welch；

- 首席科学顾问：Sarah Sharples 教授；

- 负责工会的首席非执行董事和非执行董事会成员：Ian King；

- 非执行董事会成员：Dame Sarah Storey；

- 非执行董事会成员：Ranjit Baxi；

- 非执行董事会成员：Richard Keys；

- 非执行董事会成员：Tony Poulter；

- 非执行董事会成员：Tracy Westall。

（2）减少环境影响的努力

交通运输业碳排放是英国最大的温室气体排放来源，2019 年占英国国内排放量的 27%。英国推出多项促进步行和自行车出行的公共服务支持计划，鼓励公众绿色低碳出行。在公共交通方面，2021 年 3 月，DfT 发布《国家公共汽车战略》，提出了公共汽车行业绿色转型的计划，同时有近 38% 的全国铁路网完成电气化。2021 年 7 月，DfT 发布《交通脱碳计划》，进一步整合铁路、公共汽车、航空等交通运输低碳转型规划，推动公共交通和私人交通电气化转型。目前，英国已有超过 60 万辆插电式电动汽车，新能源汽车的产量超过汽车总产量的 1/5。

2020—2021 年，DfT 启动了 ZEBRA 计划，该计划将提供高达 1.2 亿英镑的资金来支持零排放公交车和相关基础设施的引进；建立了英国排放交易计划（UK Emissions Trading Scheme），其上限比欧盟的同类计划严格 5%；资助超过 130 000 个电动汽车充电站；2020 年 7 月，与 BEIS 合作成立了净零喷气飞机委员会（Jet Zero Council），旨在在一代人的时间内实现跨大西洋飞行的零排放；发起了一项 2000 万英镑的行业竞赛，设计零排放的道路货运试验；通过"修理自行车"（Fix Your Bike）计划，在全英国发放了超过 40 万张价值 50 英镑的自行车修理券；通过"通行基金"（Access Fund）向地方政府提供超过 2000 万英镑的财政收入，让更多的人步行和骑自行车；确定了首个政府碳管理计划；实现了一些清洁空气区；作为 HS2 一期工程的一部分，迄今为止种植了 70 多万棵树；启动了一项 2000 万英镑的清洁海洋示范竞赛，以加快绿色港口的设计和开发；在西部大电气化项目（Great Western Electrification Project）完成后，首次从伦敦帕丁顿–卡迪夫中心开始运行全电气化服务。

通过脱碳运输来应对气候变化和改善空气质量，具体包括：

• 英国国内交通运输的温室气体排放（包括重型载重汽车）：2017 年 12 610 万吨 CO_2 当量，2018 年 12 440 万吨 CO_2 当量，2019 年 12 220 万吨 CO_2 当量。

• 能源和排放预测中估计的 DfT 政策节省的温室气体排放量：2008—2012 年 1100 万吨 CO_2 当量，2013—2017 年 2100 万吨 CO_2 当量，2018—2022 年 5500 万吨 CO_2 当量，2023—2027 年 9900 万吨 CO_2 当量，2028—2032 年 15 800 万吨 CO_2 当量；

• 英国零排放和超低排放车辆新登记的比例：2017 年为 1.7%，2018 年为 2.1%，2019 年为 2.7%；

• 英国人骑自行车的平均次数占总次数的比例：2017 年为 2%，2018 年为 2%，2019 年为 2%；

• 英国自行车赛区总数：2017 年为 991 个，2018 年为 1006 个，2019 年为 964 个；

• 英国人平均步行次数占总步行次数的比例：2017 年为 26%，2018 年为 27%，2019 年为 26%；

• 英国平均每人每年行走阶段数：2017 年为 343 个，2018 年为 347 个，2019 年为 332 个。

4.2.2 英国的能源监管机构

1999 年，英国将独立的燃气管制办公室（Office of Gas Supply，OFGAS）和电力管制办公室（Office of Electricity Regulation，OFFER）合并，成立了新的能源监管机构——燃气与电力市场监管办公室（Office of Gas and Electricity Market，OFGEM），OFGEM 是全英国能源领域独立的监管部门，受议会监督，对燃气和电力两个市场结构相似且密切相关的产业实行统一监管。OFGEM 负责整个绿色电力证书交易体系的运行和监管，包括绿色电力证书的注册、核算、交易，供应商完成配额的审核，每个绿色电力证书买断价格的设定、年度配额资金的分配与未完成配额供应商的惩罚等。这表明英国能源进入了一个新的监管时代。

OFGEM 的权力是由《燃气法》（1986 年）、《电力法》（1989 年）、《公共事业法》（2000 年）等所赋予的，其职能是保护燃气和电力消费者的利益；给燃气及电力企业发放生产（经营）许可证，并对其市场行为实施监管。OFGEM 的主要任务包括：创造市场环境使企业之间公平竞争，消费者享有选择供应商的充分信息；在非有效竞争的燃气和电力产业领域实施管制，通过制定价格控制及服务标准保证消费者获得有价值服务。对电力产业的环境实施管制，以减少其对环境的污染，充分利用可更新的非矿物原料，主要包括风力、太阳能、沼气、工农业和城市垃圾、海潮及地热等资源。

2001 年 7 月，OFGEM 制定了《监管战略与规划（2002—2005 年）》，并于 2002 年公布实施，在监管独立性、监管内容和监管方式上都有很大转变，这是英国能源监管走向程序化的重要标志。

① 监管独立性。包含两层含义：一是独立于政府，以减少政府为达到短期政治目的而行使自由裁决所造成的风险；二是 OFGEM 具有相当的稳定性，不会因政府更迭而发生大的变化。除 OFGEM 外，还有燃气和电力消费者委员会（Gas and Electricity Consumer Council，GECC）维护消费者权益，但 GECC 不影响 OFGEM 独立监管的地位。

② 在监管内容上，OFGEM 保护消费者利益，努力减少信息不对称。

③ 监管方式更科学。在透明性方面，OFGEM 有明确的管辖范围、决策机制、监管规则和仲裁争议程序；OFGEM 在公布其决定时给出理由；OFGEM 的行为及受监管者的履行行为将定期向公众报告。在可说明性方面，OFGEM 的重要决策由 11 人委员会做出。在可预期方面，对 OFGEM 的行为和工作任务做出远期规划，并向社会公布。

不同国家的能源监管（管制）模式不尽相同，大体有 3 类：①由法院制定一般性竞争立法，即所谓的"轻度"管制，如新西兰模式。②建立管制机构，存在两种

形式：一是专门的行业管制机构（英国模式）；二是多行业或综合的管制机构（澳大利亚模式）。③政府部门的决断和控制。

英国的监管（管制）模式属于第二类的第一种情况。OFGEM 站在中立的第三者（企业与消费者之外）立场，对能源特别是电力市场进行监管，避免了政府更迭产生的不确定性影响，为电力产业的发展提供了一个稳定可预期的环境。

此外，英国强调政府的表率作用和法律责任。英国认识到，要提高公民节能意识，推动企业采用节能措施和技术，仅仅依靠市场调节是不行的，必须强化政府在节能减排工作上的作用：第一，发挥政府的表率作用。英国规定中央政府机关建筑物的能耗必须符合节能标准，如卫生保健部门办公地 2010 年的能耗要在 2000 年的基础上降低 15%。第二，突出政府的法律责任。政府及其授权机构在节能管理和推广上具有不可推卸的责任。《可持续能源法案》第 1 条规定"自 2004 年起，国务秘书必须每年公布一份可持续能源报告，其中就涉及能源效率、能源市场、碳排放量等多项节能相关内容，并规定了相关责任机制"。《气候变化法》（2008 年）要求英国政府提前至少 15 年制定"CO_2 减排预算"，为 CO_2 排放量封顶，以使企业明确强制减排的具体目标；英国政府每年必须向议会提交一份控制 CO_2 排放的报告，如果英国政府未能依法达到碳减量目标，环保团体可以控告政府，由法院决定处分政府的方式。

2008 年 7 月，OFGEM 公布管理公共事业绿色能源关税的法规，以试图确保这项机制为用户带来价值以及真正的环境效益。2017 年 8 月，OFGEM 宣布对英国国家电网公司（National Grid Company，NGC）的调度职能实施法律分离。新成立的英国国家电力系统调度机构将作为 NGC 的子公司，拥有独立的经营执照，并与 NGC 其他业务保持独立性。新的调度机构于 2019 年 4 月正式运营。2020 年 2 月，OFGEM 提出了"脱碳行动计划"（Decarbonisation Action Plan）。2020 年 3 月，OFGEM 对可再生能源发电的差价合约（CfD）机制进行修订，在激励新能源投资的同时，尽可能降低低碳发电成本，新的机制于 2021 年开始实施。2020 年 12 月，OFGEM 宣布计划在 2026 年建成碳排放为零的电力系统。

2020 年，OFGEM 宣布了一项为期五年的新投资计划，耗资 250 亿英镑，以改造英国的能源网络。这项计划旨在使全国范围内提供无排放的绿色能源并达到国家净零排放目标，同时还保持高水平的服务和电网可靠性。2020 年 12 月，OFGEM

公布了更广泛的投资超过 400 亿英镑的计划，建造一个更强劲、更绿色、更公平的英国能源系统。2021 年，OFGEM 宣布将投资 3 亿英镑，在全国各地的城市和高速公路安装更多的电动汽车充电点，给英国的电缆、变电站和其他基础设施进行"大规模升级"，以促进基础设施建设。这项投资将在未来 2 年内进行，并将涵盖全英国范围内总共 204 个"低碳项目"。

4.2.3 主要能源企业

能源产业是英国经济的重要组成部分，2001 年英国能源产业的产值占国内生产总值的 3.5%。在全英规模最大的 10 家企业中，能源企业占 3 家，即壳牌公司、英国石油公司（British Petroleum，BP）和英国煤气公司，其中 BP 是英国最大的石油生产商。

（1）英国石油公司

英国石油公司（BP）成立于 1889 年，总部设在伦敦。BP 的业务遍及世界 100 多个国家和地区，包括油气勘探及开采、炼油和营销、石油化学品 3 个主要领域，还涉及金融和太阳能等方面。2009 年的标准普尔 Compustat 数据显示：公司资产 2282.38 亿美元，收入 3611.43 亿美元，利润 211.57 亿美元，投资资本回报率 19.31%，近 3 年综合收益率为 14.63%，在普氏全球能源企业 250 强中排名第 4 位。2020 年的标准普尔 Compustat 数据显示：公司资产 2951.94 亿美元，收入 2768.50 亿美元，利润 40.25 亿美元，投资资本回报率 2%，近 3 年综合收益率为 14.9%，在普氏全球能源企业 250 强中排名第 36 位，与 2009 年相比下降了 32 位。

（2）BG 集团有限公司

BG 集团有限公司（BG Group）成立于 1972 年，总部设在雷丁。它是一个综合的天然气公司，从事天然气的勘探、开发、生产、输送、分配，及全球供应，还涉及发电业务。截至 2008 年底，该公司拥有总储量约 130 亿桶石油当量的资源。2009 年的标准普尔 Compustat 数据显示：公司资产 402.96 亿美元，收入 205.94 亿美元，利润 51.25 亿美元，投资资本回报率 21.16%，近 3 年综合收益率为 30.83%，在普氏全球能源企业 250 强中排名第 17 位。2016 年 2 月 15 日，BG 集团被荷兰皇家壳牌公司完成收购。

（3）国家电网公司

国家电网公司（National Grid）成立于 1990 年，总部设在伦敦，主营业务为传输和分配电力和天然气，由英国电力传输部门、英国天然气传输部门、美国监管部门和国家电网风险投资（NGV）部门和其他部门构成。英国电力传输部门拥有并经营电力传输网络，其中包括约 7236 公里的架空线路。英国天然气传输部门拥有并经营天然气传输系统，以及第三方独立系统和液化天然气（LNG）储存设施。美国监管部门在美国纽约州北部、马萨诸塞州、新罕布什尔州、罗得岛州和佛蒙特州拥有并经营输电设施，以及纽约州北部、马萨诸塞州和罗得岛州的配电网络，其资产包括 14 439 公里的架空线路，大约 189 095 公里的配电网络，以及 57 551 公里的天然气管道网络。国家电网风险投资及其他部门从事能源计量业务，通过其电力互联器长距离传输可再生能源和储存液化天然气，以及在英国从事商业财产和保险活动。2009 年的标准普尔 Compustat 数据显示：公司资产 716.85 亿美元，收入 250.65 亿美元，利润 15.06 亿美元，投资资本回报率 3.34%，近 3 年综合收益率为 19.34%，在普氏全球能源企业 250 强中排名第 58 位。2020 年的标准普尔 Compustat 数据显示：公司资产 800.80 亿美元，收入 189.93 亿美元，利润 19.07 亿美元，投资资本回报率 3%，近 3 年综合收益率为 4.2%，在普氏全球能源企业 250 强中排名第 56 位，与 2009 年相比上升了 2 位。

（4）苏格兰南方能源公司

苏格兰南方能源公司（SSE plc）前身为 Scottish and Southern Energy plc，2011 年 9 月更名为 SSE plc。公司成立于 1998 年，总部设在苏格兰珀斯。SSE plc 从事电力的生产、传输、分配和供应。公司利用水、天然气、煤、石油和多种燃料发电。该公司向苏格兰中部地带的北部和英格兰中南部约 380 万户家庭和企业供电，并在苏格兰北部和偏远岛屿拥有、经营和开发高压输电系统。公司还生产、储存、分配和供应天然气，还从事电力和公用事业承包、电信、能源贸易、保险和财产持有业务。2009 年的标准普尔 Compustat 数据显示：公司资产 213.53 亿美元，收入 153.17 亿美元，利润 4.84 亿美元，投资资本回报率 3.37%，近 3 年综合收益率为 18.50%，在普氏全球能源企业 250 强中排名第 127 位。2020 年的标准普尔

Compustat 数据显示：公司资产 322.32 亿美元，收入 93.25 亿美元，利润 17.57 亿美元，投资资本回报率 9%，近 3 年综合收益率为 −36.6%，在普氏全球能源企业 250 强中排名第 50 位，与 2009 年相比上升了 77 位，取得了快速发展。

（5）能源技术支持公司

能源技术支持公司（Energy Technology Support Unit，ETSU）是英国能源与环保技术援助公司的子公司，成立于 1974 年，具有独立法人资格。ETSU 原为国营企业，现改制为私营企业，但仍与政府保持密切联系。

ETSU 采取"能源合同管理"模式，通过与政府签订能源合同，承担最佳能源实践项目、节能技术改造、绿色能源咨询服务等方面工作。例如，始于 1992 年的先进燃料电池计划，具体由 ETSU 代表 DTI 进行管理，并对计划、战略的制定以及具体研究项目的选择提出建议。20 世纪 90 年代末，英国政府出资 58 万英镑给 ETSU，就利用太阳能产品的潜在市场进行调查，以帮助政府确定最佳的太阳能产品开发项目。

作为一家私营公司，ETSU 在对新能源项目进行监测的同时，还定期举办研讨会或信息发布会，向有关行业协会、公司、银行和客户介绍新能源技术与市场，以及政府的相关政策，为公司和银行提供投资机会，并通过开通节能咨询热线提高消费者的绿色意识。

4.3 英国的能源法律法规

英国在应对气候变化进程中发布了多项政策和法规，对整体能源战略、可再生能源长期战略以及能源转型等方面做出规定。20 世纪 90 年代，英国开始电力市场化改革，颁布《电力法》（1989 年），对电力产业重整，将电力公司逐步私有化并上市，同时通过组建电力供应局和消费者委员会保护市场竞争和消费者的利益，这不仅使英国电力供应更加高效，而且直接促动了其他能源产业的市场化进程。随后《天然气法》（1995 年）等多部能源法律也加入到市场化的行列中。为了实现消费者与企业之间的利益平衡，英国出台《公用事业法》（2000 年），将电力和天然气产业纳入社会和环境目标。

4.3.1 《能源法》(2008 年)

2008 年 11 月 26 日，英国女王签署了《能源法》(2008 年)。该法是为了落实 2007 年 5 月英国政府发布:《应对能源挑战：能源白皮书》和 2008 年 1 月发布的《迎接能源挑战：核能白皮书》中提出的有关能源政策（如应对气候变化，减少 CO_2 排放，确保安全、清洁和价格可承受的能源供应等）而制定的。

英国同步出台了《能源法》(2008 年)、《计划法》(2008 年)、《气候变化法》(2008 年)，旨在为英国政府的长期能源与气候变化战略奠定立法基础。《能源法》(2008 年)对英国的能源立法进行了全面更新，其目的包括：反映碳捕集和封存（CCS）等新技术和可再生能源技术的发展；适应英国对于安全的能源供应（如近海油气储备）的不断变化的需求；适应能源市场的变化，保护环境和纳税人的利益。该法分为 6 篇和 6 个附件。

第一篇规定天然气的进口和储存。目的是要调整天然气的海上储存，液化石油气的海底管道卸载，以及 CO_2 的永久性海底封存。

第二篇规定可再生能源电力。该篇对可再生能源义务机制进行了修改，以提高其效率和增加英国可再生能源的应用。

第三篇规定能源设施的退役。

第四篇是关于石油和天然气的条文。它对 1998 年《石油天然气法》规定的石油天然气许可证体制进行了一些修改。同时，对《石油天然气法》(1998 年)、《天然气法》(1995 年) 和《管道法》(1962 年) 中有关上游石油天然气基础设施的第三方介入争议解决机制做了若干修改。

第五篇是关于若干杂项的规定，其中包含调整能源需求报告、智能计量表、可再生热力激励、天然气和电力市场管理局的职责、运输介入权和与网络连接相关的成本，以及有关核能安全的规定。

第六篇是一般规定。

4.3.2 《能源改革法》

2012 年 5 月 22 日，英国能源与气候变化部（DECC）公布了《能源改革法》(草案)，这个被称作英国能源行业 "20 年来最大变革" 的改革计划围绕 "电力市场改革"，提出英国将投巨资全力扶植低碳电力，其中核电、可再生能源和普及碳捕获与封存技术将成为重中之重。

法案的中心主题是"电力市场改革"，低碳电力将成为英国未来能源供应的主心骨，而核能、可再生能源（主要是海上风电和太阳能）和CCS技术则将成为低碳电力的三大核心。为确保低碳电力生产商的积极性，法案提出了一种全新的激励机制——"差价合约"（CfD），它允许电力生产商签署长期供电合同，且价格可与批发市场有所不同，以确保低碳电力生产商取得稳定收益。而为了支持"差价合约"的普及，法案还制定了一套要求苛刻的新电厂碳排放标准，明确禁止新建每度电碳排放超过450克的煤电厂，并确认将引入"碳底价保证机制"，届时英国将为碳交易设定每吨15.7英镑的底价，这个价格是目前欧洲平均碳价的2倍还多，而到2020年这个数字会增至30英镑，2030年进一步增至70英镑。在此期间，按照市场规律形成的碳价如果达不到以上设定的最低价，政府将通过增加税收来弥补差额。

此外，法案还将天然气列为替补能源，提出建设一批天然气发电厂，在低碳电力生产出现问题时填补供应缺口。法案指出，天然气发电同样具有低碳特点，但建设周期短，通常只需要两年左右，且成本相对较低，一旦存在间歇性特点的低碳电力（如海上风电）出现供应缺口，天然气发电将成为替代选择。

法案还将大幅改变英国电力市场的监管方式，特别是给予政府干预市场价格的权利，这是自20世纪90年代英国电力市场实施私有化以来已经消失的现象，并建议提升2014年刚成立的英国核能监管办公室（ONR）的地位，将其确立为独立机构。

4.3.3　《能源法》(2013年)

2012年11月29日，英国政府公布了最新的《能源法》（草案），其主要内容是调整英国国内能源消费结构、发展低碳经济。该法案于2013年12月18日获得批准。新法案规定，政府支持包括可再生能源、新的核能、燃气及碳捕捉和封存技术的多元化能源架构建设，以防止经济发展受困能源短缺瓶颈。新法案规定到2020年，在英国的能源结构中可再生能源所占比例将提高到30%，远远超过欧盟制定的20%目标。

新法案对英国能源结构的调整也有助于英国减少对天然气的依赖。如果不进行能源结构转变，能源消费支出将会随着高昂的燃气价格不断增加。英国政府计划颁布新的财政刺激政策，以鼓励家庭和企业淘汰更新老旧设备，改用新的节能设备。英国政府预计，此次能源结构调整在 10 年内将耗费 1100 亿英镑。到 2030 年，国内电力需求可减少 10%，节省近 40 亿英镑能源开支。

根据新法案，能源公司将有权提高消费者的电力价格，从而补偿能源公司为可再生能源、新的核能和其他低碳环保措施付出的成本；消费者将要支付"绿色能源"税。不过，高能耗企业使用可再生能源可以得到豁免。能源公司对英国家庭和企业征收的能源费用将从每年 23.5 亿英镑提高至 2020 年的近 76 亿英镑。新法案实施后，考虑通胀因素，到 2020 年可再生能源支出对每户来说将增加 80 英镑。这部分额外成本主要来自英国政府对能源公司制定的一系列政策。例如，要求它们以高于市场的价格购买可再生电力，并且为家庭和企业回输到电网的可再生电力支付费用。

4.3.4　节能法律法规

为实现节能目标，英国政府充分利用税收和基金等经济手段，激励企业和公众尽可能地提高用能效率，实现节能减排。主要包括能源税收制度、节能基金制度、《家庭节能法》和《建筑能源法规》等[①]。

（1）能源税收制度

能源税通过对能源价格变化的影响，反映能源开发与消耗的外部成本，进而调节能源需求，优化能源消费结构，促进消费者提高能源利用效率，节约能源。英国很早就开始征收运输燃料税，根据燃料含硫量的差异设置不同税率，以鼓励使用含硫量低的能源。2001 年，英国又设置了气候变化税，作为能源税的一种，纳入到《财政法》体系。气候变化税主要适用于商业能源使用者，电力按 0.043 英镑/千瓦时、天然气按 0.015 英镑/千瓦时的税率征收，试图通过经济刺激的方法促使用能行业提高能源效率。此外，企业可以自愿与政府签订减排协议，约定如果企业在协议规定时间内达到了减排目标，可以减征 20%。

---

① 周冲.英国节能法律与政策的新特点［J］.节能与环保，2009（7）：21-23.

英国的能源税率在欧盟成员国中是最高的。以柴油为例，每升74.2欧分，是希腊税率的3倍多。为减少这种差异，改进各成员国国内能源市场的运作效率，实现"尽量用同一个声音说话"，欧盟在2003年通过了"能源产品征税指令"，内容涵盖汽油、柴油、天然气、电力、重油和煤油等能源产品，并明确规定了各成员国能源税的最低标准，建立了初步统一的能源税框架体系。

（2）节能基金制度

英国成立了专门的节能基金，以资助节能新技术的开发和推广，并向中小企业提供资金援助，用于引进节能技术和购买节能设备，最终帮助它们实现节能减排。2001年，英国又设立了碳信托基金制度。该基金是一个非营利性机构，其宗旨是：①保证英国工商业界和公共部门满足正在进行的CO_2减排目标；②通过提高资源效率来提高英国企业的竞争能力；③支持英国相关工业部门的发展，对低碳技术创新和商业化提供资金支持。

（3）《家庭节能法》

为了彻底实现节约能源的目标，英国逐渐扩大节能立法的规范对象，从工业、交通等传统耗能部门延伸到家庭和建筑物等领域，其根本目的是让所有人都承担节能义务。《家庭节能法》要求各级政府必须采取一定的措施，在2005年之前将居民建筑能耗在1997年的基础上降低30%，汽车、家用电器等高耗能用品也在规制范围之内。2003年，欧洲理智能源计划中的SAVE计划共包括12个项目来实现居民住宅领域内的节能。2006年，英国出台了建筑节能新标准，规定新建筑必须安装节能节水设施，使其能耗降低40%。

此外，英国还引入了家庭能耗审计制度，通过审计，为家庭提供实用的节能建议和针对其具体情况的支持计划。从2008年10月开始，英国85万个"购房出租族"在出租房屋前，必须请能源审计员评定其房屋的能耗级别，并交纳200英镑的环保税，才能取得有效期为3年的房屋出租许可证。英国建立了建筑物节能管理制度。建筑物在施工之前必须向当地政府的建筑控制办公室提交一份报告，该报告要求建筑在设计和施工时必须综合考虑风、光、冷、热、声等因素对建筑用能的影响，做出能耗分析，待审核符合节能标准后方能施工。英国在2002年4月就开始实施一个旨在提高建筑物能源效率的长期计划。2007 年 12 月，英国绿色建筑委员会发布的报告要求所有非住宅建筑物到 2020 年实现"零碳排"，并对实现"低用能"或者"零用能"的住户进行奖励。英国政府又做出决定，从 2008 年 4 月起，博物馆、展览馆和政府办公大楼等建筑的能耗情况将张榜公布，动员社会力量加强监督，以促进全国实现节能减排的目标。

（4）《建筑能源法规》

2007 年，英国颁布了《建筑能源法规》，规定 2013 年以后所有公共支出的项目、住房必须达到零能耗，任何私人的建筑都必须在 2020 年后达到零能耗。这为建筑业的碳排放目标制定了严格的时间表。

4.3.5 《气候变化法》

为了应对气候变化，英国十分重视能源与气候变化方面的立法。英国最早涉及气候变化的立法是 2000 年的《财政法》、2001 年根据该法制定的有关气候变化税和气候变化协议的制定法文件以及 2002 年实施的《可再生能源义务法令》。2003 年，英国为履行欧盟的碳排放交易指令，制定了《温室气体排放交易计划规章》。2005 年《京都议定书》生效，按照《议定书》的规定，英国应当承担 8% 的减排任务。为此，2006 年英国议会通过了《气候变化与可持续能源法》，该法直接涉及气候变化的规定主要有两部分：一是有关政府温室气体报告义务的规定；二是有关碳减排目标的规定。但是该法有关气候变化的规定仅仅是原则性规定，并未对相关主体的权利义务进行具体规定。2007 年 3 月 13 日，英国议会公布了世界上第一部气候变化法草案文本，公开向公众咨询。2008 年，英国通过了《能源法》（2008 年）、《气候变化法》（2008 年）、《计划法》（2008 年）。

首先，《能源法》于 2008 年 11 月 26 日正式成为法律[①]，主要包括离岸汽油供应设施、碳捕集和封存（CCS）、可再生能源、回购电价（Feed-in Tariffs）等内容。其次，实施《气候变化法》几经周折。2005 年工党连续执政后，议会下议院

---

① DECC. Energy Act 2008［EB/OL］.［2022-04-20］. https：// www.fitariffs.co.uk / library / regulation / 08_Energy_Act.pdf.

646 名议员要求制定气候变化法。2007 年 3 月 13 日，英国公布了全球首部应对气候变化问题的专门性国内立法文件——《气候变化法》（草案），并在 2007 年 3 月 13 日至 6 月 12 日向英国议会和公众征求意见。公众反应非常积极，共收到大约 1.7 万份反馈意见，绝大多数公众都对草案给予了肯定和支持。2007 年 11 月 14 日，法案在英国议会正式发布，并进入立法程序。2008 年 11 月 26 日，英国议会通过了《气候变化法》，使其成为世界上第一部有关气候变化的立法，其目标是提高碳管理，帮助英国实现向低碳经济转型，到 2050 年实现 CO_2 排放量在 1990 年水平上至少减少 80%。最后，2008 年 11 月英国政府提出了《计划法 2008》，同月即得到英国皇室的确认。该法提出了一项国家重要基础设施计划，主要内容包括基础设施计划委托，进一步改革城市和乡村计划，建立一个社团基础设施税。

《气候变化法》共分为 6 个部分：第 1 部分是有关碳减排目标和碳预算的规定；第 2 部分是关于气候变化委员会的规定；第 3 部分是关于碳交易计划的规定；第 4 部分是关于适应气候变化的规定；第 5、第 6 部分是关于涉及气候变化的其他方面的补充性规定。其中，第 1 至第 4 部分是《气候变化法》的核心内容[1]。

第 1 部分：碳减排目标和碳预算。《气候变化法》规定，国务大臣有义务确保 2050 年之前英国的碳排放量比 1990 年的基准水平至少降低 80%。1990 年的基准水平是指 1990 年英国的二氧化碳净排放总量，或其他受控温室气体在各自的基准年的净排放总量。根据《气候变化法》第 24 条的规定，受控温室气体包括二氧化碳、甲烷、氮氧化物、氢氟碳化物、全氟碳化、六氟化硫以及国务大臣指定的其他温室气体。《气候变化法》第 25 条规定了除二氧化碳之外的其他受控温室气体的基准年，甲烷和氮氧化物的基准年是 1990 年，氢氟碳化物、全氟碳化和六氟化硫的基准年是 1995 年。国务大臣有义务以 5 年作为一个周期为英国设定净碳排放总量限额，即碳预算，并确保该周期内英国的净碳排放总量不超过碳预算。第一个 5 年期为 2008—2012 年。为了保障碳预算的确定性，《气候变化法》要求国务大臣必须在 2009 年 6 月 1 日前设定 2008—2012 年、2013—2017 年和 2018—2022 年 3 个预算期的碳预算。为保证碳预算的顺利实现，《气候变化法》还对特定年份的碳排

---

① 于文轩. 环境资源与能源法评论（第 2 辑）：应对气候变化与能源转型的法制保障［M］. 北京：中国政法大学出版社，2017.

放水平做了特别要求：2020 年的预算期，年度碳排放量比 1990 年的基准水平至少低 26%；2050 年的预算期，年度碳排放量比 1990 年的基准水平至少低 80%。

第 2 部分：成立气候变化委员会。《气候变化法》创设了一个独立的专业性公共机构——气候变化委员会，负责评估英国为实现 2020 年和 2050 年碳减排目标以及实现碳预算所做的努力。气候变化委员会由一名主席和 5～8 名委员组成。主席由国务大臣、苏格兰首相、威尔士首相和北爱尔兰的相应机构（以下简称"国家机构"）联合委任。委员由国家机构在征得主席的同意之后委任，其中可以委任一名委员为副主席。气候变化委员会应当就《气候变化法》第 1 条所设定的 2050 年减排目标是否需要修改以及如何修改提出建议。每一个预算期内，气候变化委员会应当向国务大臣提出下列建议：某一预算期的碳预算水平；要实现该碳预算需要减少的净碳排放总量，或可以计入净碳账户的碳单位的总数；交易计划覆盖范围内的经济行业的减排份额、交易计划覆盖范围外的经济行业的减排份额以及在温室气体减排方面具有特殊机会的经济行业的减排份额。自 2009 年开始，气候变化委员会应当每年向议会和相关立法机构提交一份报告，阐明气候变化委员会对以下事项的观点：为实现碳预算和 2050 年碳减排目标已经采取的措施；为实现碳预算和 2050 年碳减排目标还需要进一步采取的措施；碳预算和 2050 年碳减排目标是否可以实现。

第 3 部分：碳交易计划。《气候变化法》所规范的碳交易计划包括两大类：第一类是限制直接或间接导致温室气体排放活动的计划；第二类是鼓励直接或间接导致温室气体排放减少或从大气中消除温室气体的活动的计划。《气候变化法》对国家机构行使立法授权的方式进行了规定，从而勾画出碳交易计划制度的制度框架。一是适用交易计划的活动。识别适用交易计划的活动时应着重考虑该活动的发生地，也可以将发生在英国境内的某类活动统一纳入适用范围。同时规章还需明确规定所用的测量单位。在确定测量单位时应参考的因素包括该活动自身的特性、该活动所消耗或使用的物质、该活动所产生的物质或其他后果。此外，规章还可以对以二氧化碳当量作为单位的测量活动、测量或计算二氧化碳当量的方法进行特别规定。二是参与者。认定交易计划参与者的标准必须事先明确规定，规章可以授权某个特定的个人或实体负责参与者资格的认定。一般情况下，适用交易计划活动的负责人可以被识别为参与者。数个人可以被认定为一个参与者。规章还应当明确规定参与者资格终止的具体条件。三是容量分配与使用。限制直接或间接导致温室气体排放活动的计划，在交易计划实施前必须首先对交易期内的容量限额进行分配。分配的方式既可以是限制交易期内的活动总数，也可以是限制交易期内可供分配的容量总数。规章必须明确规定容量分配的方法，或授权其他主体根据规章的规定确定该分配方法。同一交易期内，每一个参与者必须拥有或获得与其活动相匹配的容量。四是证书。对于鼓励直接或间接导致温室气体排放减少或从大气中消除温室气体的活动的计划，规章必须设定每一个交易期的活动总数目标，并强制要求每一个参与者在交易期内实施特定数量的活动。证明上述活动真实存在的文件被称为证书，证书用以证明下列主体所从事的减少温室气体排放或消除温室气体的活动：申请证书的参与者自身所从事的活动、交易计划中其他参与者的活动、被规章准许获得证书的第三方主体的活动。五是信用。所谓信用是指所减少的单位数量的温室气体或从大气中所消除的单位数量的温室气体。在交易期内参与者可以用所获得的信用抵销其活动所消耗的容量。六是补偿。交易期结束后，如果参与者未能持有或获取足以匹配其活动的容量、未持有或获取足以抵销其活动的信用、未持有或获取足够的证书履行自己在交易计划中的义务，则应当支付一定数额的补偿。参与者应将补偿费用缴纳给管理者或规章所规定的其他人。七是交易。参与者可以根据交易计划，从事容量或信用的交易。第三方主体（非参与者）也可根据规章的授权从事容量或信用的交易。任何有关容量或信用的交易，都应当通知交易计划的管理者。规章应明确规定交易运作的具体条件和批准交易的具体条件。八是许可。只有获得许可之后，参与者才可以从事限制直接或间接导致温室气体排放活动的计划所规范的活动。规章应当规定该许可发放、变更、转让、放弃和撤销的具体条件。发放此许可，可附加条件。

第4部分：适应气候变化。《气候变化法》并未规定适应气候变化的具体措施，而仅规定了政府在气候变化风险评估、政策措施和进展状况方面的报告义务。一是气候变化风险评估报告。国务大臣应当向议会提交一份气候变化风险评估报告，阐明由于气候变化的影响英国所面临的现有及未来可预期的风险，主要包括对自然环境的风险、对基础设施的风险、对经济的风险、对社会的风险以及其他风险。第一份报告应当自《气候变化法》生效起3年以内提交，随后的报告应当自前一份报告发布起 5 年内提交。国务大臣可以推迟该报告的发布日期，但是必须发布一份理由说明，并指明向议会提交报告的具体时间。二是适应气候变化政策措施报告。国务大臣应当向议会提交一份适应气候变化政策措施报告，阐明以下内容：英国政府在适应气候变化方面的目标；英国政府为实现上述目标拟采取的建议与政策；为应对最新的气候变化风险评估报告所识别的风险，落实上述建议与政策的进度表。三是适应气候变化进展状况报告。气候变化委员会应当向议会提交报告，评估适应气候变化行动计划中所提出的目标、建议和政策的实施情况，尤其是应对最新的气候变化风险评估报告中已经识别出来的风险的措施实施情况。气候变化委员会的第一份报告应当在国务大臣发布政策措施报告之后的第 2 年提交，随后的报告应当每 2 年提交 1 次。

2019 年 6 月 27 日，英国新修订的《气候变化（减排目标）法 2019》[Climate Change（Emission Reduction Targets）Act 2019] 正式生效，正式确立英国到 2050 年实现温室气体"净零排放"的目标，英国由此成为世界主要经济体中率先以法律形式确立这一目标的国家。修正法令的要点内容如下：一是目标时间。虽然净零排放目标承诺得到了广泛的支持，但有些人认为应该早点实现。英国商业、能源和产业战略部委员会进一步审查了这些要求，作为其《清洁增长战略》调查的一部分。虽然情景表明某些部门（如电力部门）可能在 2045 年达到净零排放，但对于大多数部门而言，2050 年是最早的实现净零排放目标的可信日期。二是国际碳排放权。修正法令建议仅通过英国国内努力来实现目标，不采用国际碳排放权，但各方对此的意见并不一致。英国商业、能源和产业战略部国务大臣向议会下议院保证政府不打算使用国际碳排放权。三是国际航空和航运。修正法令建议净零排放目标应包括英国在国际航空和航运中的排放。迄今为止，英国尚未将此类排放正式纳入具有法律约束力的减排目标，但在碳预算中已经为此预留出空间。四是净零排放的潜在成本。修正法令估计到 2050 年英国达到净零排放的总成本是当年 GDP 的 1%～2%，并强调成本可管理但必须公平分配。议会下议院财政委员会于 2019 年 6 月 5 日启动了对英国经济脱碳的调查，审查了英国财政部、监管机构和金融服务公司在支持政府气候变化承诺方面的作用。五是满足净零排放目标的政策行动。净零排放目标只是第一步，需要通过英国可靠的政策予以加强。现有的战略（如《清洁增长战略》）为所需的变革奠定了基础。需要对土地利用方式进行技术和后勤方面的改变，如更注重碳封存；支持对一系列新技术和领域的投资，包括碳捕集、利用与封存以及氢和生物能源等领域。

总之，为应对气候变化，英国先后出台了气候变化税、碳信托基金、碳排放贸易制度、气候变化法等一系列相关法律法规，还陆续颁布《2014 年气候变化协议（合格设施）（修订）条例》《2016 年气候变化协议（管理）（修订及相关规定）条例》《减少碳排放条例草案》《2018 年气候变化（中期排放目标）（威尔士）条例》《2019 年气候变化（减排目标）（苏格兰）法案》等对其进行补充和完善，其中 2017 年颁布的《减少碳排放条例草案》把 2050 年的减排目标从 1990 年排放量的 80% 增加到 100%。

4.3.6 一系列"低碳经济"议案

英国还通过一系列"低碳经济"议案，引导公众进行低碳生活。2009 年出台的《消费者排放（气候变化）议案》，要求政府负责为消费者制定低碳消费相关减排指标，定期公布消费者排放数据，对消费者行为进行控制和引导，使其养成低碳生活模式。《2010 年废物回收与处置设施（公共咨询）议案》规定政府部门要建立相关制度，提高回收处置效率，加大废物回收处置力度。《2010 年可再生能源（地方计划）议案》要求地方政府部门制定并公布本地区可再生能源计划，扩大和强化社会监督力度，改变能源消费结构和推进低碳化转型，通过提高能源利用效率等实现经济低碳发展。2013 年出台的《能源效率（多用途住宅）法案》和 2014 年出台的《多用途住宅（能源性能证书和最低能源效率标准）法案》都旨在帮助多户型住宅的居民提高能源效率。2020 年颁布的《清洁空气（人权）法案》要求设立清洁空气委员会，负责向污染环境的企业或个人提起诉讼，监督国务卿、相关国家主管部门在清洁空气法规下履行其职责。

4.4 英国的能源管理

为了减缓气候变化造成的负面影响，解决由于石油、天然气和煤炭产量减少引发的诸多问题，英国决定走低碳经济发展之路，以 2050 年削减 60% 的 CO_2 排放量

为基础确定了新的能源政策目标，可再生能源利用和能源技术创新是其中的重要组成部分。

4.4.1　实施一系列低碳发展相关的国家战略

（1）低碳发展战略

2017年，英国商业、能源和产业战略部（BEIS）发布《低碳发展战略》报告。该报告阐述了英国如何在削减碳排放以应对气候变化的同时推动经济持续增长，为英国低碳经济发展描绘蓝图。报告指出，实现社会经济的绿色低碳发展，同时确保为企业和消费者提供廉价的清洁能源供应，不仅能够提高生产率、创造良好的就业机会、提高人民的收入水平，还有助于帮助保护气候和环境。为了实现这一目标，需要发展低碳技术、工艺和系统，通过技术创新降低清洁技术的成本。

2017年11月，英国和加拿大在德国波恩《联合国气候变化框架公约》第二十三次缔约方大会（COP23）上联合发起"弃用煤炭全球联盟"，旨在联合各国政府、企业和民间组织力量，共同采取行动，承诺制定各自的煤炭淘汰目标，推动世界从依赖煤炭为主体的能源体系向清洁现代能源体系转型。为了起到表率作用，并实现以一种可持续、经济的方式逐步淘汰煤炭，英国制定了清洁能源计划和目标，具体行动方案包括：一是政府合作伙伴承诺在其管辖范围内逐步淘汰现有的传统燃煤电力，并暂停在没有开展碳捕集与封存的情况下新建任何传统燃煤发电厂。二是企业和其他民间组织合作伙伴承诺，在不使用燃煤发电的情况下为其运营提供支持。三是所有合作伙伴均承诺，通过各自的政策（无论是政府还是企业）和投资来支持清洁能源发展，以及在没有进行碳捕集与封存的情况下限制传统煤炭能源的融资。

2017年12月，英国政府宣布资助8400万英镑用于推进人工智能（AI）、机器人以及智慧能源系统研发创新。其中6800万英镑用于人工智能和机器人研发创新，1600万英镑用于智慧能源系统研发创新。

2019年5月，英国负责制定减排方案并监督实施的气候变化委员会建议，将此目标修改为"净零排放"，即通过植树造林、碳捕集等方式抵消碳排放。如今，英国成为第一个以法律形式确立到2050年实现"净零排放"的主要经济体，将清洁发展置于现代工业战略的核心。英国2019年清洁能源发电量已经超过化石燃料发电量，并计划在 2025 年前逐步淘汰所有燃煤发电。2019 年 3 月，英国发布《海上风电行业协定》，计划到 2030 年将英国海上风电装机容量增加到 30 吉瓦，满足英国 1/3 的电力需求。

（2）清洁增长战略

2017 年 10 月，英国 BEIS 发布《清洁增长战略》，明确提出使用清洁、灵活的能源，到 2025 年不再增加煤电；促进海上风能等可再生能源进入市场，新增海上风力发电装机容量 10 吉瓦；投资 4.6 亿英镑开展核电研究；投资 1.77 亿英镑用于开发新技术以进一步降低可再生能源的成本。2017 年 9 月，英国创新署与英国低排放汽车办公室出资 2000 万英镑，资助开展零排放汽车研发。其中 1800 万英镑用于应用研究，200 万英镑用于可行性研究。2017 年 10 月，BEIS 宣布成立法拉第研究所，主要开展电池技术的基础研究以及新技术推广应用。未来 4 年内的预算为 6500 万英镑。

（3）清洁空气战略

2019 年，英国 Defra 及英国卫生部联合宣布新的《2019 清洁空气战略》。该战略制定了减少颗粒物质（PM）含量的长期目标，规定到 2022 年，为减少家庭燃烧对空气的影响，只有最环保的炉灶可以出售，并计划于 2040 年终止新柴油、汽油车和货车的销售、规制英国国内化石燃料炉市场。

该空气污染治理的新战略采取了一系列措施，旨在到 2020 年每年减少 17 亿英镑（约 147.86 亿人民币）的公共卫生成本，且从 2030 年起每年增加到 53 亿英镑（约 460.98 亿人民币）。根据对 2018 年战略草案的磋商和答复，一些关键措施包括：

• 长期目标在于减少人们对 PM 物质的接触，使英国成为第一个响应世界卫生组织（WHO）的指导方针以改善空气质量的主要经济体，这一指导方针比欧盟的指导方针更为严格；

• 承诺到 2025 年，在违反 WHO 关于 PM 指导方针的地区生活的人口将减少一半；

• 承诺从 2040 年起停止销售传统的以柴油和汽油为动力的汽车；

• 引入有关家用炉灶和明火的燃烧规定——这是 PM 排放的最大来源之一，规定将包括禁止销售污染最严重的燃料以及推进现有烟雾控制现代化的新立法；

• 引入新的管理条例，要求农民使用低排放的农业技术，尽可能降低施肥等作业带来的污染。

（4）氢能战略

2021 年 8 月 17 日，英国 BEIS 发布《英国氢能战略》，提出了到 2030 年英国氢经济发展的愿景目标。该项战略旨在到 2030 年实现 5 吉瓦的低碳氢能生产能力，并提出了氢能生产、输配网络及存储、利用等领域的分阶段目标和关键行动。

战略指出，到 2025 年英国实现 1 吉瓦低碳氢能产能；到 2030 年成为全球氢能领导者，实现 5 吉瓦的低碳氢能产能以推动整个经济脱碳，并制定明确的计划以在未来进一步扩大规模，助力实现第 6 次碳预算（CB6）和净零排放目标，同时促进新的就业和清洁增长。具体而言，到 2030 年将实现如下成果：通过碳捕集、利用与封存（CCUS）和/或电解制氢实现脱碳氢供应；借鉴早期项目、更成熟的市场和技术创新，推动低碳制氢成本下降；建立面向多类型用户的端到端氢气系统；提高公众和消费者意识，使其接受在能源系统中使用氢能；成为国际氢能市场领先者，吸引大量外来投资；通过氢能为减排目标做出重大贡献；基础设施、技术、监管和市场框架均到位，为 2030 年后的市场扩张奠定基础；总结创新和部署项目经验，为政策制定和完善提供支撑。

据 BEIS 估计，到 2030 年实现 5 吉瓦的低碳氢能产能将创造一个繁荣的氢能产业，氢能市场总附加值达到 9 亿英镑，撬动 40 亿英镑的私人投资，创造超过 9000 个工作岗位。在"高氢"情景下，到 2050 年英国氢经济可产生工作岗位 10 万个并创造总附加值 130 亿英镑。

（5）聚变战略

2021 年 10 月 1 日，英国 BEIS 发布《迈向聚变能源：英国聚变战略》（Towards Fusion Energy：The UK Fusion Strategy）[①] 和《迈向聚变能源：英国政府关于聚变能源监管框架的提议》（Towards Fusion Energy：The UK Government's Proposals for a

---

① BEIS.Towards fusion energy–the UK government's fusion strategy［EB/OL］.［2021 – 12 – 10］. https：//assets.publishing.service.gov.uk/government/uploads/system/uploads/attachment_data/file/1022540/towards – fusion – energy – uk – government – fusion – strategy.pdf.

Regulatory Framework for Fusion Energy)，阐述了英国政府将如何利用其科学、商业与国际领导力来实现聚变能源。英国也成为全球第一个通过立法以确保安全有效地推出聚变能源的国家。

英国的聚变战略包括两大总体目标：①通过建造一个能够接入电网的聚变发电厂原型，示范聚变技术的商业可行性；②建立世界领先的英国聚变产业，在随后几十年里向世界各地输出聚变技术。这些目标在"绿色工业革命十点计划"和2020年《能源白皮书：赋能净零排放未来》中得到高度阐述。英国将通过英国原子能管理局（UKAEA）领导实现聚变战略目标，确保英国在国际合作、科学和商业化三方面的领导力。

一是国际合作。英国将利用国际合作加速聚变能源的商业化；通过国际合作降低英国聚变项目的成本和风险，同时保护英国的知识产权和竞争优势；领导国际聚变标准和法规的制定，确保安全、最大限度地发挥聚变技术的全球潜力，同时为英国创造重要的市场机遇。通过主持欧洲联合环（Joint European Torus，JET）聚变实验、参与国际热核聚变实验堆（ITER）计划、加入欧洲原子能共同体（Euratom）研究和培训计划等行动，促进英国在聚变方面的国际合作。

二是致力于尖端科学研究。英国要在聚变能源商业化以及聚变科学和工程方面处于领导地位，需要全面应对聚变技术的挑战。确定这些挑战的解决方案并将其转化为商业上可行的发电技术是聚变战略的核心科学任务。英国将保持聚变技术与设施的全球科学领先地位，吸引、培养和留住领先的聚变人才。2021年，UKAEA的"兆安球形托卡马克升级版"（Mega-Amp Spherical Tokamak-Upgrade，MAST-U）聚变设施将以较低的规模和成本研究聚变发电的可行性。"球形托卡马克能源生产"（Spherical Tokamak fo Energy Production，STEP）计划将设计、开发和建造一个核聚变发电厂原型，并在2040年前将其接入电网，通过在单一能源生产设施中集成和运行工业规模的聚变系统，示范其商业可行性。UKAEA的氢-3先进技术（H3AT）中心将于2023年开放，是世界上最大的聚变氚研究中心。

三是私营部门创新，实现聚变能源的商业化。英国将创建一个或多个充满活力的聚变技术集群，吸引对融合及相关技术的内向投资；发展支撑聚变技术的供应链和技能基础，使英国企业在未来的全球聚变市场上具有竞争性。英国参与ITER和

STEP 的建设将刺激英国聚变供应链的发展，除此之外，英国将启动聚变基金会计划，增强聚变研究能力，扩大学徒培训计划和完善教学设施，增加聚变劳动力获得高品质工程技能和资格的机会。

（6）净零战略

2021 年 10 月，英国政府发布了《净零战略》，阐述了将如何兑现其在 2050 年实现净零排放的承诺。该战略以英国"绿色工业革命十点计划"为基础，制订了全面的计划以降低所有经济部门的排放，同时利用温室气体去除技术减少剩余排放，支持英国向清洁能源和绿色技术转型，逐步实现英国净零排放目标。根据该战略，英国到 2030 年将撬动 900 亿英镑私人投资，创造 44 万个绿色产业岗位。关键内容包括：

一是电力领域。主要目标：清洁、低成本电力是英国实现净零经济的基础。到 2035 年，在保证电力安全的前提下，英国电力系统将完全脱碳。英国电力系统将由丰富、经济的可再生能源和核能组成，并结合储能、配备碳捕集与封存（CCS）的天然气、氢能等灵活性技术。具体目标包括：①到 2024 年创造 5.9 万个工作岗位，到 2030 年创造 12 万个工作岗位；②开始撬动 1500 亿～2700 亿英镑的额外公共和私人投资，符合英国到 2037 年实现第 6 次碳预算（CB6）的发展进程；③到 2035 年实现电力系统完全脱碳。

电力领域的关键举措：①到 2035 年，在保证供应安全的前提下，完全由清洁电力供电；②在本届议会结束前确保对大型核电站做出最终投资决定，并启动一项新的 1.2 亿英镑未来核能支持基金，发展包括小型模块化反应堆等未来核能技术，潜在的部署地点包括北威尔士的威尔法核电站；③到 2030 年部署装机容量达 40 吉瓦的海上风电，并部署更多陆上风电、太阳能和其他可再生能源，采用最新的并网技术以最有效地整合新的低碳发电和需求，同时考虑到环境影响和当地社区需求；④为海上风电提供 3.8 亿英镑的资金支持，到 2030 年部署装机容量达 1 吉瓦的浮动式海上风电，确保该技术达到世界领先；⑤部署储能等新的灵活性措施，以避免未来电价上涨。

二是燃料供应及氢能领域。主要目标：在难以电气化的部门，更清洁的燃料供应对于实现净零排放至关重要。在《北海过渡协议》承诺的基础上，英国政府将大幅减少传统石油和天然气燃料供应的排放，同时扩大氢和生物燃料等低碳替代品生产，通过保护就业和投资、利用现有基础设施、维持供应安全和最大限度减少环境影响的方式来实现。具体目标包括：①到 2030 年在燃料供应方面支持 1 万个工作岗位；②开始撬动 200 亿～300 亿英镑的额外公共和私人投资，符合英国到 2037 年实现 CB6 的发展进程；③部署 5 吉瓦的制氢设施，同时将石油和天然气的排放量减半。

燃料供应及氢能领域的关键举措：①目前已经设立"工业脱碳和氢收益支持"（IDHRS）计划，以资助新的氢能和工业碳捕集商业模式。政府将提供最高 1.4 亿英镑用于该计划，包括到 2023 年签署最高 1 亿英镑的 250 兆瓦电解制氢合同，并在 2024 年进一步拨款。②投入 2.4 亿英镑实施"净零氢能基金"，并在 2022 年完成氢能商业模式和低碳氢标准制定。③制定交通运输低碳燃料战略，于 2022 年发布，并实现可持续航空燃料承诺。④与利益相关者合作，在 2022 年第四季度之前解决石油和天然气生产电气化的障碍，并继续减少常规燃烧和排放。⑤以最大限度降低温室气体排放的方式监管石油和天然气部门，特别是通过修订后的《石油和天然气管理局（OGA）战略》，该战略授权 OGA 通过有效的净零排放测试来评估运营商排放水平的计划，并为英国大陆架未来的许可建立新的气候兼容性检查站。

三是工业领域。主要目标：通过支持转向更清洁燃料、提高资源和能源效率以及公平的碳价推动工业深度脱碳。利用 CCUS 和可再生能源等技术一起推动发展低碳氢新产业，将加速工业集群的脱碳，这些集群将有机会获得政府 CCUS 计划的支持。具体目标包括：①到 2030 年在工业领域支持 5.4 万个工作岗位；②开始撬动 140 亿英镑的额外公共和私人投资，符合英国到 2037 年实现 CB6 的发展进程；③到 2030 年部署 4 个 CCUS 工业集群，每年可捕集 2000 万～3000 万吨 CO_2，包括 600 万吨的工业碳排放，到 2035 年工业碳捕集能力达到 900 万吨。

工业领域的关键举措：①设立"工业脱碳和氢收益支持"（IDHRS）计划，以资助新的工业碳捕集和氢能商业模式；②通过 10 亿英镑的"CCS 基础设施基金"支持 CCUS 部署；③Hynet 和东海岸集群被确立为第一批 CCUS 部署集群；④通过 3.15 亿英镑的"工业能源转型基金"（IETF）支持能效和现场脱碳措施；⑤支持燃料转向低碳替代品，目标是到 2035 年每年替代约 50 太瓦时的化石燃料；⑥与钢铁协会合作，设定到 2035 年实现近零排放的炼钢目标，以及支持转型所需的商业环境；⑦制定多项资源和能源效率措施，以实现到 2035 年实现减少 1100 万吨碳排放，包括钢铁行业 300 万吨的减排量；⑧就英国碳排放交易系统（ETS）净零排放上限进行咨询，以激励行业中具有成本效益的减排；⑨探索在 21 世纪 20 年代加快分散排放点源脱碳。

四是供热及建筑领域。主要目标：提高英国各地住房和非住宅的能效，以确保使用更少的能源来供热，在确保经济性、舒适性的同时减少对进口能源的依赖。到 2035 年，只要成本下降到足够低，所有家庭和工作场所的新供热设备都将采用低碳技术，如电热泵或氢气锅炉。具体目标包括：①到 21 世纪 20 年代中期支持 10 万个工作岗位，到 2030 年支持 17.5 万个工作岗位；②开始撬动 2000 亿英镑的额外公共和私人投资，符合英国到 2037 年实现 CB6 的发展进程；③为家庭和工作场所到 2035 年使用新型供热设备设定低碳路径。

供热及建筑领域的关键举措：①到 2035 年，不再销售新的天然气锅炉；②投入 4.5 亿英镑设立一项三年期"锅炉升级计划"，为家庭提供最高 5000 英镑的低碳供热系统补贴，以确保其成本与天然气锅炉相当；③投入 6000 万英镑推出"热泵就绪计划"，用于资助开创性的热泵技术研发，并将支持政府到 2028 年每年安装 60 万台热泵的目标；④提供更便宜的电力以降低热泵使用成本。

五是交通领域。主要目标：推行更环保、快捷、高效的交通方式，通过实施零排放汽车（ZEV）授权开启道路交通转型，为低碳汽车技术提供额外资金支持，实行购车补贴，投资电动汽车基础设施，推进铁路电气化，投资 30 亿英镑改造公交服务、20 亿英镑用于自行车，推出清洁航运多年期计划。具体目标包括：①到 2024 年支持 2.2 万个工作岗位，到 2030 年支持 7.4 万个工作岗位；②开始撬动 2200 亿英镑的额外公共和私人投资，符合英国到 2037 年实现 CB6 的发展进程；③消除所有道路排放并开始推进零排放国际旅行。

交通领域的关键举措：①支持投资零排放汽车，到 2030 年停止销售新的汽油和柴油汽车，到 2035 年所有汽车完全实现零排放；②投入 6.2 亿英镑作为零排放汽车补贴和电动汽车基础设施支持，重点推进街道住宅充电；③在 10 亿英镑的"汽车转型基金"（ATF）中划拨 3.5 亿英镑支持汽车及其供应链的电气化；④基于

2000 万英镑的零排放道路货运试验结果，大规模试验 3 种零排放重型货运卡车技术，以确定其运营效益和基础设施需求。

六是自然资源、废物和含氟气体领域。主要目标：通过恢复农村生态以减少排放、固碳，并建立适应气候变化的能力。支持农民实施一系列低碳农业实践，以提高生产力并更有效地利用土地。增加植树造林以固碳，并保护和恢复泥炭地。改革资源和废物制度，发展循环经济，提高资源效率。继续根据国内法规和国际承诺逐步减少含氟气体的使用。具体目标包括：①植树造林，到 2024 年支持 1900 个工作岗位，到 2030 年支持 2000 个工作岗位；②开始撬动 300 亿英镑的额外公共和私人投资，符合英国到 2037 年实现 CB6 的发展进程；③英格兰的造林率增加两倍，在本次议会结束前将种植率目标提高到 3 万公顷/年。

自然资源、废物和含氟气体领域的关键举措：①通过"农业投资基金""农业创新计划"支持低碳农业和技术创新，投资设备、技术和基础设施以提高盈利能力、造福环境并支持减排；②向现有的 6.4 亿英镑"自然气候基金"增加投入 1.24 亿英镑，以确保到 2025 年在泥炭地恢复、林地创造和管理方面的总支出超过 7.5 亿英镑，使农民和土地所有者有更多机会通过改变土地用途来支持净零排放；③到 2050 年恢复英格兰约 28 万公顷的泥炭地，并使英格兰的造林率增加两倍；④投入 7500 万英镑用于自然资源、废物和含氟气体的净零相关技术研发；⑤为实现到 2028 年几乎完全取消填埋可生物降解城市垃圾，将投入 2.95 亿英镑促使英格兰地方当局从 2025 年开始为所有家庭部署免费的食物垃圾收集设施。

七是温室气体去除领域。主要目标：通过技术创新使英国在温室气体去除方面全球领先，短期内将支持温室气体去除的早期商业部署，并开始建立市场框架。具体目标包括：①在工业中心地区创造高技能岗位；②开始撬动 200 亿英镑的额外公共和私人投资，符合英国到 2037 年实现 CB6 的发展进程；③到 2030 年至少部署每年 500 万吨 CO_2 的温室气体去除工程设施。

温室气体去除领域的关键举措：①投入 1 亿英镑支持温室气体去除相关技术创新。②探索监管监督措施，以实现对温室气体去除的监测、报告和验证。

八是支持零碳转型的跨领域行动。主要目标：①支持技术创新和发展全球领先的绿色金融部门；②通过降低创新链各阶段的成本，并引入关键技术以实现净零排放；③与私营部门合作，促进私人投资并为绿色金融的蓬勃发展创造条件；④将消费者置于转型的核心，使绿色技术更方便、低成本和有价值；⑤支持工人进行再培训和技能提升，并通过能够适应变化的强大供应链建立低碳产业；⑥与地方政府合作以确保所有地区都具备实现净零目标的能力；⑦政府将气候纳入政策和支出决策，提高实现气候目标进展的透明度，并提供资金以推动学校和医院实现减排。

支持零碳转型的跨领域行动的关键举措：①投入至少15亿英镑支持净零创新项目；②通过英国基础设施银行（UKIB）吸引私人融资，支持超过400亿英镑的投资，并推动低碳技术和行业走向成熟和规模化；③引入新的可持续性披露制度，包括强制性气候相关财务披露和英国绿色分类法；④改革技能培训体系，在净零转型中发挥更好作用；⑤发布关键指标的年度进展。

（7）建筑供暖战略

2021年10月14日，苏格兰政府发布了《建筑供暖战略》，概述了其低碳供暖的最新目标和雄心。该战略在能源效率、排放和低碳供暖系统安装等方面设定了一系列雄心勃勃的目标。这些目标包括：到2030年绝大多数建筑将达到良好的能源效率水平，到2033年所有住宅至少达到EPC的C级标准。到2030年建筑物供热排放相对于2020年减少68%。到2030年苏格兰17万户非燃气家庭中的绝大多数，以及至少100万户目前使用管道燃气的家庭（约占总数的50%）必须实现零排放供暖。

（8）工业脱碳战略

2021年3月17日，英国BEIS发布《工业脱碳战略》（Industrial Decarbonisation Strategy），探讨英国如何在不将排放与商业推向国外的情况下，建成与净零排放目标相一致的蓬勃发展的工业部门，以及政府将如何采取行动支持这一目标。该战略将拨款超10亿英镑用于降低工业与公共建筑的排放，使英国处于全球绿色工业革命的最前沿，在2050年创造并支持8万个就业机会，同时在短短15年内将排放量减少2/3。战略涵盖了英国所有的工业领域，包括金属和矿产、化工、食品和饮料、造纸和纸浆、陶瓷、玻璃、炼油和低能源密集型制造业。战略的主要内容如下：

　　首先是转变工业流程。一是采用低遗憾（Low-Regret）技术，建设基础设施。工业的多样性意味着该部门的脱碳需要通过结合不同的技术与措施来实现。该战略利用工业脱碳路径模型，重点关注氢能和碳捕集、利用与封存（CCUS）等关键低遗憾技术的部署。主要行动措施包括：①支持在工业现场集群化部署CCUS，到2030年每年捕集与封存约300万吨二氧化碳；②在21世纪20年代支持增加低碳氢燃料的使用数量；③在21世纪20年代支持工业中的低悔燃料转向电气化；④审查生物能源在工业中最适当的使用，为生物能源战略提供证据（2022年）；⑤考虑气候变化委员会的建议所产生的影响，该建议提出到2035年使矿石基炼钢的排放量接近零排放的目标；⑥与工业部门合作，以了解对工业场所进行改造所需的条件；⑦与水泥行业合作，探索在分散场所进行脱碳的方案；⑧审查政策，以解决能源密集度较低、分散的工业场所面临的具体障碍；⑨利用建房加速（Project Speed）计划，确保土地规划制度适合建设低碳基础设施；⑩加强脱碳政策与环境政策之间的协调，以实现共同的可持续发展议程。二是提高效率。能源与资源效率措施对工业的净零排放至关重要。在21世纪20年代，提高能源与资源效率将在减少工业排放方面发挥特别重要的作用，并在广泛减排方面发挥带头作用。主要行动措施包括：①支持工业场所安装能源管理系统；②提高跨场所的热资源回收与重复利用，特别是在操作温度较高的场所；③通过采用市场上可获得且投资回报时间较短的技术，帮助能源密集型、分散的工业场所提高能源效率；④制订沟通计划，让工业部门意识到提高能源效率将会获得支持；⑤通过推动向循环经济模式转型，增加再利用、维修与再制造，对提高行业内的资源效率与材料替代进行支持。三是加快低碳技术创新。工业脱碳所需的低碳技术处于不同的发展阶段。未来需要继续创新与开发各种低碳技术，使英国在降低脱碳成本并在整个净零过渡期间保持行业竞争力处于最佳位置。主要行动措施包括：①支持燃料转换技术的创新，包括低碳电力、生物质能与氢能；②支持一系列工业来源的CCUS的首次示范；③支持工业数字技术发展，最大限度提高效率；④支持先进技术的研究；⑤支持产品创新。

　　其次是最大限度地发挥英国的潜力。一是全球市场的净零。工业脱碳是全球性的挑战。工业产品的交易在全球范围内进行，工业部门二氧化碳排放约占全球排放量的24%。通过领导并倡导加强与其他国家的国际合作，英国将更快地开发新技术，提高产品产量，更快地降低工业脱碳的成本。主要行动措施包括：①与合作伙伴共同建立一个致力于采取共同的方法建设低碳产品市场的国家联盟；②通过英国在"创新使命"中的领导作用，引领全球创新工作，以降低低碳工业产品的成本；③通过贸易政策支持工业脱碳；④利用世界领先的净零产业的出口机会；⑤继续与主要国际组织、国家与倡议合作，鼓励发展中国家实现工业脱碳。二是升级制造业是英国地方经济的重要组成部分。利用净零排放的机会来改造英国的工业区，吸引外来投资，保护未来的企业，并确保就业的长期可行性。主要行动措施包括：①通过在工业区部署低碳基础设施，释放新的就业机会；②支持技能过渡，使当前和未来的劳动力从创造新的绿色工作中受益；③为新的工业部门建立激励机制，使其立足于英国的工业中心，并增加吸引外资的机会；④与英格兰、苏格兰、威尔士和北爱尔兰的权力下放政府合作，解决脱碳面临的障碍。三是跟踪进度。工业脱碳是一个复杂的过程，必须现在就采取行动实现英国的 2050 年目标。主要行动措施包括：①采取战略性、有效、均衡、灵活与响应迅速的方式，以监测英国实现战略目标的进展；②利用政府对气候变化委员会关于英国经济脱碳进展报告的年度回应，向公众通报战略实施的进展，每 5 年对战略行动进行一次全面审查；③使用一系列指标更新脱碳进展，包括英国工业的排放量、二氧化碳捕集与封存的量，以及工业中使用的氢气量。

（9）能源系统数字化战略

2021 年 7 月 20 日，英国 BEIS 发布《向净零能源系统过渡：2021 年智能系统与灵活性计划》（Transitioning to a Net Zero Energy System：Smart Systems and Flexibility Plan 2021）（以下简称《智能系统与灵活性计划》）和《能源系统数字化以实现净零：2021 年战略与行动计划》（Digitalising Our Energy System for Net Zero：Strategy and Action Plan 2021）（以下简称《能源系统数字化战略》）2 份政策文件，推动智能能源系统和数字化。

《智能系统与灵活性计划》由 BEIS 和燃气与电力市场监管办公室（OFGEM）共同制定，提出了一个智能和灵活的能源系统愿景、分析和政策配套措施，为能源安全和向净零过渡奠定基础。这一系统需要利用高度灵活性的智能技术，以便在低碳能源上运行。智能技术及其灵活性对于将低碳电力、热力和运输整合到能源系统中至关重要。该计划包括以下 4 个重点关注领域：一是促进消费者的灵活性。①到 21 世纪 20 年代中期，在适当的基础设施与监管框架的支持下，各种规模的消费者智能系统都具有灵活性。大型消费者的灵活性市场将日趋成熟，对于较小的客户规模，在全市场范围内推出智能电表。消费者将获得广泛的可互操作和安全的智能设备，许多用户将因参与需求侧响应而获得奖励。②到 2030 年及以后，消费者的灵活性将正常化，智能能源、智能产品和服务将更加普遍。网络安全文化将植根于整个智能和灵活的能源系统。电动汽车和电力系统之间更深层次的整合将通过从车辆到电网的各种技术来实现。本地化的低碳解决方案在电力、热力和运输系统中将得到优化。二是消除电网灵活性的障碍。①到 21 世纪 20 年代中期，为所有规模的电力存储建立一流的监管框架。在政府创新资金的支持下，发展首批长期存储技术。②到 2030 年及以后，在最优选址和不同规模上部署电力存储。电力存储将取代传统化石燃料发电的灵活性。互通互联的运营框架将充分利用能源系统的潜力。三是改革市场以奖励灵活。①到 21 世纪 20 年代中期，各种类型和规模的灵活性技术将进入市场，实现整个系统的优化。改进配电和输电系统之间的协调将确保电力平衡和网络管理，最大限度地提高整个电力系统的整体效益。②到 2030 年及以后，所有灵活的供求能源资源都能充分发挥其潜力，有效地满足现有能源和网络资源的要求。四是监控整个系统的灵活性。了解未来能源系统的灵活性及其市场表现、灵活性技术在参与能源市场方面存在的障碍、灵活性技术进展情况及未来需要采取的行动。

《能源系统数字化战略》由 BEIS、OFGEM 和"创新英国计划"（Innovate UK）共同制定，为能源系统数字化提供了愿景、方法和政策套件。数字化将优化能源系统中的低碳资产（包括太阳能光伏、电动汽车和热泵），刺激创新和竞争，促进新的消费者服务，降低能源系统脱碳的成本。战略愿景为：①到 21 世纪 20 年代中期，制定标准和监管框架，以确保能源数据收集与应用符合最佳实践、数据资产开放和可访问、隐私与安全将受到保护。在整个系统中，资产的可见性得到很大的提高，新的数字服务将使了解数据内容和获取数据访问权限更加容易。确定能源系统数字化的下一个步骤，包括需要制定哪些新的数据治理、市场框架和机构设计，以确保数据隐私与网络安全，同时增加市场准入及服务。②到 2030 年及以后，系统运营商将拥有所有能源资产的可见性，从而使规划、预测和运营更快、更准确、更便宜。在市场上获得更多的数据以支持新的商业模式和服务的发展，以及新的能源行业市场进入者。

该战略包括3个重点关注领域：一是提供领导和协调。促进协作与伙伴关系，提供一个有效的数字化能源系统。定期监测进展情况和数字化过程。资助一个新的能源数字化工作组，为下一阶段能源数字化提供建议。二是激励数字化变革。确保政府政策和监管能够继续扩展该行业，提供更多和更高质量的数据与数字化投资。对利益攸关方实施激励措施，以便于其遵守商定的数据标准和使用共享的数字工具，使利益攸关方采取的新行为符合其利益。三是开发数字解决方案。确保将数据看作一种资产，以及数据和相关数据服务的透明度，保证数据能够为所有人所用。促进创建新的服务，改进数据的标准和访问，实现数据互操作性。

（10）绿色金融战略

2019年7月2日，在绿色金融峰会召开期间，英国政府公布了备受期待的《绿色金融战略》（GFS），该战略概述了金融部门如何协助企业进行环境信息披露，积极采取行动应对气候变化与环境退化，并推动英国2050年净零排放目标。

该战略整合了英国绿色金融工作组（GFT）的建议，涉及三大核心要素：金融绿色化、融资绿色化、紧抓机遇。该战略同时阐明了政府应如何积极推动全球金融系统绿色化，并将气候和环境因素纳入公共部门决策之中。该战略设置了两大目标：一是通过政府的参与，使私营部门的资金流动更清洁更环保；二是加强英国金融业的竞争力。

英国政府在该战略的长期框架中提供了明确的审查点，例如，2020年底审查气候相关财务信息披露工作组（TCFD）的进展实施情况，并在2022年对"绿色金融战略"进行总结与优化。该战略宣布的其他一系列绿色金融成果包括：一是英国政府与伦敦金融城共同建立了绿色金融研究所（Green Finance Institute），该研究所旨在促进英国公共和私营部门之间的合作，帮助投资者寻求机会，并加强英国作为全球绿色金融中心的地位。二是正式成立价值约500万英镑的绿色家庭金融基金。该基金将用于扶持诸如英国国内绿色抵押贷款类的绿色金融试点产品，通过绿色金融使家庭能源效率最大化家，使家庭更环保。三是正式启动绿色金融教育章程。该章程确保与金融服务相关的资格证书，能够包含对从业者进行绿色金融方面的培训。四是战略明确指出：英国金融监管机构审慎监管局（PRA）、金融行为监管局（FCA）和金融政策委员会（FPC）在进行战略调整与职能优化时，必须考虑气候变化因素。五是通过建立价值58亿英镑的气候基金，发挥英国在绿色金融领域的全球领先作用，鼓励其他国家在绿色金融方面与私营部门进行合作，确保英国技术援助项目符合《巴黎协定》的气候目标。

4.4.2 制定技术路线图

（1）零排放的国家路线图

2020年2月4日，英国首相在第二十六届联合国气候大会（COP26）中宣布，将英国能源系统淘汰煤炭的日期提前一年至2024年10月1日。2020年12月9日，英国发布到2050年实现零排放的国家路线图。按照英国法律的规定，到2050年实现净零排放，需要从2030年起每年投资（主要来自私人投资者）约500亿英镑（比目前的数字增加了5倍）。这些支出将在很大程度上被随后节省的燃料成本所抵消，这意味着在未来30年中，英国由于实施零排放的国家路线图，从而使其每年需要用于脱碳的GDP不到1%。2020年，英国政府宣布放弃化石燃料的计划。总体而言，零排放的国家路线图将在未来10年内将英国的碳排放量减少2.3亿吨，这相当于从道路上永久清除750万辆汽油车。2020年12月14日，英国发布《能源白皮书：赋能净零排放未来》，概述了在未来6年内要摆脱化石燃料，促进能源零售市场竞争并提供至少67亿英镑（约90亿美元），支持弱势群体和燃料匮乏者通过能源公司义务（Energy Company Obligation，ECO）、扩大的温暖家庭折扣（Warm Home Discount，WHD）计划以及绿色家园补助金等政策而得到救助。

（2）氢能路线图

2020年12月，英国政府发布《能源白皮书：赋能净零排放未来》，将核能确定为实现净零排放目标所需的清洁能源之一。2021年2月，英国核工业协会发布《氢能路线图》。据估计，到2050年，通过利用常温电解、高温蒸汽电解、热化学水分解和核电制氢等技术制氢。最常见的方法是蒸汽甲烷重整，其成本低，但每生产 1 千克氢气要释放 10 千克 CO_2。2021 年 3 月 22 日，Cwmbran、Warwickshire 和 Ballymena 的 3 个项目获得英国政府和行业资金超过 5440 万英镑，其中 3190 万英镑用于在威尔士的 Cwmbran 开发重型货车的电力推进系统；1130 万英镑用于在 Warwickshire 的一家汽车和面包车中心开发和制造汽车运动节能技术及产品；1120 万英镑用于支持在北爱尔兰的 Ballymena 创建氢燃料卓越中心，以开发和制造公共汽车用低成本氢燃料电池技术及产品。这 3 个项目预计将在英国各地提供近 1 万个就业机会，应用其相关技术和产品可减少 4500 万吨的 CO_2 排放量，相当于 180 万辆汽车在其生命周期内产生的总排放量。

2021 年 8 月 17 日，《英国氢能战略》提出了到 2030 年英国氢经济发展的愿景目标及路线图如下。

21 世纪 20 年代早期（2022—2024 年）。发展重点：①制氢方面，发展小规模电解制氢；②氢能网络方面，发展直接管道运输、区域中心、卡车运输（非管道）或现场使用；③应用方面，发展氢能交通（公交、重型货车、铁路和航空试验）、工业示范、社区供热试验。关键行动和里程碑：① 2022 年早期启动"净零氢能基金"（NZHF），投入 2.4 亿英镑支持部署低碳制氢项目；② 2021 年决定第一阶段 CCUS 集群；③ 2022 年确定最终的低碳氢标准；④ 2022 年确定氢能商业模式；⑤ 2023 年开展社区供热试验；⑥ 2022 年第三季度确定将氢气掺混进天然气网络案例的推广价值。

21 世纪 20 年代中期（2025—2027 年）。发展重点：①制氢方面，至少在一个地区部署配备 CCUS 的大规模低碳制氢设施，扩大电解制氢规模；②氢能网络方面，建立小规模集群的专用管道网络，扩大卡车运输和小规模存储；③应用方面，发展工业应用，开展氢能重型货车和轨道交通试验、村庄供热试验以及将氢气掺混进天然气网络试验。关键行动和里程碑：① 2025 年低碳氢能产能达到 1 吉瓦；②到 2025 年至少建立 2 个 CCUS 集群；③ 2025 年进行村庄供热试验；④ 2026 年决定氢能供热；⑤ 21 世纪 20 年代中期部署氢能重型货车。

21 世纪 20 年代后期（2028—2030 年）。发展重点：①制氢方面，部署多个配备 CCUS 的大型制氢项目和大型电解制氢项目；②氢能网络方面，建立大规模集群网络和大规模储氢设施，将氢气网络与天然气网络集成；③应用方面，在工业中广泛应用，部署氢能发电并提供灵活性，发展氢能重型货车和航运，开展城镇供热试验。关键行动和里程碑：①到 2030 年低碳氢能产能达到 5 吉瓦；②到 2030 年建立 4 个 CCUS 集群；③到 2030 年部署氢能试点城市；④到 2030 年实现装机容量达 40 吉瓦海上风电。

21 世纪 30 年代中期以后。发展重点：①制氢方面，扩大低碳制氢规模，发展其他制氢技术（如核能制氢、生物质制氢）；②氢能网络方面，建立区域或国家氢能网络，将大规模储氢与 CCUS、天然气和电力网络集成；③应用方面，氢能全面应用于工业终端用户，建立氢能发电系统，实现更大规模的氢能航运和航空，推进天然气网络向氢气网络转换。关键行动和里程碑：实现第 6 次碳预算（CB6）目标。

2021 年，英国核工业协会（NIA）发布的《氢能路线图》获得英国核工业委员会（NIC）通过，其设定了到 2050 年英国核能制氢的目标，即 1/3 的氢能需求（75 太瓦时/年）由核能生产。《氢能路线图》概述了大规模和小型模块化反应堆（SMR）如何为生产无碳氢（即绿氢）提供电力和热量，现有大型核电站可通过电解法大规模生产氢气，而 SMR 预计将在未来 10 年内部署，使在工业集群附近制氢成为可能。

核能制氢愿景目标。到 2050 年，英国由核能驱动的制氢产能达 75 太瓦时，约占总需求的 1/3，达到上述产能需 12 ~ 13 吉瓦的核能装机容量。当前英国超过 3/4 的能源由化石燃料提供，根据气候变化委员会的分析，2050 年氢能消费需达到 225 太瓦时，才能实现英国脱碳目标。

核能制低碳氢的主要途径。一是冷水电解。通过核能为冷水电解提供电力，该过程已得到了小规模验证，在现有技术中成本最低。二是蒸汽电解。高温蒸汽电解温度在 600 ~ 1000 ℃，其能耗比冷水电解少 1/3，因此有望实现更高的效率。低温热也可提高电解效率，如 150 ~ 200 ℃的低温热电解已被证明在技术上可行，其效率也高于冷水电解。三是热化学水解。利用先进模块化反应堆（AMR）在 600 ~ 900 ℃高温下运行，在使用化学催化剂的情况下可使水分解为氢气，且具备较高效率。现有反应堆无法产生足够高温用于该过程，但政府正开发 AMR 以支持该项应用。四是化石燃料重整。通过核能废热为化石燃料蒸汽重整制氢提供高温热，但需配备碳捕集和封存（CCS）设施。

核能制氢的潜力。目前，英国核工业供应链的能力可促进核能制氢的发展，如将核研究设施用于制氢化学和材料研究。短期内，政府应支持核能电解制氢示范项目，以探索核能制氢的快速部署机遇；长期内，政府可通过支持 SMR 和 AMR 进一步提高效率、降低成本，以促进此类核能制氢技术在商业上可行，并实现在 21 世纪 30 年代初期进行示范的目标。此外，还可通过聚变能提供高品位热，英国政府已在核聚变示范电站原型"球形托卡马克能源计划"（STEP）第一阶段中投入了 2.2 亿英镑。核能具有热电联产潜力，为构建灵活的脱碳系统增加了更多可能，如将核能输出为氢能，或是基于氢能生产合成燃料（如氨）。用于热电联产或专用于制氢的反应堆可在棕地上建造，如废弃化石燃料电厂和退役核电站等。AMR 可建造在大型工厂附近用于制氢，尤其适用于难以通过电气化脱碳的行业，如钢铁业等。

核能制氢的经济优势。基于上述举措，核能制氢可在如下方面改善制氢经济性：提供可靠、稳定的零碳电力，确保电解槽全年都能实现高负荷率，从而降低制氢成本；通过加热提高氢电解生产效率，以相同成本实现更高产量；未来核反应堆的低碳热以及电力（热电联产）可扩大核能制氢工业用途；通过使用核能产生的热力和电力，将部分核能设施用途在支持氢能生产和满足电力需求之间切换，有可能降低系统成本。

促进核能制氢部署的政策建议。当前绿氢不具备成本竞争力，尤其在许多并未实施碳定价的地方。通过实行鼓励投资的举措，可促进核能制氢的部署。一是通过氢能战略促进发展核能制氢，包括：①将核能制氢归类为绿氢；②将零碳发电生产绿氢作为首选方案；③从灰氢（化石燃料制氢）向绿氢过渡。二是政府应根据先前承诺，在氢能咨询委员会中加入核工业界代表，以确保将核能制氢纳入英国氢经济的总体构想中。三是以本路线图的核能制氢愿景为战略目标，以促进行业创新。四是通过系统性基础设施挑战分析，确定电气化的最大程度以及氢气的应用范围，以明确部署氢能的主要挑战。五是采取核能制氢和其他绿氢的投资激励措施，以推动创新和降低成本。包括：①设立拨款及资助计划，鼓励研究和开发，以降低电解槽的成本。②引入新型融资模式以降低核项目相关的资本成本，降低其发电价格。可以通过政府直接融资或其他融资模式实现，如受监管资产基础（RAB）。③政府应与英国燃气与电力市场监管办公室（OFGEM）合作，探索一项新方案，对零碳发电实行限制性付款，逐步限制发电的同时支持制氢。作为参考，对波动性可再生能源的限制性付款在 2019 年达到近 4.5 亿英镑。通过该方法，可将清洁能源转移到制氢，而非在供应过剩时关闭设施。④建立积极的碳定价体系，以支持英国净零排放目标。⑤解决核能制氢不受英国《可再生交通燃料义务法》（RTFO）支持的问题。⑥将各种核能制氢形式均纳入最近宣布的净零氢生产基金。⑦制定 AMR 开发时间表，包括氢气生产技术的示范，提供为期五年的研发资助，以确保稳定的技术开发。

（3）先进燃料循环路线图

2021 年 6 月 24 日，英国国家核实验室（NNL）发布《燃料净零：清洁能源未来的先进燃料循环路线图》。其中重点介绍了政策、基础设施和国际领域的战略规划、行业合作和政府支持。报告由高级燃料循环计划支持，该计划由 NNL 与商业、能源和产业战略部合作领导。报告认为，核燃料循环对于核技术在未来能源系统脱碳方面的作用至关重要，英国必须开发先进核燃料的燃料循环技术，才能实现其清洁能源的雄心。路线图列出了英国需要发展的两个主要领域：先进燃料开发和先进燃料循环技术。这两个领域包含了一系列技术路线图，每个技术路线图均围绕趋势和驱动因素、机会／应用领域、技术和能力以及促成因素 4 个主题构建。

首先是先进燃料开发路线图。

先进技术燃料（ATF）。ATF 技术路线图着重于 3 个技术领域：短期内为锆（Zr）合金表面涂层；长期的"变革性"（revolutionary）突破包括高密度燃料（氮化铀）和先进包层（如碳化硅复合材料）。ATF 路线图概要如下：①在未来 10～15 年，英国可能会生产商用涂层包层和下一代 ATF，以供应可能不断增长的国内外轻水反应堆（LWR）市场。②辐照试验、堆外试验和废旧燃料管理评估等燃料认证，将是未来 3～5 年的重点。③通过路线图确定的路径提供这些 ATF 产品，将有助于确保英国本土的燃料制造能力，同时为英国带来潜在的可观收入。④路线图确定的促成因素包括国际合作、辐照和辐照后检查（PIE）设施的使用，以及新燃料认证的核数据要求。

包覆颗粒燃料（CPF）。CPF 通常被称为三结构各向同性（TRISO）燃料，由核裂变材料的核心组成，比较典型的是二氧化铀。与开发和部署高温反应堆（HTR）相关的 CPF 技术日益引起人们的关注，该技术具有灵活输送电力、热能和氢气的潜力。CPF 技术也可能将应用于 LWR，以及新型微反应堆和空间反应堆系统。为了使这项技术及其应用获得成功，需要确保燃料供应安全。CPF 技术研发路线图的重点是开发内核和涂层技术，以及封装技术（即形成鹅卵石或压实）。CPF 路线图概要如下：①机会主要集中在 21 世纪 30 年代早期的短期燃料供应，其次为更长期的商业化燃料生产和供应。②这些路径旨在实现《能源白皮书：赋能净零排放未来》中关于到 21 世纪 30 年代早期在英国建造 AMR 示范装置的目标，以及国内外 HTR 市场的预期增长。③近期的研究重点是开发典型燃料、涂层和封装技术，以获得燃料认证和许可。这包括燃料性能和反应堆物理模型、辐照试验、正常和事故条件下的堆外试验以及废旧燃料管理评估。④路线图确定的促成因素包括高含量低浓缩铀（HA–LEU）的供应、国际合作、辐照和辐照后检查（PIE）设施的使用，以及新燃料认证的核数据要求。

快堆燃料和燃料循环。快堆技术是开发可持续燃料循环的重要工具，可根据应用情况选择各种燃料。快堆燃料和燃料循环研发路线图涵盖了含钢包层的铀基燃料，以及钚和少量锕系（MA）燃料和包覆技术。快堆燃料和燃料循环路线图概要如下：①采用下一代钢包层的先进铀基燃料，旨在实现《能源白皮书：赋能净零排放未来》中关于到 21 世纪 30 年代早期在英国建造 AMR 示范装置的目标。虽然 HTR 是目前假定的基线技术，但并不排除将其重点放在具有经济效益和先进燃料循环潜在途径的快堆技术上。②长期来看，对快堆钚和 MA 燃料的更广泛研究侧重于国内外快堆燃料市场的预期增长。近期的研究重点是开发典型燃料，以获得燃料认证和示范许可。这包括燃料性能和反应堆物理模型、辐照试验、堆外试验以及废旧燃料管理评估。③钚和 MA 燃料制造的发展需要开发基础设施和燃料回收技术。④路线图确定的促成因素包括使用高活性电池进行废旧燃料管理测试、国际合作、辐照和辐照后检查（PIE）设施的使用，以及与英国核能退役管理局（NDA）密切合作，开发共同的研发基础设施。

其次是可持续的先进燃料循环路线图。

先进的 LWR 燃料循环。先进的回收技术研发路线图侧重于核心的回收过程、工艺技术和关键的废物管理技术。关键技术的开发需求：①前端操作，包括剪切、燃料溶解以及铀氧化物和混合氧化物燃料（MOX）的预处理；②从裂变产物中分离铀和钚（以及潜在的镎）的强化过程，避免在过程中出现纯钚流；③从高水平放射性废液中回收 MA 的简单工艺；④将混合产品共同转化为具有燃料制备性能的燃料前体；⑤基于先进技术的二次废物管理策略；⑥应用创新的在线分析工具进行过程监测、控制和保障。先进的 LWR 燃料循环路线图概要如下：①未来 10～15 年，英国可能扩大的核项目（包括大型、小型和先进的系统）将推动对燃料回收的可靠技术选择的需求。钚处置及作为 MOX 进行再利用是能源发展的驱动因素。先进反应堆燃料未来可能的市场也是一个驱动因素。②短期到中期的技术开发重点是使技术成熟度（TRL）达到 6 级（TRL6，即工程/试点规模的模型在相关环境中进行测试，代表该技术已准备就绪，开始了真正工程开发），这将需要对辐照燃料进行溶解研究和端到端的集成工艺试验。③路线图确定的促成因素包括积极示范的基础设施、国际合作，以及先进的建模和仿真工具。④在燃料循环领域，英国拥有广泛而独特的经验，从几十年的再处理和废物管理试点到商业规模。路线图指出，在塞拉菲尔德（Sellafield）完成工业再处理之前，近期需要采取努力来总结这一经验。

先进的 ATF 循环。先进的 ATF 循环研发路线图将在很大程度上取决于燃料概念的发展，但与先进的 LWR 燃料循环路线图有很大的重叠。先进的 ATF 循环技术研发路线图的重点是解决革命性 ATF 循环概念所需的进一步研发，预计这将主要影响前端燃料制备步骤。先进的 ATF 循环路线图概要如下：①驱动因素包括 ATF 产品的开发和认证、英国可能扩大的核项目以及使用先进燃料的 AMR 的可能部署；②应用机会集中在未来 10～15 年内为燃料回收提供可靠的技术选择，支持英国未来对燃料的再处理和再循环的要求；③如果氮化铀 ATF 的概念得到推进，则进一步的发展将集中在氮－15 的回收；④促成因素包括制造模拟燃料的能力、国际参与和对基础设施的使用。

高温化学（熔盐）回收技术。高温化学处理研发不仅支持燃料处理，还支持反应堆或其他熔盐应用，如氚生产或能量存储。然而，该路线图的重点是开发一种用于高燃耗燃料的先进循环过程。高温化学回收技术路线图概要如下：①未来 10～15 年，英国可能扩大的核项目（包括大型、小型和先进的系统）将推动对燃料回收的可靠技术选择的需求。②在技术领域，电解还原和电解精炼将重点通过 TRL 实现成熟。电解还原的特点是在前端将燃料调节成适合于电解精炼的形式。

电解精炼有选择地将废旧燃料的可回收成分从剩余废料中分离出来。③废物管理的发展包括回收过程中的盐清除技术（这也将是熔盐先进反应堆的要求），以及对任何废物产品进行处理。④路线图中确定的关键促成因素包括构建技能通道（国家实验室、行业和学术能力）、知识获取、国际参与以及为积极的示范开发基础设施。

4.4.3 能源结构的调整

1988—2002 年，英国进行了第一次重大能源结构调整。1989 年颁布了《电力法》，根据该法制定的电力条例，英国国务大臣颁布了一个要求电力公司购买一定数量的由可再生能源资源生产的电力的法令；1990 年颁布的《非化石燃料义务》为可再生能源提供了一个担保市场，推进可再生能源的发展，同年英格兰和威尔士颁布了 5 项与可再生能源配额制相关的法令；1993 年英国政府宣布到 2000 年将使可再生能源发电能力达到 150 万千瓦的目标；1999 年 3 月，DTI 发布了一个可再生能源发展草案，再次确认了对发展可再生能源产业及增加研发经费的承诺；2000 年 4 月，英国制定了 2010 年可再生能源发电量占英国电力总量 10% 的目标；2001 年开始征收气候变化税；2002 年实施《可再生能源义务法令》。

第二次能源结构的重大调整以 2003 年 2 月发布《能源白皮书：构建一个低碳社会》为标志，白皮书提出到 2050 年 CO_2 排放削减 60%，2020 年可再生能源发电占比达到 20%，维持能源供给的可靠性、促进竞争性能源市场，以及确保足够和可负担的家庭供暖 4 个目标。同时，提出在市场框架下，实现能源多样性的发展战略，并提出了应对措施，其中提高能源使用效率和发展可再生能源具有优先性。2003 年发布的《能源白皮书：构建一个低碳社会》确立了以低碳经济作为能源发展的前景；2004 年颁布《能源法》，其核心内容为可持续能源、核能问题和竞争的能源市场；2006 年 7 月发布《能源回顾报告》，陈述了如何应对英国能源政策面临的两大长期挑战，并对一系列相关问题进行了广泛的公众咨询。

2007 年 3 月，英国通过了由首相布莱尔撰写前言的《气候变化法》（草案），这是世界上第一部关于气候变化的立法。主要内容包括：为碳财政预算提供目标管理；建立气候变化委员会，为英国 2050 年达到 CO_2 减排 60% 的法定目标出谋划策；在排放交易方面给予政府更大的权力，从而建设英国的低碳经济。从《气候变化草案》的出台，足见英国政府应对气候变化的决心。2007 年 5 月，英国政府再次公布了《应对能源挑战：能源白皮书》，堪称可再生能源开发的政府纲领。根据《应对能源挑战：能源白皮书》，英国政府的能源战略包括以下 6 个方面：

（1）建立应对气候变化的国际框架

加强欧盟排放交易机制不仅有利于以最优的成本–效益方式解决碳排放问题，而且可以成为全球碳交易市场的基础。

（2）为英国经济确定有法律约束力的碳排放目标

英国的减排目标以 1990 年的排放量为基础，到 2020 年减排 26% ~ 32%，到 2050 年减排 60%，2007 年的《气候变化法》（草案）为此提供了法律框架，并给未来根据情况变化调整减排目标留有余地。下一步，政府还将制定 5 年碳排放预算，以确定具有约束力的排放限额。

（3）进一步发展完全竞争和透明的国际市场

保障企业公平获得能源资源，从而以最低的成本过渡到低碳经济，欧盟能源市场开放也是重要的一项内容。

（4）通过信息、激励和政策手段鼓励节能

为企业、个人和公共部门减少碳排放和降低对能源的依赖消除障碍，同时与欧盟和 G8 合作提高能源效率。

（5）支持低碳技术

英国在 2003 年提出低碳经济之后加大了对低碳技术的支持，以便在未来节能减排的国际谈判中占据主动。英国主要通过公共与私营部门合作的方式支持对低碳技术的研发、展示和使用。目前，英国关注的低碳技术包括智能化电网管理与能源储存、碳去除、氢与燃料电池、核能，以及波浪潮汐能、离岸风电场、微型发电/光伏发电与生物质能等可再生能源技术。

（6）为投资保障良好的条件

建立清晰和稳定的政策环境，以减少不确定性和保障投资，同时改进计划体制，对能源市场的长期趋势提出更好的分析。

4.4.4 英国能源政策的主要内容

第一，加强能源资源管理。在英国，土地所有权人一般拥有其土地之下的所有资源，这样大多数资源属私人所有。但是法律对此做出了一些限制，如《城乡规划管理法》（1971年）、《城乡规划法》（1981年）对一些燃料矿产权做出了明确规定：煤、石油和铀的矿产权属于国家。《石油法》（1998年）第2条规定，地层中处于自然状态的石油为国家所有。

英国在能源资源开发管理方面制定了一套比较完善的能源资源规划管理制度，该管理制度主要包括：对资源开发、相关辅助设施建设、废弃物处理或辅助设施等实行计划许可制度；通过实施规划管理制度，防止未经批准的开发，并保证资源开发活动执行规划制定的标准或条件；实行规划责任制度，由资源规划机构通过与开发公司签订协议（或采取其他方式）明确开发公司的责任。根据现行英国法律，在英国进行资源开发活动，除要取得相应的权利外，还必须得到政府的资源规划许可。取得规划许可的基本程序是开发者向政府提出规划许可申请。

第二，注重节能。节能是英国能源政策的出发点，这不仅是短期内减少碳排放最实惠的方法，而且有助于保障能源安全和减少能源贫困。英国的节能工作分4个层面进行。一是企业层面，对高耗能行业已实施了气候变化协定和欧盟排放交易机制，对非高耗能行业将引入碳减排承诺方案。其他措施包括：所有商业建筑在建造、出售或出租时都要有能源效率证书，能源供应商在未来5年内为商业用户提供先进和智能的计量服务。二是家庭层面，将继续改善现有住房的能源效率，使一个家庭平均每年可减少0.5吨碳排放，并计划自2016年起对新建住房实行零排放强制要求。此外，政府还建议提高家用电器标准，促进能源供应商与家庭用户合作开展节能降耗，推广智能计量表和实时能耗显示，以及对新旧住房引入能源状况证书。三是交通领域层面，英国政府支持欧委会关于新车能效强制目标的意向，推动将航空业纳入欧盟排放交易机制，同时加强与业界及消费者的合作。四是公共部门层面，计划到2012年实现中央政府办公房产碳中和，并推动节能型福利住房和公共部门建筑资助计划，以及政府采购能效标准。

第三，重视开发清洁能源。分布式能源是中短期内减少碳排放的重要途径之一，它包括微型发电、区域供热、热电联供和以生物质能为燃料的供热等技术，分布式能源与集中式能源同步发展是英国政府的发展方向。在核能领域，目前英国的核电占全部发电量的18%和全部能源供应量的7.5%。出于能源安全和碳减排的双重考虑，英国政府认为允许私营企业有权选择投资新的核电站符合公共利益。随着未来20年部分核电站和火力发电站陆续关闭，英国政府确立了到2010年可再生能源发电量占比达到10%、到2020年达到20%的目标。为实现清洁能源的目标，政府还鼓励对大型发电项目实行欧盟排放交易机制以及在化石燃料发电项目中进行碳捕集和储存技术的商业化开发。为进一步发展新的低碳技术，英国政府将与私营部门共同建立能源技术研究所，至少投入6亿英镑用于资助未来10年的研发项目。

2020年2月4日，英国首相在第二十六届联合国气候大会（COP26）中宣布，将英国能源系统淘汰煤炭的日期提前一年至2024年10月1日。这是英国进一步加快电力部门脱碳计划的一部分，其目标是在2050年实现净零排放。英国政府宣布将通过总值达9000万英镑（约合1.17亿美元）的资助计划支持一系列清洁能源项目，帮助一些工业领域和民众家庭降低碳排放。英国商业、能源和产业战略部当天在一份声明中列出了相关资助目标。其中重点包括投资兴建两座制氢工厂，因为氢能源有助于实现低碳排放或零碳排放，可在运输和工业等领域用于替代化石能源。规划中的第三座工厂还将利用海上风电场产生的电力来制造氢。资助目标还包括新技术研发和实验，以便让水泥和玻璃制造等高耗能行业逐渐从使用化石能源转向使用可再生能源。如果这些行业能够顺利改造升级，每年可以减少二氧化碳排放320万吨。此外，政府还计划在英国多个城镇推广使用可再生能源，计划到2030年让超过25万人在家庭中用上当地的风电、地热能等，以降低普通家庭的碳排放。

2020 年，英国商业、能源和产业战略部宣布出资 3300 万英镑支持低碳制氢供应链技术开发，旨在研发高性能低成本的低碳制氢技术并开展相关示范，以降低制氢成本，加速英国低碳制氢技术的部署和应用。资助聚焦五大主题领域：一是海上风电制氢。在深海区域建造一个风电制氢设施原型，该设施原型由大型浮动式风力涡轮机（10 兆瓦）、水处理单元和产氢电解槽组成，能够以海水为原料利用风电进行电解制氢，并通过管道输运到陆地。二是低碳产氢示范工厂。通过采用集成 Johnson Matthey 公司低碳制氢技术的碳捕集设施，ProgressiveEnergy、Essar、Johnson Matthey 和 SNC–Lavalin 四家公司联合建造一座低碳制氢示范工厂，每小时产氢量达到 10 万标准立方米，以验证技术规模化应用潜力。三是基于聚合物电解质膜电解槽绿色产氢装置。基于 ITM Power 公司吉瓦级别的聚合物电解质膜电解槽，开发一个低成本、零排放的风电制氢示范装置，为炼油厂提供清洁的氢气资源。四是开发和评估先进的天然气重整制氢新系统。为利用英国北海天然气生产氢气提供一种节能且具有成本效益的新方法，同时新系统能够有效地捕集并封存制备过程中产生的二氧化碳气体以防止气候变化。五是开发吸附强化蒸汽重整（SESR）制氢装置。依托天然气技术研究所（GTI）发明的基于新技术的 SESR 工艺，设计开发中试规模低碳氢气制备的示范装置并进行示范生产，评估新工艺的技术经济性。

2020 年 11 月，英国政府正式公布"绿色工业革命十点计划"，以期在 2050 年之前实现温室气体净零排放目标。十点计划领域包括：海上风能，氢能，核能，电动汽车，公共交通、骑行与步行，零排放喷气式飞机与绿色航运，住宅与公共建筑，碳捕集、利用与封存，自然保护，绿色金融与创新（表 4.1）。对此，英国政府将投入 120 亿英镑，预计将带来 25 万个就业机会。

表 4.1 2020 年英国"绿色工业革命十点计划"的主要措施

序号	领域	主要内容
1	海上风能	通过不断扩大风力涡轮机尺寸，跻身于制造业最前沿；投资 1.6 亿英镑用于现代化港口和制造业基础设施建设，在沿海地区提供高质量就业；通过差价合约满足供应链的严格要求，实现 60% 的海上风电项目设备由英国本土交付
2	氢能	设立 2.4 亿英镑的净零氢能基金；于 2021 年提出氢能相关业务模式和收入机制，以吸引私人投资
3	核能	设立高达 3.85 亿英镑的先进核能基金投资下一代核技术，投资小型模块化反应堆达 2.15 亿英镑，并激活私人配套基金 3 亿英镑；投入 1.7 亿英镑实施高级模块化反应堆研发计划，并计划于 2030 年实现演示系统构建，从而在全球竞争中位居前沿
4	电动汽车	投资 10 亿英镑支持汽车及其供应链的电气化，包括在英国设立"超级工厂"以大规模生产所需的电池；投资 13 亿英镑加速充电基础设施建设，并于 2021 年发布后欧盟时代排放法规绿皮书
5	公共交通、骑行与步行	投资数百亿英镑用于铁路网络更新和改善，投资 42 亿英镑用于城市公共交通，投资 50 亿英镑用于公共汽车、自行车和步行设施建设；推动更多铁路实现电气化；2021 年发布历史上第一个国家公共交通战略
6	零排放喷气式飞机与绿色航空	设立喷气式飞机零排放理事会，作为行业合作伙伴联盟推动加速开发和应用新技术；理事会于 2021 年制定净零航空战略，开展一项 1500 万英镑的竞赛项目，支持生产可持续航空燃料（SAF）；在欧洲首创 SAF 清算所，将使英国有权批准新的燃料；向清洁海事示范计划投资 2000 万英镑，开发清洁海事技术；英国已经在奥克尼进行氢渡轮试验，并计划在提赛德开设氢燃料加注港口
7	住宅与公共建筑	在尽可能短时间内实施"未来房屋标准"，并在不久的将来就提高非住宅建筑的标准进行咨询；投入 10 亿英镑，通过"脱碳计划"减少学校和医院等公共建筑的排放，通过"房屋升级补助金"升级供暖系统，通过"脱碳基金"继续升级效率最低的社会住房
8	碳捕集、利用与封存	投入 10 亿英镑支持 4 个工业集群的 CCUS，在东北、汉伯、西北、苏格兰和威尔士等地创建"超级区域"；于 2021 年提出一种收入机制的细节，鼓励私营部门对工业碳捕集和制氢项目的投资
9	自然保护	创建新的国家公园和杰出自然美景区（ADNB）；投入 400 万英镑，启动第二轮绿色复苏挑战基金，创造更多绿色就业机会；于 2021 年启动《环境土地管理计划》，取代欧盟的《共同农业政策》，并为农民提供生产力补助金投资于现代技术；投入 52 亿英镑，实施一项为期六年的防洪和沿海防御计划
10	绿色金融与创新	根据市场情况于 2021 年发行首个主权绿色债券；鼓励私人投资支持创新并管理气候金融风险；根据气候相关金融信息披露工作组的建议，于 2025 年前强制性报告整个经济中与气候相关的金融信息；推动英国成为全球自愿碳市场领导者；将实行绿色分类法，定义哪些经济活动能够应对气候变化和环境恶化。利用这些措施，英国将为投资者提供明确的框架，以实现到 2050 年净零经济所需的低碳融资

计划预计达到以下目标：

• 到 2030 年，英国政府将投资约 1.6 亿英镑建设现代化港口和海上风电基础设施，其 40 吉瓦海上风电装机容量目标的承诺将吸引约 200 亿英镑的私人投资，届时其海上风力发电能力将提高 4 倍。

• 到 2030 年，英国政府投资约 5 亿英镑推动低碳氢发展，并吸引超过 40 亿英镑的私人投资，实现 5 吉瓦的低碳氢能产能目标，并建成首个氢能城镇试点。

• 到 2030 年，英国政府将投入约 5.6 亿英镑，发展大型核电厂，并研发下一代小型模块化反应堆（SMR）和先进模块化反应堆（AMR），使核能发展成为英国可靠的低碳电力来源。

• 到 2030 年，英国政府将投入约 23.82 亿英镑，并吸引约 30 亿英镑的私人投资，通过为购买电动汽车的消费者提供补贴、安装电动汽车充电桩、研发和批量生产电动汽车电池，加速英国交通领域实现零排放转型，到 2030 年（比原计划提前 10 年）实现停止售卖新的汽油和柴油汽车及货车，到 2035 年实现停止售卖混合动力汽车的目标。

• 到 2030 年，英国政府将斥资约 92 亿英镑加强和更新铁路网、零排放公共交通体系，将骑行和步行打造成更受欢迎的出行方式。

• 到 2030 年，英国政府将投入约 5000 万英镑，研发零排放飞机、可持续航空燃料（SAF）和清洁海洋技术，帮助航空业和航海业变得更加绿色清洁。

• 英国政府将投入 10 亿英镑，并吸引大约 110 亿英镑的私人投资，使新老住宅、公共建筑变得更加节能、更加舒适。

• 到 2030 年，英国政府将投入 10 亿英镑，创建 4 个 CCUS 集群，引领全球 CCUS 技术的发展。

• 英国政府将投入约 52 亿英镑的防洪资金和 8000 万英镑的绿色复苏挑战基金，通过创建新的国家公园和杰出自然美景区（AONB）、创造更多绿色就业机会、减少企业和社区来自洪水的威胁，保护景观，恢复野生动物的栖息地，遏制生物多样性丧失，适应气候变化，同时创造绿色就业机会。

• 将启动净零创新投资组合，该投资组合将包括 10 亿英镑的政府资金、10 亿英镑的配对资金以及来自私营部门的 25 亿英镑资金。投资组合将侧重于以下 10

个优先领域：浮动式海上风电、SMR、能源灵活储存、生物能源、氢能、绿色建筑、直接空气捕获、CCUS、工业燃料转换、应用于能源领域的人工智能等颠覆性技术。

第四，确保能源安全。自 2004 年起英国已成为能源净进口国，2006 年英国能源净进口量达 5240 万吨标准油。对进口石油和天然气依赖程度的不断增加是英国能源安全面临的主要问题。未来 20 年英国在天然气基础设施、电站和电网等领域有很大的投资需求，其中包括新建 30～35 兆瓦发电能力，到 2020 年增加 15%～30% 天然气进口能力，这些都需要私营部门的投资和参与。为此，英国政府一方面致力于更经济地开发和利用北海的石油和天然气资源，鼓励小企业参与项目开发，强调继续使用本国煤炭对能源结构多样化和能源安全的重要性；另一方面支持建立有效和透明的国际能源市场，扩大欧盟内部能源市场开放，同时加强多边和双边国际合作。此外，英国政府还努力改善能源领域的投资环境，通过发布未来能源供需信息和分析帮助企业做好商业决策，并计划改革重大基础设施项目规划体制。为保障天然气和电力供应安全，英国政府将继续采取有利于企业增加投资的政策和制度安排。

第五，企业积极从事清洁能源技术研发与推广。2021 年 1 月，切沃特能源公司（Shearwater Energy）作为英国混合型清洁能源公司，在北威尔士开发了小型风能、小型模块化反应堆（SMR）和制氢混合能源项目。其已选择了努斯卡尔公司（NuScale）开发的 SMR 技术，并已与这家美国公司签署了一项谅解备忘录，进一步合作推进拟议的项目。2021 年 5 月，英国国家电网电力传输公司（NGET）利用变革性技术来释放 1.5 吉瓦的网络容量以支持英国的净零排放目标，这足够为 100 万户家庭提供可再生能源电力。NGET 正在其位于英格兰北部的 3 个变电站的 5 条电路上安装 SmartValve，使得每个地区都有 500 兆瓦的新网络容量。这项技术允许将大量可再生能源电力有效地转移给客户，从而有助于英国电网脱碳。2021 年，英国石油公司（BP）宣布将在英国蒂赛德产业集群建设英国最大的蓝氢生产设施，预计到 2030 年该工厂氢能产能将达到 1 吉瓦，全面投产后将年产 26 万吨氢气。该项目名为"H2Teesside"，将通过甲烷蒸汽重整并结合碳捕集与封存（CCS）设施以实现低碳制氢。H2Teesside 项目是一个全链条 CCS 项目，其中还包括一个配备碳捕集装置的 850 兆瓦天然气电厂，以及一个海上碳输运和封存系统。2021 年 8 月，英国石油公司宣布，"Teesside（H2Teesside）的清洁氢设施将于 2030 年完工"。Teesside 的拟议项目计划生产蓝色氢能高达 1 吉瓦，占英国氢气目标的 20%，使这个蓝色氢气生产设施成为英国最大的生产设施。发展 H2Teesside 将使该地区成为英国的第一个氢运输枢纽。

第六，提出一系列创新举措。英国近年来一直加快发展低碳/可持续能源技术，推动低碳交通、核电、风能、太阳能、地热能等领域的发展；通过清洁发展基金、工业能源转化基金（IEIF）等低碳发展基金支持低碳电力、聚变能、CCS 等绿色技术发展；通过排放交易计划、碳预算等手段加强碳排放的全程管理；通过工业燃料转换竞赛（IFSC）推动绿色创新技术的示范推广（表 4.2）。

表 4.2　英国近年来加快发展低碳技术的主要举措

年份	领域	主要措施
2013	低碳技术创新项目	英国能源与气候变化部启动低碳技术创新项目，投资 2100 万英镑实施一系列项目支持低碳产品走向市场；投资 6000 万英镑支持更加节能的建筑物；投资 7500 万英镑支持汽车产业界测试和使用低碳技术；投资 1000 万英镑支持未来英国汽车供应链建设研发项目；投资 3100 万英镑助力核能产业发展；12 月，英国政府宣布到 2020 年投资 400 亿英镑用于可再生能源发电项，到 2020 年将可再生能源发电量占比从 15% 提升至 30%。8 月，英国政府发布《海上风能产业战略》，拟投资 6600 万英镑打造英国风能产业供应链，鼓励企业、政府与研究机构联合创新，推动成果商业化
2015		英国政府启动能源弹射创新中心、能源催化创新研究计划以及页岩气开采技术的可行性研究，目标是确保 5 年之内拥有安全的、用得起的和可持续的能源供应；在米德兰投资 6000 万英镑资助能源研究加速器重大项目，研究未来能源储能、传输和效率技术；英国商业、创新与技能部宣布 2015—2016 年向绿色投资银行追加 8 亿英镑
2016		英国政府计划到 2020 年海上风力发电装机总容量达到 10 吉瓦。8 月，英国政府宣布修建全球最大的海上风电场，这个风电场面积达到大伦敦区的 1/3，年发电能力达 1800 兆瓦时，可向 180 万户英国家庭供电
2017		11 月，英国和加拿大在德国波恩《联合国气候变化框架公约》第二十三次缔约方大会（COP23）上联合发起"弃用煤炭全球联盟"，联合各国政府、企业和民间组织共同采取行动，推动世界从以煤炭为主的能源体系向清洁现代能源体系转型，实现各自制定的煤炭淘汰承诺目标

续表

年份	领域	主要措施
2019		为实现 2050 年净零排放目标，英国投资 8 亿英镑，支持在 20 世纪 20 年代中期之前建成第一个完全部署的碳捕集与封存集群
2020		英国宣布 9000 万英镑计划推动减少碳排放，其中 7000 万英镑将资助欧洲第一批低碳制氢工厂中的两个项目，2000 万英镑用于第三个项目将开发海上风能为电解制氢提供动力的技术，旨在通过英国 9 个本地"智慧能源"项目来减少家庭排放，到 2030 年，超过 25 万人的住房将由当地的可再生能源提供动力；12 月，英国发布能源白皮书，概述了在未来 6 年内要摆脱化石燃料，促进能源零售市场竞争并提供至少 67 亿英镑的支持，以支持贫困和最脆弱的燃料的政策
2021	低碳技术创新项目	英国政府拟资助 2.2 亿英镑促进污染最严重的碳密集型行业清洁低碳转型，该项措施将支持开发绿色减排创新技术，包括碳捕集和热回收技术的部署。2 月，英国政府拨款 4000 万英镑实施重工业脱碳项目。12 月，英国商业、能源和产业战略部（BEIS）连续启动资助项目，共计投入 1.31 亿英镑支持开发绿色技术，助力英国实现 2050 年净零排放目标，其中投入 1.16 亿英镑支持开发绿色供热、发电及碳捕集等绿色创新技术，主要包括"直接空气碳捕集和去除温室气体"计划投入 6400 万英镑支持开发直接空气碳捕集（DAC）、结合碳捕集与封存的生物质能源（BECCS）等技术；"能源企业家基金"第 8 阶段投入 3000 万英镑支持 58 家中小企业开发能效、发电、供热和储能等领域创新技术；"净零创新组合项目"投入 2280 万英镑支持氢能供热的技能培训及标准制定相关活动；投入 1500 万英镑支持 8 个绿色航空燃料项目，将生物质、废物、捕集的 CO_2 等转化为可持续航空燃料。英国研究与创新局（UKRI）宣布资助 750 万英镑支持新遴选的与波浪能技术相关的 8 个主题研究项目，旨在开发先进的波浪能转换器，提升波浪能到电力转换效率，同时增强其抵御海上极端环境冲击的能力（如海上风暴），延长使用寿命，扩大波浪能在英国的部署规模，充分释放英国海洋资源潜力，助力英国 2050 年碳中和目标的实现。8 月，英国政府宣布提供价值 500 万英镑资金为期四年的"净零弹性世界的气候服务"研究计划，用于帮助该国适应气候变化的影响并增强其抵御能力的科学研究。9 月，英国政府计划对可再生能源开发商发放高达 2.65 亿英镑的补贴，依此支持该行业的大量具体项目。12 月，英国 BEIS 宣布投资 2600 万英镑用于促进可再生生物质生产的项目
2022		BEIS 宣布投入 3160 万英镑支持 11 个先进浮动式海上风电项目，加快英国大型海上风力涡轮机部署在深海区域的技术；1 月，BEIS 启动一项支持通过 BECCS 过程产生氢气的技术计划，提供 500 万英镑展示原料预处理、气化组件和新型生物氢技术创新的可行性，最有前途的项目将能在第二阶段获得更多资金

续表

年份	领域	主要措施
2019		9月，英国设立一项10亿英镑（约12.5亿美元）的基金，用于全球科学家开发和测试新技术，帮助发展中国家减少碳排放
2020	低碳发展基金	5月，英国政府宣布了一项4000万英镑的清洁发展基金计划，支持低碳电力、废物回收、运输和建筑领域的初创公司。5月，英国一处煤矿将改造成地热能项目。6月，英国拨款8000万英镑减少家庭和工业的排放，其中3000万英镑用于"工业能源转化基金"（IETF）的第一阶段，支持能源密集型制造商（如汽车厂和钢铁厂）减少碳排放；2500万英镑用于供热网络，可减少碳排放并减少客户的供暖费用；2400万英镑用于在房屋内部安装绿色技术和保温的材料的创新项目，帮助住宅节能。8月，英国地热项目获得资金进行锂提取技术试验。11月，英国政府通过"绿色工业革命十点计划"提供5.95亿英镑推动裂变能技术发展
2021		5月，落实"绿色工业革命十点计划"承诺，英国政府投入1.665亿英镑以推动绿色工业革命所需的碳捕获、温室气体去除和氢气等关键技术的发展，创造高收入、绿色就业岗位超60 000个，降低业务成本，帮助振兴工业中心地带
2021	排放交易计划	1月，英国排放交易计划正式实施，取代英国以前加入的欧盟ETS。根据《爱尔兰/北爱尔兰议定书》，北爱尔兰的发电机仍在欧盟ETS范围内。5月，BEIS发布了英国排放交易计划市场文件
2021	碳预算	4月，英国政府宣布了第6个碳预算，这是一项具有法律约束力的承诺，即到2035年实现与1990年相比减排78%的目标，到2050年实现净零排放。它已经超过了前两个碳预算，并有望在2022年超过第3个碳预算。根据独立的气候变化委员会的建议，第6次碳预算限制了2033—2037年5年期间温室气体排放量。这将使英国在2050年前完成超过3/4的净零排放量的道路
2018	工业燃料转换竞赛	BEIS推出第1期工业燃料转换竞赛（IFSC），在水泥、炼油、玻璃和石灰等行业的技术创新已经发展至示范项目阶段
2022		BEIS启动第2期IFSC，投入5500万英镑支持开发工业低碳燃料技术，继续推进氢能、电气化和生物能源在工业领域的应用，实现英国净零排放目标
2016	低碳交通	1月，英国宣布投资7500万英镑开发低碳汽车技术，其中4650万英镑在伦敦投放一系列轻型、零排放、增程式出租车；资助600万英镑研发大幅减重、与电动技术相结合的轻型汽油发动机，生产混合动力与纯电版本的运动跑车。11月，投资2.9亿英镑推动低碳汽车技术，其中1.5亿英镑用于投放清洁车辆与改造引擎，0.8亿英镑用于改进电动汽车充电设施。英国氢燃料电池汽车厂商Riversimple宣布其氢燃料电池汽车开始在英国威尔士的街道上测试，预计2018年正式进入市场

续表

年份	领域	主要措施
2017		9 月，英国创新署与英国低排放汽车办公室投资 2000 万英镑用于研发零排放汽车，其中应用研究 1800 万英镑，可行性研究 200 万英镑。10 月，BEIS 宣布成立法拉第研究所，未来 4 年内的预算为 6500 万英镑，主要开展电池技术的基础研究以及新技术推广应用
2018	低碳交通	欧盟创新理事会（European Innovation Council）宣布在"地平线 2020"研发计划框架下启动总额 1000 万欧元电动汽车电池资助项目，旨在增强车用动力电池的研发创新，提升欧洲电池制造能力，提高电动汽车普及率，改善城市空气质量和居民健康，并保持其在科学创新领域的全球领先地位。8 月，英国先进推进中心（APC）开放了第十一轮项目征集，将资助 2000 万英镑用于推进零排放先进车辆技术研发。本次资助重点技术领域包括替代动力系统、电机和功率电子器件、能量储存和能源管理、轻型车辆和动力总成结构、热动力系统等。9 月，欧盟更新了"地平线 2020"（2018—2020 年）计划中能源和交通运输部分的项目资助计划，即新增一个主题名为"建立一个低碳、弹性的未来气候：下一代电池"的跨领域研究活动，旨在整合"地平线 2020"（2018—2020 年）分散资助的与下一代电池有关的研究创新工作，推动欧盟国家电池技术创新突破，开发更具价格竞争力、更高性能和更长寿命电池技术，新增资助计划将在 2019 年提供 1.14 亿欧元用于支持 7 个主题的电池研究课题
2019		4 月，"世界上第一个"超低排放区在伦敦生效，引入超低排放区将导致驾驶不符合新排放标准的车辆进入该区的驾驶员必须支付费用。5 月，伦敦运行世界上第一台氢动力双层巴士；英国政府计划拨款 2500 万英镑资助零排放交通创新项目，总共 22 个项目将受益于政府对英国交通脱碳的投资，资助的创新项目包括快速充电的全电动摩托车原型和具有低排放能力的农用车；BEIS 增加新投资用来开发新的电动汽车电池，其中英国电池产业化中心将成为一个新的国家创新中心，在政府投资数百万英镑的支持下，开发最新的电动汽车电池技术，创造高技能就业机会，吸引外来投资。11 月，英国政府宣布公私部门将联合投资超过 3 亿英镑，用于发展更清洁、环保的交通方式，其中政企联合投资 3 亿英镑支持更清洁的航空货运／客运解决方案，另外投入 500 万英镑用于电动飞机和洁净航空燃料解决方案的开发，以促进清洁交通运输技术的发展，确保英国在交通技术创新方面的国际领先地位

续表

年份	领域	主要措施
2020	低碳交通	1月，英国政府准备在住宅及街道上安装电动汽车充电桩的资金翻倍，达到1000万英镑（约合1306万美元）。2月，英国宣布了9000万英镑的一揽子计划，资助欧洲第一批低碳制氢工厂、开发海上风能等项目，解决家庭和重工业的排放问题。3月，英国政府计划在加油站引入低碳燃料，为新的绿色运输提供9000万英镑的资金，政府已经启动咨询，以通过新技术使旅途更轻松、更智能、更环保，这是《未来交通》法规审查的一部分。5月，英国政府计划2030年前部署2500个快速电动汽车充电器，计划到2030年在英国高速公路和A级公路上提供由2500个快速充电站形成的充电网络，以便满足日益增长的电动汽车充电需求。9月，英国氢动力列车试运行，这辆由伯明翰大学和波特布鲁克机车车辆公司（Porterbrook）的团队开发的Hydrflex列车使用了氢燃料电池，它仅仅使用氢和氧气来发电、供热和供水
2021		1月，英国投入8400万英镑推动绿色航空技术革命。项目将利用英国在绿色技术方面的创新和专长，为零排放飞行提供动力，使用氢或电等替代能源，减少该行业对化石燃料的依赖。零排放飞行最早有望在2023年底成为现实。根据BEIS官方网站的报道，Cwmbran、Warwickshire和Ballymena的3个项目将获得英国政府和行业超过5400万英镑的资金，预计将在英国各地提供近1万个就业机会，可减少4500万吨的碳排放量，相当于180万辆汽车在其生命周期内产生的总排放量。3月，BEIS发布消息，投资部长格里姆斯通（Gerry Grimstone）宣布，将对电池技术、电动汽车供应链和氢能汽车进行开创性研究，并提供超过3000万英镑的政府资助。7月，英国政府资助200万英镑的电力道路系统（或电子高速公路）研究计划将在林肯郡斯肯索普（Scunthorpe）附近的M180公路上进行，安装电缆全长20千米。该计划在斯肯索普附近的高速公路上安装架空电缆，为电动卡车供电，作为一系列道路货运脱碳研究的一部分。如果这些设计被接受，建设工程将得到资金支持，卡车将在2024年上路
2022		BEIS宣布通过先进推进中心（APC）合作研发竞赛向4个项目资助9170万英镑，支持开发创新低碳汽车技术，降低交通行业碳排放
2019	核能	英国政府宣布将在4年内投资2.2亿英镑，推进"用于能源生产的球形托卡马克"（STEP）概念设计，目标是在2040年前建成一座球形托卡马克商业聚变电厂。2月，英国为减缓气候变化建立需求侧能源政策模型。这种需求侧政策可以寻求促进广泛的技术和行为，如改善建筑物的隔热性、减少能源密集型材料的使用以及为减少通勤而增加远程办公。3月，英国和欧盟委员会签署了一份合同，延长了世界上最大的核聚变研究设施——欧洲联合环（Joint European

年份	领域	主要措施
2019	核能	Torus，JET），确保了未来 2 年至少 1 亿欧元（约合 1.12 亿美元）来自欧盟的额外外来投资。JET 由英国原子能管理局在牛津附近的库勒姆科学中心运营。4 月，英国核创新与研究咨询委员会（NIRAB）建议，政府应考虑在 2021 年至 2025 年期间投资 10 亿英镑（约合 13 亿美元），以推动核能部门的创新进展。10 月，英国采取大规模的 "STEP" 行动来融合电力，STEP 将是一个具有商业可行性的核聚变发电站的创新计划——为到 2040 年建造一个发电站提供了现实的前景。这项投资将允许工程师和科学家为反应堆（被称为 "托卡马克"）进行概念设计，产生聚变能并将其转化为电能。11 月，英国研究与创新局（UKRI）为劳斯莱斯（Rolls-Royce）领导的企业联合体提供了 1800 万英镑（约合 2310 万美元）的初始资金，用于设计和建造小型核电站。除通过避免天气干扰来降低成本外，该工艺还通过使用简化零部件制造工艺来节约成本
2020		7 月，BEIS 拨付 4000 万英镑（约合 4983 万美元）用于开发下一代核技术，包括微堆、聚变堆和使用熔融铅作为冷却剂的反应堆设计，这表明英国政府对核领域继续在能源系统脱碳中发挥重要作用充满了信心。11 月，英国公布一项计划承诺发展从大型到小型和先进的模块化反应堆的新核电，其中包括投资 5.25 亿英镑（约合 6.96 亿美元）用于下一代小型和先进反应堆。12 月，英国和欧洲原子能共同体（Euratom）签署了《核合作协定》（NCA）。BEIS 指出，《核合作协定》是一项常用的国际条约，为民用核合作提供了法律基础，并且欧洲原子能共同体和英国都已经拥有许多与其他国家合作的此类协议
2021		1 月，英国航天局公布其与劳斯莱斯正联手进行一项独特的研究，探讨如何将核能和核技术作为太空探索的一部分。2 月，由 BEIS 部长和核工业协会（NIA）主席共同出席见证了核工业委员会（NIC）发布的《氢能路线图》，设定了到 2050 年核能将满足英国清洁氢需求的 1/3 的目标。BEIS 宣布将在 "先进核能基金" 框架下投入 1.7 亿英镑，开发英国首台先进模块化反应堆（AMR）示范装置，旨在探索 AMR 商业示范的最有前景方式，助力英国实现脱碳目标。10 月，英国政府公布了其净零排放战略（Net Zero Strategy），新型核能技术在该战略中发挥了重要作用，其中包括在未来通过核扶持基金投资 1.2 亿英镑（约合 1.66 亿美元）用于开发核项目。11 月，总部位于英国的劳斯莱斯、美国电力巨头 Exelon 电力公司和能源投资者 BNF Resources 将在 3 年内投入 1.95 亿英镑（约合 2.64 亿美元），英国政府拨款 2.1 亿英镑，为大规模推出小型模块化反应堆（SMR）奠定基础，包括确定可批量生产的模块化组件的工厂地点，然后运往所谓的 "微型核" 设施现场进行组装。由航空发动机制造商劳斯莱斯牵头的资方和英国政府计划共同出资 4.05 亿英镑开发小型反应堆，通过发展核电帮助英国政府实现净零排放。劳斯莱斯从美国能源公司 Exelon 电力公司和私人控股的 BNF Resources 获得融资，这 3 个合作伙伴将在 3 年内向新业务——劳斯莱斯小型模块化反应堆（Rolls-Royce Small Modular Reactor）总共投资 1.95 亿英镑

年份	领域	主要措施
2022	核能	BEIS宣布将在"先进核能基金"框架下投入2.1亿英镑,推进SMR技术研发,该资助将支持Rolls－Royce低成本SMR项目的第二阶段研发工作,进行进一步设计开发并评估其部署的可行性
2019	建筑	3月,英国政府宣布计划在2025年之前停止新房屋内建设化石燃料供暖系统;英国能源技术协会(ETI)提出英国民用供热系统向低碳智能转型:一是必须了解消费者的需求和行为,同时将其与技术和新商业模式的发展整合起来;二是低碳供暖系统必须具备先进的控制;三是必须对民用、工业和商业供热进行脱碳。英国春季声明宣布推进天然气供应脱碳计划,减少家庭和企业对天然气的使用。8月,BEIS举办了绿色家园金融创新基金竞赛,主要支持:清洁发展战略希望到2035年将所有房屋升级为EPC的C级,在C级,成本效益高、价格合理且实用;建筑部门希望到2030年将新建筑的能源使用量至少减半,将现有建筑的改造成本减半,达到类似的标准;绿色金融工作组建议采取更积极的方式来刺激绿色金融产品和服务的创新
2021		3月,英国实施低碳混凝土防洪工程推动实现2050年零排放,全面的新路线图展示了如何在2030年前将碳排放减少45%。10月,苏格兰政府将投资18亿英镑用于启动"建筑物中的热量战略计划",增加可再生供暖系统的数量,以提高建筑物的能效,并帮助减少温室气体排放

可见,为实现碳中和英国相关领域的研发力度不断加大。据统计,2015—2020年英国政府投入6亿多英镑支持英国采用和制造超低排放的汽车,计划到2050年实现汽车和火车零排放。

5 法国能源管理

5.1 法国的能源现状

法国的国内生产总值居世界前列，主要工业部门有矿业、冶金、汽车制造等，所需石油的99%、天然气的75%依赖进口。近年来，法国核能利用等新兴工业部门发展较快，在工业产值中所占比重不断提高，核能在一次能源中已占到39%，核电设备能力、石油化工和石油加工技术居世界第二位，仅次于美国。

5.1.1 能源资源储量

法国的化石能源资源极其有限，仅有少量的煤炭，主要是无烟煤和烟煤。2006年底法国煤炭探明储量为15 Mt，占世界总探明储量的比例小于0.05%，储采比为30。

5.1.2 能源生产

法国的煤炭生产量自1981年的12.6 Mt逐年降低，2009年降低至不到0.1 Mt，占世界煤炭总产量的比例小于0.05%，之后连续5年低于此数值。长期以来，法国煤炭生产总体上处于快速减少的状态，近年来几乎不再产煤（图5.1）。

总体上，法国可再生能源消费量在近20年中呈持续上升态势，由2000年的0.04 EJ增长至2019年的0.61 EJ（图5.2）。法国能源主要由核能组成，近年来连续关停境内多座燃煤电站，并提高了可再生能源发电份额。2020年法国政府发布了能源计划（PPE），定下了可再生能源发电能力到2023年达到20.1 GW、到2028年达到44 GW的战略目标。该计划提出，在3年内减少天然气使用量10%，到2028年减少28%，石油使用量分别减少19%和34%，煤炭分别减少66%和80%。随着计划的逐渐实施，预计法国的可再生能源消费量将进一步提升。

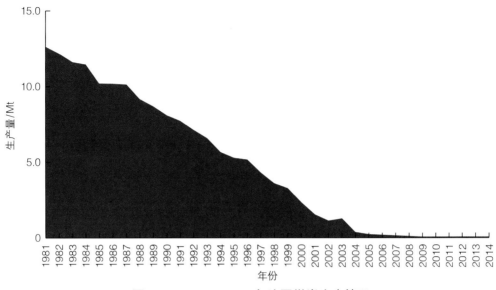

图 5.1　1981—2014 年法国煤炭生产情况

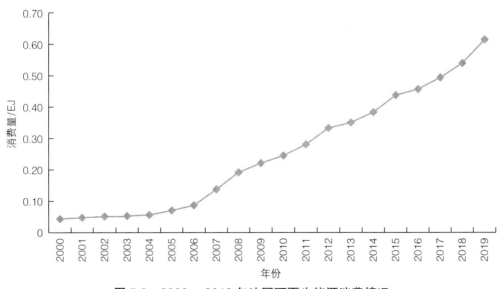

图 5.2　2000—2019 年法国可再生能源消费情况

　　法国的电力生产量自 1986 年的 343.5 TW·h 逐步增加到 2008 年的 573.8 TW·h，2009 年比 2008 年下降了 6.6%，为 535.9 TW·h，占世界电力生产总量的 2.1%。之后一直到 2019 年，法国发电量长期保持在 570 TW·h 左右，电力生产于 2005 年达到顶峰，近年来略有下降（图 5.3）。

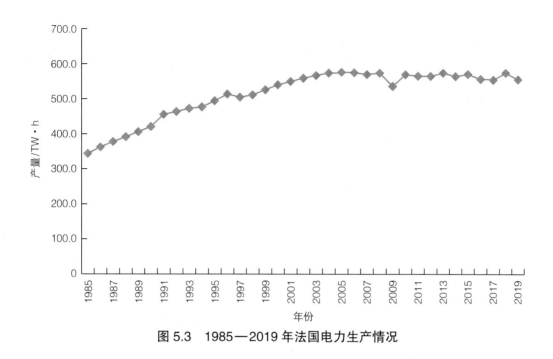

图5.3　1985—2019年法国电力生产情况

2005年7月13日，法国颁布了能源法，确定了能源发展的方针和政策。能源法鼓励多元化（如风力、生物能等可再生能源发电）的电力结构，并确认核电是法国电力的主要组成部分。2006年，核电占法国全国发电总量的78.4%。截至2009年1月，法国在役反应堆的平均寿命为23年（从商业运行之日起计算）。截至2010年1月1日，法国在运核动力反应堆机组58个，总容量为63 260 MW，在建反应堆机组1个，总容量为1600 MW，2008年供应的核电量为419.8 TW·h，占法国总发电量的76.2%，截至2009年的总运行经验达1700年零2个月。2010年，法国在役核电站的情况如表5.1所示。

表5.1　2010年法国在役核电站情况

在役核电站名称	在运机组	所在省份	投入运营时间
费斯内姆核电站（Fessenheim）	2台900 MW压水堆机组	上莱茵省（Haut–Rhin）	1978年
比热核电站（Bugey）	4台900 MW压水堆机组	安省（Ain）	1979年
当皮埃尔核电站（Dampierre）	4台900 MW压水堆机组	卢瓦雷省（Loiret）	1980—1981年
特里卡斯坦核电站（Tricastin）	4台900 MW压水堆机组	德龙省（Drôme）	1980—1981年

续表

在役核电站名称	在运机组	所在省份	投入运营时间
格拉夫林核电站（Gravelines）	6 台 900 MW 压水堆机组	北部省（Nord）	1980—1985 年
布莱耶核电站（Blayais）	4 台 900 MW 压水堆机组	吉伦特省（Gironde）	1981—1983 年
圣洛朗核电站（Saint－Laurent）	2 台 900 MW 压水堆机组	卢瓦尔和谢尔省（Loir－et－Cher）	1983 年
克吕阿核电站（Cruas）	4 台 900 MW 压水堆机组	阿尔代什省（Ardèche）	1984—1985 年
希农核电站（Chinon）	4 台 900 MW 压水堆机组	安德尔和卢瓦尔省（Indre－et Loire）	1984—1988 年
帕卢埃尔核电站（Paluel）	4 台 1300 MW 压水堆机组	滨海塞纳省（Seine－Maritime）	1985—1986 年
圣阿尔邦核电站（Saint－Alban）	2 台 1300 MW 压水堆机组	伊泽尔省（Isère）	1986—1987 年
弗拉芒维尔核电站（Flamanville）	2 台 1300 MW 压水堆机组	拉芒什省（Manche）	1986—1987 年
卡特农核电站（Cattenom）	4 台 1300 MW 压水堆机组	摩泽尔省（Moselle）	1987—1992 年
诺让核电站（Nogent）	2 台 1300 MW 压水堆机组	奥布省（Aube）	1988—1989 年
贝尔维尔核电站（Belleville）	2 台 1300 MW 压水堆机组	谢尔省（Cher）	1988—1989 年
彭利核电站（Penly）	2 台 1300 MW 压水堆机组	滨海塞纳省（Seine－Maritime）	1990—1992 年
格尔费什核电站（Golfech）	2 台 1300 MW 压水堆机组	塔恩和加龙省（Tarn－et－Garonne）	1991—1994 年
舒兹核电站（Chooz）	2 台 1450 MW 压水堆机组	阿登省（Ardennes）	2000 年
西沃核电站（Civaux）	2 台 1495 MW 压水堆机组	维埃纳省（Vienne）	2002 年

　　2010 年，法国现有 58 台标准化核电机组，分布在 19 个场址，机组运行寿命周期至少 40 年，为可靠、安全、无温室气体排放的电力供应提供了保障。2017 年 2 月 20 日，法国核学会（SFEN）公布了一份核能白皮书，表示法国需要保持现有核电装机容量，以便能在不增加电力生产成本的情况下提升可再生能源份额，提前关闭法国役龄最长的核电厂，即费斯内姆核电站（拥有 2 台 880 MWe 压水堆机组）不仅无助于实现温室气体减排，还会"减少工作岗位"。法国核安全局（ASN）表示，这 2 台机组能够分别安全运行至 2021 年和 2023 年。根据法国国家电网统计，截至 2018 年底，法国核电累计装机容量达 63 GW，约占法国本土发电装机容量的 47.5%，2018 年法国全年发电总量 5940 亿 kW·h，其中 71.6% 来自核电。根据国

际能源署与世界银行的数据，2021 年法国电力部门总发电量为 554.8 TW·h，其中核电 379.4 TW·h，占总发电量的 68.4%。

5.1.3 能源消费

法国的石油消费量自 1965 年的 53.9 Mt 快速增加到 1973 年的 127.3 Mt，此后逐年降低，近年来石油消费量逐渐下降，2014—2018 年维持在 73.1 Mt 左右的水平，2019 年又有所下降，为 72.4 Mt，占世界石油消费总量的 1.6%。总体来看，法国石油消费呈现快速增加、较快下降到缓慢增加，再到逐步下降的发展态势（图 5.4）。

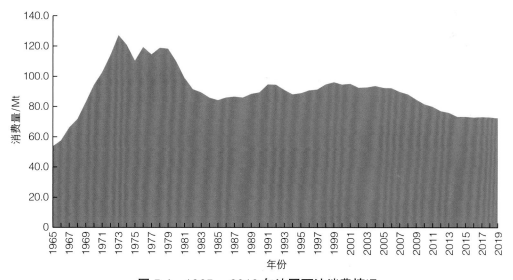

图 5.4　1965—2019 年法国石油消费情况

55 年以来，法国天然气消费量总体呈上升趋势，从 1965 年的 50 亿 m³ 较快地增长至 2005 年的 477 亿 m³，随后增加到 2010 年的 496 亿 m³，达到历史最高峰，之后阶梯式下降到 2014 年的 379 亿 m³，增至 2017 年的 448 亿 m³ 后又略有下降，2019 年时为 434 亿 m³，占世界天然气消费总量的 1.1%（图 5.5）。

1965—2019 年法国煤炭消费时涨时跌，总体呈下降趋势。1965 年法国煤炭消费量为 1.73 EJ，快速下降到 1975 年的 1.04 EJ，随后上升至 1979 年的 1.33 EJ，再快速地下降到 1988 年的 0.75 EJ，又缓慢增加到 1991 年的 0.85 EJ，最后较慢地波动式下降至 2019 年的 0.27 EJ，2019 年法国煤炭消费量占世界煤炭消费总量的 0.2%，2008—2018 年法国煤炭消费量年均减少 3.6%（图 5.6）。

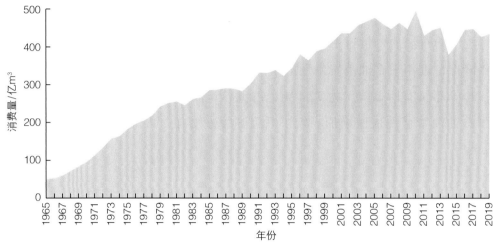

图 5.5　1965—2019 年法国天然气消费情况

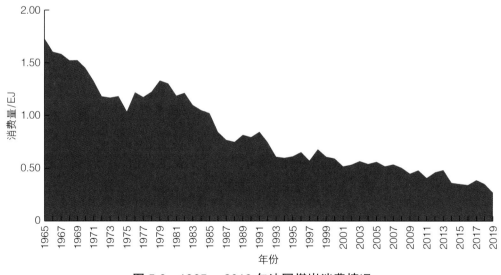

图 5.6　1965—2019 年法国煤炭消费情况

法国水电消费量总体上呈波动式上升后波动式下降趋势。首先由 1965 年的 0.47 EJ 断断续续上升至 1994 年的 0.79 EJ，达到历史最高水平，之后各年消费量波动较大，最终下降至 2019 年的 0.52 EJ，接近 1965 年的水电消费量，2019 年法国水电消费量较 2018 年下降了 8.8%，而 2008—2018 年年均下降 0.56%，1965—2019 年平均年消费量约为 0.60 EJ（图 5.7）。

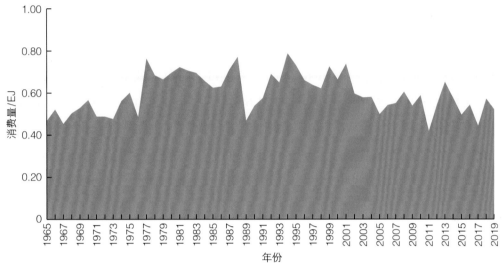

图 5.7　1965—2019 年法国水电消费情况

法国核电消费量总体上呈先上升后下降趋势。1965 年核电消费量约 0.1 EJ，自 1977 年开始快速增长，平均每年增长约 9%，至 2005 年达到历史最高消费量，约 4.37 EJ，近年来有所下降，2019 年全年消费量为 3.56 EJ，约占世界核电消费总量的 14.3%（图 5.8）。

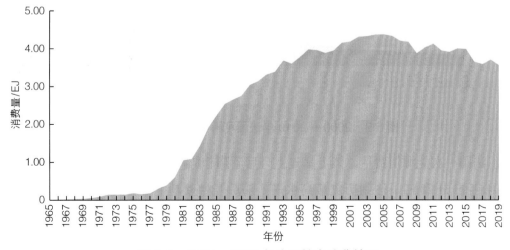

图 5.8　1965—2019 年法国核电消费情况

2000—2019 年，法国可再生能源发电量整体上呈上升趋势，从 2000 年的约 3.0 TW·h 增加至 2019 年的 54.9 TW·h，增长约 17 倍（图 5.9）。近年来，可再生能源在全世界受到广泛关注，各国均推出了可再生能源转型方案。由于法国前期过于注重核能发展，因此相较于其他国家，法国可再生能源发展政策不够积极，但整体来看，可再生能源发电量在加速增长中，主要原因是近年来法国政府转变发展方向，决定降低核能发电比例，大力发展可再生能源。截至 2020 年 7 月，法国有 58 座核反应堆在营，国内用电量的 71.6% 来自核电。2020 年 4 月，法国政府推出能源转型 2019—2028 年《多年能源计划》，明确了能源转型行动时间表，计划在 2035 年以前关闭 14 座核反应堆，并将核电占法国发电总量的比例降至 50%；到 2028 年底，可再生能源发电装机容量将较当前水平翻四番，新增装机主要来自风力发电和太阳能发电[①]。根据法国政府 2020 年上半年的数据，法国可再生能源产能已达近 55 GW，风力发电与太阳能发电分别同比增长 7%、22%。

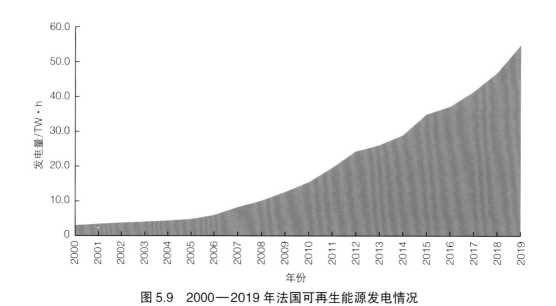

图 5.9　2000—2019 年法国可再生能源发电情况

法国一次能源消费量总体上呈先上升后下降趋势。从 1965 年的 4.68 EJ 增长至 2004 年的 11.28 EJ，达到历史最高水平，随后开始逐渐下降，2015—2019 年每年平均下降 1%，至 2019 年达到 9.68 EJ，占世界一次能源消费总量的 1.7%（图 5.10）。

---

①　陈晨. 综述：法国积极推动能源转型［Z］. 新华社，2019-02-09.

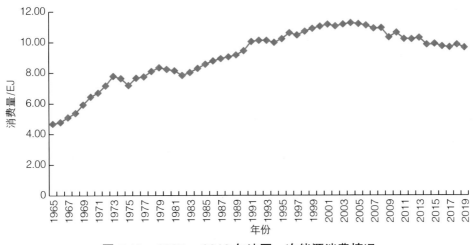

图 5.10　1965—2019 年法国一次能源消费情况

5.1.4　CO₂排放

法国的 CO_2 排放量自 1965 年的 329.4 Mt 增加到 1973 年的 518.8 Mt，达到法国碳排放的最高点，此后由于石油危机逐步下降到 1975 年的 457.1 Mt，随后逐步增加到 1979 年的 510.2 Mt，又逐渐下降到 2019 年的 299.2 Mt，占世界 CO_2 排放总量的 0.9%，总体上处于先递增达峰再逐步减少的发展状态（图 5.11）。

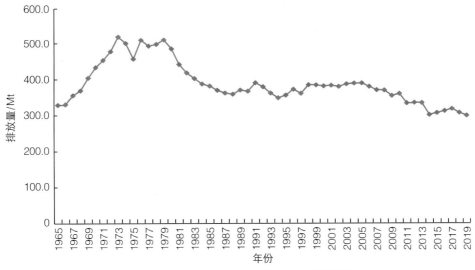

图 5.11　1965—2019 年法国 CO_2 排放情况

5.2 法国的能源管理体制

5.2.1 法国能源管理机构

法国是民主共和制国家，政府是国家最高行政机关，由总理、国务部长、部长、部长级代表、国务秘书等成员组成。总理由总统任免，政府其他成员则由总统根据总理建议任免。总理是政府首脑，领导政府的工作。国务部长的地位高于其他部长，相当于副总理，有组织协调部长会议的权力，如今国务部长多由重要部委的部长兼任。各部部长掌管国家一方事务的大权。部长级代表的地位与部长相当，承担内阁分配的某领域的具体事务，可以出席每周举行的部长例会，在一些场合以部长身份出席活动。部长级代表的职位设置非常灵活，任命数量不等。

（1）经济、财政和工业部

经济、财政和工业部（Ministère de l'Economie, des Finances et de l'Industrie, MEFI）负责政策制定、宏观经济管理、财政预算和决算、转移支付、国际贸易及税收管理等事务，其下属包括海关、税收、统计、贸易和公平交易监督等众多机构，仅在巴黎本部工作人员就有近万人。

1）能源和矿产资源局

原工业部负责法国的能源管理。2001年政府进行改组，将工业部并入经济和财政部，新组建了经济、财政和工业部（MEFI）。目前，法国能源管理机构主要是MEFI下属的能源和矿产资源局（Direction des Ressources Energétiques et Minérales, DIREM）。DIREM对法国矿产和能源工业（煤炭、石油、天然气、电力、核电）进行全面管理。

DIREM的职能主要有：①制定和实施能源和原材料供应政策，包括石油储备政策；②确保电力和天然气市场开放，定期公布电力生产成本比较报告；③监管能源和原材料主要部门；④监管能源方面的企业和公共研究机构；⑤确保与能源相关的法律法规得到遵守；⑥参与欧洲和国际能源项目工作组的工作；⑦提供与能源相关的经济、环境和财政咨询。

2）国家参股局

能源是政府垄断的公用事业领域，如何有效地对能源领域的国有企业进行管理、改制是近年法国政府努力的方向。法国建立了一个负责管理所有国家投资的国家参股局（Agence des Participations de l'Etat，APE），是隶属 MEFI 的一个专门机构，被授权代表国家行使股东的职能。APE 对总理负责，由 MEFI 部长主持，成员由各主要政府部门的代表组成，每年要在议会的财政委员会进行述职。

APE 拥有一批具有专业知识和丰富管理经验的人士，其组织结构如图 5.12 所示。

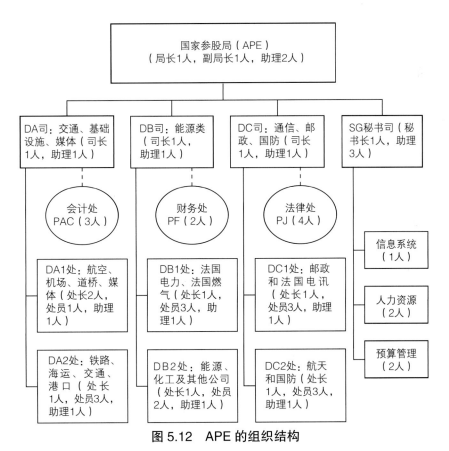

图 5.12　APE 的组织结构

APE 由一名局长领导，工作人员 56 人，从局长、副局长、秘书长到 DA 司司长、DB 司司长、DC 司司长及其以下的人员（不包括助理），每个人都在行使股东权益的国有企业中担任国家代表并兼任企业董事。覆盖直接控股和参股的 100 余家国有企业，其中 70 余家为大型国有企业。20 世纪 90 年代，法国政府直接持有 200 家国有企业的股权（涉及子公司 3000 余家），按照垄断性国有企业（基本上由国家控股）和竞争性国有企业（少数由国家控股，多数是国家参股）实行分类管理。

目前直接控股和参股的 100 多家国有企业主要分布在垄断和公共事业领域，大多数过去在竞争领域的国有企业的国家股权已逐步退出。APE 的股权管理职能按行业划分：DA 司负责交通、基础设施、媒体（其中 DA1 处负责航空、机场、道桥、媒体，DA2 处负责铁路、海运、交通、港口），DB 司负责能源类（其中 DB1 处负责法国电力、法国燃气，DB2 处负责能源、化工及其他公司），DC 司负责通信、邮政、国防（其中 DC1 处负责邮政和法国电讯，DC2 处负责航天和国防）。只有 DB2 处负责的其他公司为几个在竞争领域国家持有少数股权的企业。

APE 负责执行国家参与活动的股权管理，包括：在送交董事会批准前，对企业治理部门提出的发展方案进行审核并保证其实施；负责全部有价证券中国家部分的管理。在涉及企业资产重组和民营化时，APE 应以国外同行为榜样，公布其行动报告和建立企业报告制度。APE 中还有一小部分政界知名人士，参与完成重要决定的起草，并在主要国有企业的治理部门中负责传达国家股东的观点和立场。

根据 2020 年 7 月 6 日发布的《关于政府组成的法令》，马克龙政府改组后组建了经济、财政和复苏部（Ministère de l'Économie, des Finances et de la Relance, MEFR）。2020 年 7 月 15 日发布的《关于经济、财政和复苏部长权力的第 2020-871 号法令》规定：考虑到经修正的第 2016-247 号法令，设立了与国家采购管理有关的国家采购部；根据 2017 年 11 月 13 日发布的第 2017-1558 号法令，设立了业务重组部际代表；MEFR 负责制定和实施政府在经济、金融、消费和打击欺诈领域以及工业、服务业、中小企业、手工业、贸易、邮政和电子通信、旅游活动的监测和支持等政策。在部际协调方面，MEFR 部长与高等教育、研究和创新部长一起负责定义和监督创新政策；与领土凝聚和与地方当局关系部长共同制定和实施与地方财政有关的规则；与团结和卫生部长共同负责制定社会保障融资法并监督其执行，负责社会账户的总体平衡和社会保护融资措施；与司法部长共同负责打击腐败；与其他相关部长一起处理与数字技术的推广和传播、互联网治理、基础设施、设备、服务、内容和数字使用、交易所、网络和信息系统安全有关的所有问题，参与处理与数字教育和培训以及工作场所的数字变化有关的问题。

2020年重组后的MEFR组织机构主要包括：经济和财政部总秘书处，竞争、消费者事务和欺诈预防总局，公共财政总局，国家统计和经济综合管理部门，财政部总局，国家采购部，经济和财政部法律事务局，预算部门，部际反欺诈协调团、"TRACFIN"、"国家金融IT机构"和"国家控股机构"、财政总检查局，经济、工业、能源和技术总委员会（CGE），综合经济和金融控制部门，预算控制和部级会计部门，社会和团结经济及社会创新高级专员，战略信息和经济安全专员，高级国防和安全官员以及经济和财政部的调解人。

与能源有关的机构为CGE。CGE由经济和财政部长担任主席，是2009年矿业总委员会和信息技术总委员会合并的结果。2012年，随着金融机构监管的改革，CGE任务范围不断扩大。目前，CGE主要负责的领域包括经济和工业，金融服务、银行和保险，信息技术、电子通信、计算机、视听技术、空间和邮政部门，能源、采矿和矿产资源以及土地利用。2020年，在新冠肺炎大流行的危机背景下，部长们要求CGE参与制订有关复苏计划的主题，如危机后公共投资优先事项、动员家庭储蓄、工业主权、危机对生态组织和塑料回收行业的影响、对纸板行业的支持等。另外，疫情促进了CEG创新能力的提升。CGE对工作方法进行了优化，以提高请求的响应速度，同时继续保证工作质量。由委员会监督或联合监督的学校也改变了运作方式，选择了更多的数字学习方法，并调整了获得文凭的程序。由于学校的科学和技术技能，因此学校也为抗击大流行做出贡献，如研究口罩的回收利用、测量其细菌过滤的平台等。

（2）**生态转型部**

早在1971年法国就设立了自然和环境保护部，职责是协调各部的环保工作。自2002年起，法国将环保的重点放在能源可持续发展方面。2007年萨科齐当选总统后将能源、交通、海洋、城市规划、房屋建筑等产业部门与生态保护、可持续发展战略研究等机构进行合并，组建了生态、能源、可持续发展和领土整治部（Ministère de l'Ecologie，de l'Energie，du Développement Durable et de l'Aménagement du Territoire，MEEDDAT）。MEEDDAT 整合了环境、能源、交通等与环保领域密切相关的职能部门，凸显新政府对环保新能源及可持续发展战略的重视。

　　MEEDDAT 的行政机构非常庞大，最高领导由部长和两位国务秘书组成两位国务秘书，分别主管交通运输和生态环境两个大方面。

　　MEEDDAT 的组织结构如图 5.13 所示。

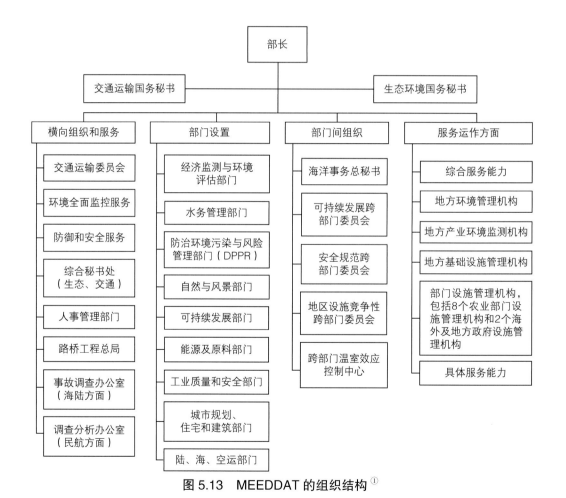

图 5.13　MEEDDAT 的组织结构[①]

——————————
① 图中只列出了与能源有关的部门。

MEEDDAT 组织结构包括以下 4 个方面：

第一，横向组织和服务，包括交通运输委员会、环境全面监控服务、防御和安全服务等。

第二，部门设置，包括经济监测与环境评估，水务管理，防治环境污染与风险管理，可持续发展，能源及原料，工业质量和安全，城市规划、住宅和建筑以及海、陆、空运等 13 个部门。

第三，部门间组织，在各部门之间起横向协调作用的组织机构，包括海洋事务总秘书、可持续发展跨部门委员会、安全规范跨部门委员会、地区设施竞争性跨部门委员会、跨部门温室效应控制中心等。

第四，服务运作方面，从综合服务能力和具体服务能力两个方面提供全方位的服务。

此外，MEEDDAT 还依靠路桥工程总局、矿产总局以及基础设施与水务林业总局的协作，监督本部门各个环节的工作；在核安全和防辐射管理方面，与 MEFI 共同实施监管。

MEEDDAT 旗下包括八大领域职能：可持续发展、环境、气候、能源及原材料、交通及基础设施、设备、市政规划、海洋和领土整治。

每一个领域又进一步按行业或地区细分，设置垂直或间接管理机制。根据新的管理权限，MEEDDAT 的人员编制从 800 人扩充到 5000 人。在这个超级大部里还聘请了外交顾问、预算顾问和技术顾问，遍及能源、气候和可持续发展，自然、风景区、野生生物、捕杀和生物多样化，调查、海岸、运输、海洋和国土规划，安全、风险和转基因生物，水、健康和环境等领域。

2020 年法国绿党在市政选举中的突破性胜利给法国政府造成前所未有的压力，迫使马克龙政府 2020 年 7 月初完成政府重组，组建生态转型部（Ministère de la Transition écologique），并在其后两年执政计划中增添了浓重的"生态转型"色彩，承诺要让法国实现"绿色转折"。曾经是绿党骨干成员的蓬皮利（Barbara Pompili）被任命为生态转型部长。

法国生态转型部在生态、能源转型以及生物多样性保护相关的领域制定与实施政府政策。生态转型部由多个理事会组成，其中部分为中央机构，其余则为地方行政部门。生态转型部长在部内拥有最高权力，主要负责制定与实施在可持续发展、环境（特别是保护及加强自然和生物多样性）、绿色技术、能源转型和能源（特别是在关税方面）、气候、预防自然和技术风险、工业安全、运输及其基础设施、应对全球变暖以及稀缺资源可持续管理等领域的政策。另外，生态转型部长负责国际气候关系管理，包括与欧洲及其他国家的外交部长进行气候谈判、缔结协议等工作。2017年，生态转型部的预算为350亿欧元，其中超过140亿欧元用于能源转型[1]。

生态转型部的组织结构如图5.14所示。

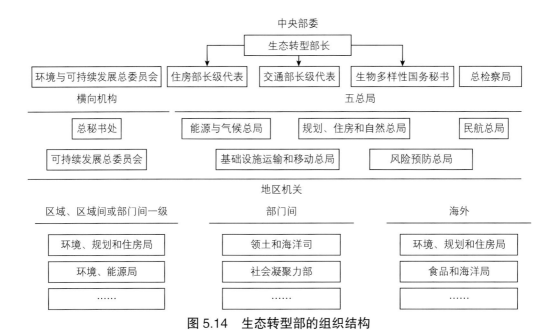

图5.14　生态转型部的组织结构

1）环境与可持续发展总委员会（CGEDD）

CGEDD主要职责为设计、监督执行与评估公共政策，由生态转型部长直接领导，具体领域（环境和可持续发展、能源转型、住房、城市规划、城市政策、区域规划、交通、海洋）则由各个分管部长代表负责。CGEDD为部长在职责范围内行使权力提供建议，并代表部长行使常驻代表职责，执行审计任务与行政调查。CGEDD为国家环境局成员，因此需要对环境评估的质量与审查项目发表意见与行

---

[1]　https：//www.gouvernement.fr/ministere-de-la-transition-ecologique.

使权力。区域级环境局具有相同功能。

2）可持续发展总委员会（CGDD）

CGDD 的职责为向部门内所有领域的行动提供信息支撑，通过国家生态转型委员会就政治选择和优先事项引导环境对话。在生态防御委员会工作的准备与监督中发挥特定作用，并为委员会秘书处提供支持。CGDD 编制统计信息，与总秘书处共同支持区域工作，负责对住房、能源、交通和环境数据进行一般监督，以及评估和动员相关部门采用必要的手段开发统计系统并提供数据。

3）能源与气候总局（DGEC）

DGEC 于 2008 年 7 月 9 日成立，负责制定和实施与能源、能源原材料以及应对全球变暖和大气污染有关的政策。它对能源产品和原材料实施控制及分配措施，并监督能源领域公共服务任务的执行。DGEC 将在协会、经济和社会伙伴协商与部委的支持下，协调法国预防和适应气候变化计划的制订和实施。

（3）环境与能源管理局

1973 年石油危机时，法国政府意识到该国对石油的过度依赖。1974 年，法国成立节能署，旨在实施能源消费合理化政策。1982 年，法国创建能源管理署（AFME）。国家废物回收和消除机构（ANRED）成立于 1975 年，旨在支持实施 7 月 15 日有关废物消除和材料回收的法律。ANRED 创建发明了回收中心，并在法国全境发展。1980 年，空气质量局（AQA）成立。以上机构在法国环保领域拥有巨大权力。1990 年，法国政府决定成立一个新机构，将这 3 个干预领域整合在一起。因此，AFME、ANRED 和 AQA 合并为一个综合机构：环境与能源管理局（Agence de l'Environnement et de la Maîtrise de l'Energie，ADEME）。

ADEME 是 MEEDDAT 的直属事业单位，其局长由总统直接任命，全面负责、管理、协调全国节能和对环境污染的控制。ADEME 的优先管理领域包括能源、空气、噪音、交通、废品、水土污染及环境管理（图 5.15）。

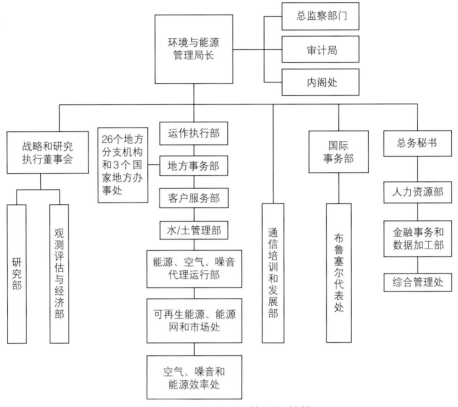

图 5.15　ADEME 的组织结构

　　ADEME 的 3 个中心部门分别位于昂热、巴黎和瓦尔博纳，各级地方政府也有相应的机构，共设立了 26 个地区级管理机构。在海外还设有 3 个办事处，其中一个在布鲁塞尔。目前，ADEME 共有员工 820 名，其中包括工程师 359 名。

　　2007 年 ADEME 总预算为 4 亿欧元，其中 2.6 亿欧元用于能源效率和可再生能源领域研发，8300 万欧元作为管理运行经费。ADEME 的业务经费来源于中央财政预算，但 MEFI 不对 ADEME 直接进行财务预算。其预算方式是 ADEME 每年根据选定的项目和业务计划做出自己的预算，并根据所申请项目的类型，分别向 MEFI 进行申请。同样，法国的地方政府也对能源效率研发与管理经费进行预算，为 ADEME 的各地方办公室的业务开展提供相应的资金支持。另外，ADEME 也支持向欧盟进行项目的投标。因此，ADEME 的业务和日常运转费用来自 3 个方面，分别是 MEFI、欧盟和法国地方政府。

ADEME 作为公共机构，受到生态转型部和高等教育、研究与创新部的监督与管理，其组织结构如图 5.16 所示。ADEME 总部位于法国昂热，共拥有员工 1000余人。除了昂热、巴黎与瓦尔博纳的 3 个中央服务点外，另设了 17 个办事处（法国国内 13 个，海外 4 个），覆盖法国 26 个地点。

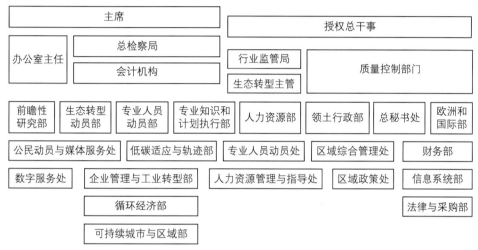

图 5.16 ADEME 的组织结构

ADEME 的管理机构包括董事会与科学委员会。其中董事会拥有包括 ADEME局长在内的 28 名成员，其他成员包括 9 名国家代表、2 名部际代表、1 名议员、1 名参议员、3 名地方局代表、5 名合格人士（主要为环保协会代表和感兴趣的专业团体代表）、6 名员工代表。科学委员会负责指导 ADEME 的科学政策并为研发战略提供意见。科学委员会由来自研究界、教育界或私营部门的 15 名成员组成。根据国务部长、生态转型部长以及高等教育、研究与创新部长的命令，他们的任期为 5 年。

ADEME 以信息交流和技术开发推广为主要任务，主要开展 3 项工作：研究和预测、鉴定和咨询、普及和宣传。3 项工作的优先研究领域分别是：发展具有高环境效益的垃圾处理工业；继续进行能源的可持续控制；改进交通运输效率，减少空气污染。ADEME 还拥有一定的财政和技术干预手段，如可直接向个人和企业发放与该局管理的环保和节能研究或普及新技术课题相关的补贴资助，或者提供课题贷款。ADEME 还有权依法向有关行政部门要求安装某些节能环保设施，并收集相关信息数据。能源合同管理（Energy Management Contract，EMC）是 ADEME 的主

要补贴形式。目前该机构中用于节能和环保的资金的 71% 通过 EMC 为工业企业实施节能项目。

2010 年以来，ADEME 始终致力于面向未来促进技术创新，全部使用国家资金。目前管理的投资总额为 53 亿欧元，分别为：

- "生态和能源转型示范"计划（22 亿欧元）；
- "未来的车辆和运输"计划（9 亿欧元）；
- "创新竞赛"计划（1 亿欧元）；
- "高效创新生态系统"计划（1 亿欧元）；
- "技术成熟、合作研发、研究促进和技术转让"计划（2 亿欧元）；
- "真实条件下的演示者、种子和商业首映"计划（8 亿欧元）；
- "战略投资融资：部署支持"计划（10 亿欧元）。

2020 年 9 月，法国推出经济复苏计划，旨在提升创新能力和竞争力，促进经济增长，推动经济绿色转型，实现可持续发展。该计划资金规模约达 1000 亿欧元，其中为 ADEME 动员 3.39 亿欧元。它们将支付给需要加强的现有系统或用于对企业和地区实施新的支持。费用明细如下：

- 循环经济和废物：2.36 亿欧元；
- 中小企业的能源改造和转型：4700 万欧元；
- 荒地回收基金：3100 万欧元；
- 氢战略：2500 万欧元。

ADEME 的主要收入包括董事会批准的承诺授权（AE）和付款信用（CP）。2022 年，ADEME 的初始预算为 8.361 亿欧元，主要包括：

- 2022 年财政法案中包含的 181 "风险防范"计划下的 5.77 亿欧元公共服务费用补贴；
- 从国家收到的 2.138 亿欧元资金用于生态转型部委托给 ADEME 的部分恢复计划；
- 4000 万欧元的自有收入（节能证书系统、培训、会议、未来投资计划财务回报的利润分享等）；
- 与欧盟、州或地方当局签订的 530 万欧元补贴合同。

5.2.2 法国的能源监管体系

1998 年以前法国的能源监管总体上采取"政监合一"的监管模式，1998 年以后开始向"政监分离"的监管模式过渡。

（1）能源监管委员会

法国国家能源政策的制定和实施，由经济、财政和工业部下属的能源和矿产资源局负责。2000 年，根据欧盟对电力市场化改革的要求，法国成立了电力监管委员会，并于 2003 年更名为能源监管委员会（ERE），同时增加了监管天然气市场的职能。ERE 的主要职责是：一是保证公共电网和天然气管网及设备的公平接入；二是确保电网和天然气管网的运营发展以及经营者的独立性；三是监管供应商之间、代理商和制造商之间的交易，确保市场高效率运转；四是致力于实施能源行业的支持机制；五是促进电力和天然气的欧洲统一市场。可见，ERE 主要负责电力、天然气市场的监管。

（2）核能监管体系

法国核能政策则由经济、财政和工业部，科技部，环保部，核能委员会与外交部密切配合实施。法国对核电规制有一套分工明确、职责分明与相互制衡的监管体系，建立了高规格、高效率的监管体制。法国的核能监管体系能够确保进入的平等性以及对所有运营者实行单一税制。法国的核能监管体系大体上可以分为三个层级[①]。

第一层级是核外交政策理事会（CFNP）。该理事会根据 1976 年的法令而设立，其目的是确定法国核外交政策（特别是对核技术、设备和产品的出口进行管理的基本原则），负责对有关核技术、设备和敏感的核材料的出口政策做出决定。理事会由总统主持，成员包括总理，经济、财政和工业部，研究部，外交部和国防部的部长以及原子能委员会主席。总统监督原子能委员会的活动，并主持处理核领域的 4 个常设委员会的工作。经济、财政和工业部长制定并执行能源政策，且被授权监督

---

① 罗国强，叶泉，郑宇.法国新能源法律与政策及其对中国的启示［J］.天府新论，2011（2）：66-72.

国有能源公司和公共团体的活动和运营。其他各部的部长和部分高级公务员或军事官员可以被邀请参加涉及其职务的理事会工作。

第二层级是核与放射性物质应急部际委员会（CIC－NR）。该委员会依据 2003 年的法令成立，并实际上取代了 1975 年设立的核安全部际委员会（CISN）。其主要任务是：在主要核设施（即涉及机密的核设施）发生事故时，在运输涉及民用、国防或军事的核装置的核材料或放射性材料时，以及存在袭击或袭击的危险从而有可能造成核辐射的后果时，向总理提出建议措施。如果在民用或军用领域发生核事故或核辐射紧急情况时，该委员会需满足总理提出的要求，同时应采取措施，防止这种威胁的发生。该委员会的成员包括总理，外交部，国防部，环保部，经济、财政和工业部，内政部，团结和卫生部和交通部的部长。

第三层级是国家核安全局（ASN）。1945 年，法国政府决定成立原子能委员会，由总理担任委员会主席，负责原子能开发的所有事务，包括民事和军事应用。随着时间的推移，原子能委员会的职责也发生了变化，特别是某些工业活动转向创新活动，但其早期的大部分活动和中长期研发事务仍然得以保留，特别是在反应堆设计、燃料概念、废物转化和处置，以及技术转让和基础研究方面。为确保核安全监督的有效性，2006 年法国通过修改法律设立了独立的 ASN。该局直接对法国议会负责，由总统和议会独立任命的 5 人委员会领导，委员任期 6 年，不能连任。根据不同内容，ASN 颁发的执照或许可证由经济、财政和工业部和环保部两个部长联合签发或直接由总理签发。ASN 在全法国有 11 个派出机构，分 11 个区对核安全实施监督，每个核电厂都派有监督员。此外，法国辐射防护与核安全研究院（IRSN）是 ASN 的技术支持单位，担任技术顾问，其业务包括对核事故进行分析评估、进行核安全评价等。

日本福岛核事故后，法国政府和议会立即倡议对核能在法国的作用进行评估，法国国家审计法院起草了关于核电成本的报告，"2050 年能源"专门委员会起草了关于法国核能情况的报告。补充安全评估由 ASN 负责，该项评估应法国总理要求发起，涉及 150 座核设施，并考虑了组织机构和个人利益相关方。2012 年 1 月 23，ASN 公布了 79 座优先检查的核设施的报告，其余核设施的报告将于 2012 年 9 月 15 日前提交。法国核安全局报告的总体结论是：这些核设施均不需要立即关闭，所有这些核设施目前都达到了足够的安全水平。法国电力公司（EDF）为此提出了一些改进措施，以响应安全目标。

5.2.3 法国的主要能源企业

（1）道达尔能源公司

道达尔能源公司（Total Energies SE）是 2000 年由法国道达尔（Total）和菲纳（FINA）石油公司与法国埃尔夫公司（ELF）合并而成的一体化石油公司（简称 TFE）。TFE 主要从事油气的勘探、生产，炼油，以及成品油、燃料和特殊化学产品的销售、贸易，原油及其衍生物的船运及天然气的运输和销售，其能源勘探、生产、销售业务遍布全球，在 100 多个国家有经营活动。该公司的经营分为上游、下游和化工 3 个部分。上游部分从事石油和天然气的勘探、开发和生产，还涉及天然气和液化天然气的营销、贸易和运输，液化天然气再气化，液化石油天然气贸易。下游部分从事炼油、市场营销、贸易，以及原油和石油产品的发货。该公司在欧洲、美国、法属西印度群岛、非洲和中国有 25 个炼油厂，全球有 1.64 万个零售服务站。化工部分包括化工品生产、石油化工和化肥生产、橡胶加工、树脂和黏合剂生产以及电镀活动。2020 年 5 月，道达尔集团宣布，公司 2020—2030 年的能源供应的增长将主要依靠液化天然气与可再生能源及电力，石油产品的销售占比将从 55% 降至 30%，天然气的销售占比将由 2019 年的 40% 提升至 50%，并计划在 2025 年之前将液化天然气运营能力扩大到 5000 万吨/年。道达尔集团也在积极布局新能源产业，定下了可再生能源发电装机容量 2025 年达到 35 吉瓦、2030 年达到 100 吉瓦的投资目标，未来 10 年内，道达尔集团的可再生能源项目投资将达 600 亿美元，力争于 2050 年实现净零排放。2021 年 5 月 8 日，道达尔集团正式更名为"道达尔能源"，使用全新标识。2021 年 9 月 6 日，公司宣布重返伊拉克，计划投资约 270 亿美元用于建设太阳能发电厂以及提升天然气产量。截至 2021 年 12 月 31 日，道达尔能源公司已探明的石油和天然气总储量为 120.62 亿桶油当量。

2020 年的标准普尔 Compustat 数据和 2020 年全球能源公司 250 强名单显示：公司资产 2732.94 亿美元，收入 1762.49 亿美元，利润 112.67 亿美元，投资资本回报率 6%，近 3 年综合收益率为 11.3%，排名世界第 6 位，较 2009 年下降 1 位。

（2）法国电力公司

法国电力公司（Electricite de France，EDF）是综合性的能源公司，成立于1946 年，总部位于法国巴黎，主要从事能源领域的发电、输电、配电和供应，可利用核能发电、水力、常规火电、风力发电、光伏发电、生物质能发电、地热能发电。该公司的销售对象为电力工业用户、地方当局、小型企业和住宅用户，同时为行业用户和地方当局提供包括地区供热和供能等能源服务。截至 2020 年底，公司拥有职工 16.5 万名，发电能力约 501.9 太瓦时，为近 4000 万个客户提供服务。

从 2002 年起，法国政府开始为公用事业领域国有企业改革建立制度框架，进而推动 EDF 等国有企业改制上市。2003 年 2 月，MEFI 向政府呈交了题为《关于国家股东和国有企业的治理》的报告，提出了包括建立 APE、公共服务使命合同化、EDF 改制为股份有限公司、资本金开放等一系列重要改革措施，以革新国家和国有企业的关系，从而明确法国国有企业改革的原则和制度框架。在此基础上，2004 年 11 月，法国政府组织了一个成员包括工会、议会、工业界代表和若干经济学家组成的专家委员会，完成了关于 EDF 发展战略与经营模式的研究报告（Roulet报告），分析了 EDF 资本全开放的条件与时机。

EDF 改制上市的前提是立法，要建立起国有企业改革的制度框架。从明确国家职能入手，把政府职能分解为明确且相互协调的公共管理体系和公共财政体系，把政府的公共行政管理职能与国家所有权职能分开，在公共财政体系下建立起统一的国家股东机构，从而使处于公用事业领域的国有企业的改制上市和资本全开放得以实施。

2017 年，EDF 启动太阳能计划，旨在促进法国光伏能源的发展，其目的是使EDF 成为法国光伏能源的领导者，到 2035 年市场份额达到 30%，成为世界太阳能领导者之一。截至 2019 年底，ZDF 可再生能源发电装机容量为 8.1 吉瓦，全年可再生能源发电量达 14.7 太瓦时，可再生能源的建设规模扩大了一倍，达到 500万千瓦，其中 340 万千瓦来自风力发电，150 万千瓦来自太阳能发电，在英国和法国，正在开发或建设的海上风电装机容量超过 200 万千瓦。EDF 大力发展多元化的可再生能源发电组合，包括水电、太阳能发电、陆上风电、海上风电、生物质能发电，致力于 2030 年在全球的净装机容量达到 6000 万千瓦目标，资产增加 3 倍以上。EDF 积极参与可再生能源开发，在 20 个国家都有项目。2020 年 10 月 20 日，我国的国家能源集团与 EDF 合资建设的国华投资江苏东台 50 万千瓦海上风电项目落地揭牌暨深化中法合作仪式在南京举行，这标志着我国首个中外合资海上风电项目正式落地，为"一带一路"倡议再添能源合作项目。

根据 2020 年的标准普尔 Compustat 数据和 2020 年全球能源公司 250 强名单显示；公司资产 3432.37 亿美元，收入 807.12 亿美元，利润 56.68 亿美元，投资资本回报率 4%，近 3 年综合收益率为 0.1%，排名第 18 位，排名与 2009 年相比没有变化。根据公司 2021 年 7 月 29 日发布的业绩说明新闻稿显示，预计将 2021 年的核电产量估计值从 330～360 太瓦时提高到 345～365 太瓦时，并且正在安装 6.8 的可再生能源发电设备，同比增长 8%。

（3）法国燃气苏伊士集团

法国天然气产业由法国燃气公司（Gaz de France，GDF）经营。2008 年 7 月，两大能源企业 GDF 和苏伊士公司合并成立了法国燃气苏伊士集团（GDF Suez）。该集团是世界最大的液化天然气经销商、欧洲最大的燃气采购及经销商、欧洲第五和法国第二大的电力供应商、欧洲最大的能源服务提供商。该集团的业务还涉及石油、天然气勘探和生产，其资产分布在荷兰、德国、英国、挪威、阿尔及利亚、埃及、毛里塔尼亚、科特迪瓦、丹麦和法国。2015 年，集团更名为 ENGIE。2020年的标准普尔 Compustat 数据和 2020 年全球能源公司 250 强名单显示：集团资产 1808.43 亿美元，收入 679.7 亿美元，利润 9.27 亿美元，投资资本回报率 1%，近 3 年综合收益率为 -2.5%，排名从 2009 年的第 27 位下降至第 71 位。

（4）威立雅环境公司

威立雅环境公司（Veolia Environnement）成立于 1853 年，总部设在欧贝维利耶。公司业务涉及 4 个领域：水和污水处理服务、环境服务、能源服务和运输服务。水和污水处理服务部门业务包括管理和运营饮用水厂，以及废水净化和废水回收厂的运作服务等；环境服务部门提供环境和后勤服务，包括废物收集和处理，清洁公共场所、办公室和工厂，土壤净化和工业用地的废物排放管理等；能源服务部门提供采暖和制冷系统，能源生产设备的安装和维修，公共街道及道路的电力服务等；运输服务部门提供市区、郊区的运输，区域城际运输和交通管理，以及工业和物流管理等服务。2009 年的标准普尔 Compustat 数据显示：公司资产 695.01 亿美元，收入 501.13 亿美元，利润 3.06 亿美元，投资资本回报率 0.83%，近 3 年综合收益率为 12.77%，在普氏全球能源企业 250 强中排名第 89 位。

截至 2020 年底，该公司为 1 亿人提供饮用水，为 6130 万人提供污水处理服务，为 3960 万人提供垃圾收集服务，以及为 810 万人提供供暖和制冷服务。2020 年的标准普尔 Compustat 数据和 2020 年全球能源公司 250 强名单显示：公司资产 464.23 亿美元，收入 307.7 亿美元，利润 8.28 亿美元，投资资本回报率 3%，近 3 年综合收益率为 4%，在普氏全球能源企业 250 强中排名第 78 位，较 2009 年上升 11 位。

（5）ENGIE SA

ENGIE SA 从事电力、天然气和能源服务业务。该公司为建筑和工业、城市和地区、基础设施，以及个人和专业客户提供能源销售和服务，主要在法国经营天然气运输、储存和分销网络和设施以及液化天然气终端。该公司还从事分散式能源生产和分配设施的设计、融资、建设和运营，开发、建设、融资、运营、和维护各种可再生能源发电资产，包括水电、风电和光伏发电。此外，该公司还涉及核能、地热能、太阳能、风能、沼气和生物质能等资源的发电和销售业务；从事海水淡化厂的融资、建设和运营等活动，以及为能源、液压和基础设施领域提供工程服务；设计和生产用于陆上和海上 LNG 运输和储存的低温膜限制系统。公司前身为 GDF SUEZ SA，成立于 1880 年，总部位于法国库尔布瓦，2015 年 4 月更名为 ENGIE SA。根据 ENGIE SA 官网数据，截至 2021 年底，公司拥有员工 101 504 人，营业收入 579 亿欧元（其中法国本土 187 亿欧元、其他欧洲国家 111 亿欧元，拉丁美洲 43 亿欧元，中东、非洲与亚洲合计 20 亿欧元，北美洲 7 亿欧元，其他 211 亿欧元），研发投入 1.38 亿欧元，较 2020 年投资增长 43 亿欧元，已安装发电设备装机容量达 1003 吉瓦，新增可再生能源装机容量 3 吉瓦[①]。

2020 年的标准普尔 Compustat 数据和 2020 年全球能源公司 250 强名单显示：公司资产 1808.43 亿美元，收入 679.7 亿美元，利润 9.27 亿美元，投资资本

① ENGIE.International presence［EB/OL］.（2021-12-31）［2022-3-15］. https：//www.engie. com/en/group/who-are-we/international-presence.

回报率 1%，近 3 年综合收益率为 -2.5%，在普氏全球能源企业 250 强中排名第 71 位。

（6）Rubis 集团

Rubis 集团通过其子公司在欧洲、非洲和加勒比地区从事散装液体储存设施的运营和石油产品的分销。该公司业务包括：一是石油、液化气体、沥青、商业燃料油、航空和船用燃料、润滑剂以及丁烷和丙烷的贸易和分销，并提供相关支持与服务；二是经营码头，为石油产品、化工产品、生物燃料，以及糖蜜、食用油等农产品提供散装液体储存设施。该公司还提供支持下游分销和营销业务发展所需要的基础设施，为加油站、个人以及公共工程提供运输、供应等相关服务。2020 年的标准普尔 Compustat 数据和 2020 年全球能源公司 250 强名单显示：公司资产 65.04 亿美元，收入 59.17 亿美元，利润 3.12 亿美元，投资资本回报率 6%，近 3 年综合收益率为 20.3%，在普氏全球能源企业 250 强中排名第 188 位。

5.3 法国的能源法律法规

（1）与化石能源相关的法律法规

法国石油工业法律的基本原则是保证国家石油供应的安全。《石油法 1928》规定的目标是，保障国内石油消费和国家石油公司在国际竞争中处于有利地位。国家对石油工业实行严格的管理。法国与化石能源相关的法律法规主要有：《关于石油天然气许可证地理边界的法规（62 – 116）》（1962 年）、《关于支付地方和部门矿区石油费的矿产部决议》（1965 年）、《勘探大陆架和开采大陆架自然资源法》（1968 年）、《石油勘探法》（1970 年）、《财政法（降低烃类矿物资源矿区使用费）》（1991 年）、《矿业法》（1994 年）、《关于矿产权的法规》（1995 年）、《关于矿业活动开工和矿物行政管理的法规》（1995 年）、《关于改革法国石油体制的法令》（1992 年 12 月 31 日）。为了保护国内企业的健康发展，增强其在国际市场上的竞争力，法国政府与电力公司及煤气公司等能源生产企业签订了多年协议，以保证能源价格的长期稳定。电力公司必须保证电力供应的绝对安全，保证尽可能为家庭和企业提供最便宜的电力能源。此外，电力公司无权自行提高电力价格，当出现成本价格高于销售价格的情况，电力公司应向政府有关部门提出调整价格请求，由政府部门核定，确定涨价幅度和范围，但上涨幅度不能超过全国物价的平均涨幅。

（2）法国能源政策法

2005 年 7 月 13 日，法国国会通过的 2005 - 781 号法律——《确定能源政策定位的能源政策法》[①]，是法国能源政策方面的最新法律文件，对未来的能源政策项目和焦点问题做了规定。该法规定了加强国家能源自主、保证能源竞争性定价、保护人类健康和环境以遏制温室效应的进一步加剧、通过加强社会和地区间的团结以确保全民的能源供应等 4 项长期目标，以确保法国能源供应的安全。同时，该法适当考虑环境因素，规定通过一系列激励和计划，包括能源节约证书计划、标准和规定及税收激励措施，控制能源需求；增加可再生能源消费的比重，坚持核能选项，以及发展高绩效的能源生产基础设施，促进能源供应渠道的多元化；加强包括生物质能源、燃料电池、清洁汽车、节能建筑、太阳能、CO_2 的捕获和地下储存、第四代核能等能源产业及技术的研究和创新；在保证电力供应质量、增加天然气和电力管网的安全，以及在总体上加强法国能源供应需要的基础上，提供能源运输和储备手段。

该法规定，到 2050 年将 CO_2 排放量削减 75%；从法律颁布之年起至 2015 年，能源强度平均每年降低 2%；2016—2030 年，能源强度平均每年降低 2.5%；2010 年可再生能源产量达到能源需求量的 10% 等若干量化指标。

该法坚持核能选项、削减能源消费、投资清洁能源等与可持续发展有关的内容。其中规定坚持发展核能（核电在法国的比例高达 78%），因为核能有助于削减温室气体排放，使法国成为 OECD 国家中 CO_2 排放量最低的国家。该法设立了能源节约证书制度，促进居民和服务产业节约能源。法国政府还通过广告宣传、学校教育等方式大力提升公众节能意识。法国是欧洲继瑞典和意大利之后的第三大可再生能源生产国。法国能源政策的关键部分就是由法国经济、财政和工业部的能源和原材料司领导利用可再生资源（如水、树木、城市垃圾、风力等）生产能源。

[①] 苏苗罕. 法国能源政策法［EB/OL］（2008 - 06 - 22）［2012 - 04 - 20］. http：//www.energylaw. org.cn/html/news/2008/6/22/2008622111291186.html.

该法规定了若干雄心勃勃的指标：到 2010 年可再生能源发电量提高 50%，到 2005 年底之前可再生资源生产的生物燃料和其他燃料占比达到 2%，到 2010 年达到 5.75%。

为实现上述目标，政府规定了若干激励和财政措施，如对私人购买太阳能电池板的费用补贴 50%，从 2006 年 6 月起将生物汽油采购价提高 50%，以及对于购买清洁（电动、混合燃料或燃气）汽车规定了一些财政激励政策。政府鼓励研究和开发，尤其是通过国家研究署（ANR）和工业创新署（AII）进行的研发，扶持诸如燃料电池和清洁汽车的开发项目。

法国从 2006 年 5 月 10 日开始实施强制性能效标志制度，目的是鼓励公民购买 CO_2 排放量较小的汽车。

（3）核能法律法规

法国核电立法是根据核电的技术进步和发展而制定和修订的。在核领域实施的很多法律规定已经被公共卫生法典和劳动法典所修订。处理环境问题的其他法律也适用于核问题，诸如水法、大气污染法。正如每一个发展核电的国家，法国的核电法分布在无数的国际级的导则和规则中。法国核电立法主要包括以下几个方面：其一，放射性保护，如 1966 年发布的《关于适用放射性保护的修订的欧洲原子能基本标准的法令》，1988 年修订，现为 2002 年发布的《全面保护人体免受电离辐射法令》所替代；其二，核设施管制制度，如 1963 年发布的《重要核设施法令》，该法在 1973 年、1990 年和 1993 年进行了修订，1999 年制定实施细则；其三，放射性物质与废物管制制度；其四，核电与环境保护以及核损害的第三方责任等。

法国核电立法主要包括如下法律制度 [1]：

• 完备的核设施建设程序制度。1961 年，《反污染法》授权政府对两种核设施的建设、管理和控制发布政令进行管制。其中一种是基本核设施，包括核反应堆、分子加速器和所有核电站。其他核设施是基于保护环境目的分类的核设施。所有的基本核设施的建设必须通过两个协调程序：一个预备程序和一个公共利益宣示程

① 陈维春.法国核电法律制度对中国的启示［J］.中国能源，2007（8）：17－21.

序。在此之前，政府还必须举行公众听证会。运营者要向核设施安全局（DSIN）送交全面的申请档案，DSIN 召集常设小组对申请进行咨询，并与环境部和经济、财政和工业部协商。官员同时会举行公众听证会，并启动环境影响评价程序。如果公众听证会的结果允许建设核设施，政府就会颁布政令承认公共利益，并最后签署同意公共利益宣示程序。

• 迅速有效的紧急反应计划制度。1987 年，《森林火灾安全与防护及预防重大灾害法》将早期的紧急反应计划和营救程序结合起来。内务部有权决定法国境内的安全措施并协调国家、公共团体、地方当局采取有效的营救手段。该法授予法国市民享有对重大技术危害和保护措施的知情权。紧急反应计划由政府官员准备，内容包括灾害的名录、干预手段、每一个政府部门和服务机构的义务。特别干预计划描述了每一种危险设施，列出了相关城市，详细说明了需要执行的保护措施和评估程序，以及决定临时安置转移人口地点。该计划也规定了运营者在警察干预之前代表其执行直接紧急反应措施。

• 核材料贸易管制制度。1980 年，法国拥有了一部专门法律《核材料保护与控制法》，以满足核材料和核设施贸易的安全要求。由总统担任主席的核外交政策委员会决定授权核材料和核设施出口的指导原则。出口许可证则根据欧盟和法国议会立法授予。《核材料保护与控制法》授权经济、财政和工业部长批准核材料的进口、出口、生产、贮存、使用和运输。但在批准之前，经济、财政和工业部长必须与内务部长，如果必要，还要与外交部长（在进出口情况下），与核材料运输保护委员会（在运输情况下），以及其他政府主管部门协商。答复期为 15 天，如果不答复视为同意。法国立法广泛地采用了国际原子能机构的导则。1942 年，法国国民议会通过《航空、铁路或内陆水道运输危险物质法》及其相关实施细则都规定，核材料运输必须进行标签和追踪安全记录。运输部长必须发布通知说明适用于核材料运输的特别程序，但放射能燃料除外。运输部长再与危险物质运输部际委员会协商后决定核材料运输程序。根据核材料危害程度分类标准的定义确保运输安全。

• 放射性保护制度。1966 年法国国民议会发布的第一个法令《关于放射性保护的修订欧洲原子能机构标准的法令》，该法确立了放射性保护的基本原则，并委托团结和卫生部保护核设施内的员工和更大范围的人群免遭放射能的危害。运营者负责员工人身保护，也必须遵守适用于核设施外部的放射性保护导则，并尽一切努力限制设施对环境的影响。人造放射性元素的制备、进口、开采和使用被委托给原子能委员会和那些被许可的人。

• 核废料的安全处置制度。放射性废物（包括放射性元素）是实施技术工艺的结果，并非有意用于循环或再生产。有的核设施的副产品而产生放射性废物，有的核设施设计用来管理或贮存放射性废物。放射线废物管理贮存的最终废物时限一直到它不会对环境或公共健康造成威胁。与被稀释于环境中的排放相比，放射性废物是通过包装而避免进入环境而造成放射危害。包装的设计必须考虑放射性废物的特征、便于集中管理并涵盖其全生命周期。1991年的《核废物管理研究法》规定，长丰衰期放射性废物的管理必须考虑保护环境和人体健康，并考虑未来世代人的权利。该法详细说明了在地下设施贮存高度危险废物的研究计划和贮存条件。

• 核损害的民事责任制度。法国实施了1960年的《巴黎公约》、1963年修订案《布鲁塞尔公约》及其1982年的2个议定书。法国在1965年、1968年和1990年通过了3部法律，规定了核设施运营者的责任，要求交纳的财政担保高达6亿法国法郎。但如果该设施在1991年的法令中被分类为较小危害类则可降至1.5亿法国法郎。如果运输《巴黎公约》管制的核材料，只需交纳1.5亿法国法郎的保证金，否则须交纳15亿法国法郎的保证金。1968年和1988年通过的两部法律规定了运输核材料船舶所有人的责任。法国已经批准了《核不扩散条约》，并承诺出口的法国核设施不用于军事目的。

2015年8月17日，法国国民议会通过《绿色增长能源转型法》，明确提出控制核能的目标，将在2025年将核能发电比例从当前的75%下调至50%，即同时推进"控核""弃煤"双控，将导致短期内对可再生能源需求的骤升，给能源基础设施、资金投入等方面造成较大压力[1]。

---

① 田丹宇，徐华清.法国绿色增长与能源转型的法治保障［J］.中国能源，2018（1）：32-35.

（4）《新环境法》

2007年7月，法国政府成立了由各级政府部门、企业、非政府组织、专家以及民众多方参加的环境政策工作组，为制定新的环保法律草案做准备。工作组首先就控制能耗和遏制全球变暖，保护生物多样性、自然资源、健康与环境以及改进生产方式和消费习惯等问题提出了一系列建议。随后，政府就这些建议广泛征求民众意见。政府重视征求民众意见，而民众的回应也十分热烈。约1.5万人参与了在各地举行的辩论，8个专门设立的网上论坛吸引了30万次的点击，一万多人在论坛中发表了自己的看法。此外，法国各地还召开了形形色色的咨询会议。一时间，环境问题成为法国媒体和民众关注的焦点，而《新环境法》正是在此基础上起草的。

2010年6月29日，法国国民议会通过了《新环境法》的最终版本，该法律涉及建筑业、交通、农业和生态系统保护等方面，为法国未来环境保护确定了方向。作为能源消耗"大户"的建筑业是新法律的重点规范对象。条文规定，房屋建筑完成后，必须办理符合能耗标准的证明；在出租和出售房屋时，要在有关条款中标明能耗情况。在交通方面，法律鼓励公共交通的发展，并加大对电动车和混合动力车充电设施的建设。在可再生能源方面，《新环境法》主要对风能的发展进行了规范。在保护生物多样性方面，法国将全面禁止杀虫剂广告，并对所有控制植物病虫害的化学制品进行严格限制。

法国生态、可持续发展和国土整治部长让–路易·博洛认为：这部法律具有标志性意义，其涉及范围之广、投入人力之多、受关注程度之深在全世界范围内都属少见。

（5）《绿色增长能源转型法》

2013年，法国政府体系中职责权重较高的"环境、能源和海洋部"起草了《绿色增长能源转型法》，经国家议会反复激烈讨论并广泛征求了公众意见后，抓住2015年底主办巴黎气候大会的契机，该法于2015年8月17日正式颁布。从《绿色增长能源转型法》的法律内容[①]和立法时机上均可看出法国推进国内绿色增长和

---

① 该法共有8章215条，分别为"序言—挑战""第一章目标""第二章建筑用能改造""第三章发展清洁交通""第四章反对浪费，发展循环经济""第五章发展可再生能源""第六章加强核安全和信息透明度""第七章精简可再生能源审批程序""第八章促进公众参与"。

能源转型，以及引领全球气候治理的立法目的。《绿色增长能源转型法》的颁布为法国绿色可持续发展奠定了法律保障。

《绿色增长能源转型法》明确提出了降低温室气体排放、降低能源消费总量、降低化石能源占比、发展可再生能源、发展垃圾循环利用和控制核能六大目标，依法构建了法国国内绿色增长与能源转型的时间表（表 5.2）。

表 5.2　《绿色增长能源转型法》的核心目标

年份	主要领域	目标
2030	温室气体排放	到 2030 年将温室气体排放降低到 1990 年水平的 40%
2050	能源消费总量	到 2050 年将能源最终消费降低到 2012 年水平的一半
2030	化石能源	2030 年将化石能源消费降低到 2012 年水平的 30%
2030	可再生能源	到 2020 年将可再生能源占一次能源的消费比重增长到 23%，到 2030 年增长到 32%
2025	垃圾	提高垃圾循环利用水平，垃圾填埋总量到 2025 年减至目前的一半
2025	核能	到 2025 年将核能的占比降低 50%

《绿色增长能源转型法》给出了如下主要路径[①]：一是开展建筑用能改造。根据国际能源署的数据，2015 年法国建筑领域碳排放总量为 0.4 亿 t，约占全国碳排放总量的 14%。《绿色增长能源转型法》的第 2 章用 31 个条款规定了如何降低建筑领域用能总量，以及降低温室气体排放并增加就业机会，明确提出了法国建筑领域的能源转型目标是"从现在起到 2020 年将建筑领域的用能量降低 15%，新创造 7.5 万个就业机会"，并明确提出了为实现建筑用能改造需采取的强制措施包括：自法律生效之日起到 2017 年，每年对 50 万个既有建筑进行节能改造；新建建筑要执行强制节能措施；所有建筑到 2050 年要符合《法国低能耗建筑标准》。二是发展清洁交通。根据国际能源署的数据，2015 年法国交通领域碳排放总量为 1.2 亿 t，约占全国碳排放总量的 42%，是重要的温室气体排放源和大气污染源。法国《绿色增长能源转型法》第 3 章用 30 个条款明确规定了如何发展清洁的交通以改进空气质

---

① 田丹宇，徐华清.法国绿色增长与能源转型的法治保障［J］.中国能源，2018（1）：32–35.

量并保护公民健康，主要措施包括：采取积极大气污染防治措施，减少对碳氢化合物燃料的依赖；加速停车场改造；以低排放的交通工具替代卡车、大客车和大型公共汽车等运输工具；到2030年在全国建立700万个电动车充电点。三是促进循环经济发展。《绿色增长能源转型法》第4章用35个条款提出了反对浪费、促进产品循环使用、使经济增长与物质消费相平衡等议题。法律中提出的循环经济发展目标为：从现在起到2020年，降低生产过程中产生废料的10%；到2020年，实现废料无害化循环利用占比55%，到2025年将这一比例提高到65%；到2020年，将建筑废料的70%提升到可利用水平；到2025年，将废料的数量减少50%。四是发展可再生能源。为充分开发利用法国本土和法属海外领土的可再生能源，《绿色增长能源转型法》规定了发展可再生能源应采取的措施：一是实施"多项许可合一"改革，即在全国使用唯一的许可证用以审批"使用风电机组、铺设天然气管道、安装水利设施"等许可事项，简化了可再生能源审批手续，降低了可再生能源开发门槛。二是加强可再生能源基础设施建设。在该法实施后的2年中，法国共安装1500公里天然气管道，有助于更好地从农业废弃物中提取生物质能源；安装了更多的光伏发电设施；进一步加强了水利设施的现代化管理水平。三是实施激励政策。该法鼓励积极开发海上可再生能源项目，促进电力系统推广使用可再生能源新技术，动员公众积极投资小规模的可再生能源项目。

《绿色增长能源转型法》还从政策、资金及执法等方面提出了保障措施，确保法国实现绿色增长及能源转型。

为了实施该法案，法国各利益攸关方加强了协调工作。2016年11月底，法案颁布15个月之后，相关配套法律及实施条例都已经颁行，18项政府法令已经递交国家行政法院，审批工作有序进行，关于162项措施的92项法规也已递交国家行政法院，以便签署和颁行。

（6）《能源与气候法》

2007年3月，欧盟通过"气候能源一揽子计划2020"，旨在到2020年将温室气体排放量降至1990年的80%，积极加快可再生能源项目建设，积极实现可再生能源占能源总消耗20%的目标；同时，在欧盟范围内提高能效20%。法国为了落实"气候能源一揽子计划2020"，2007年5月召开了"环境协商"会议，讨论了生态民主主张，并于 2009 年和 2010 年分别通过了《环境协商法Ⅰ》和《环境协商法Ⅱ》。《环境协商法Ⅰ》共 57 条，分成四大部分[①]：气候变化（包括降低建筑能源消耗、都市计划、运输、能源、可持续发展研究），生物多样性（包括保护野生物多样性、水资源、农业、海洋与海岸管理），环境、健康与垃圾风险的避免（包括环境与健康、垃圾、治理、信息与教育），海外领地的规定等。《环境协商法Ⅱ》确定的目标为：在降低能源消耗和碳排放领域，其政策目标在于减少温室气体排放量，大幅节约能源，减少碳排放量。其内容包括：一是推动可再生能源发展；二是扩大产品的环境标识，展开温室气体排放量评估，并制订行动计划，以减少（企业、地区公共建筑）排放；三是扩大能源节约证书使用范围，为节能企业配发与其生产和销售相匹配的电力额度，面对污染企业通过限电来进行限产，真正做到惩罚分明。

2019 年 4 月 30 日，法国国务部长兼生态转型部长弗朗索瓦·德鲁吉在部长会议上提出了《能源与气候法》草案，其主要目标包括：一是将能源政策和气候目标结合起来；二是加强气候政策治理，赋予气候高级委员会（由科学家和专家独立组成，直接隶属于总理领导）对气候政策治理的贯彻落实享有法定监督权；三是确保在 2022 年 1 月 1 日前通过价格调整驱动，实现停止用煤发电；四是采取多种措施支持能源结构实现加速转型。

2019 年 9 月 26 日，法国两院对《能源与气候法》草案进行了审议修正。国民议会（法国议会下议院）对《能源与气候法》草案进行了两处修改：一是规定从 2022 年 12 月 31 日起，在法国销售的油电混合车辆发动机必须安装 E85 超级乙醇套件（即要求乙醇燃料和汽油或其他碳氢化合物燃料的混合物体积配比约为 85∶15）；二是对高能耗住房的温室气体减排改造计划进行了具体修订，如能源绩效考核、租金收取标准和能源审计程序等。

法国参议院（法国议会上议院）对《能源与气候法》草案进行了 6 处修改：①明确 2028 年水电、海上风电和沼气开发利用的份额要求；②设定到 2030 年低碳和可再生氢在总氢消耗量和工业氢消耗量中的份额目标；③对高能耗住房能耗认定设立能耗阈值，超过阈值的将在法律层面被认定为不合格房屋；④将法国在《联合国气候变化框架公约》框架内的承诺纳入"能源计划"必须遵守的目标之中，并设立碳预算制度；⑤规定气候高级委员会有权评估能源项目或拟议法律，与碳预算制度兼容并行；⑥促进社会住房组织推进"廉租房"项目建设。

经宪法委员会审查通过后，《能源与气候法》于 2019 年 11 月 8 日正式颁行。法案确定了法国国家气候政策的宗旨、框架和举措。法案宗旨在于应对生态和气候紧急情况，并将 2050 年实现碳中和的政策目标固化为法律。法案共 8 章 69 条，主要包括 4 个部分：①逐步淘汰化石燃料，支持发展可再生能源；②通过规范引导，对高能耗住房建筑（法国住房按照"房屋耗能指数标准"分为 A 至 G 7 个等级，法案中的高能耗住房建筑特指 F 级和 G 级）进行渐进式强制性的温室气体减排改造；③通过引入国家低碳战略和"绿色预算"制度，监督和评估气候政策的具体落实；④降低天然气的销售关税，减少对核电的依赖，实现电力结构多元化。

5.4 法国的能源管理

法国对能源政策的重视始于 20 世纪 70 年代的全球性石油危机，多年来，随着经济发展和保护环境的需要，法国政府根据国情和发展需要不断完善其能源政策，逐渐形成了"3E 能源政策"，即能源安全、经济效益和环境保护。能源政策近几十年来相对稳定，其基本目标是保证能源供应，增强能源成本的竞争力及保护环境：确保近期和中期的能源供应安全，防止影响经济正常运行的供应中断或失衡；从企业和用户的利益出发，研究能源成本的竞争力；保护环境，根据《京都议定书》及其他国际公约的规定，法国 2050 年的 CO_2 排放量将减至目前的 1/4。

下面结合近年来法国在能源法律、能源战略、能源计划、能源技术及应对气候变化等方面的进展，具体分析双碳目标下法国能源管理的举措。

（1）依法进行能源管理

1982 年，法国颁布了《能源控制》法规。21 世纪伊始，法国政府再次启动"控制能源需求计划"，提高能源使用效率，以达到节省能源和保护环境的目的。2000

年 1 月，法国开始实施"预防气候变化全国行动计划"，2000 年 12 月法国又出台了《全国改善能源消耗效率行动》方案。2004 年，法国政府根据消减温室气体排放的承诺颁布了"气候计划"作为《能源法》（草案）的补充。该计划制定了经济部门和家庭能源消费的各项措施，旨在 2010 年前每年减排 1500 万吨 CO_2。这些措施主要针对法国 80% 的温室气体排放源头。随着《新环境法》（2010 年）、《绿色增长能源转型法》（2015 年）及《能源与气候法》（2019 年）的颁布与实施，法国构建了较为完善的能源管理法律法规，并将于 2023 年颁布《能源与环境规划法》（LPEC），以加速促进能源转型，推动实现欧盟 2020 年确定的 2030 年减排 55%、2050 年实现碳中和的目标。这一系列法规为法国实现未来碳中和目标奠定了良好的法律基础。

法国能源主管机构是依法设置的，并依法行使能源管理职责，国家研究署（ANR）支持上游项目，未来投资计划则投入资金支持能源转型研究所（ITE）项目，希望在能源领域打造标志性创新平台，整合企业、实验室的创新资源，推出研究项目，实现科技成果转化，参加人力资源培训等。公私合作研究机构主要实施创新研究，如绿色和生态材料、太阳能、能效和可持续城市、可持续建筑等。环境与能源管理局（ADEME）作为未来投资计划的执行者，主要从战略主题介入，以补贴等形式支持创新研发示范项目，如能源去碳、能源和生态转型，可再生能源，能源利用去碳化、能源储存与转化、智能网络，可持续建筑与能效改造，水与生物多样性，循环经济，全新交通解决方案，以及低碳和环境友好型技术与交通基础设施等。

法国注重加强部际协调与合作，共同推动能源、环境、工业、建筑、交通、农业等领域合作以应对跨领域、跨学科交叉融合问题，加速推动碳中和关键技术的突破与商业化应用。

在法国公共财政体制下，政府采取多样化的财税政策工具来支持"控制能源需求计划"的实施。政府支持节能的范围主要包括：节能技术的研究与开发项目、示范性项目、能源审计（诊断）项目、节能宣传、推广和教育活动、政策法规与能效标准的制定，以及对企业和个人购买节能设备进行支持等。在节能方面，政府支持的对象主要有 3 类：一是对节能技术、设备的研发和生产单位进行研究项目、示范项目的支持等。例如，ADEME 和中小企业开发银行于 2000 年 11 月成立了节能担保基金（FOGIME），专门对中小企业在节能方面的投资提供贷款担保，使其易于获得贷款。二是对购买了节能型设备或技术的企业或消费者给予财政补贴，如果企业或消费者购买了政府公布的目录产品，将得到设备价款 15% ~ 20% 的补助。三是实施节能宣传、教育的社会中介组织，法国有 500 多个"节能技术推广组织"每年都向欧盟及其成员国政府就节能宣传和技术推广项目投标，中标者将得到政府的资金支持。此外，增加对政府节能管理机构人员的编制与经费预算也是公共财政支持节能的重要内容。

（2）制定一系列战略规划

1）国家低碳战略

国家低碳战略是法国应对气候变化的路线图，为各行业实现低碳、循环、可持续经济转型指明了方向[①]：一是 2050 年实现碳中和；二是减少法国人消费碳足迹。2020 年 4 月 21 日，法国通过了最新的国家低碳战略及 2019—2023 年、2024—2028 年、2029—2033 年 分期减排目标。国家低碳战略是在生态转型部主导下由各部委共同制定完成，对于公共决策者来说，他们必须在国家、大区和地方层面将战略转化为可以操作的具体政策：投资、补贴、标准、市场工具、税收工具、信息宣传等。

签署巴黎气候协定时，各国承诺将温度增幅控制在 2 ℃以下，如有可能则控制在 1.5 ℃以内。在 2015 年颁布的首个国家低碳战略中，法国已经承诺 2050 年将排放量降到 1990 年水平的 1/4。2017 年 7 月，法国生态转型部发布法国"气候计划"，重新制定了更加宏大的目标，也就是 2050 年达到碳中和。法国 2050 年实现碳中和则需将温室气体排放量降低到 1990 年水平的 1/6，这一目标意味着生活、消费、生产方式的深刻变革。

国家低碳战略制定了有关能源转型和新经济模式的政策方向。2050 年要成功实现碳中和，法国必须完成多项工作：2050 年前能源去碳化；各行业能耗减少50%，改善设施设备能效，采取更加低碳、循环的生活方式；最大限度减少来自农

---

① 龙云 . 法国低碳能源转型战略研究［J］. 海峡科技与产业，2020（10）：10-13.

业和工业流程方面的非能源排放；增加和稳定碳汇，保护自然生态系统，发展碳捕集和封存技术。

国家低碳战略以五年为一个修订周期，这样可以更新参照愿景、明确新的减排目标、调整战略方向。修订是为了让愿景更加契合五年周期内技术、经济、社会、地缘政治等方面综合因素的变化。需要对上一个周期进行战略性评估，主要考量年度碳排放的达标情况、预期路径的完成情况、公共政策的协调程度等。战略还会指出与既定目标之间的差距，并分析相关原因，以便更好地完成下一阶段目标。

2）多年能源规划

出于能源安全的战略考虑，2003 年 11 月法国政府推出能源政策白皮书，主要内容包括扩大可再生能源的份额、提高能源效率、筹备发展新一代核电设施等。2004 年，法国制定了关于面向 2020 年能源政策的长期规划，重点是减少使用化石能源、减少 CO_2 排放、防止污染风险、处理核废料、提高利用风能和生物能生产电力的能力。

多年能源规划是为了响应能源转型的决策部署而制定的能源政策指导性工具，它将法国分为本土大陆地区和海外非互联地区。2019 年 1 月 25 日，生态转型部正式发布了"多年能源规划"，周期为十年，确定了两个五年"计划"内的能源优先事项[1]。规划每五年更新一次：届时将重新修订第二个五年规划，同时增加下一个五年规划。其法律依据是《新环境法》（2010 年）、《绿色增长能源转型法》（2015 年）、《能源与气候法》（2019 年）。现行规划涵盖 2019—2023 年和 2024—2028 年两个阶段，包含一系列能源目标、优先事项和行动计划。

法国多年能源规划阐述了政府部门的优先选项，以便改善能源管理，达到能源法既定目标。多年能源规划包括诸多内容：确保能源供应安全，制定能源系统安全标准；优化能效，减少初级能源尤其是化石能源的消耗；发展可再生能源和回收利用，发展储能和能源转化，引导能源需求，推动本地化能源生产，发展智能电网和自动发电；发展清洁交通；保障消费者购买力，提升能源价格竞争力；评估能源行业职业技能需求，让职业培训工作更加匹配。多年能源规划还纳入了经济、社会、环境评估，并参考性地给出了国家公共资源的最大投入。

---

[1] 龙云. 法国低碳能源转型战略研究［J］. 海峡科技与产业，2020（10）：10–13.

多年能源规划与其他战略举措协调实施，包括其他优先落地的计划、规划、战略等。首先，多年能源规划与国家低碳战略以及相关减排目标契合。其次，能源转型法案催生出其他国家层面的规划和政策，这些文件将与多年能源规划配套落实，如液氢燃料部署计划、清洁交通发展战略、国家生物质能战略、就业与技能规划、国家能源研究战略、国家减少大气污染物计划等。在大区层面，气候、大气、能源三大关切则集中反映在大区规划文件中。

法国重视应用科技计划应对气候变化的研究，先后实施一系列科技计划，鼓励可再生能源与核电发展。通过收集、整理与分析法国能源及气候变化相关文献[①]，笔者补充了新的研发计划，归纳如表 5.3 所示。

表 5.3　2001—2021 年法国实施的与能源和气候变化有关的重要科技计划

年份	主要计划	主要内容
2001	国家预防温室效应计划	包括增收能源生态税、提高汽油价格、提高家用电器节电性能、支持开发可再生能源、加强绿化工作等 100 多项措施，旨在未来 10 年里，至少减排 1600 万吨温室气体，使 2010 年全国 CO_2 等温室气体的排放量减少到 1990 年时的排放水平
2002	陆上运输研究与创新计划	该计划由研技部、交通部，经济、财政和工业部和国家科研成果推广署等联合推动（2002—2006 年），投入 3.05 亿欧元，主要资助基础研究、技术开发、技术系统方法与实验关系研究等
2003	ITER 计划	法国一直高度关注国际热核聚变实验反应堆（ITER）计划，全力支持 Cadarache 作为候选场址，2003 年 11 月 Cadarache 作为欧盟推荐的唯一反应堆候选场址参加 ITER 计划选址活动
	环境能源与可持续发展协作行动	主要包括能源行动计划、新分析方法论与传感器行动计划、非污染行动计划，2003 年各计划经费总预算分别为 340 万欧元、275 万欧元、330 万欧元
	地球、宇宙与环境科学协作行动	主要包括大陆生物圈进程与模拟计划、自然灾害与气候变化计划及环境研究观测计划，其中自然灾害与气候变化计划得到 3 年的研究经费资助，2003 年各计划经费总预算分别为 580 万欧元、210 万欧元、375 万欧元

① 孟浩 . 法国 CO_2 排放现状、应对气候变化的对策及对我国的启示［J］. 可再生能源，2013（1）：121–128.

续表

年份	主要计划	主要内容
2004	ITER 计划	继续积极推进 ITER 计划，同时与日本积极磋商，努力推动欧盟斡旋，建议欧盟联合中国、俄罗斯实现"三方先行方案"，尽早启动 ITER 计划
	第四代核反应堆国际合作开发计划	9 月法国首座第三代核反应堆开工建设后，又宣布年底与美国、日本、加拿大、英国、韩国等签署协议，启动该计划，拟投资 40 亿美元，其中法国、美国、日本将承担总投入的 60%～70%，预计在 2035—2040 年达到商业化运行
2005	生物质能发展计划	计划在 2007 年之前建设 4 个新一代生物能源的工厂，将法国的生物燃料产量提高 3 倍，达到平均年生产能力 20 万吨，成为欧洲生物燃料生产大国
2006	能源跨学科研究计划	为严格执行能源政策指导法，该计划（2006—2009 年）延续 2002—2006 年计划，重点资助改善能效，限制 CO_2 排放，以及氢能、电能、热能载体的开发和互补使用等研究
	ITER 计划	部署 ITER 计划，授权法国原子能委员会处理一切相关科研活动，要求外交、财政、科研等部门以及计划选址所在地方为计划实施提供必要的支持条件
	适应气候变化国家战略	由法国可持续发展部际委员会发布，确定 9 项主要行动：增加认识、强化观测措施、加强公众宣传、促进各地区制定相应的措施、资助适应气候变化的行动、制定和实施相应的法律和标准、鼓励私有部门的自愿性行动、加强国际合作
2007	能源跨学科研究计划	法国科研中心主要围绕能源效率和能源经济、能源生产和 GO_2 减排及促进能源运载工具的研究制定 2007 年能源跨学科研究计划招标
2008	可再生能源发展计划	政府在未来 2 年拨款 10 亿欧元设立可再生热能基金，推动公共建筑、工业和第三产业供热资源的多样化，确定包括生物能源、风能、地热能、太阳能以及水电等领域的 50 余项措施，通过对可再生能源的开发，每年节约 2000 万吨燃油，促使法国在太阳能和地热能开发方面领先欧洲其他国家，到 2020 年使可再生能源消耗量占能源消耗总量的 23% 以上，创造 20 万～30 万个就业岗位
	研究示范基金计划	4 月出台的法国第一部重大环境法律中包含了研究示范基金计划，其中 3.25 亿欧元的投资覆盖了气候变化、生物多样性、环境风险以及治理措施等研究领域
	欧盟"气候能源一揽子计划 2020"	作为欧盟轮值主席国，法国力促欧盟议会批准欧盟"气候能源一揽子计划 2020"，实现欧盟到 2020 年将温室气体排放量在 1990 年的基础上至少减少 20%；将可再生清洁能源消耗占能源总消耗的比例提高到 20%；将煤炭、石油、天然气等化石能源的消费量在 1990 年的基础上减少 20%，确保欧盟节能减排的全球领导地位

续表

年份	主要计划	主要内容
2009	绿色环保无息贷款计划	法国房屋建筑的能源消耗约占法国能源总消耗的40%，为鼓励节能，政府为房屋建筑实施隔热、供暖系统改造提供为期10年最多3万欧元的无息贷款
	未来投资计划	发行350亿欧元的大型国债，旨在鼓励"科研和创新""投资未来""振兴法国"，其中用于能源和可持续发展领域50亿欧元，重点研发氢能与燃料电池、风能、生物质能等技术
	国家货运计划	法国交通领域的能源消耗约占法国能源总消耗的31%，政府通过追求平衡和可持续发展的"国家货运计划"，实现到2012年非公路货运比例达到25%的目标
	环保发展计划	涉及电动车及可充电混动车研发、电池生产、充电设施建设以及工业化生产等领域，预计2020年前生产200万辆清洁能源汽车，对CO_2排放量在每公里60克以下的"超级环保车"给予补贴，额度高达5000欧元/辆，鼓励消费者购买清洁能源汽车，贷款投资15亿欧元建设充电站，2015年充电点将增至100万个
2010	可再生能源投资计划	法国环境与能源管理局提供4.5亿欧元补贴可再生能源项目，9亿欧元用于低息贷款，支持太阳能、海洋能、地热能等可再生能源技术、碳捕集与封存项目和生物燃料的开发，其中在上述领域，2010年投资1.9亿欧元，未来4年每年均投资2.9亿欧元
2011	法国企业在华出口计划	法国企业国际发展局启动2011年法国企业在华出口计划，2011—2015年法国对华出口企业将加入在环境、能源等领域的投入
	海上风电项目招标计划	为第一期计划，启动投资100亿欧元，总规模300万千瓦，包括在拉芒什海峡及大西洋沿岸设立600座风力涡轮发电机组，并逐步形成法国风力发电产业。第二期计划还将建设300万千瓦，目标是到2020年海上风力发电量占全国发电量的3.5%
	核能研发计划	为保持核电发展，继续开展核能研发计划，加强核安全研究，成立国际核能学院，开展水下核电站工程设计等
	法国应对气候变化计划	7月制定，执行期到2015年，重点围绕水、对人类健康影响、森林保护和基础设施巩固4个方面，预算投资5.7亿欧元，减少气候变暖对农业、水、人类健康及海岸的影响，主要包括80项应对行动、230条措施和建议
2012	未来投资计划	该计划始于2009年，截至2012年底，实际投资已达221亿欧元，资助430个研发项目

续表

年份	主要计划	主要内容
2013	法国–欧洲 2020 规划	3 月，由法国政府出台，旨在帮助法国更好地应对气候变化、能源、工业复兴等重大经济社会挑战，鼓励技术转移和创新，提高法国的竞争力，确保法国科研在欧洲的领先地位
	国家创新计划	11 月，法国在《创新：法国面临的重大利害》基础上提出了"国家创新计划"，主要围绕 3 条主线：一是在高等教育中培养发展创业和创新文化；二是消除研发机构和企业之间的障碍，建立持续的对话和合作机制；三是选择和确定统一的优先领域，旨在强化创新体系建设
	34 项工业振兴计划	9 月，由总统奥朗德宣布实施，将投入 200 亿欧元社会资金，其中国有和私人部门投资分别占 1/4 和 3/4，重点培育战略性新兴产业，抢占新型工业化的制高点。该计划设定了能源与生态转型、数字化、新技术与社会三大优先发展方向，并要求把能源与生态转型放在发展首位，其次是数字化。该计划包含的 34 项计划主要涉及可再生能源、百公里油耗低于 2 升燃油的新型汽车、电动汽车充电桩、自动驾驶汽车、未来高速火车、电动飞机和新一代航空器等领域
2014	国家科研战略	6 月出台，旨在为更好地面对法国在未来数十年内所面临的科技、环境和社会等方面的挑战，选择少数优秀发展科研领域，强化基础研究的重要地位，推动创新、技术转移的发展，提升科研能力
2015	未来工业计划	由法国政府宣布调整"新工业战略"，启动"未来工业计划"，这是"新工业法国战略"第二阶段的核心，通过数字技术改造实现工业生产转型升级，带动经济增长模式变革，建立更具竞争力的法国工业，主要包括数字经济、智慧物联网、数字安全、智慧饮食、新型能源、可持续发展城市、生态出行、未来交通、未来医药等九大"工业解决方案"
2016	未来投资计划（第三期）	法国政府决定在 2016—2025 年加大投入，实现竞争力和能源转型目标，计划投资总额达 120 亿欧元，其中 36.5 亿欧元投向科研项目和大学教育，23 亿欧元投向生态与能源转型，17 亿欧元投向可持续工业创新，超过一半的投资涉及生态与能源转型战略
	可再生能源计划	预计 2018 年到 2023 年底，法国陆上风电装机容量从 15 000 兆瓦提高到 25 000 兆瓦；太阳能发电装机容量从 10 200 兆瓦提高到 30 000 兆瓦。该计划还支持地热能发电、沼气发电以及浮动式海上风电等其他清洁能源发电技术的发展
2017	法国气候计划	7 月由法国生态转型部发布，重新制定了到 2050 年达到碳中和的宏大目标，将法国温室气体排放量降低到 1990 年水平的 1/6，这意味着法国生活、消费、生产方式的深刻变革

续表

年份	主要计划	主要内容
2018	多年能源发展规划	11月发布，确立了法国未来10年的能源发展路线图，到2035年法国将停运14个900兆瓦的反应堆，法国核电比例将降至50%，将投入710亿欧元大力发展可再生能源，风电规模增至当前的3倍，太阳能发电量增至当前的5倍
2019	锂电池计划	拟在5年内投入7亿欧元支持锂电池技术研发与产业化
2020	更绿色、更具竞争力的航空产业支持计划	6月发布，该计划将投入150亿欧元，其中未来3年投入15亿欧元支持研发低碳飞机，旨在为低碳飞机开发颠覆性技术、减少能耗、使用绿色能源，以巩固法国航空领域的国际领先地位
	复兴计划	拟于2020—2022年投入20亿欧元，旨在到2030年建设可再生电解槽装机容量达6.5吉瓦，绿氢年产达60万吨，年减排CO_2超600万吨
	汽车产业振兴计划	投入80亿欧元，支持电动汽车和混动汽车发展，保持产业独立性与竞争力，实现清洁能源汽车转型
2021	未来投资计划（第四期）	1月，由法国政府发布，总投资达200亿欧元，其中125亿欧元用于资助脱碳氢能、量子技术、网络安全、教育数字化、健康食品、环保农业、原材料回收利用、可持续城市、工业脱碳、文化与创意产业、数字化与脱碳交通、数字医疗、生物制造药物、生物燃料、5G等15个"未来领域"的创新，75亿欧元支持高等教育、研究与创新生态系统的长期性和整体性建设
	2030年投资计划	10月，由总统马克龙发布，未来投资300亿欧元，推动创新型小型核反应堆、绿氢、工业脱碳、绿色汽车、低碳飞机、食品、健康、文化和创意、太空探索与海洋资源开发等十大战略性产业，将努力构建原材料供应安全、电子制造里的零部件供应安全、数字化技术自主安全可控、人才与技能供给充沛、资金供应及时充足等五大成功条件

可见，法国政府采取的一系列计划与政策彰显了法国积极应对气候变化的态度与决心，近年的核电、新能源及环保理念得到法国各界的认可，确保法国应对气候变化研究的持续投入，为法国实现碳中和目标提供了科技支撑。

（3）加大新能源研发，抢占新能源技术的制高点

首先，能源研发投入呈现先增后减再增的发展趋势。从2001年的6.52亿美元先快速增至2002年的14.24亿美元后，逐步递减到2004年的13.81亿美元，再逐步增至2013年的19.29亿美元，随后递减到2017年的15.92亿美元，最后又递增到2020年的18.29亿美元（图5.17）。可见，21世纪以来，法国对能源领域的研发投入总体上呈现先增后减再增的螺旋式上升的发展态势，这与法国实施的一系列能源科技研发计划是分不开的。

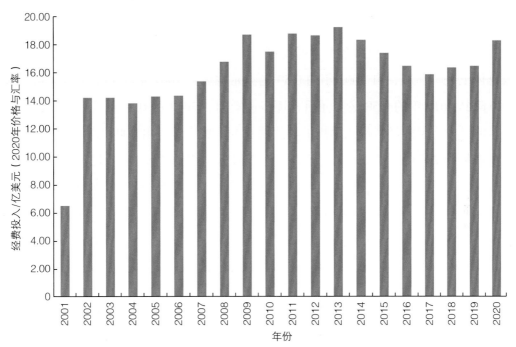

图 5.17　2001—2020 年法国能源研发与示范经费投入情况

（注：根据 OECD 官网 2021 年 10 月 27 日法国能源研发与示范经费数据绘制）

　　其次，法国能源研发逐步由核能、化石燃料向核能、能源效率、可再生能源及其他交叉技术等领域倾斜。20 年来，法国核能的研发与示范经费投入自 2001 年的 5.42 亿美元快速增加到 2003 年的 8.47 亿美元后，逐步下降到 2010 年的 7.35 亿美元，随后增至 2012 年的 9.05 亿美元，又递减到 2016 年的 7.29 亿美元，再递增到 2019 年的 8.75 亿美元，2020 年回落到 8.67 亿美元。化石燃料的研发与示范经费投入由 2001 年的 0.50 亿美元快速增加到 2002 年的 3.14 亿美元，逐步下降到 2008 年的 2.14 亿美元，2009 年上升到 2.69 亿美元后逐步减少到 2020 年的 0.58 亿美元。能源效率的研发与示范经费投入自 2001 年的 0.17 亿美元逐步增加到 2011 年的 3.85 亿美元，随后逐步减少到 2017 年的 2.45 亿美元，最后增加到 2020 年的 3.48 亿美元。可再生能源的研发与示范经费投入自 2001 年的 0.27 亿美元逐步增加到 2009 年的 2.91 亿美元，2010 年回落到 2.24 亿美元后增加到 2013 年的 3.08 亿美元，再递减到 2017 年的 2.14 亿美元，逐步增加到 2020 年的 2.22 亿美元。其他电力与储能技术的研发与示范经费投入自 2001 年的 0.03 亿美元递增到 2004 年的 0.12 亿美元后，2005 年下降到 0.07 亿美元，逐步递增到 2009 年的 0.86 亿美元，递减到 2011 年的 0.49 亿美元，又递增到 2014 年的 0.90 亿美元，再递减到 2016 年的 0.73 亿美元，最后增加到 2020 年的 0.97 亿美元。氢能与燃料电池的研发与示范经费投入总体上先增后减，自 2002 年的 0.59 亿美元增加到 2007 年的 1.62 亿美元后，逐步下降到 2017 年的 0.58 亿美元后，逐步递增到 2020 年的 0.77 亿美元。其他交叉技术的研发与示范经费投入呈现波动式增长的发展态势，由 2001 年的 0.13 亿美元逐步增加到 2003 年的 0.24 亿美元，又逐步降低到 2006 年的 0.11 亿美元，再逐步增加到 2011 年的 1.04 亿美元，2012 年下降到 0.77 亿美元后回增到 2013 年的 1.02 亿美元，再回落到 2015 年的 0.85 亿美元，快速递增到 2017 年的 1.53 亿美元，又逐步回落到 2019 年的 1.33 亿美元，2020 年增至 1.61 亿美元（图 5.18）。

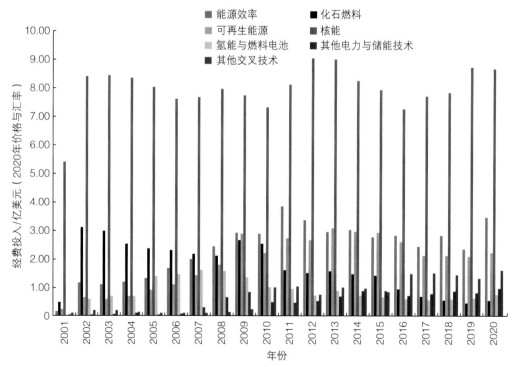

图 5.18   2001—2020 年法国能源各领域研发与示范经费投入情况
（注：根据 OECD 官网 2021 年 10 月 27 日法国能源研发与示范经费数据绘制）

可见，作为世界发达国家与科技创新强国之一，法国能源研发重点是核能、能源效率、可再生能源等技术，力求保持其核能科技创新能力的同时，逐步抢占新能源领域的制高点，为积极应对全球气候变化奠定技术基础。

（4）持续开发核能技术，保持核电技术领先地位

能源的价格、质量和保证能源供应是一个国家经济稳定发展的必要条件。法国从能源极度匮乏到能源自主，得益于多年来法国采取的从引进到创新的核能发展战略。自 1945 年成立原子能委员会（CEA）后，法国很快启动了多台实验反应堆的建设。1947 年，第一台重水氧化铀零功率实验堆 "ZOE" 在巴黎地区的沙蒂永堡（Fort de Chatillon）实现首次临界。法国当时需要一种可靠的能源，而开发此能源必须要有经过检验的成熟技术，但当时在核能方面，法国国内没有足够的工业开发基础。为尽量降低风险，法国决定从当时的核能大国美国引进技术。由于建一座核电站需要投入大量资金，从设计到建成约需 5 年时间，其运营可达 40～60 年，若技术选择不当，将会在时间和财力上造成相当大的损失。当时法国在技术选择上始终遵循一个原则，即寻找经得起验证、安全可靠和风险最小的技术。通过竞争，法国最终选择了压水堆技术。1956 年，法国第一台 40 兆瓦可用于发电的反应堆 G1 在马尔库尔投产，其他两台反应堆——G2 和 G3 也先后于 1959 年和 1960 年投入运行。1958 年，法国创立法马通公司，开始从美国西屋公司购买压水堆技术专利，利用许可证在法国本土生产压水堆设备。在此基础上，CEA 开发了天然铀石墨气冷反应堆技术，并将其确定为法国早期核电站建设的技术路线。法国在马尔库尔建成 3 台反应堆后，又相继在希农（1963 年、1965 年和 1966 年）、圣洛朗（1969 年和 1971 年）和比热（1972 年）建设了几台天然铀石墨气冷反应堆机组。1962 年，CEA 还建设了一台 70 兆瓦重水气冷反应堆，于 1967 年并网发电。从 1970 年起，法国开始批量建造压水堆核电厂。目前这些反应堆都已经退役，现已进入拆除和去污阶段。

20 世纪 70 年代石油危机后，法国能源的脆弱性凸现。为了确保法国能源供应的长期安全，1976 年以来，法国制定了以核能为主的能源规划，在能源供应方面尽量"独立自主"。在获得美国技术许可证的前提下，法国对原技术进行创新改造，逐步获得了自主的知识产权。到 20 世纪 90 年代，法国在核能方面已不再是从属地

位。有意思的是，舒兹 A 过去曾是一个叫作阿登的核电站厂址，是 1960 年在美国许可证条件下建造的法国第一台压水堆。30 年后，法国人在此地又建造起第一台完全使用法国技术的反应堆，并将其称为舒兹 B。

进入 21 世纪，法国充分肯定了核能在法国能源供应上的重要作用，并决定坚定不移地大力发展核能。面对新时代应对气候变化的挑战，法国确认核电是法国电力的主要组成部分，继续努力保持在核电领域的领先地位，确保国家实现能源自主（核电使法国能源进口减少了 50%），有利于环境保护（法国是欧洲温室气体排放量最低的国家之一），保持稳定、有竞争力的电价。

2006 年 10 月，欧盟批准法国新建下一代高效能原子反应堆，预计在 2012 年正式投入使用，2020 年前可发展成为成熟技术并进行推广。2007 年 4 月，法国在拉芒什省（Manche）弗拉芒维尔核电站启动建设本土第一台第三代反应堆 EPR（欧洲压水堆），计划 2012 年投产。法国随后又宣布在滨海塞纳省彭利核电站建设第二台 EPR 机组，预计 2017 年并网发电。2020 年，法国 1/3 的核电机组将达到寿期，进入更新换代阶段。为了建设经济竞争力更强、更环保、安全水平更高的新一代核电站，法国制订了第四代反应堆研究开发计划，拟于 2040 年形成产业规模。为此，法国将启动第四代核电站的设计和建造计划，并在 2020 年实现第一个第四代核电研究堆投入运行。法国政府决定在 2015—2020 年以新一代的核电站代替目前的核电站。在技术选择上，法国将使用欧洲压水式核反应堆。2025—2035 年对 50% 的核电站进行设备更新和技术改造，改建成 EPR。2035—2045 年建造新型的快中子反应堆，法国是"第四代反应堆国际论坛"组织的成员，积极参与未来核能系统的开发，以掌握 2040 年以后的核能技术。法国还参加了国际热核聚变实验堆（ITER）计划，为 21 世纪远期核能开发做准备。

为应对 EPR 建设成本高的问题，法国拟研发小型模块化反应堆（SMR）。2019 年，法国电力集团与法国原子能技术公司、法国海军集团、法国原子能和替代能源委员会（Commissariat à l'Énergie Atomique et aux Énergies Alternatives，CEA）合作启动 Nuward 小型堆项目，它由两个 SMR 组成，设计功率 340 兆瓦，预计 2030 年推出。2020 年，法国出台"复兴计划"投入 5000 万欧元研发 SMR 技术，2021 年又在"2030 年投资计划"下追加 10 亿欧元。

总之，法国在核能领域的技术已经日臻成熟。"标准化、批量化"是法国核电的特色。由于有批量订单，设备建造就有了长期发展目标，因而也就有了预定的研发投入。机组实现标准化，就有可能实现有效的工程经验反馈，可以不断提升机组的功率水平和安全余量，使设计不断优化，避免了制式不同造成的浪费，大大提高了工业效率。然而，标准化并不是停滞不前。通过工业运营经验的不断反馈，多年来法国民用核能工业一直不断革新、不断完善，一直到生产出目前世界上最大容量的机组——N4。这是一个从"引进、学习、消化"到"改造、创新"的过程。核电技术的成功，使核电在法国全国电力供应中的比例由2%一跃升至80%左右。核电的国内供应量已占全国能源需求总量的一半，不仅可以满足国内需求，还可以向邻国出口，法国因此每年少进口了8800万吨石油。目前，法国是世界第二的核电大国，核电为法国的经济发展和生态环境保护做出了重要贡献。法国成功的关键在于选择可靠的伙伴、成熟的技术和合作方式，待建立起自己的工业体系之后，逐渐形成了独立自主的技术。

法国核电作用主要表现在6个方面：①促进核能及相关产业发展。法国为发展核电进行了大规模投资（约8000亿法国法郎），直接促进了核电发展，据法国核学会（SFEN）公布的数据，核能工业每年创造附加值200亿~280亿欧元，且推动了建筑、机械和电气仪表等领域的工业发展。②节省并赚取大量资金。发展核电每年为法国节省化石燃料进口费用300亿法国法郎；通过向国外出售电力，每年为法国赚取180亿法国法郎，通过出售核燃料循环产品及服务，还能赚取100多亿法国法郎。③大力确保能源独立。法国的能源自给率从1973年的22.7%提高到了2000年的50%以上，每年因此减少石油进口费用达240亿欧元。加之法国90%的电力来源于本国的核电和水电，保证了法国能源的独立性。④经济性好。核电经济性超过预期，因此多年来法国人享受着比欧洲平均水平低30%的电价。经过严格检查和一定整改，核电站运行寿命完全可以延长至40~60年。⑤能为应对气候变化提供有效手段，大大改善环境质量。据统计，核电每年为法国少排放3.45亿吨CO_2（否则法国近几年的CO_2排放将达到每年7.15亿吨），因此法国的CO_2排放量比德国和英国分别低40%和35%。⑥创造大量的就业机会并惠及大众。据保守评估，在过去的核电站大规模建设期间，核电为法国提供就

业机会约 10 万个，如今在核电站运行过程中能提供的直接工作岗位仍有 3 万个左右。

当然，发展核能也存在风险，但随着技术的发展，新式核电站完全可以避免不良后果。核废料在浓缩时会产生放射性物质，在法国人均产生 10 克，采取的措施是对其进行有效密封。相比之下，燃煤电站产生的废物如二氧化硫、汞等，人均产生量为 5 吨，大大超过核电站。在法国，现有的 58 座核反应堆全部加起来的放射量，远远小于一个普通热电站的辐射。放射性废物的产生和管理是发展核能的主要障碍。根据可持续发展的战略思想，法国选择了"后处理再循环"技术路线。经过后处理，乏燃料中的钚、铀与废物分离，既节约了原材料，又可实现废物减容。用后处理钚制造燃料，对核不扩散具有重要意义。

此外，法国行政法规体系为核安全和高水平的辐射防护提供了保障。根据国际和国内形势的发展，法国重新确定了核安全部门的地位和职能，支持欧盟委员会关于通过严格的法律体系—提高欧洲核安全水平的倡议。

（5）支持发展可再生能源与氢能

1）大力发展可再生能源

为鼓励开发可再生能源，从 2005 年 1 月 1 日开始，法国政府对使用可再生能源的生产设备实施免税 40% 的政策，并在 2006 年将免税幅度提高到 50%。法国政府还规定，国家电力公司和其他电力供应公司不得拒绝收购企业利用风能等可再生能源生产的电力。法国计划到 2010 年，全国的能源供给有 10% 来自可再生能源。法国可再生能源的政策包括：大力支持可再生能源开发和应用研究，对有前途的新能源技术开展技术攻关，使其尽快商品化；推广成熟的应用技术，设法降低新能源的使用成本，提高产品竞争力。

作为欧盟的重要成员国，为了达到欧盟制定的标准，法国政府多年来一直重视生物能源的开发和利用，生物能源在法国能源消费结构中的比例也有明显上升。法国政府正着手制定发展生物能源的规划，如开发 100 项关键技术的计划（其中光电转换技术和生物质能工业研究为优先课题）；开发木材能源，包括开发以木材下脚料为能源的计划；提高生物气体能源价格的计划等，以加速生物能源在法国的开发和使用。2004 年 8 月，法国农业部的公告显示，按照当时的生物能源发展态势，到 2010 年法国将能够实现可再生能源消费增加 50%，可再生能源生产的电力占比达到 21%。法国政府还将出台一系列必要措施，以鼓励和推动生物燃料和其他可再生燃料在交通运输中的使用，以便在 2010 年达到 5.75% 的比例。

根据法国经济、财政和工业部能源观察研究所提供的法国 2006 年度电力生产统计数据，2006 年，核电占法国电力产量的比例超过 80%，风电的比例仅为 0.4%。为了鼓励发展风能，法国制定了风能发展中期规划，出台了一系列鼓励发展风能的政策措施，对风电项目给予政策倾斜，对风电进入国家电网提供便利，甚至财政补贴。

风能开发区（ZDE）是法国政府近年来为促进风力发电向规模化和产业化方向发展所采取的一项重要政策措施。2005 年 7 月，法国政府颁布第 2005-781 号法令，确立了风能开发在法国能源开发战略中的地位，明确了国家对发展风电的扶持措施，并宣布成立 ZDE。2006 年初，法国政府正式批准建立 ZDE。为了扶持风电，法国政府规定，法国电力集团（EDF）供电网络收购 ZDE 生产风电的价格为每千瓦时（kW·h）0.0835 欧元，同时，ZDE 在购买风电设备时可以享受相应的税收优惠。截至 2006 年底，法国风力发电装机总量已跃居欧洲第三。

为了确保风电市场有序发展，2006 年 7 月法国政府制定了风电进入国家供电网的条例，规定自 2007 年 7 月 14 日起，凡属法国 ZDE 生产的风电，EDF 有购买义务，并负责将 ZDE 风电纳入 EDF 的供电网络。法国政府的这一措施，不仅有利于大型风电项目的开发，也能促进小型风电站的发展。

根据《绿色增长能源转型法》（2015 年）及《能源与气候法》（2019 年）等，法国政府制定了"2020 年将可再生能源占一次能源的消费比例增长到 23%，2030 年增长到 32% 的目标"，大力开发可再生能源，优化法国能源消费结构，保护大气环境，减缓温室效应，实现法国的可持续发展。

2020 年，法国"多年能源规划"规定，法国将大力促进太阳能、风能、水能、地热能、生物质能等可再生能源发展，预计到 2030 年可再生能源在能源结构中的比例将是 2020 年的 2 倍，达到 40%。2021 年，法国"未来投资计划"（第四期）确定加速发展光伏发电、海上风电与能源网络等技术。"2030 年投资计划"投资 5 亿欧元用于优化风能和太阳能技术。

2）优先发展绿氢

2018 年，法国确定要优先发展氢能。2020 年 9 月，法国推出了以 2030 年为限的特别经济重振计划，欲投入 1000 亿欧元恢复被新冠肺炎疫情重创的经济，其中有 72 亿欧元（约合 518.26 亿元人民币）将用于氢能技术研发、产业化发展和创造就业，并发布《绿氢战略》，在 2020—2022 年通过"复兴计划"投入 20 亿欧元，到 2030 年实现年产绿氢 60 万吨。

法国选择了如下氢能优先扶持领域：一是电解制氢去碳技术的规模化，实现 2030 年法国可再生电解槽装机容量达到 6.5 吉瓦，大幅降低成本并为大项目奠定基础。二是逐步淘汰碳基氢，实现工业去碳。到目前为止，法国的工业部门是氢的主要消费者，但这些氢多来自化石燃料，需要去碳，包括炼油、化工（特别是氨和甲醇生产）等部门。三是加大重型车绿氢的使用量。将氢存储技术作为电池的补充，以供动力需求强或长途运输车辆配套使用。初期将主要对重型车辆（商用车、重型货车、公共汽车和垃圾处理卡车）和火车进行改造，随后将开展氢动力船的试验项目，最后是实现 2035 年前氢动力飞机的投用。实际上，空客公司已于 2020 年 9 月宣布定制以绿氢为燃料的飞机，如能实现，到 2030 年法国将减少 600 万吨二氧化碳排放，相当于巴黎市每年的二氧化碳排放量。四是支持科技创新和发展，以及相关技术的培训，以促进未来氢能应用。这个领域将以天然气工业去碳为主，包括重新利用现有天然气基础设施来输送氢气。

为了更好地推动氢能发展，法国将采取"差价合约"的形式进行氢能扶持项目招标，而且法国正紧锣密鼓地制定针对氢能发展的法律法规，以建立适用于氢气生产、运输、存储和监管的法律框架，为法国的氢气未来护航。

法国重视采用财税政策等多种手段促进新能源发展。具体包括：一是设立环境保护和节制能源消耗基金，帮助中小企业进行节能性投资。二是为建筑物安装生物能、太阳能、风能等新能源设备提供补助，环境与能源管理局还聘请专家审核建筑施工项目的节能措施及新能源利用效率，对达标者予以奖励，奖励金额可达施工总额的 50%。三是对"高环保质量"住宅提供减税优惠，而"绿色环保无息贷款计划"，为建筑实施隔热、供暖系统改造提供最多 3 万欧元为期 10 年的无息贷款。四是重视联合开发新能源。法国多年来一直通过投资贷款、减免税收、政府定价等措施扶持企业开发与利用新能源技术，每年针对风能等可再生能源的政策性投入金额达 1.2 亿欧元。2011 年 5 月 19 日，法国燃气苏伊士集团、阿海法和万喜集团达成协议，共同参与总投资达 100 亿欧元的法国海上风力发电园项目，将创造近 4000 个就业机会。五是制定清洁能源相关投资规划。2012 年制定了清洁技术发展规划，推动建筑能效管理、生物能源、垃圾再利用等产业的发展。2021 年 11 月 11 日宣布的"2030 年投资计划"，投资 19 亿欧元重点发展绿氢相关技术，使法国成为欧洲绿氢制造领先国家；投资 5 亿欧元优化风能和太阳能技术，法国政府将出台 10 项政策鼓励发展光伏发电产业，到 2025 年在公共用地上建设 1000 个光伏发电项目，预计到 2028 年光伏发电量达到目前的 3 倍；风能领域根据"多年能源规划"，政府到 2023 年将通过 6 个项目招标来增加海上风电生产能力，加快海上风电建设步伐，2035 年建成的海上风电设施的装机容量不低于 18 吉瓦，推动实现 2050 年海上风电装机容量达 50 吉瓦的目标[①]。

（6）积极开展多种形式的应对气候国际合作

法国政府在应对气候变化、可持续发展、新能源和节能环保等领域开展了形式多样的国际合作[②]。

首先，主导或参与各种应对气候变化的重大计划、国际会议或活动，促进应对气候变化的国际合作。自 2003 年起，法国高度关注并主导国际热核聚变实验堆（ITER）计划，2006 年底促成欧洲、中国、美国、日本、韩国、俄罗斯和印度等七方代表，全面启动 ITER 计划；2004 年底宣布与美国、日本、加拿大、英国、韩国等签署协议，启动投资 40 亿美元的第四代反应堆国际合作开发计划；在 2007—2009 年连续 3 年的 G8 峰会上把气候变化作为重要议题，积极推销法国理念与技术；作为欧盟主要成员国之一，利用联合国气候变化大会的舞台，为欧盟内部统一谈判立场以及世界达成《哥本哈根协议》（2009 年）、《坎昆协议》（2010 年）及德班应对气候变化一揽子计划（2011 年）做出积极努力与贡献。

---

① 中华人民共和国科学技术部．国际科学技术发展报告·2022［R］．北京：科学技术文献出版社，2022：7．

② 孟浩．法国 CO_2 排放现状、应对气候变化的对策及对我国的启示［J］．可再生能源，2013（1）：121–128．

其次，签署政府间合作协议，加强气候变化领域的国际合作。一是与发达国家之间的强强联合，共享技术与经验。2008年，法国利用其先进的核电技术，加强与美国、日本的全球核能伙伴关系，在研发未来核能系统的第四代反应堆国际论坛（GIF）框架内开展合作；2009年，法国与美国、德国、日本、英国、澳大利亚等国家签署政府间合作协议，法国国家研究署（ANR）和工业创新署（AII）等研究机构与国外许多资助机构和研究机构签署合作协议，通过共同注入资金设立双边科技合作计划、建立联合实验室及共同举办专项技术研讨会等模式进行合作；2010年，合作模式又有新发展，涌现出专家交流、博士联合培养及博士后研究等新形式。二是加强与欧洲国家的技术互补合作。2012年，法国电力集团、阿尔斯通公司与丹麦Dong Energy公司联合体，与法国燃气苏伊士集团和德国西门子合作，共同参与法国风电项目投标，目的就是取长补短、共同发展。三是加强与哈萨克斯坦、南非等发展中国家的能源技术输出与培训合作，通过签订合作备忘录、合作协议等形式，加速向发展中国家传播太阳能、水能、风能、核能等清洁能源及储能技术，并建议创建有效的多边机制，向发展中国家提供技术援助和培训。

最后，加强中法合作关系，提升应对气候变化的能力。中法双方的合作体现在4个层次：一是宏观战略合作。通过签署《关于应对气候变化的联合声明》（2007年）、《关于加强全面战略伙伴关系的联合声明》（2010年）及《中法元首气候变化联合声明》（2015年），中法强调在环境保护、可持续发展和应对气候变化领域保持紧密合作，深化应对气候变化的合作伙伴关系，加强对话、磋商与务实合作，进一步深化核能领域合作，还愿在新能源、电动汽车、循环经济、低碳技术等新兴领域加强合作。二是部委之间的合作。例如，2011年中国科技部与法国教研部共同签署《中法第十三届科技合作联委会会议纪要》，强调"产学研"合作，确定可持续发展、绿色化学和技术、能源等优先合作领域及未来合作机制，深入推动中法科技交流与合作务实发展；2019年第十四届中法科技合作联委会将环境（含气候变化）领域确定为双边合作七大优先领域之一。三是产学研合作。法国能源巨头道达尔能源公司为拓展中国市场，加强与中国的产学研合作，自2009年以来先后以CCS、先进的太阳能电池技术、煤制烯烃技术、生物质制造液体燃料和化学品技术为主题，积极搭建产学研合作交流平台，推动中法能源合作，促进能源新技术领域的产业化发展；中国石化集团与法国液化空气集团签订了氢能合作备忘录，开展加氢站与氢燃料电池汽车领域合作。四是民间组织合作。例如，2012年4月底，在法国参议院成立的中欧新能源联合会，不断推动中法在新能源开发和利用方面的交流和合作；2019年第二届巴黎和平论坛以"创新全球治理手段"为主题，凝聚各界力量，共同寻找应对挑战的可行方案，中国的全球化智库（CCG）等组织积极参与本届论坛，成为中国智库参与全球治理的一次积极尝试。

参考文献

［1］BP. Statistical review of world energy 2020［ER/OL］.［2021-06-20］. https：//www. bp. com/content/dam/bp/business-sites/en/global/corporate/pdfs/energy-economics/statistical-review/bp-stats-review-2020-full-report. pdf.

［2］EIA. U. S. Uranium reserves estimates［ER/OL］.（2010-07-10）［2014-04-15］. https：//www. eia. gov/uranium/reserves.

［3］EIA. Form EIA-851A，domestic uranium production report（2020-21）［ER/OL］.［2021-09-03］. https：//www. eia. gov/uranium/production/annual/ureserve. php.

［4］EIA. Form EIA-851A，domestic uranium production report（2007-19）［ER/OL］.［2020-06-12］. https：//www. eia. gov/uranium/production/annual/usummary. php.

［5］DOE. A brief history of the department of energy［ER/OL］.［2021-03-16］. https：//www. energy. gov/lm/doe-history/brief-history-department-energy.

［6］DOE. The mission of the energy department［ER/OL］.［2021-03-16］. https：//www. energy. gov/mission.

［7］黄婧. 论美国能源监管立法与能源管理体制［J］. 环境与可持续发展，2012（2）：67-71.

［8］DOE. 2005-2021财年预算［ER/OL］.［2021-05-14］. https：//www. energy. gov/cfo/listings/budget-justification-supporting-documents.

［9］DOE. Visio-DOE leadership org chart_10072019_nofill. vsdx［EB/OL］.（2020-01-13）［2020-03-20］. https：//www. energy. gov/sites/prod/files/2020/

01/f70/DOE%20Leadership% 20Org%20Chart_01142020_PA%5B1%5D. pdf.

〔10〕国家能源局,中国科学技术信息研究所. 主要国家能源管理体制的比较研究〔R〕. 2012 年 9 月.

〔11〕ARPA－E. ARPA－E history〔EB/OL〕.〔2020－04－10〕. https：//arpa－e. energy. gov/?q=arpa－e－site－page/arpa－e－history.

〔12〕ARPA－E. Fiscal year 2011 budget request〔ER/OL〕.〔2021－03－17〕. https：//arpa－e. energy. gov/sites/default/files/ARPA－E%20FY%202011%20 Annual%20Report_1. pdf.

〔13〕ARPA－E. Fiscal year 2012 budget request〔ER/OL〕.〔2021－03－17〕. https：//arpa－e. energy. gov/sites/default/files/ARPA－E_FY2012_Annual_Report_0. pdf.

〔14〕ARPA－E. Fiscal year 2013 budget request〔ER/OL〕.〔2021－03－17〕. https：//arpa－e. energy. gov/sites/default/files/EXEC－2013－006744%20Final%20 signed%20report_0. pdf.

〔15〕ARPA－E. Fiscal year 2014 budget request〔ER/OL〕.〔2021－03－17〕. https：//arpa－e. energy. gov/sites/default/files/FY14%20Annual%20Report%207_27. pdf.

〔16〕ARPA－E. Fiscal year 2015 budget request〔ER/OL〕.〔2021－03－17〕. https：//arpa－e. energy. gov/sites/default/files/ARPA－E_FY_15_Annual_Report. pdf.

〔17〕ARPA－E. Fiscal year 2016 budget request〔ER/OL〕.〔2021－03－17〕. https：//arpa－e. energy. gov/sites/default/files/ARPA－E_FY_15_Annual_Report. pdf.

〔18〕ARPA－E. Fiscal year 2017 budget request〔ER/OL〕.〔2021－03－17〕. https：//arpa－e. energy. gov/sites/default/files/ARPA－E%20FY%2017%20Annual%20 Report_Final%20PDF. pdf.

〔19〕ARPA－E. Fiscal year 2018 budget request〔ER/OL〕.〔2021－03－17〕. https：//arpa－e. energy. gov/sites/default/files/ARPA－E%20FY%2018%20Annual%20 Report_Final%20PDF. pdf.

〔20〕ARPA－E. Fiscal year 2019 budget request〔ER/OL〕.〔2021－03－17〕. https：//arpa－e. energy. gov/sites/default/files/ARPA－E%20FY%202019%20 Budget%20Request. pdf.

［21］ARPA－E. Fiscal year 2020 budget request［ER/OL］.［2021－03－17］. https：//arpa－e. energy. gov/sites/default/files/ARPA－E%20FY%202020%20 Budget%20Request. pdf.

［22］ARPA－E. Fiscal year 2021 budget request［ER/OL］.［2021－03－17］. https：// arpa－e. energy. gov/sites/default/files/Fiscal%20Year%202021%20Budget%20Request. pdf.

［23］DOE. The state of the DOE national laboratories 2020 edition［ER/OL］.［2021－05－14］. https：//www. energy. gov/sites/prod/files/2021/01/f82/DOE%20 National%20Labs%20Report%20FINAL. pdf.

［24］AMESLAB. About ames national laboratory［EB/OL］.［2021－07－12］. https：//www. ameslab. gov/about－ames－laboratory.

［25］ANL. About argonne ANL［EB/OL］.［2021－07－12］. https：//www. anl. gov/argonne－national－laboratory.

［26］BNL. About brookhaven［EB/OL］.［2021－07－12］. https：//www. bnl. gov/about.

［27］FNAL. About Fermilab［EB/OL］.［2021－07－12］. https：//www. fnal. gov/pub/about/index. html.

［28］LBL. Our mission：science solutions for the world［EB/OL］.［2021－07－12］. https：//www. lbl. gov/about.

［29］ORNL. Solving the big problems［EB/OL］.［2021－07－12］. https：//www. ornl. gov/content/solving－big－problems.

［30］PNNL. Pacific Northwest National Laboratory is a different kind of national lab.［EB/OL］.［2021－07－12］. https：//www. pnnl. gov/about.

［31］PPPL. Aboiut the Princeton Plasma Physics Laboratory［EB/OL］.［2021－07－12］. https：//www. pppl. gov/about.

［32］JLAB. Jefferson Lab mission［EB/OL］.［2021－07－12］. https：//www. jlab. org/about/mission.

［33］LLNL. Missions［EB/OL］.［2021－07－12］. https：//www. llnl. gov/missions.

［34］LANL. About the lab［EB/OL］.［2021-07-12］. https：//www. lanl. gov/
about/facts-figures/index. php.

［35］SANDIA. about history［EB/OL］.［2021-07-12］. https：//www. sandia.
gov/about/history/index. html.

［36］INL. About-INL general-information［EB/OL］.［2021-07-12］.
https：//inl. gov/about-inl/general-information.

［37］NETL. About mission-overview［EB/OL］.［2021-07-12］. https：//netl.
doe. gov/about/mission-overview.

［38］NETL. NETL overview［EB/OL］.［2021-11-10］. https：//netl. doe. gov/
sites/default/files/2021-11/NETL_Overview. pdf.

［39］SRNL. About bios/［EB/OL］.［2021-07-12］. https：//srnl. doe.
gov/about/bios/srnl_bio_majidi. pdf.

［40］ANL. About Argonne ANL［EB/OL］.［2021-07-12］. https：//www.
anl. gov/argonne-national-laboratory.

［41］ANL. Argonne：by the numbers［EB/OL］.［2021-07-12］.
https：//www. anl. gov/reference/argonne-by-the-numbers.

［42］新赛. 揭秘美国总统的顶尖科技智囊团［EB/OL］.（2021-04-19）［2021-
07-20］. http：//k. sina. com. cn/article_5225475115_137766c2b01900vydn. html.

［43］Fedscoop. Trump relaunches advisory council for science and technology
［EB/OL］.（2019-10-22）［2021-07-21］. https：//www. fedscoop. com/trump-re
launches-pcast.

［44］DOE. DOE-history-timeline/timeline-events-11［EB/OL］.（2006-03-08）
［2021-04-10］. https：//www. energy. gov/management/office-management/operational-
management/history/doe-history-timeline/timeline-events-11.

［45］FERC. What FERC［EB/OL］.［2021-07-24］. https：//www. ferc.
gov/about/what-ferc.

［46］USEA. 2018 annual report web［EB/OL］.［2021-07-24］. https：//usea.
org/sites/default/files/USEA_2018_Annual_ Report _Web. pdf.

［47］朱跃中.美国能源管理体系及能源与环境领域发展趋势［J］.宏观经济管理，2010（3）：72-74.

［48］EPA. Fiscal year 2021 agency financial report［ER/OL］.［2021-07-24］. https：//www. epa. gov/system/files/documents/2021-11/epa-fy-2021-afr. pdf.

［49］S&P Global Commodity Insights. The S&P Global Commodity Insights Top 250 Global Energy Company Rankings［EB/OL］.［2021-07-24］. https：//www. spglobal. com/commodityinsights/top250/ rankings/2020.

［50］Exxonmobil. Our history［EB/OL］.［2021-08-04］. https：//corporate. exxonmobil. com/About-us/Who-we-are/Our-history.

［51］Subcommittee on Global Change Research. Our changing planet：US Global Change Research Program for fiscal year 2011［R］. Washington DC，2011.

［52］申丹娜.美国实施全球变化研究计划的协作机制及其启示［J］.气候变化研究进展，2011（6）：449-454.

［53］DOE. DOE fact sheet：the bipartisan infrastructure deal will deliver for American workers，families and usher in the clean energy future［EB/OL］.（2021-11-09）［2021-11-20］. https：//www. energy. gov/articles/doe-fact-sheet-bipartisan-infra structure-deal-will-deliver-american-workers-families-and-0.

［54］DOE. U. S. Department of Energy Strategic Plan 2014-2018［EB/OL］.（2021-11-09）［2021-11-20］. https：//www. energy. gov/sites/prod/files/2014/04/f14/2014_dept_energy_strategic_plan. pdf.

［55］DOE. Department of Energy 2011 Strategic Plan［EB/OL］.（2011-07-31）［2020-10-03］. https：//www. energy. gov/sites/default/files/2011_DOE_Strategic_Plan_. pdf.

［56］DOE. DOE awards 13. 4 million barrels from strategic petroleum reserve exchange to bolster fuel supply chain［EB/OL］.（2022-01-25）［2022-02-10］. https：//www. energy. gov/articles/doe-awards-134-million-barrels-strategic-petrol eum-reserve-exchange-bolster-fuel-supply.

［57］DOE. U. S. and 30 Countries Commit to Release 60 Million Barrels of Oil From

Strategic Reserves to Stabilize Global Energy［EB/OL］.（2022－03－01）［2022－03－12］. https：//www. energy. gov/articles/us－and－30－countries－commit－release－60－million－barrels－oil－strategic－reserves－stabilize.

［58］日本经济产业省资源能源厅.日本能源白皮书2020［ER/OL］.［2022－09－20］. https：//www. enecho. meti. go. jp/about/whitepaper/2020html/2－1－1. html.

［59］経済産業省.資源エネルギー庁［EB/OL］.［2022－01－16］. https：//www. meti. go. jp/intro/data/akikou31_1j. html.

［60］経済産業省.「安定的なエネルギー需給構造の確立を図るためのエネルギーの使用の合理化等に関する法律等の一部を改正する法律案」が閣議決定されました.［EB/OL］.［2022－02－12］. https：//www. meti. go. jp/press/2021/03/20220301002/20220301002. html.

［61］Monica nagashima. Japan＇s Hydrogen strategy and its economic and geopolitical implications［Z］. IFRI, Working paper, October, 2018.

［62］李聪，王显光，孙小年.德国交通管理体制变迁及特点［J］.工程研究：跨学科视野中的工程，2013，5（4）：395－406.

［63］付宇.德国交通运输发展趋势及重点［J］.工程研究：跨学科视野中的工程，2017，9（2）：165－172.

［64］何霄嘉，许伟宁.德国应对气候变化管理机构框架初探［J］.全球科技经济瞭望，2017，32（4）：56－64.

［65］杜群，陈海嵩.德国能源立法和法律制度借鉴［J］.国际观察，2009（4）：49－57.

［66］BMWI. Final－decision－to－launch the coal phase out［EB/OL］.（2020－07－03）［2021－03－15］. https：//www. bmwi. de/Redaktion/EN/Pressemitteilungen/2020/20200703－final－decision－to－launch－the－coal－ phase－out. html.

［67］国际能源网.德国《可再生能源法》的六次修订［EB/OL］.（2021－06－17）［2021－08－12］. https：//www. in－en. com/article/html/energy－2305149. shtml.

［68］孙李平，李琼慧，黄碧斌.德国热电联产法分析及启示［J］.供热制冷，2013（8）：34－35.

［69］BMWI. European Commission approves revised Combined Heat and Power Act（2020 CHP Act）［EB/OL］.（2021-06-17）［2021-08-24］. https：//www. bmwi. de/Redaktion/EN/Pressemitteilungen/2021/06/20210604-european-commission-approves-revised-combined-heat-and-power-act. html.

［70］沈百鑫. 退出核能，进入可更新能源时代：德国能源转型之法律应对［J］. 绿叶，2011（10）：75-85.

［71］BMUV. Infopapier novelle klimaschutzgesetz［EB/OL］.［2022-04-24］. https：//www. bmuv. de/fileadmin/Daten_BMU/Download_PDF/Klimaschutz/infopapier_novelle_ klimaschutzgesetz_en_bf. pdf.

［72］BMUV. Revision of the climate change act - an-ambitious mitigation path to climate neutrality in 2045［EB/OL］.［2022-04-24］. https：//www. bmuv. de/en/download/revision-of-the-climate-change-act-an-ambitious-mitigation-path-to-climate-neutrality-in-2045.

［73］孟浩，陈颖健. 德国 CO_2 排放现状、应对气候变化的对策及启示［J］. 世界科技研究与发展，2013（1）：157-163.

［74］IEA. 能源技术研发统计报告 2021［ER/OL］.［2021-12-20］. https：//stats. oecd. org/ BrandedView. aspx?oecd_bv_id=enetech-data-en&doi=4532e363-en#.

［75］中华人民共和国科学技术部. 科技部部长王志刚与德国联邦教研部部长施塔克-瓦青格举行视频会晤［EB/OL］.（2022-04-13）［2022-06-14］. https：//www. most. gov. cn/kjbgz/202204/t20220413_180229. html.

［76］Department for Energy Security & Net Zero. About us［EB/OL］.（2023-02-07）［2023-03-14］. https：//www. gov. uk/government/organisations/department-for-energy-security-and-net-zero/about.

［77］周冲. 英国节能法律与政策的新特点［J］. 节能与环保，2009（7）：21-23.

［78］DECC. Energy Act 2008［L/OL］.［2022-04-20］. https：//www. fitariffs. co. uk/library/regulation/08_Energy_Act. pdf.

［79］于文轩.环境资源与能源法评论（第2辑）：应对气候变化与能源转型的法制保障［M］.北京：中国政法大学出版社，2017.

［80］BEIS. Towards Fusion Energy – The UK government's fusion strategy［R/OL］.［2021 – 12 – 10］. https：//assets. publishing. service. gov. uk/government/uploads/system/uploads/attachment_data/file/1022540/towards – fusion – energy – uk – government – fusion – strategy. pdf.

［81］陈晨.综述：法国积极推动能源转型［Z］.新华社，2019 – 02 – 09.

［82］Gouvernement. Minist è re de la Transition Écologique［EB/OL］.［2022 – 04 – 14］. https：//www. gouvernement. fr/ministere – de – la – transition – ecologique.

［83］罗国强，叶泉，郑宇.法国新能源法律与政策及其对中国的启示［J］.天府新论，2011（2）：66 – 72.

［84］ENGIE. International presence［EB/OL］.（2021 – 12 – 31），［2022 – 03 – 15］. https：//www. engie. com/en/group/who – are – we/international – presence.

［85］苏苗罕.法国能源政策法［EB/OL］.（2008 – 06 – 22）［2012 – 04 – 20］. http：//www. energylaw. org. cn/html/news/2008/6/22/2008622111291186. html.

［86］陈维春.法国核电法律制度对中国的启示［J］.中国能源，2007（8）：17 – 21.

［87］田丹宇，徐华清.法国绿色增长与能源转型的法治保障［J］.中国能源，2018（1）：32 – 35.

［88］彭峰，闫立东.环境与发展：理想主义抑或现实主义？［J］.上海大学学报（社会科学版），2015，32（5）：16 – 29.

［89］龙云.法国低碳能源转型战略研究［J］.海峡科技与产业，2020（10）：10 – 13.

［90］孟浩.法国 CO_2 排放现状、应对气候变化的对策及对我国的启示［J］.可再生能源，2013（1）：121 – 128.

［91］中华人民共和国科学技术部.国际科学技术发展报告·2022［M］.北京：科学技术文献出版社，2022：7.